周景崇　著

浙学书院营造文化研究

Research on Construction of Zhexue Academy Culture

中国建筑工业出版社

图书在版编目（CIP）数据

浙学书院营造文化研究 = Research on Construction of Zhexue Academy Culture / 周景崇著. —北京：中国建筑工业出版社，2021.9
ISBN 978-7-112-26497-1

Ⅰ.①浙… Ⅱ.①周… Ⅲ.①书院－建筑艺术－研究－浙江 Ⅳ.①TU-092.2

中国版本图书馆CIP数据核字（2021）第172545号

本书系教育部人文社科一般项目“浙江书院建造文化研究”（编号 14YJC760090）结题成果。

责任编辑：陈海娇
责任校对：王　烨

浙学书院营造文化研究
Research on Construction of Zhexue Academy Culture
周景崇　著
*
中国建筑工业出版社出版、发行（北京海淀三里河路9号）
各地新华书店、建筑书店经销
北京建筑工业印刷厂制版
北京中科印刷有限公司印刷
*
开本：787 毫米 ×960 毫米　1/16　印张：26¾　字数：375 千字
2021 年 9 月第一版　　2021 年 9 月第一次印刷
定价：**98.00** 元
ISBN 978-7-112-26497-1
（38040）

序　言

官学，是关于社会管理的学问；私学，是关于生命管理的学问。官学之显在学宫，私学之隐在书院。一显一隐，共同构成了中国文化的教育与传承体系。

作为机构的学宫与书院，承担着中国文化的构建、完善与存续，而作为物态的学宫与书院，则更具体而丰富地记录并保存了中国文化演进的历程。在社会的风云变幻中，学宫时时因其显然而遭毁，书院则往往因其隐然而幸存。因此，就存续的连续性和完整性而言，物态的书院更具有历史价值。

历史风云际会，或“礼失而求诸野”。正因为有书院这种“在野性”文化存在，使得中国文化学统总能在近乎周期性的困顿中涅槃重生。人生坎坷跌宕，故“生生之谓易”。因学宫之官学，乃以社会稳定为目标，重在存续；书院之私学，则以生命展开为旨归，故善于应变：应域之变，应时代之变，应科技之变，而成为学术与思想迭代创新的渊源。

从严格意义上说，学宫是礼仪的表征，书院才是文化的象征。

以物态的书院建筑为对象，以吴越江南为地限，以历史的眼光投诸田野，以历史遗存求证于文化，周君景崇以《浙学书院营造文化研究》名其书，是名副其实的。

缕析过去，既为认识现在，也为展望未来。新时期以来，伴随社会与经济的高速发展，各种功能不一、形式多样的书院或修复，或重建，或新造，呈一时之兴。然而，如何获得营造的“适土性”与讲习的“在野性”，以应时代之变？对此周君景崇的考察与研究，不仅是可以落实的有效参考，也是指向未来的一种启示。

辛丑腊月十一于澳门科技大学

邵琦，上海师范大学美术学院教授、研究生导师，上海美术家协会会员、上海书画院画师；曾任上海书画出版社《中国绘画研究季刊·朵云》编辑、部主任，中国美术学院副教授，上海市第十五届人民代表大会代表。著有《书屋小记》《中国画文脉》《晚明以来中国画的语境与语义》《托古改制》《胸中逸气》《入缵大统》《浣却铅华》等；画集《只在此山中》《上海书画名家精选·邵琦》等；主编《中国古代设计思想史略》《二十世纪中国画讨论集》等；合著《造物设计史略》《松江画派》《徐黄体异》《中国画心性论》《创造与永恒》等。

目　录

导　言

1. 浙江传统书院概述

浙江的传统书院始于唐、五代，兴于宋元，盛于明清，转型于清末，历时千年，遗迹遍及全省。正如鄞州南宋教育家王应麟在《重建慈湖书院记》中所说："古者乡有庠，党有序，闾有学塾，里居又有父师、少师之教，是以道德一而理义明"，充分说明了浙江古代教育已形成了州府县乡诸学的全方位覆盖与传承有序的格局。浙江传统书院教育贡献极大，从教育思想上看，浙江书院诞生了许许多多著名的思想家与教育家。从建筑类型上看，浙江书院的建筑类型完全独立于民居建筑，形成了完整的教育古代教育建筑类型。同时作为教育建筑遗产保护的基准，对研究浙江甚至中国古代教育建筑遗产文化具有重要的参考价值。本书关于浙江传统书院建造文化的研究，泛指从唐至清末以来，浙江各地区所营建的、有史可考的或遗迹尚存的私学教育机构，以及当中所包含的造物艺术、工匠技术、建筑艺术、乡土经验等所有成果。

浙江地处东南水乡、三吴都会，历代版图变化较大，聚落形态和建筑风格一直受到各种技术与观念的交叉融合等广泛影响。近现代以来，诸学者多热衷于江南建筑的研究，其内容主要涉及江南水乡历史建筑遗产保护，特别是在江南古镇与美丽乡村的保护措施等方面成果明显。而本书则聚焦在对浙江书院群落的建筑形态、乡土特色、建造类型、空间特征以及传统地域文化等方面的探讨和研究总结。浙江各地的书院建筑类型丰富多彩，在根源上从属于浙江泛民居体系，它既有宁波大墙门书院的山隐旨趣，又有绍兴台门式书院的高稳遗韵，还有浙西十三间头、小天井书院的大千世界，更有浙南长屋书院的寮厝内向与杭嘉湖水乡书院的柔美温婉……另外，这些书院建筑群在堪舆选址、地形布局、建筑类型、空间格局、装饰艺术等方面苦心孤诣的设计，与周遭地区略有不同，这些都是由世代居住在浙江本土自然环境中的士绅、村民、匠人等"乡土设计师”参与设计的综合载体。它们拥有漫长接力式的、动态的设计过程，是符合自然变迁及历史演变的设计，其建造依循的是乡土技术、乡土材料，同时适应乡土环境、乡土气候、文化传统、血缘关系、农耕经济和朴素的思想理念。它们不追求形式的复杂性，只是遵循乡土形式与世代相承的契约精神，同时逐渐接受历史变迁的创新，可称之为真正的乡土文化设计。它的建造发展规律绵长又复杂多变，展现了浙江古代教育的起源、发展与兴盛，近代教育的兴起、发展与体系形成，以及当代书院的教育功能转化、建立、曲折发展；涌现出大批中国历史上耳熟能详的教育家和大儒学者，如王充、吕祖谦、陈亮、刘宗周、王阳明、黄宗羲、叶适、朱舜水、龚自珍、孙诒让、杜亚泉、经亨颐、王国维、蔡元培、杨贤江、竺可桢等人，为浙江教育史上以及中国教育发展作出了重要贡献。

浙江书院建筑群落的技术圆熟，特征明显。第一个重要的特征是“土”。费孝通在《乡土中国》一文中为旧中国社会下了一个定义——“土”，这个带有浓浓“土性”的含义为千年中国的社会属性提供了一个颇具乡土性的理论观点。这个“土”字，就是指在乡土中国里赖以生存的自然环境、社群关系与人际关系。由此可见，乡土的规则都是自然产生于约定俗成的关系，换而言之是一种农耕社会的文化自觉，是生活在特定圆圈之中的人对其周围文化的“中庸之道”。

文化自觉和文化选择是两个并不矛盾的过程，首先了解乡土文化，才能够进行自主转换。这是一种强大的自主能力，以至于在每一次改朝换代的变革期与机遇期，先贤们总是能重新调整对乡土中国文化转型的控制、掌握和引导。

从浙江书院的发展根源上看，浙江乡土建筑文化脱胎于吴越建筑文化，并在两千多年中不断和以中原文化为主的营建技术、乡土经验、材料运用、设计审美等文化相互碰撞、融合，最终发展成具有“江南特征”的浙文化构成要素。总体看，浙江地区的建筑文化是华夏文化的子系统，在历史的进程过程中，带有吴越特性的乡土文化在很大程度上被视为浙学的文化母体，在其主干上派生出来一系列具有浙学文化特征、浙地生活经验以及浙地乡风民俗的理论分支，并在此基础上，构成发展脉络清晰、时序层次分明的全景线路与交叉网络。浙文化的历史主轴和培育土壤是吴越文化，同时，浙江作为魏晋以来的移民首选目的地之一，它是包容互通的重要代表，它持续千年地融合了各时代移民的综合文化、生活习俗、造物经验和精神信仰，形成了稳固的内外部环境，形成了一支富有鲜明特色的区域文化体系。

有学者认为，浙江建筑的雏形是距今约 9000 年的嵊州甘霖镇小黄山遗址上的合院式建筑遗址，这种推论大大早于距今 7000 年的余姚河姆渡干阑式长屋，这种推论有待方家论证。但不管如何，嵊州小黄山合院式遗址、余姚河姆渡干阑式长屋与嘉兴马家浜遗址（距今 6000 年），都显露出了干阑式建筑的典型特征：台基、梁柱、屋顶三部分非常完整与规范[①]。比较而言，河姆渡的干阑式出现了悬虚构尾、高低干阑、榫卯结构，并呈现了防卫的功能设计。而马家浜遗址在建筑上更接近今天浙江建筑的规制，出现了长屋制、台地、院落等特征。虽然可以找到相应的历史传承，但从建筑文化史上看，直到六朝前期，吴越的建筑技术还被认为相对落后于中原地区，吴越地区尚未形成具有鲜明的、系统性的建筑体系。直到晋室南渡之后，北方士族参与了吴越地区的民居技术与审美取向，吴越地区的建筑体系才逐步注入了“南方技术、吴越气质”。到了两宋时期，情况大为改观，《营造法式》当中记载了大量来自南方的建筑样式与技术，此时吴越建筑体系已经完全成熟，可与中原体系分庭抗礼。明清时期，浙江的建筑文化愈发向儒雅、精致的方向生长。江南资本主义的萌芽，使得浙

① 丁金龙．良渚聚落与居住建筑形式结构的探讨［M］// 浙江文物考古研究所学刊：第八辑．北京：科学出版社，2006.

江地区的书院建筑文化在延续民居建筑的朴素、精细之外，又增加了平民习气。延续至清康乾盛世之时，苏、杭地区已成百姓口中的“人间天堂”，无论是建筑群落的规模还是建筑技术与经验技巧的高度，都达到了建筑艺术的高峰。

吴越文化是江南文化的代表，是南方文明下的次区域文化，浙江因其山地丘陵的地貌特点，被形容为“七山一水二分田”，人们对它的印象可能是“千里莺啼绿映红，水村山郭酒旗风”或“烟柳画桥，风帘翠幕，参差十万人家”等景观概念的想象。近代江西文人汪辟疆描写说“江浙皆《禹贡》扬州之域，所谓天下财富奥区也……浙则山水清幽，邻赣闽者，亦复深秀”，这些集体的概念造就了浙江“青山绿水、丝府茶乡、东南佛国、人文荟萃”的典型特征。在这种地缘与政治条件下，浙人很早就深知教育的作用和价值，积极扶掖后辈，在很多领域都产生了许多重要的学术中心、鸿学大儒与浙学流派，并保持了长达千年的科举文化强省的历史传统。在理念上，浙人践行诸如“知行合一”“耕读传家”“重商重工”等处世准则与社会价值，被广泛认同与推崇，影响深远。因此，作为这些学术流派传播基地的书院群落，它们以江浙营造建造所需的乡土资源为基础、以传统建筑技术与经验为核心，它们身上综合了南方匠作的艺术成就和科学价值，并显示出独特的江南乡土审美特征。我们在研究传统书院时，应该充分研究它们的建筑形制、建筑结构、乡土材料、工艺技术以及对周边地区的辐射与影响效应。在这个意义上，本书基于“吴越文化”“木经”“东阳帮”“长屋制”“望族办学”这类文化概念而开展精细化研究，自有其必要性。

第二个重要的特征是“文”。《营造法式卷第一总释上》[①]记载了《墨子》关于建筑的言论：“古之民，未知为宫室时，就陵阜而居，穴而处，

---

①（宋）李诫．营造法式［M］．中国书店，2006：1–10.

下润湿伤民，故圣王作为宫室之法，曰：宫高足以辟润湿，边足以圉风寒，上足以待霜雪雨露；宫墙之高，足以别男女之礼。”《释名》中解释了“城”的概念：“城，盛也，盛受国都也。郭，廓也，廓落在城外也”。我们抛弃其中的圣王观念，从中仍然可看出建筑在实用功能上延伸出来的青琐丹楹、图以云气、画以仙灵的内涵，这就是中国建筑中的“礼”与“文”。这种文化不仅表现在宫室建筑中，也根植于民居与书院建筑之上。浙江传统书院建筑脱胎于吴越民居体系，并从唐宋发展到晚清时期，在漫长的历史长河中形成了一条全景式建造链条。传统的吴越建筑文化区以太湖流域为中心，涵盖了今浙江全部、上海全部、江苏南部、福建西部、安徽南部、江西东北部等，以钱塘江为界，吴越文化可细分为“吴文化”和“越文化”，两者同源同出、同俗同土，逐渐在相互交融、激荡、流变与集成中形成大同小异的建筑类型；而从浙江建筑文化的源流与发展来看，传统的吴越书院建筑文化，脱胎于长江流域民居建筑的渊薮和根基，前者是后者的延续与新生。这些为进一步把握浙江书院建筑文化的内涵、特质及其价值取向，并在长三角区域一体化进程中推进浙江全境的文化整合，提供了历史和现实的理论与调查依据[①]。这些林林总总的建筑形态与技术进化，构成了中国建筑文明的重要组成部分。

浙江全省书院数量众多，仅在唐代就拥有五处知名书院，成就了江南区域最早的书院咏唱。在中国书院制度创立、发展的两宋时期，浙江与江西、江苏、广东、福建等省呈鼎力之势，浙江又是少有的长久和平与富庶的沿海地区，经济繁荣，地域单元的乡镇建筑群完整，观念先进，书院发展的社会条件较好。各地区的书院建筑风格明显，既有平原书院，也有水乡书院、山地书院，还是宋代理学、明代心学及各类学派的重要发源地与传播地。从书院建筑风格上看，浙江建筑文化从跨湖桥文化、河姆渡文化、良渚文化等远

① 史远. 话说吴越文化［J］. 文化交流，2013（1）：6-11.

古文明基础上，数千年筚路蓝缕，衍生了独特的吴越建筑类型与文化，之后再通过本土的工匠商帮，将这种建筑审美文化推广至周边地区。

为了深入解读优秀的书院建造文化，笔者先后徒步考察了浙江省全境的各个区域，调研了 612 个村镇及小城市，寻访传统书院遗珍，分析书院的生态、历史文化、社会结构和信仰体系，解剖具有关键意义的景观元素、局部和空间关系，提倡建立景观安全格局，来保障传统书院的历史生态和教育文化。笔者发现浙北、浙南、浙西和浙东都遗存有规模完整的历史书院遗迹，其建筑类型齐全、结构完整、风格明显，可谓是中国传统书院文明的缩影。

文中从四个角度对浙江传统书院进行踏查：第一，对浙江传统书院的地域分布、历史分布、建筑类型、建造艺术及历史典故、筹建群体与工匠群体的身份进行考察，力图对浙江地区书院的分布及创建形成一个总体性的认识；第二，对浙江书院教育体系特色、办学倾向、师生构成、学规要求及其经费来源等进行分析，考察书院的规模与运转情况；第三，通过师生门宗流派及学术圈等的考察，了解浙江各学术流派对传统书院营造理念的影响；第四，从典型的书院案例、历史人物和历史变革，以及浙江传统书院建筑技术的外传与影响等角度，描绘出一条浙江传统书院群落的全景式面貌。

其一，浙江地区的传统书院建筑是一种以本土文化为根本，以教育为载体，同时起到了宣扬道德伦理、学派理念的作用。它是一种被历代社会和人所影响的文化设计行为，是一场从物质到内心的“文化活动”，这种设计不仅是工程设计，艺术设计，也是人文设计和生态设计。

其二，浙江传统书院建筑研究的前期成果较少，在遗产实践保护的措施上也缺乏可圈可点的案例。加上历经风雨侵蚀、乡村凋敝与劳力外流等原因，许多传统书院建筑的原始形态遭到破坏，应该尽早进行普查梳理、理论研究和规划保护。学界、文保界对传统书院的研究相较江西、湖南等地，尚未有创新保护的力度，对书院文化的认知也未成熟，各级政府与教育组织、研究机构应该联合开展保护与研究措施，早日形成成熟的理论和保护经验。

近几年城乡建设活动的迅速推进，既为传统书院建筑景观的保护提供了千载难逢的机遇，也带来严峻的挑战。由于社会上对传统书院遗产保护认识不深，运动式的改造使得传统书院系统对时代的适应能力大为弱化，导致传统书院的文化景观逐渐退化。具体表现在以下几个方面：一是对传统书院建筑群的保护意识弱，大多数的传统书院文化遗产不是文保单位，在旧村改造、美丽乡村建设过程中遭受建设性破坏；二是传统书院文保护经费严重不足，仅靠村落自理或个人捐资保护；三是某些商业机构以开发名义进行的商业改建破坏等。针对这些问题，在推进乡土聚落建设的进程中，必须增强传统书院保护工作的危机感和责任感，采取有效措施，加强规划和环境治理，切实保护好千年来形成的文化遗存。

浙江传统书院在历史积淀的创造过程中，对人才培养和思想创新作出了重大贡献，书院的数量、类型和规模都位居前茅，小到乡村聚落的私塾、义学，大到州府的讲会、官学，层次丰富且延续周期长。其中人才层出不穷，我们仅从书院的命名就可以看出其历史的厚重，如余杭龟山书院、桐庐钓台书院、温州永嘉书院、绍兴稽山书院、龙游鸡鸣书院等，可以看出以先贤名字命名，以及以地命名、以家族命名、以学派命名、以年号命名等独特而有趣的现象。这些丰富而厚重的现象，都是书院文化不可或缺的组成部分。另外，传统书院的建筑文化荣耀、衰败、转变、更新的过程，更是南方书院发展史的一个缩影，具有典型的研究意义。这些古老的书院景观继承了南方聚落传统的“耕读文化”“田居文化”“科举文化”，体现了人与自然和谐共处的景观设计思想，并包含了丰富的匠人建造经验。总体来看，浙江地区的书院建筑是全国的一个特殊标本，作为古代民间教育传播学术的重要机构，与地方望族或名士大家有诸多关联，特别是受朱熹、王阳明、黄宗羲以及当时当地关心教育的官员为代表的士大夫的影响巨大。浙江传统书院由此呈现出高度繁荣的学术态势和顽强的生命力，即使在面临朝代更替、兵火战乱、伪学之禁和家族衰败等严重社会危机时刻，浙江书院的建造活动仍然遍地开花。

浙江的传统书院发源于民居体系，在因地制宜、注入教育功用的同时，还做到了兼顾江南建筑美学、技术和生态的平衡性，造就出如东阳石洞书院、永康方岩五峰书院这类堪称建筑杰作的书院建筑。因此，我们认为，浙江书院建筑群落是古代建筑资源体系中特殊的类型之一，包括以书院建筑群为核心的自然资源、土地资源、人文资源、资本资源和科技资源，集中体现了浙江古代教育的综合资源，同时也是国家意志与乡野意志的共同作用力，既展现了浙江省古代教育、文化模式，又展现了浙江地区传统书院建筑特色、工匠群体、技术经验的宝贵资产，是一个涵盖深广又具有多重价值属性的景观综合体。

2. 研究导论

（1）浙江传统书院建造文化的研究价值

梁思成在《中国建筑之特征》中说："一国一族之建筑适反鉴其物质精神，继往开来之面貌。今日之治古史者，常赖其建筑之遗迹或记载以测其文化，其故因此。"浙江地区的传统书院已是湮灭，故而研究急迫性尤甚[①]。

传统书院强调的环境观既源于中国传统文化中的堪舆考虑，又源于融地理学、气象学、景观学、生态学、城市建筑学、心理学为一体的系统自然科学。传统书院和历史民居、古典园林在营建思路上有明显不同的途径，它以更具率真性与自然性的文化形态和设计天性展现于世人之前，比民居更具理想主义，比园林更具现实主义。它的一屋一瓦、一山一水、一

① 安沛君．梁思成先生对中国建筑史研究所作的贡献［M］// 清华大学建筑学院．梁思成先生百岁诞辰纪念文集．北京：清华大学出版社，2001．

石一桥等，不仅仅是为了满足审美的需要，同时还具有较强的功能性和实用性。尤其是在浙江地区，传统书院的特殊之处在于它们从民居体系当中独立出来，完善了江南地区特定的建筑类型与形式，并综合了各地书院独具特色的学派脉络、营造技术与工匠精神。在规划设计上，书院与古代知识分子的生活、工作等实用功能密切联系，直接与城镇生活、农耕生产相结合，充满了浓郁的生活气息。同时，浙江传统书院建筑群也遗留下农耕时代的自给自足、半封闭半开放的空间结构与环境，以及部分不为世人熟知的乡野俚俗。这部分特征随着现代教育体制与观念的变革，原有的建筑功能已与时代不符，大部分书院被遗弃、占用或拆毁，加上现代人对传统书院景观没有产生足够的重视，以至于长期以来缺乏系统的认知，因此，书院建筑群并未得到良性的转型与再利用。

（2）传统书院的“营造”概念

“营造”这一概念包含了很多衍生的意义，它实际上超越了“建筑”的基本概念。从宏观上讲，营造包含了精神层面的家国天下之背景，耕读传家之传统，宗族家庭之责任，学派山长之根基，以及工匠技术之依靠……从全景上看，翳蔽于浙江各地的历代书院，将上述关键词串联起来，并进行了详细而完整的诠释。有些书院自始建以来，因地理位置偏僻，近乎完美地保留着纯正的江南乡建的构成要件。正因如此结合当今城乡建设的大背景，研究传统书院建筑景观思想才有了特殊的文化含义和现实价值。浙江丰富的地貌、多样的乡土材料与经验丰富的工匠群体，形成了风格多样、文化深沉的书院群落，它们将遍布州府县乡的书院融古今大儒名士、学派师承、建筑规范、民俗风情、工匠良师、政经风云联结于一体，并在全国范围内首先走出了从民居建筑中分离的重要一步，率先完成了古代教育建筑类型的独立与分离。

（3）将传统书院建筑文化从民居设计体系中剥离

本书的交叉研究理论涉及规划学、建筑学、教育学、历史学、文化学、考古学以及美学等多个综合领域。在建造系统的综合层面，有技术、艺术、文化、环境、生态……但更重要的关键因素是其中的社会层——社会层既包含固化的书院建筑群，也包含所有参与书院建造的人与故事，总体上涵盖了材料资源、工匠技术、乡风民俗、文化认知等多个方面。历代学者们对传统书院研究，都有很深的见解与研究①。但由于传统私学书院建筑大多数源自于民居体系，过去在研究建筑文化时，学者们时常将两者混为一谈。而在西方建筑研究的类型学中，已经将文化教育类建筑单独剥离出来。因此，本书应结合文化类建筑的属性，赋予书院建筑不同于民居的理论定位，完善“古代教育建筑”的分支研究类型。

因此，遵循以上要旨，本书对现存传统书院群落开展了长时间的专题调研，慢慢将传统书院建筑景观设计理论体系从民居设计体系中剥离，踏查书院建筑群在形成过程中产生的整合、变迁等活动，并结合全省不同地区的建造技术与本土材料，归纳不同类别、不同性质的书院建筑特质，由此总结其实践与理论精华，构建书院遗产研究的理论分支点。以上工作虽难免呈碎片化现象，但对于建立书院理论研究体系，也是至关重要的步骤。

（4）传统私学书院与学宫遗存的区分

民间书院建筑与学宫建筑有异有同，“学宫”最早见于西周，与“辟雍”大致相近，本为周天子专门教授贵族子弟的私教场所，与各国“养士、用士”制度有很大关联，延续至后就成为收揽贤士的传统。学宫建筑因其为当地官办教育最高机构，故多为“宽敞明亮，规制悉备”，学宫的兴衰与科举制度的兴衰紧密相连。而私学书院景观多为乡族乡民筹款兴建，或以民居、小庙转换而来，书院的兴衰与学者的学术水平、社会名望、学员多少、资历深浅等条件相关，大部分书院保留着很多的自然真迹，表现出了农耕时代的古代教育建筑特征。中国历史上疾风骤雨的运动

① 《营造法式》《工程做法则例》《营造法原》《营造算例》。

颇多，破坏力极大，尤其是在太平天国运动当中，浙江受损极为严重。现存的传统学宫多在太平天国之后毁弃，但部分私学因地处偏僻乡野，或长期与民居、寺院杂处，外界干扰少，还保留着明清时期的建筑原貌。

从建筑的营造本体价值而论，两者的倾向不同，并无营造艺术与格调之高下之分，私学多自然朴素、文风优美，官学则多深沉博大、端正厚重，两者在建筑体量、风貌上差异颇大，但都是书院遗存研究的重要构成。

（5）梳理古代文化性建筑的设计经验与特色

传统书院建筑是民间设计思维的实物见证，这与它身处农耕社会且保持着平凡生活有直接的关系。千百年来，无论是乡村书院还是城镇书院，莫不对它的设计极尽用心，书院承载了家族的寄托、聚落的荣耀、学派的归宿，以及家国天下的抱负和耕读传家的象征。既然如此，对传统书院的进行探讨，研究其中的设计思想，根据民间建筑的功能要求、景观要求，挖掘出内在的建造文化和工匠技术。通过研究书院乡土文化特质，找到研究书院建筑文化的模式和方法，并将其单列成古代教育建筑类别，挖掘其美学精神、建造技术、经验特色、材料选用与工匠精神，传承文化性建筑的研究规范与模式。这些问题的追溯，恰恰能解决理论的瓶颈，具有极为重要的现实意义。

（6）研究书院建造文化的意义和价值

研究书院建造文化具有多重意义，包括：

① 研究传统书院的教育文化、工匠技术与礼制文化，继承和发扬人与自然和谐共处的建造设计思想。

② 探讨当今城乡一体化建设具有现实的操作性与社会性。

③ 理解传统书院设计场所中的设计文化及地域精神。

④ 挖掘真实的古代教育建筑的工匠精神、乡土技术与营造经验。

⑤ 从自然资源利用的角度去保护和发展传统环境，保留传统建筑设计与人居文化。

理论应用价值包括：

① 本书选择传统书院作为一个独立的文化区域进行专项考证，并从理论、实践的角度证实其是一个完整、成熟的文化地理与工艺体系，能较大地突破以往书院学的研究视野与范畴。

② 书院群落本身具有“官式建筑和民间建筑都难以达到的文化艺术价值”。既有官式建筑的“礼制特征”，又有民间建筑的“乡野特征”，更集中地凝聚着浙江建筑的文化认知和文化标识。剖析书院群落最深层的文化追求和艺术审美，可以为研究书院文化景观提供一个典范[①]。“营造”一词既涵盖建筑本身，又包括在设计与建设过程中的文化选择与造物艺术，是一个多层面、立体式的综合研究范畴。本书挖掘书院的历史演进、文化景观及营造活动中的文化抉择等方面的理论，是书院营造本体研究的一种方法突破，对提升书院“造物艺术”研究的理论层次及引导后人进行深度研究等方面具有一定的理论启示与参考价值。

实际应用价值包括：

① 21 世纪以来，挖掘传统文化，大力推动和提升国家文化软实力已经成为社会共识和迫切任务。传统书院建筑群遗珍资源丰富，覆盖面积广，存续时间长，产生了既深厚又辉煌的文化影响力，但研究中断较久，本书研究初衷在于使传统书院建筑文化与时代发展相适应，成为推动传统文化工程发展的组成部分，对文化产业、创意经济、民族文化认同的良性推动作用是潜移默化又较为长远的。

② 浙江是中国传统书院资源的重要地区，该研究有利于增强浙江传统文化的竞争力，加快书院营造文化的现代应用转换，扩大书院文化遗产旅游，提升浙江文化品牌的综合影响力。

③ 有利于拓展书院文化遗珍的范畴，提前抢救书院遗珍，为政府提供

---

① 周景崇．论乡土聚落景观文化思想在现代村镇设计中的转换［D］．苏州大学，2007：16–17.

书院遗产保护与开发的决策依据，并为今后建设“美丽中国”新型城乡一体化建设提供文化引导和智力支持。

传统书院景观反映了中国古代朴素的自然观和民居聚落设计思想。在这种思想指导下，建成了当时最为宜人的居住环境，传统聚落与自然环境融为一体，体现了中国的传统文化观和系统的地方乡土文化与传承性。它们的景观文化内涵丰富，也是南方村镇发展史的缩影。通过该研究可以吸收中国书院建筑设计观的精髓，为当代设计所用，完成传统向当代的文化转型。

3. 书院建造文化研究的思路与现状

“书院营造”是一个具有多点多维的概念，既包含建筑、景观及书院设计当中边界模糊的地域概念，也包含动态建造活动的概念。“书院”一词始于唐代，《辞海》中解释为“古代教育机构”，原为修书、校书、藏书之所，后才用于讲学。一般在蒙学之上，书院教育提倡自由讲学，采用个别钻研、相互问答、集众讲解相结合的教学方法[①]。书院的景观范围既涵盖山野林地、田亩桑林，又包含村落房舍、菜园农地。其构成要素非常丰富，简要而言包括：建筑——主体建筑、院落、广场、书院园林等；书院所属物——学田、学仓、专属道路、自然河流、专属山林等特定经济附属产权。其营造活动指在某个特定的历史时期内，营建某一所书院建筑所发生的事物与活动的总体记录。

传统书院千百年来以科学、务实、创新的教育精神绵延于世，至今有大量完整、规范的建筑群遗存乡野之间，既是立体的书院历史，又是有生命的造物艺术。本书从宏观上重点研究浙江书院群落的文化地理、设计观

---

① 许顺富，刘伟．湖南绅士与近代书院文化［J］．湖湘论坛，2008（1）：39-41.

念、建筑伦理，从微观节点上主要研究书院群落的建筑艺术、景观生态、造物设计等，最后绘制出书院建筑文化的历史发展轨迹，总结其独具特色的书院建筑文化。本书按照历史顺序，通过“线性—立体—综合”的研究思路，将浙江各地的传统书院营造文化梳理为三个时段：起源与开端、发展与繁盛、变革与转型。书中重点挖掘书院营造艺术的文化特征和艺术精神，继而对书院之整体营造景观作一个多维的深度研究。其中将重点研究书院建筑的吴越体系、宋元体系及明清体系，剖析书院的建筑文化、园林景观、艺术美学、营造法式及革新路径等一系列问题，绘制出书院建筑群落的建筑艺术演进路线图，从理论、历史、实践的角度整理和证实书院群落的营造文化。

书院的学术研究，在中国已历经了大半个世纪。一般认为，书院（民居）的研究始于20世纪30年代以营造学社组织的一批学者所做的古建筑调查（如梁思成、刘敦桢1941年的《西南古建筑调查概念》、龙庆忠的《穴居杂考》等）。“文革”前有关民居的调研报告、论文和测绘图有：《苏州旧住宅参考图录》（同济大学陈从周，1958年），《徽州明代住宅》（张仲一等，1957年）。1980年代后的文献有：《浙江民居》（中国建筑技术历史研究所，1984年），《云南民居》（高珍明等），《传统村镇聚落景观分析》（彭一刚，1992年），《云南民族住屋文化》（蒋高宸，1987年），《江南古镇》（阮仪三，1998年）。可以看出，中国传统建筑景观理论研究领域的深度和广度进展明显表现在：从单一研究向群体性研究拓展；从“历史遗存”的考辨转向对“现实环境”的分析；从“物质形态”转向“文化环境”的思考等。

① 国内研究现状述评

1923—2012年的90年间，发表有关书院的论文至少有2312篇，著作70余部，总体特征是视野较为集中，文化特质也是各家异说。主要集中在以下几个方面：

第一阶段（肇兴时期，1923—1949 年），主要聚焦于书院教育制度与史志等学科视野。书院研究大约始于 1923 年胡适的《书院的历史与精神》《书院制史略》，此后历年涉及书院研究的有：陈东原的《书院史略》，钱穆的《五代时之书院》，邓之诚的《清季书院述略》，张君劢的《书院制度之精神与学海书院之设立》等。第一阶段的标志成果有三：一是曹松叶的《宋元明清书院概况》；二是盛郎西的《中国书院制度》；三是刘伯骥的区域性开山之作《广东书院制度沿革》。以上这些成为第一阶段书院研究的典范[①]。

第二阶段（发展时期，1950—1979 年），由于历史原因，书院研究停滞，港台地区研究活跃。1950—1978 年大陆学者发表了约 17 篇文史资料及 3 篇论文，港台地区学者则发表了 42 篇论文。如孙彦民的《宋代书院制度之研究》、陈道生的《书院建设之源流》、王镇华的《台湾的书院建筑》、何佑森的《元代书院之地理分布》等。王凤喈指导的《韩国书院制度之研究》将研究范畴拓展到了海外。1979 年大陆杨荣春的《中国传统书院的学风》，作为“文革”后重启书院学研究的开端。

第三阶段（兴盛时期，1980—1993 年），形成了 2 个书院教育制度与演变史的研究高峰。本阶段以程元晖、尹德新、王炳照的《中国传统书院制度》、章柳泉的《中国书院史话——宋元明清书院的演变及其内容》、张正藩的《中国书院制度考》、邓洪波的《八十三年来书院史研究述评》、蒋建国的《20 世纪中国书院研究》等为代表，已经初步形成了书院学研究体系，邓洪波教授至今还是此领域笔耕不辍；这一时期还专门成立了研究机构，如：1984 年冯友兰、张岱年等与北大、清华、北师大、中国社科院等创立的中国文化书院，以及 1986 年成立的江西省书院研究会、湖南省书院研究会等两个省级书院学术研究团体，还有近几年各省成立的类似研究

① 邓洪波，周月娥. 八十三年来的中国书院研究［J］. 湖南大学学报（社会科学版），2007（3）：31-40.

团体等。

第四阶段（新转型期，1994 年至今），已经开启书院营造文化研究的先声，但无浙江区域的建筑专题。20 世纪 90 年代以来，书院研究以 900 余篇论文及 40 余部著作引以为傲。其中，季啸风的《中国书院词典》是第一部书院研究的工具书。陈谷嘉、邓洪波的《中国书院史资料》、陈国钧的《中国书院史》以及赵所生、薛正兴的《中国历代书院志》，都较为全面地概括了书院的史料。专题研究如朱汉民、邓洪波、高峰煜的《长江流域的书院》，杨慎初的《书院建筑》《中国书院文化与建筑》，李才栋的《江西传统书院研究》，王镇华的《书院教育与建筑——台湾书院实例之研究》，龚剑锋的《宋代浙江书院略论》，以及万书元的《简论书院建筑的艺术风格》等专著，均有超越前贤研究的新思路。

② 国外的研究现状述评

20 世纪 20 年代以来，日、韩两国数十年间发表了百余篇中国区域书院学的论著。尤其是中国在中断了约 30 年之久的书院研究之后，国外却取得了重大进展，如：大久保英子的《明清时代书院之研究》、丁淳睦的《中国书院制度》为学人熟知，金相根的《韩国书院之制度》中专门有介绍过中国书院研究的成果。后来李弘祺等的《朱熹、书院与私人讲学的传统》文章发表后，更体现出国外对书院研究的深厚积累。日、韩学界至今定期进行的书院遗珍联合考察，标志着国外学者的书院研究已逐渐转移至抢救调研的阶段。

研究是一种个体的判断和梳理，当然也存在多向的交流，各方通过观念、信息的交流与碰撞，形成一定的艺术审美价值并向外界提供信息。对浙江传统书院建筑的梳理与研读，首先应该立足于对其建筑形制、建筑营造技术的研究，但同时还更应偏重于探究浙江传统书院建筑背后所蕴含的土壤文化、设计思想和实践根源。

第一章

浙学传统书院全景式文化形态

“当时书院的程度，犹如今日大学本科，倘在书院里考得成绩很好，就升入精舍。此时犹如今日入大学研究院了[①]。又当时又有所谓大学三舍制，就是在宋仁宗的时候，大兴学校，令天下皆设官学，自己复于京师设立大学。考他的组织方法，也有三种阶级，在州县学读书，称曰外舍，等于大学预科；经一种考试升入内舍，等于今日大学本科；再经严格的考试，就升入精舍，等于今日大学研究院。这种制度，已在浙江书院实行了。”（摘录于1923年12月10日胡适在东南大学的演讲，陈启宇笔记整理）[②]。

① 陈小华.《诂经精舍文集》研究［D］. 华中师范大学，2013.

② 原载：［N］. 上海时事新报·学灯副刊，1923-12-17；又载：［J］. 北京大学日刊，1923-12-24.

第一节　传统书院群落的全景式图像概念[①]

1. 传统书院遗珍的价值构成

现代建筑遗产保护的实践起源于18世纪末的欧洲，而系统性讨论“建筑遗存保护”这一理论概念则在19世纪的中期，而且，此前的保护概念甚至未涵盖到古代园林遗产。我们知道，法国的城市规划师奥斯曼把巴黎大部分中世纪漂亮的城区都重新拆毁改建了，英国维多利亚时代也出现大规模的改造，这些都是在建筑遗存保护已经兴起之后的大规模拆建举动，放在今天无疑也是难以接受的。但这些改造行为在某种程度上重新塑造了19世纪中叶的欧洲的城市景观。建筑保护与城乡更新，是一对既矛盾又合作的概念，很难完全调和。对此现象，梁思成在《为什么研究中国建筑》英文汇编代序当中谈道：“如果世界上的建筑景观艺术精华，没有客观价值标准来保护，恐怕十之八九均会被后人在权势易主之时，或趣味改向之时，毁损无余。在欧美，古建实行的保存是比较晚近的进步。19世纪以前，古代艺术的破坏，也是常事。幸存的多赖偶然的命运或工料之坚固。19世纪中，艺术考古之风大炽，对任何时代及民族的艺术才有客观价值的研讨。保存古物之觉悟即由此而生。即如此次大战，盟国前线部队多附有专家，随军担任保护沦陷区或敌国古建筑之责。我国现时尚在毁弃旧物动态中，自然还未到他们冷静回顾的阶段。保护国内建筑及其附艺，如雕刻笔画均须萌芽于社会人士客观的鉴赏，所以艺术研究是必不可少的[②]”。中

① 梁思成. 为什么研究中国建筑（Chinese Architecture: Art and Artifacts）[M]. 外语教学与研究出版社，2011. 知乎主题讨论：与西方相比，为什么中国人那么不重视古建筑古文化的保护？[OL]. https://www.zhihu.com/question/21142747. 谈研究传统书院建筑文化之要义。

② 梁思成. 为什么研究中国建筑[J]. 建筑学报，1986（9）：3-6.

国自封建时代以来，虽工程建造能力日趋宏大，华屋日趋高峨雄伟，建筑系统的成熟与完整高居于世界前列，古代都市的营造理论完成了集地质地理学、生态学、景观学、建筑学、伦理学、美学的综合性、系统性统合，并与造园学一道构成了东亚古代建筑理论的重要支柱。但中国的建筑遗产保护的观念，兴起较晚，支持这些重要理论的实物，已非常稀少，“地面所遗实物，其最古者，虽待考之先秦土垣残基之类，已属凤毛麟角，次者如汉唐石阙砖塔，不止年代较近，且亦非可以居止之殿堂”①。官方开展的古迹（建筑）保护在我国出现的时间就更晚，梁思成于1942—1944年所著的《中国建筑史》中对这个问题有一定的阐释：“市政城镇的极大扩张，建筑物之新陈代谢本是不可免的事。但即在抗战之前，中国旧有建筑荒顿破坏之范围及速率，亦有甚于正常的趋势。这现象有三个明显的原因：一、在经济力量之凋敝，许多寺观衙署，已归官有者，地方任其自然倾圮，无力保护；二、在艺术标准之一时失掉指南，公私宅第园馆街楼，自西艺浸入后忽被轻视，拆毁剧烈；三、缺乏视建筑为文物遗产之认识，官民均少爱护旧建的热心。在此时期中，也许没有力量能及时阻挡这破坏旧建的狂潮②。”

2.“不求原物长存”之观念

中国金石书画素得士大夫阶层之重视，各朝代对它们的爱护欣赏，并不在文章诗词之下，实为吾国文化精神悠久不断之原因。而民居建筑不然，建筑营造数千年来，完全在技工匠师之手，而匠师从未得到尊重，其技术的表现大多数是不自觉的师承演变之结果，这个情形，同欧洲文艺

① 梁思成．为什么研究中国建筑［J］．建筑学报，1986（9）：3-6.

② 梁思成．为什么研究中国建筑——代序［M］//中国建筑史．天津：百花文艺出版社，2005：1.

复兴以前的工匠地位相类似。但这些无名匠师，在实物上为世界留下许多伟大奇迹，在理论上却未为自己或其创造留下任何记录。因此一个时代接替另一个时代，因观念的些许变化，往往喜欢将前代的伟创加以摧毁或改造。在隋唐建设之际，不对秦汉旧物加以重视或保护。北宋之对唐代建筑，明清之对宋元遗构，亦并未知爱惜。重修古代建筑时，擅易其形式内容，不为古物原来面目着想，多任意改观。加上自清末以后突来西式建筑之风，不但本土历史建筑的寿命更无保障，连城乡建筑的原貌都改变了。

梁思成认为，中国建筑与各国建筑遗存保护面目得到迥然不同的重视，主要原因就是源于一种“不求原物长存”之观念。而中国建筑结构多以木材为主，建筑之寿命限于木质结构之未能耐久，深究其故，实缘于不着意于原物长存之观念。所以，中国自始至终未有如古埃及刻意求永久不灭之工程，且安于新陈代谢之理念，以自然生灭为定律，视建筑且如被服舆马，时得而更换之；如失慎焚毁亦视为灾异天谴，非材料工程之过。

关于对古代建筑类遗产的调研，我国的起源也较晚。葛兆光在《日本学者是如何对中国古迹进行考察的》一文中曾谈到，19 世纪后半期以来，西洋、东洋的冒险家和历史学者对中国文物古迹做过相当深入的调查。如德国学者鲍希曼的《中国的建筑与景观》（1923 年），瑞典学者喜仁龙的《中国早期艺术史·建筑卷》（1929 年），日本学者常盘大定（Tokiwa Daijo，1870—1945）著名的“五游震旦”，全面踏查了中国的宗教遗迹，其著作《支那史迹踏查记》今天还在陆续出版，可以说是 1920 年代东亚学界的一件大事[①]。在“五游震旦”中，常盘大定一一寻访了中国南北十

---

① 葛兆光．回首与重访——常盘大定与关野贞〈中国文化史迹〉重印本导言［N］．东方早报·上海书评，2016-5-1.

几个省市的佛教文化遗迹，广阅文献，深度记录，终于成就了一部集大成的中国历史与文化遗迹图册。在中国，梁思成在1932年读到关野贞报告后深受刺激，正是这一契机，才促使他1933年率领营造学社同仁刘敦桢、林徽因等人风餐露宿，呕心沥血，踏勘古建筑，中国人对古建的研究情况才有了转变。到了1940年时，学社成员已经踏勘了15个省的近200个县，研究过的古建筑超2000个，奠定了中国人研究自己建筑遗产的基础。在这以后，影响到日本学者长广敏雄、水野精一对此领域进行了更深入细致的考察。①

直到1909年，我国近代文物保护法匆忙启动，此间颁布施行的《保存古迹推广办法章程》和《保存古物暂行办法》，可视为中国近代文物保护制度立法的开端。此法规定了保护对象由“古代陵寝、先贤祠墓”到“国体所关”“美术所关”“珍贵古物”，再到“文艺所关”“风景所关”等，保护对象范畴也从金石字画扩展到建筑园林。1913年，美国记者马克密呼请中国政府保护古物的函件，促动了民国初年的古迹保护立法，特别是限制古物贩卖、出口等相关措施的出台②。章程规定了六类保护对象，即周秦以来碑碣、石幢、石磬、造像及石刻、古画、摩崖字迹之类；石质古物；古庙名人画壁或雕刻塑像精巧之件；古代帝王陵寝、先贤祠墓；名人祠庙或非祠庙而为古迹者；金石诸物，时有出土之件等文物。

以1949年为界，中国不可移动文化遗产概念及保护措施出台经历了三个时期：清末民初（1906—1912年）、北洋政府时期（1912—1928年）、南京国民政府时期（1928—1949年）。这段时期中国风雨飘摇，社会动荡，虽然能意识到“中国文化最古，艺术最精，凡国家之所留贻，社会之所珍护，非但供考古之研究，实关于国粹之保存 ”，1916年北洋政府时期

---

① 常盘大定，关野贞．中国文化史迹［M］//日本学者对中国古迹的考察．日本法藏馆，1939-1941.

② 张松．清季民初古物保存理念之考察与比较［J］．遗产，2019（1）.

也曾颁布《内务部为调查古物列表报部致各省长（都统）咨》，1928 年国民政府内政部再次颁发《名胜古迹古物保存条例》，1934 年成立了“中央古物保管委员会”，延至 1949 年之后，各种与历史文明切割的情况就大不一样了[①]。2000年ICOMOS（国际古迹遗址理事会，International Council on Monuments and Sites）中国国家委员会通过的《中国文物古迹保护准则》，兼顾了《威尼斯宪章》的精神，非常具体全面地展现了中国文物古迹保护自身的特点，重要的是，本保护准则全面纠正了中国文物古迹保护中长久存在的观念性问题，算是对“不求原物长存”观念的一个回应。

3. 全景式书院考察概念

本书将书院建造体系作为一个全景式的完善体系来研究是很有必要的。书院作为中国传统建筑中一个完整且独立的分支，兴起历史久远，涵盖家庭、乡村与城市，纽连蒙童、乡贤、官员与大儒，在江南各地深植其书院文化根须，时间上横跨中古及近古时期，纵深上千年，不可能长期依附于民居体系当中。目前全国各地乡土聚落和城市的面貌变化之快，传统书院建筑群落急需抢救性的调研、发掘、整理和鉴别。中国学者一直以来把书院归纳在古代教育领域，且多数停留在古代教育思想的本体研究方面，缺少对书院建筑体系的研究，更未将全国的书院建筑并联起来，导致书院研究不完整，呈现碎片化、个例化等特点。因此，只有结合历史全景，借力探明传统书院建筑之真义，努力搜寻、梳理、考订史籍，尽力客观、辩证地考证与描述史实，总结和探索书院建筑之历史规律，经验之独旨，才是研究者的任务和使命。

① 千年史迹百年旧影——两千余帧古典摄影呈现中国文脉［DB/OL］. https://www.sohu.com/a/167542523_276366.

对书院建筑历史的追溯，当然不应忽视对其建造技艺及其历史人物的探究，但不可只苦心孤诣地探究书院建筑的形制，还更应着重探究其背后的设计思想和历史人物之剪影。浙江全境超大规模的乡土聚落及小城镇遗存相较周边的赣、闽、皖、苏而言，总体数量上更少，而书院作为民居建筑的一部分，由于种种原因，或毁于兵燹，或淹于天灾，自明清始建而保存至今者，实为吴越建筑之万幸。如此，文中在上溯传统书院建筑的时候，我们大多要借助一些其他的地方建筑资料作为补充与参考，历代文献中的书院图样大大少于学宫的图样，因此必须借助如文庙和民居遗存等来做参考与借鉴，用历史信息来勾勒当时的古代书院建筑大致形貌。

从单纯的文字来探寻浙江历史书院的建筑是比较片面的，我们也从族谱、地方志、文章、词、诗、匠人等信息之中寻找答案。由于单纯的书院建筑在中国古代并未被视为文化或艺术，建筑之于绘画、书法、诗歌等更属于工匠技艺，在形而上的知识阶层，只能见到《天工开物》《营造法式》等一类的专业论著。因此，在古代社会并不会大规模地将传统书院建筑绘图成册，很少记录修建者和参与民众的名字。纵观浙江省全境的传统书院，多数是直接由民居和寺庙辟为书院，部分地区得到官方士绅与望族强宗支持、经费充足，有条件去建造专门的书院。无论是民居转制还是专门建造的书院建筑群落，早期的书院建筑形制、建造工序、建造技艺具有文化教育建筑的特点，在文化上采用“分等辨级”的手段，并利用这种手段，来研究传统书院建造的等级制，这种等级制度下也不缺乏“因地制宜”“以材为祖”的灵活性，这些关键问题同时也是中国古代书院建筑的精妙所在。举凡浙江省优秀的传统书院建筑，都与这几个字有着莫大关系[①]。

---

① 论中国古代建筑形制的若干探究途径[DB/OL]. https://wenku.baidu.com/view/9ef2b04ff7ec4a.

第二节　农耕时代的传统书院特性

纵观浙江地区传统建筑的主体，无论是宫苑皇室还是乡土聚落，其来源均与农耕文明的所有内涵相联系，并以其巨大的影响力，深刻地左右着数千年来建筑活动的各个方面。浙江传统书院建筑多数位于乡镇或农村聚落当中，它们作为农耕时代教育建筑的载体，其根源也都深植于农耕社会生活特征当中，在外观和内在上显现出与之相应的文化特征。研究其历史途径，大致有四：

第一，研究浙江传统建筑工匠技艺如何借助科举制度、地域文化、宗教礼仪、学源等途径得以发展和传播？浙江省各地区的工匠群体之间的关系如何？我们至今对这一传统的认识还不充分。因此，开展浙江地区传统建筑工匠群体的派系、团体等背景研究，是本章的重要课题。

第二，浙江是目前已证实最早的干阑式建筑发源地，其传统建筑和工匠技艺得到巨大发展，保留了技术信息的完整延伸。要想深入地认识建筑技术传统，了解古代工匠的社会组织、技术传播途径和使用方法，一个有效的途径就是调查研究现存的工匠技艺。因此，进一步发掘、整理和解读宋元以来的书院建筑史料，调查现今仍在延续和使用着的技术传统，便显得非常必要。

第三，从书院建筑中再认识工匠技艺传统，注重对以往学术史研究的总结、批判，在本书当中将被重新考释。

第四，在建筑科学史研究的方法论问题上，由于工匠在典籍上的记载偏少，我们更主张通过亲身调查和参与复原一些濒临失传的建筑技术，考察书院遗存，以加深对浙江建筑工匠群体的认识和理解。

可以说，借助对浙江传统书院的梳理去研究浙江的古建筑技艺流派就显得非常必要了。本书不再囿于科学技术发展本身，而开始从方法论的角度，将建筑学、考古学、宗族学、民俗学、社会学等学科研究方法引入书院建筑史研究范畴，大大拓宽了中国科技史研究的内涵。

1. 实用理性：土地导向与务实稳定的精神

土地上的所有附属物，如耕地、菜园、房屋、院落等，均具有循环式的稳定性，它们何时播种，何时劳作，何时修建，循环往复，无须时时创新、年年变革。即使有革新，在漫长的岁月里也显得很缓慢，甚至毫无察觉的发生变化。这点可从西方大量的建筑景观遗产保护的实例中得以证实，也正是土地的上述特性，决定了以农耕文化为主体的中国传统文化的总体特性。浙江传统工匠群体是以劳动换取生存的群体，一直趋向于“勤”“俭”的朴素工匠观念。农耕时代土地的稳定性使土地所有者拥有传世恒产的权利，书院建筑的传世恒产则为传道授业，士大夫心怀家国天下的理想主义又使书院教育蕴含积极向上的奋斗精神、忧国忧民的爱国情怀、求真务实的学派知识和艰苦奋斗的自强精神等，促使浙江学者形成了实用、理性、经世致用、不守门户之见的态度。自宋代以来，浙江士子中既有陷入封建意识迷狂之保守者，又有知行合一、求真务实之实用理性主义者，或深藏于各朝遗民与普罗大众之中，历经劫难，也能焕发生机，浮跃而出，发扬敢争天下先的浙江精神。这种局面都与浙江私学思想教育的引导和创新惯性有极大关系。

同样，因时代局限，保守固执的观念与务实理性的求变之精神，都能在浙江各地的私学建筑上看到，反映了多重文化意识的矛盾、斗争与和谐、统一，这种独特的内涵在全国书院建筑中也属凤毛麟角。可从如下两个方面得到解释：

（1）注重教化统一，少建造轻装饰

浙江地区书院建筑的形式多样，堪称中国书院建筑类型之最。无论是经验技术还是美学规范，都是建立在浙江民居“框架结构”的技术体系之上的产物。从《天工开物》一书中对南方技术的阐释中，我们可以看到浙江民居建筑一直遵循、注重建筑的结构逻辑与经验技术，从堪舆、开基、砌墙、梁、柱，到花窗、铺地等要求与规范，其历史传承的脉络丝毫不乱。但这种严谨传承的背后，又有大量“因地制宜”“因材施工”的创新经验与设计智慧。这些案例上可追溯至上山文化、跨湖桥文化、马家浜文化、河姆渡文化、良渚文化的古建筑类型，中可承接两宋江南民居的成熟体系，下可寻觅江浙地区所涵盖南方通用式的木构架结构。其中，仅从木构架的书院样式而言，就包含了抬梁式、穿斗式和井干式，甚至有无梁无柱等独特的结构类型。山区书院多为木材横竖交叉、层层累叠构成房屋的“井干式”书院，平原书院建筑则喜用抬梁式与穿斗式混合的形式（此类建筑在浙东与皖南民居中大量可见），甚至可以发现很多具有宋、辽、金等时期营造“通柱型”与“叠柱型”楼阁的技术与特性。这些技术施之于建筑，外化为不求外显而求内涵的特点，实际上却富含了彼时建设者们变革与综合的求变心态。不仅如此，有些书院建筑的构件与格局，如月梁、牛腿、雀替、天井等，表面上看，似乎是为了解决构造的问题而形成的，实际上却承担了文化建筑的教化需求。

（2）注重人机工程，注重二维审美

书院建筑一直坚持人本与生态主义的建造原则，并非停留在口头的经验主义。这种原则贯彻在建筑营造活动中，就是以“因地制宜”“以材为祖”与“审曲面势”为基本原则。在浙江古代书院中，最大的建筑也不过是三层木构小楼，遍寻浙江全境的书院建筑，我们会发现书院均以小尺度的“院”为单位，不断叠加而产生。与民居建筑一样，书院建筑群在美学上设定的路径也是以一个个单元院落为中心去进行审视的，没有类似像宫苑建筑那种超尺度的设计。不论书院建筑群最后发展到多大规模，它都可以分解成一个个小型的建筑尺度。它不局限于单体建筑物，可以用一个单元做空间上无尽的追求，无限扩大这个单元体系。这种组合型的小尺度设计取向，正反映出古代浙江学者与工匠群体的务实主义精神，以实用理性思想指导建造实践。

工匠们从方圆之内开始规划，经营壶中天地，从而形成各不相同的小型“二维式”的烫样。建筑的烫样既有东方以“面”为单位进行设计，也有如西方建筑以“体”为单位设计，既有二维的平面化设计审美，又有三维立体式的体块认知，这些都是帮助我们认识传统书院建筑的途径。

2. 审美原则：建筑技术的地域化与通用性

关于书院建筑技术的一体化与通用性的审美原则，我们可以从几个案例来论证。在浙江余姚河姆渡新石器时代和良渚遗址中，已发现古人熟练运用榫接技术建造木结构房屋，以及在良渚古城当中兴建水利工程的实例。榫接技术是中国建筑体系的早期特征，也是江南建筑营造技术的起源。这种木构技术搭建方便，制作简易，是长江流域城乡民居和皇族宫廷、园林书院以及寺庙伽蓝等建筑的主流类型，体现了建筑技术的一体化和通用性，具有典型的江南木构建筑结构与美学特性。

科学史学家李约瑟曾说：“皇宫、庙宇等重大建筑自然不在话下，城乡中无论集中的，或者是散布在田园中的房舍，也都经常地呈现一种‘宇宙图案’的感觉。以及作为方向、节令、风向和星宿的象征主义。”[①] 李约瑟总结的这种方向、节令、风向和星宿的象征主义与古代堪舆学高度契合，体现在选址、规划、设计中，对光线、朝向、风向等严谨考量中，这也是古代工程建造过程中最不可忽视的建筑审美及生态之道。无论是否符合现代科学的要求，建筑参与者们在建造技术与建造活动中，处处体现中国建筑美学精神的深层结构，也将设计与古代生活融为一体。

从建造技术上考察，中国建筑在建造原则自古以来既有灵活多变的“通

---

① 王明贤. 公共艺术与宇宙图案［J］. 美术观察，2004（11）.

用”设计原则，也有类似《考工记》《清工部工程做法则例》[①]等成熟的“标准化”建造规范，最终落实到平实而定型的民居建筑框架之中，加上各地利用乡土材料的经验，成为代代传承的营建方式。浙江书院建筑与浙江传统民居建筑一样，其设计就采用“通用式”与“标准式”的建造准则与理念，这种建造规范与地域特征决定了书院建筑群落呈现出重实用、重内涵的特点。

3. 以院为宅：书院的伦理精神与设计意念

浙江传统书院与浙江民居一样，共同特征有两个——“乡土”“伦理”，再加上“教育”自身的显著特征。这些词汇的背后，显示出一切建筑群落的设计思考都是由“乡土”开始。这就导致浙江传统书院建筑在起点上基本上都以“住宅”为发展原型的特征，即使如万松书院、南宗孔学、天一阁与天籁阁，都呈现出“住宅式”或者“园林式”的院落特征，具有明显的以院落为单位的概念。这种院落的形制是由“宅”的尺度概念为原型组合而成的。考证中国的佛寺道观、书院学斋等，可以发现大量舍宅为寺、舍宅为（书）院的案例，这种基于宅院模式发展除了的书院，集中体现了中国古代建筑实用主义的设计概念[②]。在客观现实中，书院也是一个宗派学流的大本营，这一点，在治学及科举风气浓厚的江西、广东、江浙等地的书院建筑群落上有着深刻的反映，甚至很多宗族书院兼备了科举取士与学派群体的双层作用。因此，研究浙江传统书院建筑群落，应该与民居体系串联起来，做一个全景式的综合研究。

---

① 指清雍正十二年（1734 年）清工部颁布的《工程做法》，共计七十四卷，合 2768 页。《清工部工程做法》和宋代李诫《营造法式》是古代官方颁布的关于建筑标准的两部古籍，在中国古代建筑史上有重要地位，建筑学家梁思成将此二部建筑典籍称为“中国建筑的两部文法课本”。

② 史争光. 江南传统民居生态技术初探［D］. 江南大学，2004.

第三节　大历史观下的浙学书院文化

浙江书院大致上萌芽于晚唐，成熟于吴越，兴盛于南宋而续于元，普及于明清，清末改制为新式学堂；各类书院遍布乡野与城市，数量、规模及影响力列全国前三。清全祖望在《鲒埼亭集外编》卷四十五中记曰："北宋有嵩阳、睢阳、岳麓、白鹿等四大书院；南宋有岳麓、白鹿、丽泽、象山等四大书院，此分类暂不包涵按学派分类法。"[①] 浙江书院建筑群自唐宋兴盛以来，历经千年，由盛转衰，至清末废除科举以后，除部分书院转型为新式学堂，大多因急剧变革而消失于历史舞台。胡适曾叹曰："书院之废，实在是吾中国一大不幸事。一千年来学者自动的研究精神，将不复现于今日"。但从各地对浙江全境传统书院的踏查结果，可以看出，书院教育的制度性缺陷是影响书院建筑废存结果的重要因素：第一，与全国各地书院建筑一样，浙江各地的传统书院本可以采取类似西方自由学术与学派教育的方式求得生存土壤，但自宋之后，不少书院生存于科举制度的夹缝，故而失去了灵活变通之根本，最后因科举废而书院废；第二，私学的师资、规模、办学条件、学生规模与膏火资助等规模很小，大部分书院属于宗族书院或私人书院，虽然历史贡献很大，但在近代的转型价值不高；第三，地方书院大多历尽坎坷、兴废难料，大部分毁于兵燹，也受城镇化的影响，导致部分书院建筑实物不受重视而迅速消亡，这些都是浙江甚至全国书院建筑的基本存续问题。

1. 书院初创时期缺少稳固的综合基础

浙江各地的书院，因其灵活的民间性设计机制，大多数能在历史变故

---

① 李德斌. 从书院的消亡看书院制度的困局［J］. 中国成人教育，2007（8）：123-124.

中收放自如。一是因人设学，各私人书院的教学模式形式多变，书院办学实体也可随时更换；二是为弥补官办教育的不足，兼具私塾与官学之功效。浙江书院约始于唐代北方士人举族南迁，知名者有5所。五代时期东南赢得休养生息良机，士人仿效禅林讲学制度，设立读书讲学私学书院，此为浙学风气酝酿早期之趋势。叶适说："吴越之地，自钱氏时独不被兵，又以四十年都邑之盛，四方流徙，尽集于千里之内，而衣冠贵人，不知其几族，故以十五州之众，当今天下之半。"到宋代后，因浙江是北方移民首选之地，人才荟聚，书院建筑数量大增，开始出现州、府、县乡各层级的书院等级雏形，这是浙江学者、进士等人数长期居于全国前列的主因之一。另外，从全国的人才分布来看，如翰林出身的内阁大学士，东南四省共86人（南直27人，浙江26人，江西22人，福建11人），占全国总数的53%。一方面，宋之后各地官学不足，以及名师望族办学虹吸效应力增强，此时的书院建造如雨后春笋，生命力旺盛。可见传统书院之兴废，与官绅、望族、名流息息相关[①]。这类例子在浙江地区比比皆是。明代浙江地区列传人物、宰辅、进士、文魁等居全国首位，理学大家人才仅次于江西（35人）；其中以嘉、湖、绍、杭四府最盛，绍兴府科举儒学书院之盛又甲于浙江。据《重修安澜书院碑记略》记载，清嘉庆壬戌年间，海宁州牧黄秉哲重修安澜书院，增设左右学斋十余栋。黄秉哲与州中望族如查、陈、朱、胡、马等诸家商议，恳请资助，捐赠田产、银两、课桌椅等，方可维持运转。黄秉哲离任之后，安澜书院马上一度停办。再如《云和县志》清同治三年刊本记载："箬溪书院在朝阳坊。道光七年署知县郑锦声偕绅士魏文瀛、梅佳模、王廷宝等集资创建为箬溪义学，其右为社仓，左为朱子祠"。也是因倡绅士捐置租田以裕膏火得不到响应，又不得而停办，书院社仓建筑被占。

---

① 李德斌. 从书院的消亡看书院制度的困局［J］. 中国成人教育，2007（8）：123-124.

定海县的景行书院同样如此[①]，据《定海厅志》载："（景行书院）嘉庆初知县宋如林得马岙大涂面垦田二千余亩，租税所入充士子肄业资，而景行书院之名以立"，到了嘉庆十六年，学田又被牧马，租赋转移，书院被租占，遂废。由此可见，各书院创建、维持与消亡都瞬间可变，无法实现完全独立。其余大部分书院如新昌石鼓书院、嘉兴鸳湖书院、宁波碧沚书院等，多数存在这类情况。纵观全国书院，多数在筹建之初，尚能兼顾科举与治学的功用，但一旦失去支持，则迅速废止，所以自宋代开始，浙江各地书院大跨步地靠拢科举应试的轨道，表现的甚至比其他省市更为突出。

2. 书院兴废：私学与科举的生存夹缝

多数私学书院建筑起初多依附于寺庙、官学，或望族、名士等，后来因浙学渐兴与避世之需，一些书院成为各鸿学大儒传播要义的场所。宋、明两代，由于浙学各学派理念的不同主张，在教学理念上更注重思想的灌输与实践的体悟，方才展示了传播自由学术的优势，但同时因社会风气与官方要求普遍以科举考试为导向，以至于连一些鸿学大儒也难以广聚人才，私学教育始终时好时坏，部分书院只能走应试道路，并在管理手段、教学方法、教学目的方面向官学科举考试靠拢，连书院的营造规划也逐渐与县学、府学相似。大部分书院都是只重科举、不问学派。举例阐述：我们从清代余姚学者邵廷采的《姚江书院志略》上可以考证，姚江书院在初创时，是一个纯学术的团体，毋论朝廷时事，里中俗语及事态寒温。但到后来，书院在办学宗旨、生员管理、膏火筹集，每旬教授升堂讲经、史，以及分斋讲"三八讲经，一六讲史"等方面全面以官学为范式。朱熹曾形容说："建书院本以待四方士友，相与讲学非止为科举计。"如元代至大二

① 定海厅志［M］. 清光绪十年（1884 年）刊印 .

年（1309 年）童金创办的宁波杜洲书院，一切皆以官学为则；1879 年知府宗源瀚创办的辨志书院，开设有史学、舆地、算学、词章等课程，还外加时事策问等科目；1885 年宁绍道台薛福成创办的崇实书院，课程除了传统的诗词歌赋、经史子集，还有地理天文、历法、算学、医学、文选、数学、策论等方面[①]。还有如明世宗嘉靖六年（1527 年）冬月，礼部尚书、文渊阁大学士张璁在里邑永嘉创办的罗山书院，讲学授徒及奖进乡贤，由于弟子中榜者众，明世宗嘉靖皇帝钦题“大开贤门”四字予以表彰，清光绪十七年（1891 年）瑞安名儒陈黻宸（介石）在罗山书院主持讲学，也因陈门下县试上榜、留洋者众，书院“学风寖盛，百里知之”。不难发现，很多传统书院在有识之士的倡导和维持下，既能在科举体制渐趋僵化、功利化之情境下，突破学科藩篱、恢复“学在民间”传统之努力，也不忘事功，务实求真，教学能兼顾科举考试，在办学目的、日常教学制度，甚至书院建筑格局上，都依仿州、府、县学，培养学生参加科举的目的十分明显。

3. 生存空间：学术自由与宽严相济

书院作为教育和培养人才的场所，其建造规模和招生规模自然要接受朝廷与地方的制约。从盛唐开始，书院逐渐萌芽，比肩邻省，并数度“独领风骚”。两宋官学不足，但浙江书院建筑遍布县乡村各级，并形成书院建筑模式。朝廷数度决定控制私学教育规模并对先儒传注废而不用，对书院的学术自由起到了束缚的作用。白鹿洞书院因南宋朱熹在此推广理学，规模尚不足北宋时期的三分之一，学生仅十余人而已，诸生刻苦自厉，却被判为传播“伪学”。不光朱熹有如此命运，其他如南宋的朱子学派、湖

① 古代宁波书院数量位居浙江第一［DB/OL］. 余姚新闻网. http://yynews.cnnb.com.cn/system/2018/03/19/011797715.shtml.

湘学派、陆王学派及明清的蕺山学派、浙东学派等书院同样获此遭遇，但唯独浙东会讲之制活力不减，吸引了周边地区学子，助推学术兼容并蓄之风，为浙江明清时期的书院营建高峰埋下了伏笔。

元初，江南不少士人心怀故国，不仕异族，甘心讲学于山林，但这种遗民现象只存在了一两代人之间，后世多不再坚守。元代因存在时间较短，但此时书院建筑营建的主体关系发生了变化：有些书院营建仿效丛林制度，选址在山清水秀的避世之地，不问世事；有些书院讲学兼备游宴雅集；有些书院怀念故国，师生多为贬谪落魄官员的各族士人圈……元后期，江南书院繁盛。蒙古、色目人纷纷参与书院营建，此时的书院汇入了多元包容的多民族文化色彩。元末各族官绅逐渐同情、认同元代的正朔地位，进入明朝后，这些人又结成了元代遗民圈遁入山林，又逐渐营建新的书院[①]。

元代近百年间，私立书院尚能与官学相提并论，其山长亦有不少饱学之士或告老还乡的退官任教，新建的书院也有增无减，但到了明代，虽然朝廷坚持“世治宜用文”的文教政策，集中精力强化科举考试，加上文字狱盛行，钳制思想的做法异常突出，私立书院的数量、规模、活跃度已远不如官学了。《明史·选举志》假称：“天下府州县卫所皆建儒学，教官四千二百余员，弟子无算……盖无地而不设之学，无人而不纳之教……此明代学校之盛，唐宋以来所不及也。”实际上，宋元时期浙江各地书院被并入地方官学的不在少数，其余则沦为丘墟之地。明代总共有 3 次毁禁书院，最严重者莫过于万历十年（1582 年）张居正以“别标门户，聚党空谈”的罪名毁禁书院[②]，以至于旧日书声琅琅之处，唯闻山鸟相呼（见《白鹿洞志》卷十二，《游鹿洞记》）。各地宋元遗留下来的旧书院变得破屋断垣，没于荒榛野莽之间。直到正德、嘉靖年间，书院复又渐兴。各地的书院营建活动

---

① 刘嘉伟. 元代江南多族士人圈的地域特色［J］. 浙江工商大学学报，2016（1）：29–35.
② 李德斌. 从书院的消亡看书院制度的困局［J］. 中国成人教育，2007（8）：123–124.

犹如应激反应，王阳明、湛若水等名流大师纷建书院，相望乡里。明代江西、浙江、广东三省兴建的知名书院总和达600所之多，占全国书院总数的1/3。到了清代，书院营建渐入佳境，也带来诸多问题，顺治九年（1653年）清廷发布诏令："不许别创书院，群聚徒党，及号召地方游食无行之徒，空谈废业。[①]"从宏观的社会角度来看，明清私学书院空前新增，但经营难度依旧远大于官学[②]，但众人不以空言说经，新建书院的热潮不减，为晚清新型教育开创了先路。这方面，湖州、嘉兴、温州等地表现尤其独特，仅温州孙怡让一人，就在光绪二十二年（1896年），筹建了算学书院，次年创建瑞安方言馆、蚕学馆、瑞平化学堂、瑞安普通学堂等新式书院（学堂），并带头在温州、处州等地促建启蒙了一大批近代意义上的新式学堂，总数竟高达300余所以上，甚至放眼世界，开始派遣学员游学海外。

4. 书院制度：建筑责任与革新意识

浙江的乡党之学从一开始便担负着补官学之不足的"从属"责任，但实际上私学早于官学的论争一直不断，马端仁《文献通考·学校志》所谓"未有州县之学而先有乡党之学"是也，宋代至和以后，州县立学，而书院之设几遍天下。浙学先哲胡瑗在《松滋儒学记》中记曰："致天下之治者在人材，成天下之材者在教化，职教化者在师儒，弘教化而教之民者在郡邑之任，而教化之所本者在学校。"他在文中论述了人才和教育的相关重要性。他认为，要达到天下之治，强盛的关键在于人才，成天下之材者在教化，而教育的根本就在兴建学校。以仁为本，少刑多教。各地乡贤都有乐英才教育之意，诏下兴学，竭力营之。八岁入学，十五入大学，立学

---

① 朱汉民．书院历史变迁与士大夫价值取向［J］．湖南大学学报（社会科学版），2007（3）：5–11.

② 白新良．中国传统书院发展史［M］．天津：天津大学出版社，1995.

斋、订教规、请师儒，然后天下为学者知所从。

与其他省份不同的是，浙江的书院教育的存在往往伴随着学术思想与学派思想的诞生，从唐宋开始，一直到晚清，几乎都有自由之学术精神、学术流派、学术人物的层出不穷，这正是其他书院大省所不具备的核心本质。

5. 学术繁荣与教育精神的见证

研究传统书院建筑，必须从两方面入手。第一，基于民居建筑类型，对各地书院的地域风格进行类比。浙江虽土地较少，但因地区风貌差异大，文化分野也较大，民居特色明显，既有相似之处也有差异，唯独在使用乡土材料、工艺特点和民俗要求上与地域性文化完全匹配，容易分类。第二，对各地书院建筑的历史风貌进行纵向时序性梳理。自唐代起，逐渐产生技术与审美上的变化，每个时代的建筑设计上大不相同，甚至同为一个地区的书院建筑也有各自独特的美学印记。本书将从中寻找历史变迁的途径与痕迹，有助于更深入把握书院建筑的设计本源。

浙江私学之发达自宋以后就超越全国大多数地区，无论浙东、浙西书院讲学之风均非常盛行，学派及学术中心林立。以婺州金华朱学为例，“北山四先生”（何基、王柏、金履祥、许谦）作为朱学嫡脉传承各地，入元后，金华之学看似消沉，但又派生出“金华文派”，创造了一代弟子衍变为一个文派、兴建一系列书院的奇迹。金华文派诸弟子又以金华学派后学如柳贯、黄溍、吴莱等为主体，并在其弟子辈宋濂、王袆、胡翰、戴良等人的努力下推向高潮，是为金华文派第二代，但在明初方孝孺被杀之后，学派走向式微。从元代中后期到明初持续百余年，金华文派以这种方式维持并形成了自己的书院体系与师承体系[①]。期间由众弟子创立的学派书

① 罗海燕. 金华文派研究［D］. 南开大学，2012.

院大小 20 余所，其建筑风貌皆与其文派一样，具有承前启后的重要地位。同时，这类现象还使得浙江成为一个学派催生一群书院的热点区域，这在中国文学史与中国书院史上，都是一个值得深究的现象。

从细节来看，由于浙江多为山区，交通不便，交流阻滞，其建筑的地域风格也千差万别。比如温州永嘉书院、衢州柯山书院、宁波甬上证人书院等十几个不同地区的建筑，都表现出鲜明的地域审美与结构类型特色。这些书院和江西、广东地区的书院建筑相比，也明显传承了吴越地区的建筑结构和乡土技术特点。江西的地方书院追求与普通民居建筑不同的文化气质，更讲究士林风范；而山东、山西的某些宗族书院甚至采用了庑殿和歇山这类高级别的建筑符号和形式。浙江的书院建筑除天一阁、天籁阁、文澜阁以外，大多数所书院与普通民居存在深刻关联，同时，无论是建筑的开间，层叠的马头墙，厅堂制的布局，木作的梁架，朴素的屋顶……书院建筑常见的符号也发生了重要变化。如绍兴兰亭书院的门厅，色彩朴素，照壁古朴，大门敦实，书香气浓郁，与民居产生了重要差异。如江郎书院的建筑群是个多重进深的四合院结构，比衢州民居造型更加舒展，屋脊挺直，如唐代建筑一般出檐较远，檐口和翼角则则更接近南宋的习惯造型，高翘优美[①]。宁波的天一阁藏书楼，从结构到整体造型，与北京文澜阁的藏书楼完全一致，只是院落改为自然式的院落结构，主楼样式既有园林建筑的轻巧，又有浙东民居的端庄。藏书楼翼角起翘的角度与流线，斗栱的疏密排列渐变，乃至柱廊的分布，干净利落，虽然营造时间历经几代人，但依旧保留昨日之气息与温度。温州《泰顺县志》中所载中村书院的布局图，是一座典型的木构建筑，翼角飞动，斗栱密实，梁架粗放，墙基由原产石砌而成，展现了楠溪江流域的书院建筑技术与乡土材料结合的不凡之处。

---

① 万书元. 简论书院建筑的艺术风格［J］. 南京理工大学学报（社会科学版），2004（2）：8-13.

6. 建造艺术与技术经验的实物

浙江地区的书院建造风格，大同小异，不同时代的建筑也有不同的历史风格，留下无数的技艺基因，非常珍贵。如在温州地区现存书院中聚落群中常见的斗口跳、檐口转角的上昂状斜撑、挑斡中的上昂、编竹造等都是沿袭宋代建筑的惯例。另在温州乐清的宗晦书院、瓯海的罗山书院、永嘉的芙蓉书院（图 1–1）等所属建筑中，随处可见自由而奔放的弧形屋檐线、饱满而飞动的翼角，密实而排列整齐的斗栱，堆塑色彩绚丽的屋脊，造型夸张，充满东瓯地区浪漫主义的内涵。最典型的书院当属楠溪江的永嘉戴蒙书院。书院建筑由片石围墙三面包围，内部为一座两层高的木构建筑，平面呈典型的“H”字形，以讲堂为中心，沿中轴线左右对称地布置了门台、正屋、耳房、东西两厢等建筑。清后期，戴蒙书院的主楼成为教学与祭祀专用区域，底层用于授课，二层则用来给山长、生员居住。其余例证还有绍兴地区的稽山书院与蕺山书院——前者具有典型的绍兴民居建筑风格，不故作粗犷之态，后者现存建筑属于明万历与清康熙年间的复合风格，故风格趋于明代的低调、淡定与质朴的实用风格，透露出于清代审美不同的儒家中庸理念，在设计上张弛有度、收放适中。

图 1–1　永嘉县芙蓉书院

金衢地区书院的建筑风格则另成一类，更接近江西书院建筑的沉稳、端庄、古朴等特点。衢州很多书院的大门门条石使用红石材料，外墙不饰白灰，直接青砖勾线，造型处理精细又简洁，色彩以素色为主；檐口轮廓线循规蹈矩，平直稳重。金华市方志中绘制的丽正书院的大门，采用四柱三开间牌坊形式，屋顶高大深远，似乎是个高规格的庑殿顶。整个书院的建筑设计采用三进四合院式，端正平直，中规中矩。并有私学为数不多的仪门和二门，风格与官学相似，屋面、屋脊和檐口线曲线较少，显得朴素而沉稳。金华地区与温州地区的书院建筑相较而言，两者的檐口线起伏的幅度和翼角起翘的幅度差别较大。因金华地区的建筑工匠与赣东北工匠交流频繁，两者在民居建筑的规制和技巧高度相似，最大的区别有两处：一是有不少书院外墙无白垩，直接以清水砖砌墙，简单朴素；二是有书院使用了江西特有的丹霞石材。

总体而言，浙江地区书院建筑由于地形地貌复杂多变，工匠之乡技艺流派不同，既有浪漫情趣、庄重和谐，又多些包容与前沿色彩；既有民居建筑的朴素敦厚，又有学堂建筑的学术雍容；有些地区的书院建筑兼有官式建筑的大气宏阔与民间建筑的居家烟火。无论是从设计角度还是民俗角度，都算得上是遗留在浙江大地上不可多得的民间建筑瑰宝。

第四节　书院建筑的历史分期与过渡

书院建筑作为一个文化载体，介于自然科学、乡建科学、乡土社会之间，与富含地域特征的艺术造型有关。它们不只是一个物质技术对象，而是与文化、伦理及城镇社会文化内涵联系在一起。遍寻浙江每一所书院建筑，都是一部历史、文化的沉默的丰碑，通过空间与时间的方式形成文脉，反过来又能成为文脉的解释者，或者说传统书院的诞生，必然富含文化特色与历史烙印，同时书院建筑自身就是这些文化的代表。

另外，书院建筑演变分野的理论依据有两点非常重要：第一，浙江各地书院建筑的差异，主要表现在本土材料、经济条件、主流观念、工匠经验上，与朝代的更替、时间的演变联系不大；第二，反过来讲，江南地区的木构建筑从河姆渡时期开始，其风貌特征始终未出现革命式的变化，因此，朝代的更替不能成为中国书院建筑演变的理论依据。

传统书院建筑起源于民居建筑，但在赋予教育功用之后，其营造理念逐渐偏离民居，文化寄托的特征明显突出，并在营造法式上逐渐走向程序化甚至模块化。到宋代时，书院的规模和数量被不断复制，设计的自由度也比民居大，有时候一个县的知名书院甚至多达数十个。以衢州的开化县为代表，据清光绪《开化县志》卷之三记载："开虽小邑，而人文萃于庠序，礼陶乐淑涵濡于教泽者深矣。圣朝诏建学宫，崇尚教典，有加无已。士生其间，能无鼓舞而振兴乎！"开化县文化馆在主编《开化建设志》时谈道："自宋以来，开化除县城的学宫以外，书院、义学、书舍相继崛起，为开化培养了许多杰出的人才，仅两宋就出了 1 位状元、1 位榜眼、5 位解元和 145 位进士，名将贤臣和儒学名家亦有 20 多位。除了学宫以外，还有 22 个书院分布开化县各乡间。"另据《开化建设志》记载："包山听雨轩位于马金镇之包山东麓。宋淳熙（1174—1189 年）中，进义校尉汪观国解组归来，笃于教子和研究理学，与其弟汪杞共建，朱熹匾其轩曰'听雨'"，"包山听雨轩是包山书院的前身，南宋理学代表人物朱熹、吕祖谦等在此讲学，是我县传统书院中授业师威望最高的书院。"①

这些传统书院建筑作为民居体系长河中的一部分，一直在不断向前发展与变化，它们受环境气候、乡土材料、构造工艺等因素的制约，最后汇聚成自身的地域特色。这些有形的文化瑰宝用一种更加乡土式的艺术语言

① 境迁无复半台古，教泽绵长育英贤——开化传统书院拾遗［DB/OL］. 浙江开化新闻网 http://khnews.zjol.com.cn/khnews/system/2018/05/15/0308884.

表现了浙江古代教育建筑的宝贵价值①。

1. 书院建筑的古风时期

晚唐时期可视为书院发展的古风时期。唐代正值中国传统建筑的成熟期，此时浙江地区已经存在5所知名的书院。在古风时期，浙江的建筑逐渐形成了独具特色的建筑范式与经验定式。两晋时期大量移民南渡，浙江与吸收融合各地先进经验，熟练运用在城市、宫殿、陵寝、寺观、民居、书院等处，进步明显。常青教授在《华夏建筑的巡礼——中国建筑志》一书导言里提到，颁布《营缮令》后，各朝都严格实行三重城制度、里坊制度、宫廷三朝制度、离宫别苑制度、佛教寺院制度，以及民居的营造用材制度等，这些先进与严格的制度将中国建筑技术与理念推向了高潮，为后世的建筑规划奠定了坚实的基型②。此时最突出的表现莫过于解决了大面积、大体量的结构技术问题，并且在大屋顶、斗栱及梁架结构上都形成了成熟的做法和体系，并由国家在技术上将其定型化，在文化上将其伦理化与等级化。诗人白居易诗中所写的"百千家似围棋局，十二街如种菜畦"，描述的就是唐代成熟定型的城乡民居格局。

一般来说，浙江地区营建的书院都有"院"的单元概念，一般而言，大部分书院围墙环绕，形成了大大小小的庭院或廊院，有些书院旁边有义田、义仓、菜圃与果园。嘉兴、绍兴、杭州等城市的大型书院一般由多重院落与主体建筑构成，利用长廊联结各个院落，甚至营建了自然园、山林园或池泉园，形成了外闭内敞、回廊环绕、廊院开敞的书院综合体。

---

① 境迁无复半台古，教泽绵长育英贤——开化传统书院拾遗［DB/OL］. 浙江开化新闻网. http://khnews.zjol.com.cn/khnews/system/2018/05/15/0308884.

② 常青. 华夏建筑的巡礼——中国建筑志［J］. 时代建筑，1997（3）：49-52；"教案"常青的教案［DB/OL］. http://www.unjs.com/.

2. 书院建筑的繁荣时期

浙江书院的繁荣时期处于宋元时期。两宋时期的浙江书院建筑群落，最典型的特征有两个。第一，除了宗族书院还保留在宗祠内以外，大多数书院已经打破了汉唐以来封闭内向的里坊制度，书院随着开放外向的、立面自由的街巷制一起，出现在街巷当中。尤其是南宋街巷制的书院，在杭州、嘉兴等人口基数较大的城市当中随处可见。这类书院坐落于在街巷当中，建筑较狭小，庭院尺度明显缩小，逐渐出现两层、三层的建筑。如月湖书院就位于鄞州海曙区月湖街道；衢州的鹿鸣书院、临水的嘉兴仁文书院都位于临街位置，并有“一”字形、“U”形、“工”字形、“L”形等多种组合[①]。第二，宋末及元代的动荡与高压，迫使浙江新创设的书院再次仿效丛林制度，回归村镇与山林之中。从风格演变的背景上看，此时的木构建筑显现出秀丽柔和的地域特征，同时书院建筑的空间发生了重要的变化。这是由于胡人的家具及其生活习惯渐渐地传入江南地区，高足家具在江南地区全面普及，家具的尺度增高，在形态和布局上也有新的改变[②]，我们可以从北宋著名画家高克明喜欢绘制的《文会图》当中，看到许多皇帝与大臣的书房家具均为高尺度的胡风造型，由此推论当时的书家具对书院建筑的空间设计产生了重要的影响。

宋代时，各种营建的创新技术发明纷纷涌现，同时建筑营造制度也被纳入了各种典章制度。北宋李诫在两浙工匠喻皓所著《木经》的基础上编成《营造法式》一书，得到北宋官方承认并颁布，其中亦包含吴越地区建筑规程之重要贡献。《木经》是我国历史上第一部木结构的建筑专论，今已失传，但《木经》“以材为祖”的技术原则早在唐代就广泛应用于南北

① 学堂笔记：中国传统民居建筑简史［DB/OL］. 学堂在线－精品中文慕课（mooc）平台. http://www.xuetangx.com/community/post/1186.

② 同上。

方地区。《营造法式》当中涉及建筑的各种设计标准、规范建筑材料、施工定额、等级制度、建筑艺术形式、料例功限等各类营造法则，均与《木经》存在关联。根据其规范要义，确定了“以材为祖”“材分八等”的重要营造思想，并产生了接近现代建筑模数化营建方法。其中涉及的工匠营建技术，如大小木作以及石、瓦、泥作等营造工种的用工、用料和工艺制度，明显可看到浙江工匠参与其中的特殊贡献。因此可以说，浙江书院建筑群自唐、宋开始，就已经是营造制度下的文化产物了[①]。

有元一代，江南地区已经进一步商业化，有些书院建筑甚至参与了宋之后临街设店、按行成街的布局，混杂在会馆、作坊、店铺、酒楼、戏台等世俗建筑当中。元代绘画相比较宋代而言，少了反映市井生活的烟火气，但山水、竹石、梅兰等题材大量出现。从赵孟頫的《鹊华秋色图》、王希孟的《千里江山图》、赵伯驹的《江山秋色图》当中查看，这些图中都描绘了灵活布局的各类乡村庭院，民居庭院也明显具备了园林化的趋势，一洗两宋布局之工气，可领略江南民居简淡苍秀的体貌，这一点对后世江南私家园林的发展也有很大的影响。

元代短短90余年的统治，实际上却是建筑世俗化发展得最快的时代，部分原因是经济消沉，建筑装饰极少，用料随陋就简，上述缺点也加快了建筑技术的简约化与乡土化的变化速度，是浙江传统建筑体系在明清时期发生转型的重要过渡期。

3. 书院建筑的合流时期

明清时期是浙江书院建筑体系集大成的时期，突出地表现在建筑结构和室内装饰的变化之上。无论是官式书院建筑还是私学书院建筑，都可以

① 李德斌. 从书院的消亡看书院制度的困局［J］. 中国成人教育，2007（8）：123–124.

看出受到浙江匠作技术与用材制度的深刻影响。明清时期，江南资本主义经济迅速发展，浙江建筑行会的综合实力有了很大提高。特别是以“东阳帮”为首的八婺工匠远近闻名，对明清民居建筑的风格影响显而易见[①]。另外，在建筑结构上，木构架经元代的大幅度简化，到明清时已经完成了官方的定型[②]。雍正十二年（1734 年）颁行的《工程作法》出现，直接带来了古代工官制度发展的第三次高潮。明清工匠管理和用材标准化、模数化体系比历史上任何一个朝代都要完备。清工部《工程做法则例》在用工、用材制度上更为细致，控制了“大式”建筑几乎所有的构件尺度[③]。建造技术更为严格、繁缛。但也有明显缺点：由于审美、伦理观念与宋元明时期产生较大偏差，影响到明清建筑的整体面貌——呆板、僵硬、烦琐[④]。

这种杂糅数代特色的书院建筑风格，随处可见。如乐清县在明末清初经历了近 40 年大战乱，各大书院多数坍塌，破败不堪。据乐清县令唐传鉎《梅溪书院记》与光绪《乐清县志》梅溪书院地图记载，清朝雍正六年（1728 年），唐传鉎把箫台山下的长春道院改建为“梅溪书院”，书院头门榜曰‘义路礼门’，后正栋立王十朋神主，两厢房为藏经阁，前为一栋回廊，门坊题曰‘梅溪王忠文公书院’。左西为厨舍三间，左北为静修斋凡九舍，供诸生居住休息。其左东为讲堂一厅，令师徒会文讲业于其地，壁间大书朱子《梅溪集叙》。嘉庆三年（1798 年），梅溪书院改建大门，八年，乐清知县倪本毅在书院内建文昌阁。同治元年（1862 年），徐德元协助乐清知县舒时熤重建梅溪书院[⑤]。此时的梅溪书院当中，糅合

---

① 中国传统建筑的基本特征［DB/OL］. 豆丁网. https://www.docin.com/p-1573645336.html.

② 刘利生. 我国古代木结构建筑的历史［J］. 建筑知识，2008（5）.

③ 常青. 想象与真实：重读《营造法式》的几点思考［J］. 建筑学报，2017（1）：35-40.

④ 潘谷西. 中国建筑史［M］. 北京：中国建筑工业出版社，2004.

⑤ 梅溪书院：乐清最著名的书院［DB/OL］. 温州网新闻中心. http://news.66wz.com/system/2017/01/13/104955336.

了宋、元、明、清四个时期的建筑风格与技术，因而保留了多元的典型风貌。

再如宁波地区的蓬莱书院，最早创办于唐大中四年（850 年），传承了 1000 多年的教育历史，期间多次废弃、重建，文脉断续相接，重建与修缮多次：第一次是宋嘉定年间县令赵善晋重修，保留了宋式墙基；第二次是清乾隆十八年（1753 年），知县尤锡章大修书院，增扩学斋、讲堂等 20 余间，并根据书院前“濯缨”之名，将书院更名为“缨水书院”；第三次是 1758 年由乡贤邓怀圣捐资进行大规模重修，至近代依然保留了台门、天井、讲堂等清中期的风貌与格局。由于书院延续时间长，建筑风貌多元，衔接了宋元明清四个时期的重要建筑特点，诗有云“担簦负笈者踵相接，而弦诵之声，朗朗乎与溪声相续”[①]。

4. 书院建筑的转型时期

浙江传统书院除建筑的卓然成就之外，尤以学派思想与大儒层出不穷而独步天下。根据《中国书院史》记载，清代浙江有 436 所书院，在戊戌变法之后，“各省府厅州县现有之大小书院，一律改为兼习中学西学之学校[②]”，很多书院大多数无法转型，迅速湮灭，只有少数城镇书院艰难转型。这类现象可视为是浙江书院在晚清时期的一个时代缩影。

浙江古代教育建筑体系演变到晚清，可以说是一个迷茫期。从新石器时期发展而来的建筑营造审美与技术，如同根须一样，深植于浙人的集体意识之中，深刻地影响着浙人的择居和营居活动。但此时此刻，海外文化圈层的优势渗透，西方现代建筑产生了对中国建筑不可逆转的首要推力。

---

① 梅溪书院：乐清最著名的书院［DB/OL］. 温州网新闻中心. http://news.66wz.com/system/2017/01/13/104955336.

②（清）朱寿鹏. 光绪朝东华录（第四册）［M］. 北京：中华书局，1958：4126.

鸦片战争之后，“西风东渐”的风气大开，浙江的沿海城市如杭州、宁波、温州等地率先营建了大量中西合璧的公民用建筑，大约20世纪20年代，西式建筑已经在衢州、丽水、湖州、嘉兴等平原地区的小镇甚至农村当中频繁出现。

尽管浙江建筑技术在历史上有先声夺人的优势，但因西方的建筑构造和工艺技术更适合建造大型建筑，规划宏大，结构坚固，空间更为科学合理，加之全省的学校如蚕学馆、求是书院等转型之后，完全参照欧美或日本的办学模式，引进外国教师、教材、实验设备，民国早期出现了中外交流的短暂高潮，也自然而然地产生了多元而成熟的新式建筑形式。窥一斑而知全豹，晚清以木构为主体的古代建筑体系因观念与技术的发展滞后，逐渐落后于西方近现代建筑的潮流。浙江各地书院在现代建筑材料与技术的强势冲击下，顺应潮流，主动转型，在温州、宁波、杭州、嘉兴等地可以看到中西式结合的“古典式”“折中式”“殖民式”“混合式”书院，甚至在嘉兴、湖州等地的书院建筑中还保留了拱券长廊。这些近代书院建筑蕴含着更大的“教育”和“社会改造”的理想，顺应时代变革需要，开晚清社会风气之先。

第五节　西学普及与浙学书院营建的近代演变①

作为中国传统的文化、教育机构，在清代的教育中，书院占比很大。据统计，有清一代，浙江创建兴复的知名书院达436所，基本普及全省城乡。但此时“西学东渐，晚来风急”。清政府于光绪二十七年（1901年）督令书院改制：省书院改制为高等学堂，府书院改制为中学堂，县书院改

① 仲玉英．浙江知识阶层的觉醒与清末兴学［J］．史林，1997（1）：53-61．

制为小学堂。两年之后，此敕令正式实行。中国传统书院的大破局，就是从 1839 年美国传教士布朗在我国澳门建立第一所教会学堂——马礼逊学堂——开始拉开序幕，之后仓促废除科举取士，一时间风大雨急，各地书院无法顺应潮流，倒闭废祀不计其数。到 20 世纪初，中国土地上兴建了 2000 多所西方教会学校，足以让人意识到旧学教育的保守与落伍。

在晚清学制改革大潮中，“时局多艰，需材尤急”，朝野有识之士对西式现代学校办学模式逐渐认识，对“开学堂、育人才”的新方式很快达成广泛共识——书院的教育方式逐渐落后于以近现代教育为主的西方大学模式，其教学宗旨及培养方案，已是弊端百出。于是，出现了三种颇有差异的选择：一是增加书院的西学课程（见胡聘之提奏《请变通书院章程折》）；二是以浙江巡抚廖寿丰为首主张保留书院，另外创设讲求实学的新式书院或学堂；三是以澳门郑观应、康有为为主则请皇上“将公私现有之书院、义学、社学、学塾，皆改为兼习中西之学校”——这一“兴学至速之法”，是澳门郑观应最早提出的，经康有为等人的一再奏请，终于成为清廷两次诏令，通行全国。但此时也有孙怡让、黄绍箕、项申甫、徐树兰等开明绅士领导了浙江民间兴办新式学堂的风气；廖寿丰、林启等政府官员则在浙江兴办新式了求是书院、浙江蚕学馆等新式学堂[①②]。

近代官办书院转型既是外国教育模式冲击更新的产物，也是晚清八股教育顺应时势的艰难变革。面对官学教育的集体转型，浙江各地的私学书院也在办学体系、办学宗旨、课程内容、管理体制、图书资源等方面基本扩充了近代教育的课程设置。清政府更是直接促成了传统书院迅速向近代学校的转型，客观上推动了中国教育从传统向近代的转化进程[③]。此时浙江

① 杨亚东．清末杭地官绅对新式学堂的应对——以浙江求是书院为例［D］．浙江大学，2014.
② 陈平原．传统书院的现代转型——以无锡国专为中心［J］．现代中国，2001（1）.
③ 张传燧，李卯．晚清书院改制与近代学制建立的本土基础［J］．华东师范大学学报（教育科学版），2012（3）.

的西学教育模式有之江大学、育英学堂等，既为书院私学教育改革提供了可资借鉴的现实样板，也见证了传统书院的湮灭与消失。同时也有特例，如孙怡让等人在温州等地创办的大大小小数十所新学校。这些中外先贤，不遗余力地在全省各地创办教会学校，译介各种西方近代科学教材，编制科目，并在办学层次上形成了小学、中学和高等学校依次递升的近代办学体系。

但更多的事实是，自地方新政开始，书院这一存在千余年的文化教育组织形式，因存在诸多不合时宜的育人弊端，大多在“一刀切”的改制方式中快速消亡。

1. 浙江知识界的办学觉醒与创新

温州、杭州在鸦片战争后相继开埠，同时中西贸易也促使浙江经济结构发生转变，浙人在体会民族危亡切肤之痛的同时，又认识中西文化的巨大差异，他们开始接触西学期望改良教育之法。绍兴的汤震（寿潜）、温州陈虬和宋恕率先在浙人中提出变法主张，引起地震式的反响。

1891 年初陈虬在《治平通议》一书中提出了“更制举”和“改科目之法”，即提倡重时务、重策问的取士办法。改革中学的射、算、艺学、国学等有用之学，兼取西学中的光学、电学、汽学、矿物学等应用学科，培养经世致用的人才①。而宋恕的改良思想主要反映在 1891 年著的《卑议》四篇之中，文章对改良的策略作了全面的论述，主要有三个方面：一是主张改革专制腐朽的官制和政体；二是主张抛弃程朱理学，继承孔孟正宗儒学，同时学习西方种种实学；三是主张改革八股取士制度，大力兴办新式

① 中国社会科学院近代史研究所．从“四部之学”到“七科之学”——晚清学术分科问题的综合考察［M］// 青年学术论坛 2000 年卷．北京：社会科学文献出版社，2001.

学校、报馆和学会，学习西方新政新学。《危言》《治平通议》和《卑议》三本书的问世，标志着浙江省近代知识分子开始崛起[①]。

按照浙江大学查证的校史溯源，其前身是杭州知府林启于光绪二十三年（1897年）在普慈寺旧址创办的求是书院，“虑杭绅或又中阻，定名为求是书院”[②]。之所以定名为“书院”，是因当时杭州士绅思想仍未开化，科举也还存在，且当时西方教会在华办学，也沿袭书院之名大家更乐意接受，如美国人创办的育英书院，嘉兴的秀洲书院等。求是书院在结合中西教育，在教学方式、课程设计甚至教材设计上，都刻意规避科举弊病，着意于实学、西学，培养经世致用的当代人才。1901年清政府采纳张之洞和刘坤一的奏请，命令各省将所有书院改办学堂，在各省会的书院改为大学堂，于是求是书院改为“浙江求是大学堂”；第二年又根据学部的《学堂章程》，凡大学堂均改为高等学堂。因此，陆懋勋在《杭州府志》撰文称：“浙中山川秀灵，人才中毓，而学术一新，翘材负异者，蹑屐而入扶桑，继且游学欧美，肩顶相望，迄今成名发业，内而理财经武培拥国力，外而在浙中于坛诂之问者皆震烁人目。则或溯求是教育之验。”可见他对求是书院在浙江高等教育的先锋与推进作用，评价颇高[③]。

2. 清末浙人的艰难兴学与知行合一

浙江知识分子清末兴学的中心分别在北京、上海、浙江三地。浙江地区影响较大的是杭州的三所官办新式学堂——求是书院（现浙江大学前身）、蚕学馆（现浙江理工大学前身）、养正书塾（现杭高、杭四中前身）。新式学堂还有阮元的诂经精舍，孙诒让的学计馆，以及敷文、崇文、紫

---

① 仲玉英. 浙江知识阶层的觉醒与清末兴学［J］. 史林，1997（1）.

② 上海图书馆. 汪康年师友书札［M］. 上海：上海古籍出版社，1987：1641-1642.

③ 杨亚东. 清末杭地官绅对新式学堂的应对［D］. 浙江大学，2014.

阳、学海、东城等七所书院，已接近近代学校的性质了。除杭州之外，孙诒让还在温州兴建了一系列新式学堂。直到清末，浙人兴学已经蔚然成为东南地区新旧教育交替的典范。1897年，杭州府太守林启与廖寿丰、汪康年等“叠与司道筹议，并饬杭州府知府会商绅董”，并草拟办学章程。于光绪二十五年（1897年）二月在普慈寺旧址设求是书院，在曲院风荷关帝庙内设浙江蚕学馆[①]，1899年又设立养正书塾，宁波谷凤年等创办中西义塾，绍兴徐仲凡兴建中西学堂，杭州王履善创办体用学堂，宁波兴建中西格致学堂，等等。维新运动前后，浙人传统士风在民族压迫中苏醒，汤震、陈虬、宋恕、汪康年、张元济、蔡元培、孙诒让等一批有识之士力主变革，他们的兴学活动广泛地传播了科学技术的现代意识，促进了浙江“经世致用”的新型工商意识的觉醒，并为浙江新式教育走向近代化奠定了基础[②]。

戊戌变法之后，浙江新式教育陷入了低潮。浙江新式学堂教育的行政组织尚未完善，浙江巡抚任道镕将求是书院改名“求是大学堂”，养正学堂改名“杭州中学堂”，杭州崇文、紫阳两书院改为钱塘、仁和两县小学堂，再度重启新式学堂的建设。浙江各地官绅也逐渐创设新式学堂教育，绍兴地方官陶心云创设东湖通艺学堂，温州知府王雪庐将中山书院改为中学堂，杭州绅士胡乃麟创办安定学堂。从杭州太守林启及浙江巡抚任道镕创设学堂的事迹来看，当时的新式学堂大体由地方官积极创设，并劝令地方绅士捐资增设，以辅官方之不足[③]。清光绪二十三年（1897年）徐树兰在绍兴捐资创办的绍兴中西学堂[④]，光绪二十五年（1899年）更名“绍兴

---

① 陈仲恕．本校前身——求是书院成立之经过［J］．国立浙江大学同学会会刊，1947：9.

② 仲玉英．浙江知识阶层的觉醒与清末兴学［J］．史林，1997（1）．

③ 连振斌，清末浙江教育行政机构变迁考述［J］．太原学院学报（社会科学版），2018（6）：77–82.

④ 绍兴中西学堂（绍兴一中前身）［DB/OL］．https: //baike.baidu.com/item/ 绍兴中西学堂 / 22551066?fr=aladdin.

府学堂”，蔡元培继任总理，知名浙人如徐树兰、何寿章、鲍敦甫、冯梦香、徐锡麟、鲁迅、陈去病都曾在该校任教①。

浙人办学的业绩，除杭州、宁波、绍兴之外，温州新式学堂的成绩也非常突出，其先锋作用应归功于黄绍箕、孙诒让。1896年孙诒让联合黄绍箕、黄绍弟等人在瑞安市开办瑞安学计馆。1897年孙诒让得黄绍箕支持创办了瑞安方言馆；同年，孙诒让又在永嘉创办了蚕学馆。此后，孙诒让又先后创办了瑞安化学堂（1899年）、瑞安普通学堂（1901年）、实用学塾（1903年）、商务学社（1903年）、工商学社（1903年）、女子蒙塾（1903年）、德象女塾（1903年）、瑞安高等小学堂（1904年）、温州蚕学堂（1905年）、博物讲习所（1907年）、理化讲习所（1907年）、温州初级完全师范学堂（1908年）等总计各类学堂共20余所。其中学计馆、化学堂、蚕学馆等学校是国内最早的新式专门学校②。

清末浙人积极活跃的兴学活动得益于工商资本的高瞻远瞩与“经世致用”的利益诉求，对近代新式学校兴建的成果是显而易见。这部分浙人高举改科举、学西学、办新式学堂的旗帜，四处筹款，创办新式学堂和学会，大举兴办新学的示范效应在全国范围内一时难有匹敌。据汪康年传记和张玉法《清季的立宪团体》一书记载，1897—1911年间，浙籍进步知识分子在省内或省外创设各种学会共37个，约占全国此类学会总数（211个）17.54%③。另据清学部编撰的光绪三十三年（1907年）第一次教育统计图表来看，至1902年浙人开办的公立新式学堂共有39所，名列全国榜首④。尤其值得一提的是晚清经学大师孙诒让，他在担任温州学务处总理

① 顾明远．教育大辞典［M］．上海：上海教育出版社，1998.
② 仲玉英．浙江知识阶层的觉醒与清末兴学［J］．史林，1997（1）.
③ 黄俊军．清末立宪派近百年研究述评［J］．湖南社会科学，2006（6）：186-190.
④ 李国祁．中国现代化的区域研究闽浙台地区1860-1916［M］．台北：“中央研究院”近代史研究所，1982：207-208.

时，积极鼓动兴办新式学校，任职的短短三年间（1905—1907年）在温处两地创立了300余所新学校，对浙江近代教育的发展贡献很大。

在本阶段，浙江近代书院经历了由私学机构逐步成为专业教育机构的重要里程碑，其角色的更替正是书院逐渐由传统内向型教育向科学外向转型的艰难见证。连振斌在《清末浙江教育行政机构变迁考述》[①]一文中指出，清末时期浙江士绅参与新式教育的积极性是空前的，不仅有浙江各地在籍的士绅，也有远在北京、上海、武汉等地的官吏和士绅，均能切实地建言建策并捐资助学，其深度和广度远超当时大部分省份。至宣统元年（1909年），浙江省陆续新建增设的各类学校达2000余所，毕业学生共3000余人[②]，其中不乏著名人士，如现代杰出的爱国民主人士沈钧儒就是嘉兴立志书院改制前的最后一批学生，而现代文学巨匠茅盾、现代诗人徐志摩、艺术家丰子恺、漫画家张乐平、翻译家朱生豪、文字学家和考古学家唐兰、现代戏剧家和教育家沙可夫、现代著名导演史东山、无产阶级革命家沈泽民、现代农学家沈骊英、国际著名数学家陈省身等人，都是嘉兴地区各书院改制后培养出的大师[③]。

第六节　浙学传统书院的营造文化

浙江地形复杂多变，浙西山高林密、溪流纵横，浙东则平原舒展、水网密布，这种地理环境决定了各地书院建筑群落的建造方式都不可避免地具有本土化特征。浙江书院建筑群落由于长期浸淫在吴越文化的熏陶

① 连振斌. 清末浙江教育行政机构变迁考述［J］. 太原学院学报（社会科学版），2018（06）：77-82.

② 浙江巡抚增韫奏学务公所各员供差期满请奖折并单［J］. 政治官报第1079号：18.

③ 陈心蓉. 清代嘉兴书院的变迁及影响［J］. 兰台世界，2008（2）：69.

中，在建造文化与经验习俗上有较多共性，如饭稻鱼羹、干阑房屋、印纹陶器、断发文身等。浙江在良渚、马家浜、河姆渡等遗址上都发现了干阑式建筑的木构，并在江南一带围绕浙江地区形成了一个居住（建筑）、稻作、纺织、方言、信仰等审美风格和技术经验高度一致的文化圈，随着人口的流动逐渐向四周传播，形成该文化圈的辐射圈。因远古、中古的建筑史一直缺少研究文献，仅凭考古资料难以组成令人信服的证据链。从浙江历史建筑遗存的特点来看：① 以血缘关系聚族而居，坐向大多坐北朝南；② 多木梁桁架结构，以砖石、夯土护墙；③ 以合院为单元，以堂屋为中心；④ 建筑普遍采用瓦片覆顶；⑤ 普遍采用合院、厅堂的单元模式，以天井、通廊等作为连接单元的手段，使内外空间布局可合可分，灵活多变；⑥ 因地制宜、就地取材，合理运用乡土材料，审美偏向朴素自然的文人情趣[①]。

根据上述罗列，我们可以做一个大胆的假设：浙江、江西、安徽、福建、广东，甚至广西以西都有古代干阑式建筑的分布，风格或出一源。因受到不同的地域文化影响，其建筑样式在局部的造型、材料的使用、工匠的经验等方面却各有千秋，看似不相统属，但不可否认的是，浙江的干阑式建筑是江南地区已知早期的发源地之一，对我们后续研究长江以南多数地区的建筑体系的类型、分布和演变等方面，具有一定的母本价值。

1. 统一的地域风格和人文特征

浙江地居长江下游，其境内综合南北技术优势而形成了独具江南特色的“吴越建筑”，对两浙及周边省市影响深远。浙江的书院建筑也脱离了

① 洪铁城．婺派建筑与不同地域传统民居之比较（下）［J］．建筑，2018（21）：61–64．

吴越的民居建筑，最终形成了识别度较高的地域风格和统一的人文特征。仅从建筑本身来看，浙江书院建筑体系完整，技术完备，建造流程完整规范，在位置选择、平面规划、建筑形态、空间构成、建材运用、建造经验和装饰设计等方面，形成了识别度非常高的成熟形式。

（1）地形结合布局

浙江各地地形差异大，书院从选址到建筑的布局都必须与地形保持一致。书院建造在嘉兴、湖州、杭州等水乡平原时，直接濒水而居，功能、空间、结构自然与水环境融为一体；当建造在丽水、台州的山地与丘陵地带时，书院随地势变化而呈现高低错落的变化；当在宁波、绍兴等城镇建造书院时，其建筑布局则常与街坊巷道结合。不同的书院在各自的环境下，与周围山体、水体、道路等合为一体，各自发挥厅、廊、堂、庭院和天井等单元的优势进行组合，完成营建书院对地形的宏观设计。

（2）乡土材料

浙江森林茂盛、石材丰富，竹、木、石、砂、砖、土随地可取，建筑材料极其丰富。金华、绍兴、杭州等地的砖窑和夯土技术高度发达，砖窑生产技术、砖瓦的应用技术在周边地区首屈一指。台州、温州、丽水等山区盛产木材，该类地区的书院与民居多以木构架做围护墙及隔墙；甬、台地区盛产石材，很多书院建筑多用石材。我们在三门县的部分书院中，发现从基础、屋顶、墙体、台阶、天井等，均以石料构筑，石筑工艺精密坚固。书院建筑总体上装饰较少，仅在婺州、嘉兴、杭州地区的个别大型书院较为常见。其雕刻题材限于诸子百家劝学、励志等内容，常见于花罩、栏板、牛腿上，部分屋脊、栏杆、柱础等处也可见简单的石雕与灰塑。这些装饰构图平实、图案简约，与结构构件融为一体。浙江工匠积累了丰富的建造技艺与用材经验，总结经验，积极探索，形成了江南独特的民间营造技艺。后文将以宋《营造法式》和清工部《工程做法则例》为基础，重点从地方性技术的角度研究传统书院建筑[①]。

2. 浙江建筑的样式与风格差异

中国书院发展到南宋之后，其教育主流与建造数量、规模、人数等方面的指标自始至终保持南方地区盛于北方地区的态势。江南书院的发展此起彼伏，多以私人创办为主，这类书院基于财力、物力限制，规模和体量偏小，但是浙江地区的书院作为中国古代建筑的一个组成部分，与中国古代建筑的自发性、等级性、伦理性等规律相关，同属于社会和人的生存要素。浙江平原与山区的聚落大多数是以传统农业为主，土地偏狭，书院大部分是三合院模式，多与民居类似。少数做官或经商的聚落才有多院落四合院式书院，如东阳卢宅、绍兴吕府、慈溪龙山虞氏旧宅等。浙西在地缘上与赣北、皖南毗邻，如金华、武义地区的传统民居以诸葛村、新叶村等较为著名。这些地区的书院建筑多为两层合院布置，围墙高大，天井小巧，厅堂架构较高，易于散潮气，内部结构简单明晰，给人明快淡雅、重工艺的感觉。衢州地区的书院建筑则有所区别，常见“清水墙”“灰瓦”和“茶色木作”。

传统书院建筑的平面布局与民居比较，建筑开间多为偶数，二、四、六、八间不等。整体空间的比例关系呈长方形、方形、“凸”字形或“凹”字形的形态。书院的层高可分为 2 层、2.5 层、3 层的布局，一层因多作讲堂之用，层高在 3～4.5 米。经调查所得数据，浙江境内的书院当中，数宁波鄞县与杭州书院的建筑最高，多数为 3 层，单层层高达 3～4 米；有些规模较大的如杭州白社书院、仁文书院以及宁波东湖书院、南山书院，层高均在 4 米左右，建筑屋顶的形式多变，有庑殿顶，也有硬山顶，大多

① 郭鑫. 浙地区民居建筑设计与营造技术研究［D］. 重庆大学，2006.

数在设计上强调民居化的建筑形式。浙江地区富庶，历来重装饰，原因有二：一是“百工之乡”盛产木雕、砖雕、石雕等技工；二是商品经济与经商文化促进建筑装饰行业的发展，虽然较少北方地区的壁画、彩画，但在“三雕”的运用上，可谓匠心独运。书院建筑的“三雕”精品不多见，以杭州地区书院为例，仅在万松书院、龟山书院、龙山书院等的一两处连门楼上，出现了少量的万字纹与冰裂纹，石雕多见于书院的石窗、栏杆、门廊等处，木雕多见于斗栱、花窗与门板等处，透露出简约质朴的书卷气息。

3. 以浙北地区的书院为例

两宋时期，浙北地区已经奠定了学术繁荣、文风鼎盛的基础，其中藏书之风为天下之最，仅天籁阁一家，就几乎垄断了古代书画收藏的半壁江山。地方私学之风亦长盛不衰，但不足以抗衡官学。至清中晚期时，才逐渐形成了促使官学与私学平分秋色、相互补充的局面。下面以仁文安吉的古桃书院、桐乡的传贻书院、嘉兴的仁文书院为例，说明这种倾向。

明代中期，湖州、嘉兴等地区的书院平民化趋势非常显著，书院营建一时成为士庶市井的热衷之事。安吉原为古桃州，因县西南五十里有桃花山，山中多桃花石，唐武德中改安吉为桃州（《掌故》皎然送安吉康丞诗云），清乾隆八年（1743 年）安吉知州刘蓟植创建古桃书院（图 1–2），咸丰十一年（1861 年）毁于战乱，同治十年（1871 年）安吉知县金其相重建，因书院在磬山脚下，更名“磬山书院”，取“金声玉振”之意。在“书院改为学堂”大潮下，光绪二十八年（1902 年）更名为“安吉县万立高等小学堂”，书画大师吴昌硕曾于其间担任过堂长（又称“山长”）。

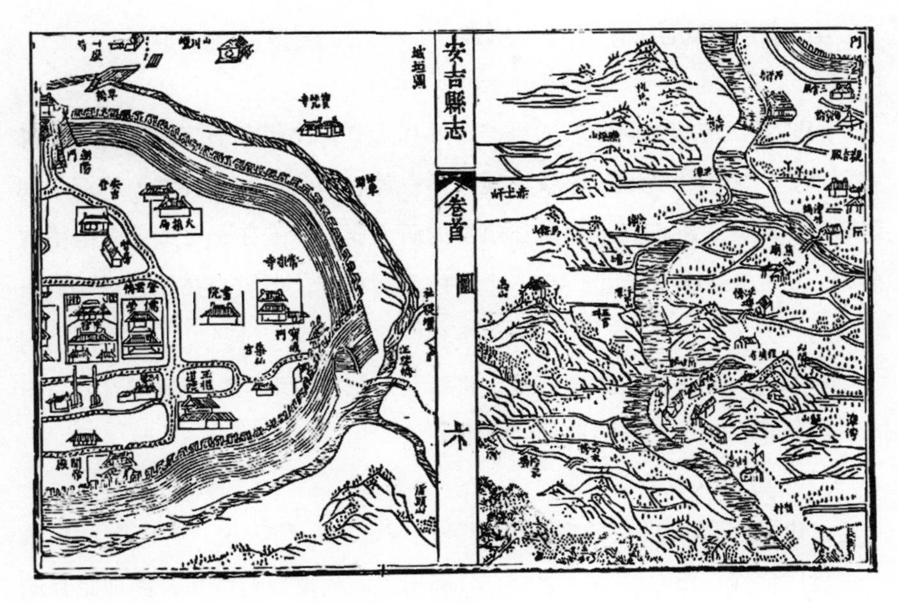

图 1–2　清乾隆《安吉县志》中的“城垣图”

嘉兴的仁文书院是典型的平原水乡，万历三十一年（1594 年）知府车大任以“今天下无一郡无书院者”为由，力促嘉兴县知县郑振先创建。书院占地较大，建筑主体由志道堂、文昌阁、启蒙阁、会文阁、望湖楼和祗园六大部分组成，方圆数十里，均无出其右者。仁文书院除了充分体现讲学、祭祀和藏书三大主要功能之外，另外兼具园林赏乐要素，院内修建水池、长廊、望湖楼等，巨石点缀、花木葱郁，颇有江南私家园林风貌。

桐乡的传贻书院原为辅广（外界尊称为“传贻先生”）所建。书院的建筑布局与外立面与当地民居类似，粉墙黛瓦，粗大的穿斗式木构架，素木额枋，不饰雕刻的雀替与围栏，双面坡屋顶形式，品字形封火山墙，圆形门洞、矩形窗洞。院内有嘉兴传统民居中常见的斗形天井，风格朴实简洁，意境深远。书院规模并不算大，但布局灵活，学斋、寮房呈对称格局，后院、侧院将书院建筑空间和林苑空间分割后组合，自然朴实。这种清净环境的审美境界正是书院的价值取向。

4. 书院建筑组群布局与形制

研究浙江传统书院建筑的组群布局和形制，比研究书院建筑个体本身更为重要。中国古代建筑不仅注重单体设计，而且更加重视群体的综合规划研究。因此，浙江各地书院建筑群的研究要点，就在于每个书院组团的布局、功能和形制特点上，每一个单体大同小异，但组合在一起，就具有明显的差异了[①]。

本书按前期踏查的数据结果，将浙江传统书院组团布局形式分为自由式、规整式、混合式三种来进行阐述。

（1）自由式组群的书院

自由式组群本是浙江常见的一种民居建筑布局形式。因江南地势狭小，良田宝贵，山石颇多，需要充分利用不同的地块与地势，因地制宜地建造房屋。这一便利之处非常适用于非官方的书院建筑。私学书院大都采用自由的布局形式，受经济及社会种种所限，大规模的书院较为少见，且有相当数量是从“舍宅为院”发展而成。规整式布局的书院，多半为明代重建或新建，具有官绅捐资或家族资助性质。如绍兴的蕺山书院，其建筑各单元按主轴线和若干次轴线，左右非对称分布。书院群自然退坡，高低错落，显得既没有明显的轴线，又分布均匀，整体因地制宜，顺应了原有的地理空间。

浙江地形多为丘陵地带，山多林茂，书院往往“择胜地、傍名山”，同时选择以名山胜地作为读书与办学的理想场所，与文人的哲学思想高度一致。如台州黄岩的樊川书院，因地处林木茂盛的六潭山上，建筑各单元围绕山体的等高线层层退后，隐于山林之中，与六潭山组成了有序的群落。山因书院闻名，书院因山而得势；书院的建筑与园林处处匠心独运，

① 麦永雄．中西建筑艺术之比较［M］．桂林：广西师范大学出版社，2007.

不显山露水，但其中透露出寄情山水的审美意趣。樊川书院的建筑规划，充分体现了书院建筑在布局上更为自由的畅想，究其原因，是自由讲学的文化起了内在决定性的作用。从樊川书院自由式的布局来看，也许是书院类建筑在向传统建筑各种严谨要求上所作的一个明确的回应。

（2）规整式组群书院

中国的官学建筑，经常使用规整式布局形式。规整式书院规模较大，常因纪念某位大儒硕勋或群体而兴建的。如万松书院、中天阁王阳明讲学处、甬上证人书院等，均系组群体块的规整式书院组团，书院的规划设计呈现一定的轴线组织序列空间。其中尤以中天阁王阳明讲学处和甬上证人书院最为有名。纪念式书院体量较小，著名者如宁波鄞县的杨文元公书院，初为南宋杨简（字文元）讲学之所，因杨简与沈焕、袁燮同讲学于鄞，“端宪（沈焕）于竹洲，又延文元于碧沚，袁正献公（袁燮）时亦来，来学者如云”[①]。另一类是讲会式书院，以群体讲学、研究学说兼经史教授为主，常见于浙江各类学派学院，如浙东学派、永康学派、阳明学派等的书院建筑。此类书院多避居山林，外观与民居的布局较为接近，开间小，改建容易，且受官学的影响较大。书院的建筑形制尽量左右对称，仿照官学。规整式书院在使用功能和精神要求上，都比混合式或者自由式组群书院更加庄严与规矩。

（3）混合式组群书院

混合式组群书院采取对称与自由型的双重布局形式，规模不等，分主次轴线。主轴线严谨，为祭祀、讲学部分，需要满足庄严的气氛；次轴线灵活、自由，多为学寮、斋堂等建筑。混合式书院存在的主要原因是便于后世根据学员规模随时增建，如湖州的长春书院、金华的道一书院、北山书院、崇文书院以及浙江蚕学馆等。混合式组群的书院在浙江地区占比最

---

① 七闲书院的博客．宁波书院历史［DB/OL］．2018-07-31．http：//blog.sina.com.cn/u/2830407634.

低，且藏于民居之中，很难界定为家宅还是书院。此类代表较多，如南浔张石铭的私家书院，建于清光绪二十五年至三十二年（1899—1906 年），建筑面积 6137 平方米。书院与旧宅一体，分为南、北、中三部分，坐西朝东。书院前几进是晚清中式建筑，南、中、后进在“西学东渐”过程中受巴洛克式风格影响，具有西洋之风。宅内厅、堂、楼、阁、榭、廊样样俱全，砖、木、石雕繁杂丰富，一反书院崇尚简淡之风，匾额、楹联等处悬挂名家的手迹，少见且珍贵。张石铭书院融汇了中西形制，不显矛盾，充分体现了清末“西风东渐”过程中浙江工匠运用东西方建筑形制的熟练程度，堪称“晚清江南民宅书院之典范”。

5. 书院建筑的基本序列与构成

自南宋之后，书院建筑规划上已经确立了讲学、藏书、供祀三大主要功能，也是浙江各个书院的“开门三件事”，一直延续至清末（图 1-3）。以下分析浙江书院建筑中的基本构成元素。

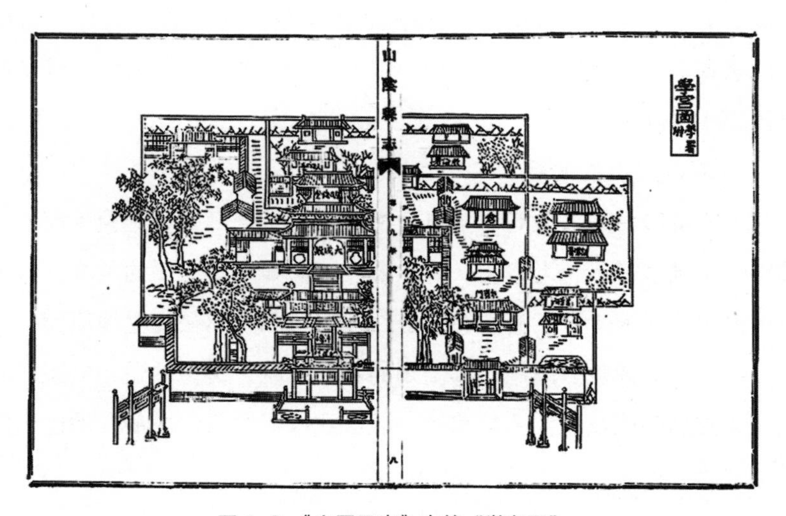

图 1-3 《山阴县志》中的“学宫图”

（1）门

门是书院第一道空间序列的起点，往往是最重要的点睛之笔，也是区分建筑组团空间的标志。不同时代的门，在书院建筑群的相对位置不同——清代居中，明代居侧。在建筑层级与伦理形态上，门又是区别长幼尊卑、封建礼仪的标志性节点。大体上，门可分山门、仪门、正门等多种类型。仪门即礼门，是旧时书院大门之内的第二重正门，也可指旁门，有的后门也可以称为“仪门”。仪门取孔子三十二代孙孔颖达《周易正义》中“有仪可象”之句而得名，是下轿、下马的起止点。山门本意为寺院楼门的一般称呼，元代之后，因书院效仿寺院多居山林，故也泛称“山门”，象征“三解脱”——实际上是嫁接佛教建筑当中的公案具象化元素。书院正门指位于院墙内的二进建筑轴线上的大门。宋代之后的书院更为讲究等级序列，“门堂之制”的分立体现出礼教秩序的内外有别、上下区分的伦理序列。有的官办书院还有高等级的仪门、厅堂内门的区别。

（2）祭祠、祭堂

两进式的书院（图 1-4）特点明显：中轴线上的第一进一般是仪门，第二进是讲堂，讲堂后附设祭堂。建祭祠、祭堂，行祭祀活动，是部分书院的重要活动之一。配有祭祠的书院非常少，如衢州南孔，配有大型祭祠；除此之外，多为祭堂。书院建筑设置祭堂的做法，源自民居祠堂模式，用来礼先圣、先师。《诗经·大雅·思齐》云：“雍雍在宫，肃肃在庙。”宋、元时期恢复家庙制，明中叶后建祠之风大盛，祠堂林立，广泛分布于各地的乡村、城镇，也进入书院、商会甚至妓院。书院的祭祀活动不仅祭孔，还祭拜乡贤与学派人物。如南宋书院和元代书院大多祭拜周敦颐、“二程”、张载、朱熹等人。明代由于陆、王心学占主导地位，所以浙东地区的书院祭拜陆九渊、王守仁较多①。清代书院则尊崇汉学，很多郑

① 胡荣孙．江南书院建筑［J］．东南文化，1991（5）：69-79．

玄、许慎等汉代学者给予特别供祀。如兰溪瀫水（云山）书院，嘉庆《兰溪县志》卷八“书院”载：“云山书院在学宫之东，旧称瀫水书院，前令张逢尧创修之。”当时的瀫水书院规模较小，“仅东南书楼九间，短垣薄甋，居其中，市声阛阓贯耳”（光绪《兰溪县志》卷三）。乾隆二十年（1755年）夏，左士吉任兰溪知县，与乡绅郑度等乡绅捐资二千两白银重修后的云山书院规模甚大，学堂北面建有享堂，学堂正面为牌楼形式，明间屋面抬高，檐下出三翘七踩斗栱，屋顶为歇山式，左右翼角翘起，冠盖四邻。书院入内为门厅，衬以高高的门槛，过门厅处有狭窄的天井，左右有过厢，经两厢至前厅，为书院正厅——书院议事与讲学之处。北面的享堂正中设龛供奉本派始祖，沿山墙两侧设龛供奉历代先贤[①]。

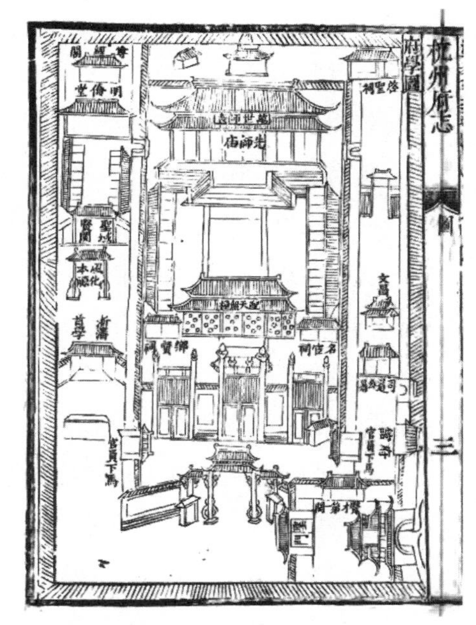

图 1-4　杭州二进式府学书院

书院祭本师的习气据传始创于南宋朱熹，他在竹林精舍中祭祀本师延平和罗从彦，后被逐渐仿效。各书院祭先师都有各自倾向，有些书院只祀本师，不祭本派道学诸子[②]，如开化县包山书院的先贤殿，只祀朱熹与吕祖谦，而杜渊书院只祀杨简，而并不祀陆九渊。嘉兴宣公书院只祀唐代嘉兴人陆宣公。有的书院不分学派，中祀孔圣，凡是先贤诸师全部从祀左右。

---

① 杨新平．浙江民间祠堂建筑［R］．2002年海峡两岸传统民居学术研讨会，中国民族建筑研究会，2002-07-25.

② 胡荣孙．江南书院建筑［J］．东南文化，1991（5）：69-79.

除孔子之外，还设有颜子、曾子、孟子、子思“四圣”牌位。书院每季讲会前，由山长亲自率全体族人、生徒祭祀行礼。发展到明清时，由于祭祀牌位大幅增加，有条件的书院祭堂改为面阔三至五间的建筑。到了明代，湖州、嘉兴等地区甚至出现了多条次轴线，祭堂渐渐移到了次轴线上。

（3）讲堂、讲舍

讲会是书院教学的重要组织形式，清代中叶之前盛行于江南一带。书院讲会之习风，据传效法僧侣讲经说法的集会。在书院教育上，最有名的是江西上饶铅山县朱熹与陆九渊、陆九龄的“鹅湖之会”[南宋淳熙二年（1175年）]。讲堂与讲舍是传道授业、谈学论道的场所，是书院中最核心的功能区。由于浙江各地书院讲学习惯的差异，讲堂内部的设计要求也不同。胡荣孙在《江南书院建筑》一文中谈道：“讲堂在建造时为适应讲学的要求，有的讲堂出现一些‘减柱’或‘移柱’的做法。在山墙面常常设置大面窗扇，以便室内有较大的活动空间和达到良好的通风、采光效果，书院讲堂的面阔以三至五间居多，一般没有超过七间者。江南一带的讲堂多居于中心位置，这是北宋李允则扩建岳麓书院时而形成的‘中开讲堂’规制。”如杭州万松书院等规整式书院中，讲堂一般居于祭堂之后或藏书楼之前，多数为2层厅堂式建筑。传统书院讲学活动大致有三类。第一种是在书院内进行，一般由山长主讲，也可延请大儒主讲，会期每举三日，每岁两举[①]，主讲、副讲的讲学内容既可以是“四书”“五经”，也可以是自我修学心得。言下之意，既提倡以个人专研为主，强调修身养性，也可引导参与科举考试等内容。第二种如宣讲会，主讲席者皆通经宏硕之儒，听者不限于师生，目的是扩大本派学术影响。第三种为讲会，目的在相互探讨辩论，发扬本学派要义，学子们激烈辩论，左右逢源，茅塞频开。此类书院的建筑规划更加注重讲堂的规模与功能，如黄宗羲讲学的甬上证人书

① 邓洪波．中国书院章程［M］．长沙：湖南大学出版社，2000．

院、王阳明讲学的天泉楼、余姚龙泉山的中天阁等书院内的讲堂规划面积明显大于其他书院。

（4）藏书楼

宋、元以来，随着造纸术、印本书的普及，浙江各地民间建造藏书楼之风渐起，浙江的书院藏书家、藏书楼、藏书数量一直稳居全国第一，也开创了书院建筑的一种重要配置。古代藏书楼可以分为官府藏书楼、私家藏书楼、寺观藏书楼和书院藏书楼四大类[①]。藏书是文化经营的特征，在四大藏书楼系统中，浙江的书院藏书楼是开放程度最高的，也是浙江书院的重要内容和特征之一。“读书之人，以书为本”，藏书以备师生之用，这是书院最基本的三件大事之一。《文献通考》载：“凡则有书院，必设书楼。”戴均衡在《皇朝政典类纂》上也曾说：“书院之所以称名者，盖实以为藏书之所，而今诸士子就学其中者也。所以，浙江无论大小书院，都有藏书室或藏书楼，尤以嘉兴、湖州、杭州为最。”据凌冬梅所著《浙江女性藏书》，发现浙江女性藏书也属全国之最[②]。

据钱存训在《中国纸和印刷文化史》中介绍，宋代的浙、闽、川、赣、苏南 5 个地区共考中进士 2.4 万余名，占全国考中进士总人数的 84%；在同一时期，这 5 个地区印书 1168 种，占全国印书总种数的 90%[③]。一些大的书院藏书楼的一个重要图书来源就是书院刊书，在保存典籍、补益国藏、传承文化、刊录典籍等方面亦发挥了不可或缺的功用。宋版书中质量较好的“书院本”，如元代杭州的西湖书院修复、补刻原宋太学书版、主持刻印《元文类》《文献通考》等重要典籍；婺州丽泽书院重刻司马光的《切韵指掌图》；象山书院刻袁燮的《家塾书抄》十二卷；龙溪书院刻《陈

① 赵美娣．浙江最早的各类藏书楼考证［J］．浙江高校图书情报工作，2012（4）．

② 凌冬梅．浙江女性藏书［M］．杭州：浙江工商大学出版社，2015．

③ 书院藏书：古代藏书楼中的务实派——夫子书话［DB/OL］．http://www.360doc.com/content/15/1119/14/21682573_．

北溪集》五十卷；建安书院刻《朱文公文集》一百卷，续集十卷，别集十一卷等。元代有更多的书院刻书见之于记载。明万历时期是继嘉靖之后浙江各地书院刻藏图书的另一个高峰期，他们在书院所培养的理论得到了传承[①]。以嘉兴各书院为例，藏书之风起于南宋，主要有5个来源：一是历代皇帝赐书；二是中央与地方各级官府置备；三是社会捐助；四是书院自置；五是设立基金。藏书楼大都选择环境清幽、不近烟火、管理方便的地点，要注意防火防盗，还要注重防潮通风与易于晾晒管理等，因而在建筑规划上也是重点之一。

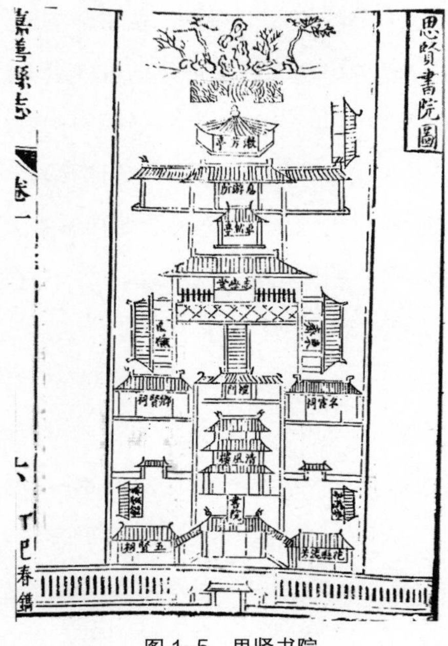

图 1–5　思贤书院

以明清时期嘉兴地区的藏书楼为例，平湖书院、思贤书院（图 1–5）、古藤书屋、道南书院、会文书院、开文书院、桐溪书院、立志书院、宣公书院等数十家书院均有藏书楼。除上述书院外，还有项元汴的天籁阁、项笃寿的万卷楼、高承埏的稽古堂藏书可与天籁阁、万卷楼相匹敌，胡信甫的好古堂、周明辅的香梦楼等百余家藏书楼也是闻名江南。

明代著名的藏书家有：嘉兴的包柽芳、沈启原、姚瀚、项之淇、周履清、姚梦桢、李日华、朱国祚、蒋之翘；海盐的王文禄、吴昂、姚士粦，汤绍祖；海宁的祝以豳、马

① 曾建华．传统书院的藏书与刻书［M］．武汉：武汉大学出版社，2005：67–70；书院藏书．盐道书院［DB/OL］．http：//blog.sina.com．

宣教；平湖的沈维钦等人。清初的私家藏书，依然以嘉兴为最，海盐、海宁次之。嘉兴有曹溶、朱彝尊、沈嗣选，平湖有陆陇其，桐乡有金檀、汪森等人。藏书楼有海宁查慎行的得树楼、陈邦彦的春晖堂、桐乡汪森的裘抒楼、桐乡金檀的文瑞楼、海盐张惟赤的研古楼、张芳潢的筠心堂及清绮斋、许焞的学稼轩等。清乾嘉时期有东湖书院、肃成书院、安澜书院、蔚文书院等，藏书家有嘉兴钱泰吉，海宁马思赞、吴骞、陈鳣，桐乡陆费墀以及平湖钱天树等名家。这些藏书家虽是私家藏书，但与书院藏书关系紧密。清后期，有海宁朱昌燕、杨文荪、海盐马玉堂，平湖朱壬林、葛金娘，以及嘉兴沈曾祖、金蓉镜等，均常年为书院捐书、刻书，私家藏书楼的发展与嘉兴书院藏书密不可分。清末，嘉兴出现了我国最早的近代公共图书馆——嘉郡图书馆①，创建于清光绪二十八年（1902年），最初系由金蓉镜、陶葆霖捐书集款，后来加上许瑶光在编纂《光绪嘉兴府志》后留在鸳湖书院的一些藏书筹办而成，原址在前府中学堂，后迁入秀水县学堂，1904年更名为“嘉郡图书馆”；另外还有海宁州图书馆，是由嘉兴各书院和藏书家捐书集款而成，其中以海宁蒋光煦、蒋光焴捐书最多。

（5）斋堂

学之于堂，习之于斋。《宋史·徽宗纪一》载曰：“壬辰，诏诸路州学别置斋舍，以养材武之士。”斋舍就是学斋宿舍，是传统书院最基本一种建筑元素，多间舍组成一斋，北方多为四合院，南方多为天井院落，逐渐统称“斋舍”。如温州东山、鹿城、中山等书院在南宋时的规划为设讲堂5～8间，斋舍40～50间，分4斋；陈介石在此讲学时，已发展到斋舍60余间，分6斋；设有头门、二门，二门上悬“道义之门”大匾；讲堂内有楼房7间，再往后有楼房5间，左厢房10间，轴线之侧后方有厨房、杂役房五六间。此等规模，在温州的书院建筑群中，斋堂面积增大，已接近

① 项戈平．我国最早的公共图书馆之一——嘉郡图书馆［J］．图书馆学研究，1982（6）．

官学书院的建筑规模了。

（6）泮池

泮池非寻常之池，因周天子之学名为“辟雍”，诸侯之学称“泮宫”。辟雍曲水环绕，泮宫之水只能半之，故称为“泮池”。又因孔子曾受封为文宣王，于讲坛前建泮池已成为书院的规制。它本是官学的标志，《诗经·泮水》篇有“思乐泮水，薄采其芹”等句，意指古时士子在太学，可摘采泮池中的水芹，插于帽缘，以示文才。有些书院在池畔砖壁上嵌“思乐泮水”的石刻，即出自此典故。泮池上一般有石桥，或拱或平，或三座三洞，或单座多洞，被称为“泮桥”；学生过桥祭拜孔子，绕池三周、登桥、跨泮池、祭孔及先师、行入学礼，即称为“入泮”。历代学宫均仿制其形。据传在宋仁宗景祐三年（1034 年），建康府学最早在孔庙的棂星门前建泮池，延至明代，泮池在建筑规划上已经普及和规范化了，各官私学、孔庙修建泮池渐成规制。据江西吉安白鹭洲书院记载，入学（考中秀才）满 30 年，可享“重游泮水”之礼遇。光绪三十一年（1904 年）清廷下令自丙午年（1906 年）开始，废止所有科举考试。浙江府、县、书院、孔庙之前的泮池，迅速成为历史文化遗产。

6. 代表案例——三门县双桂书院

双桂书院位于六敖镇小浦村，坐北朝南，原由文昌阁、魁星亭等组合而成合院式书院群。书院院墙占地 10 亩，现有建筑面积 264 平方米，保存至今的古建筑主要如下：

（1）文昌阁

文昌阁是双桂书院的主要建筑，重檐硬山顶，独成院落，院内原有花坛。前门是一个月洞门，穿过文昌阁即为双桂讲堂，面积极小，只能容纳 10 人左右，与蒙馆相似。文昌阁为林氏宗族宣明政教、乡俗或科举考试之处，也是藏书的场所。从现状遗址考察，面阔三间，进深两间，周围回廊环绕；原为独立建筑，阁两侧有条石台阶和踏步沟通讲堂；清代初建的条石台阶已经废弃，但原作的构件中工匠打制的痕迹还清晰可见，可惜书院围墙已经被当地以维修古迹之名而建造新屋所侵占。

（2）讲堂

双桂书院（图1-6）坐北朝南，原为三合院式砖木结构建筑群，讲堂高于地面八个石阶，为2层三楹，东西两侧附建1层三楹厢房，土墙黑瓦，书院前石板铺地，古朴而庄严，依稀显示出当年书香门第的气派。院内的一轴一柱都彰显着深厚的文化根基，昭示着当年族人子弟摘取功名、衣锦还乡的荣耀。双桂书院最特别之处是讲堂的二楼，在木地板正中开了一个约80厘米见方的“望井”，呈八角形，四周围以木栏杆，便于先生从二楼监督楼下学生的活动[①]。

图1-6　三门县双桂书院

① 探村台州三门小莆古村，双桂书院怀古——登云石桥旧［DB/OL］. http: //www.360doc.com/content/19/0422/08/1140084.

（3）魁星亭

魁星亭是书院、私塾的标配建筑物，“文昌者，斗魁戴匡六星之一也，俗以魁故，祠文星以祈科第，因其近斗也，故亦称文昌司命云”，祈求魁星庇佑，培养独占魁星的状元。魁星执掌文昌六星，故凡是魁星亭结构必然是六角亭。明代谢肇淛在《五杂组·天部》中云：“文昌六星在北斗魁前，天之六府，故世以文昌为魁星也。”因为魁星处西方，所以魁星亭一般建在书院的西南方坤位。双桂书院内原有一座六角形魁星亭，内奉魁星和孔子的木制神位牌。后被毁，原址被村委另作他用。

（4）登云桥

小莆村的村口有一座清乾隆五年（1740 年）的石拱桥，造型古朴，静枕溪流之上。桥头现有两棵大香樟树，树荫遮蔽。登云桥是块石结构的单孔石拱桥，全长 25 米，桥面宽 3.83 米；拱券块石纵向并列砌筑，两侧无栏板，东西落坡较大，但可行走自如，左右各设台阶 5 级。登云桥的两侧拱券石上，有“登云桥”三个阴刻楷体榜书，旁镌“乾隆五年（1740 年）三月”等字样[①]。

（5）山长室

山长室位于文昌阁内，单檐硬山顶。这种建筑构造常见于浙江台州、温州、宁波沿海一带的民居建筑，外部形式单一，内部结构朴素易造，梁柱用材粗放自如，梁架直接使用弯曲原木，通体未做任何精细加工。建筑外檐的斜撑呈自然弯曲状，纯用自然木材对解成形，不事雕饰，外观近于简陋，木材纹脉清晰可辨。斜撑直接使用弯曲未取直的主材做梁柱，却能巧妙承重，这就是江南木作中典型的“审曲面势”做法，俗称“套照”，体现了浙江建筑工匠的高超经验。

---

① 探村台州三门小莆古村，双桂书院怀古——登云石桥旧［DB/OL］. http://www.360doc.com/content/19/0422/08/1140084.

（6）长廊

书院的长廊，并非单纯的避雨之用，更多如纽带一般，把组团中的各个单体建筑联为一个整体。长廊为木构单跨梁架构件，宽约3米，剖面呈“介”字形。建于清代，其后经多次维修，现已不存。前人在《湖心奎阁》诗中云：“龙溪曲曲绕芳田，水漾湖心一色天。光射奎楼芒在斗，风吹鳞甲动于渊。栽培雅化成桃李，图画高轩写雨烟。自此文星辰朗耀，石池翰墨试香泉。”林氏先祖选择了这处得天独厚之地，培养本族子弟，据传教育家林炳宗、作家林淡秋、诗人林泽清等都曾在双桂书院内发蒙。

以上诸书院例证，均为因地制宜的设计典型。虽然使用功能不同，但在建造时会考虑其所属的空间及艺术感受，多数仍以讲堂、祭堂与藏书楼为三大构成。整体以讲堂为中心，将山门、泮池、仪门、讲堂、学斋、祭堂、藏书楼或者魁星楼等辅助性建筑统摄为一体；条件略好的书院各设前庭后院，其间分种花木、叠山理水。其中，浙东地区的书院总体偏自由式，浙西地区则偏直线式。台州、丽水等山区的书院自然层叠，水边书院则沿河而建，各不相同。这些书院有着古代教育建筑的自由质朴，民居建筑的宜居宜用，总体上与自然环境相得益彰。人们在建造各种类型的建筑时，是立意在先的，诸如兰溪市的瀔水书院（清乾隆间易名“云山书院”），虽是官学书院，但具有代表性。建筑格局完备，院落包括大成殿、两庑、戟门、整衣所、园观门、棂星门、泮池、泮桥、左右木坊、明伦堂、东西两斋、学宫两署等。大成殿内祀先师孔子，南向为“四配”，东西向祀“十二哲”等。

浙江地区的传统书院，自唐兴建5所书院开始，筚路蓝缕、艰难传播，发展到清末时，已有约277所著名书院流传见史。其中小规模私学如同繁星照夜，更是数量众多，遍及城乡。浙人所创办的书院建筑风格各异，已经形成古代教育建筑独立的建筑形制与建筑风格，脱离民居体系，为中国古代教育建筑的分类研究起了重要的引导价值，值得建筑学界的重视和研究。总而言之，书院建筑是浙江文化类别建筑的代表，又是地方学术名流与士绅望族共同培育后人的文化中心。各地书院的建筑虽无高堂楼观，但颇具规模，从堪舆选址、定点规划、造型风格、装饰风格与空间功能等处无不体现出文化类建筑的价值取向与文化选择。无论是建在平原、水畔还是山村，有书声处皆有风景；有些书院虽远离闹市，却群山偎抱；虽草屋三间，却赢得绿荫掩映；有的书院处闹市夹缝之中，却因与大儒为伴，亦有泉石之胜；有的避祸山林，却是高山仰止、一览众山小。

第二章
吴越文化与书院群落的区系划分

吴越，或称“勾吴”，或称“于越”，其名来自于春秋吴、越二国的合称，也是当今江浙地区的借代词。原有行政管辖区域包括了当今的苏南、上海、浙江、皖南、赣东北及赣中一带的地区。五代时期的吴越国正是指代春秋吴越核心地区和五代吴越国疆域之内的属地。

众多学者将文献与考古成果相结合，将东周时代的列国划分成了七大文化区域。李学勤将其概括为几个文化圈：中原文化圈、北方文化圈、齐鲁文化圈、楚文化圈、吴越文化圈、巴蜀滇文化圈……“吴越文化”这一概念，是20世纪30年代卫聚贤等史学家最先提出来的，被诸多史学家认可并沿用至今。吴越文化有狭义和广义之分，广义的吴越文化，指涉吴越管辖范围内所有区域内的地域文化。“如果将江南地区文化分为吴越文化和江南文化两个阶段，更为确切……具体地说，以六朝为分界，六朝以前称吴越文化，以后称江南文化[①]。”狭义的吴越文化指上古时代（包括新石器时代与金属时代）江南一隅的文化。1936年在上海以蔡元培为会长成立了“吴越史地研究会”，1937年结社出版的《吴越文化论丛》，是第一次系统展开对吴越文化进行研究，惜因抗战爆发而中断研究；直到1950年代考古学界又继续使用了“吴越文化”这一概念，但概念只特指吴越建国后到秦统一中国前的青铜文化时代。吴、越两国文化的来源虽在早前存在差异，但两者融合比分立的历史要长得多，特别是“吴之与越也，接土邻境，壤交道属，习俗同，言语通”，“吴与越同音共律，上合星宿，下共一理”，可见是共同的地缘环境、生产生活方式、习俗信仰、语言习惯等造就了吴越文化汇合而成并流传至今的共性特征[②]。

---

① 熊月之．上海通史·第一卷［M］．上海：上海人民出版社，1999：53．

② 海平．楚汉文化与吴越文化的对比分析［J］．徐州史志办，2012．

第一节　吴越建筑的历史界定及文化地图

1. 吴越建筑文化的地理学界定

《周官·职方》曰：“其疆索所及，则今浙东西之地是也……虽建置代殊，绣壤交错，抑十一郡之所从来渐矣……尝揽全浙之形势，北通吴会，南连闽粤，人物盛丽，都邑雄富。昔人按之图牒，征诸文献……”《越绝书》曰：“吴、越为邻，同俗并土。西州大江，东绝大海，两邦同城，相亚门户。”浙江文化的核心源自“吴越文化”，本书对“吴越建筑文化”的界定局限于浙江的区域文化概念。“吴越文化”作为本书的重要概念，其概念界定是根据春秋时期吴越统治管辖区，还是五代时期的吴越统治管辖区？是基于吴越语言圈还是吴越建筑文化圈？由于历史交叉点过于庞大，至今难得统一。本章序言主要对血缘关系、生活习性、饮食特点、信仰禁忌、语言体系等方面进行判读。广义的吴越建筑文化指存在于先秦时代吴、越立国地区的一切建筑实物、制度要求及其所蕴含的精神内涵。此时的建筑风格、结构特点与吴越人“舟行出入”“饭稻羹鱼”的经济结构和饮食习惯，以及神鸟图腾、干阑式建筑、断发文身、好武善斗等习俗特征紧密相关。据 1937 年《吴越文化论丛》诸研究商定，将吴越文化圈内的言语风俗、血缘关系、饮食特点、信仰禁忌、语言体系等，做了相对认同的界定与统一。然而，以今天浙江的行政区划而论，前人学者们诸多界定的概念要素存在杂糅交错的特点，为吴越建筑文化的界定带来了相当的困难。

承上，本书所阐述的吴越地区书院建筑文化涵盖吴越两地建筑历史、建筑文化的概念，定义是指吴越先民所创造的居住建筑（书院建筑）的物质文化、制度文化与精神文化的总和，本书也将此三部分作为主要研究内容来展开。从地理学角度出发，吴越地区书院建筑景观所处的地域空间是书院文化发生和发展的物质载体，这种文化的发生是经历千百年积淀，外化表现为各类不同的建筑类型与景观。由于吴越地区的自然环境、建筑用材、建筑类型等因素都具有明显的地域差异性，因此不同的书院建筑文化彰显不同的地域个性及表象。浙江地区分浙东、浙西、浙北、浙南等多个不同的地域，建筑风格也有明显差异，但却并不影响这些建筑景观的有机整体性，即隶属于吴越地区的书院建筑景观文化系统。

为了清楚揭示浙江文化的脉络与特色，本书从源头开始梳理上山文化、跨湖桥文化、河姆渡文化、马家浜文化和良渚文化的建筑体系。考古发掘的材料已经确证：至少在 5 万年前，浙江先民就活跃在今浙江建德一带居住（史称“建德人”），之后在浦江发掘出上山文化遗址及萧山的跨湖桥文化遗址；将浙江史前文化推进到距今八九千年的新石器时代；真正发掘出建筑遗址并被确定为本土建筑概念的是距今 7000 年左右的余姚河姆渡文化遗址和距今 5000 年左右的杭州良渚文化遗址，这些遗址上发现的稻作文明遗存、干阑式建筑群充分表明了浙江的先民在此阶段已经拥有了高度成熟的建筑技术。余姚河姆渡的干阑式建筑遗址挖掘出很多原始浙人的器物与建筑，其中最了不起的是发掘出的建筑榫卯构件——这就是浙江大部分民居建筑技术的基础。此外在余姚田螺山遗址还发现了干阑式建筑和村落通向外界的水岸木构设施，说明在河姆渡文化时期的浙江早期人类，就普及了以干阑式建筑为代表的木构建筑形式与技术[①]。

“吴”“越”的称谓大概始于商、周之际，但商与周是两个完全不同的文化体系，且吴越管辖的面积逐渐由广变狭，但文化却是逐渐反向扩散，甚至在中原文化圈、北方文化圈、齐鲁文化圈、楚文化圈、巴蜀滇文化圈均有吴越文化的印记。加上吴越还分“越文化”和“吴文化”，所以要在

① 袁行霈，陈进玉．中国地域文化通览：浙江卷［M］．北京：中华书局，2015．

建筑风格上完全区分开来，至今无一服众之文。历史与文化传统是密不可分、休戚相关的。

何为“吴越建筑”？吴越建筑是不是一个泛文化的概念？要证明它的客观存在，必须从吴越地区古建遗存的三个历史阶段开始谈起：

（1）早在5万年前的旧石器时代，浙江就有原始人类“建德人”活动。境内已发现新石器时代遗址100多处，著名遗址有河姆渡文化[①]（距今7000年左右）、马家浜文化（距今6000年左右）[②]和良渚文化[③]（距今5000年）等地。目前考古界认为成熟的吴越建筑技术至少可追溯到新石器时代的余姚河姆渡文化，在河姆渡考古发掘现场，发现众多河姆渡人遗留下来的木建筑构件。河姆渡村落中集中在一起的四栋干阑式木构建筑，高度再现了河姆渡人成熟、规范的建筑技术。河姆渡出土的木排桩柱属干阑式矩形建筑，木构建筑遗迹不分长短、密疏，计有13排，出土的木构件总数在千件以上。据此复原可知，河姆渡此组遗迹是带前廊的长屋建筑，其构筑方法已出现榫卯、柱卯、柱脚、方木等先进技术[④]，但处于技术原始阶段。

除此之外，新发现良渚文明时期的建筑群是无法绕开的话题：良渚古城以规模宏大的古城、功能复杂的水利系统、分等级墓地（含祭坛）、整片的建筑居住区、完整的祭祀建筑与祭坛等一系列遗址，揭示了长江下游环太湖地区曾经存在过一个以稻作农业为经济支撑的、出现明显社会分化和具有统一信仰的区域性国家[⑤]。良渚古城的年代、规模、内涵可与苏美尔

---

① 浙江省文物管理委员会．河姆渡遗址第一期发掘报告［J］．考古学报，1978（1）．

② 夏鼐．碳一14测定年代和中国史前考古学［J］．考古，1977（4）．

③ 张忠培．良渚文化的年代和其所处的社会阶段——五千年前中国进入文明的一个例证［J］．文物，1995（5）．

④ 覃汉旅．传承、创新与守望——试述壮族侗族地区干阑式建筑的现状及其文化价值［J］．传承，2012（20）．

⑤ 良渚古城遗址申遗成功——实证中华5000年文明史，为祖国70周年献礼［J］．浙江人大，2019（11）：2．

乌鲁克、乌尔古城、埃利都古城以及古埃及底比斯、孟菲斯相提并论。正如苏秉琦所言："良渚文化在中国古代文化发展史上，是个熠熠发光的社会实体。"[①]2007 年发现的良渚古城占地约 6.3 平方公里，城内发现了包括外宫墙、王城、内外廓、陵寝、祭坛、仓储、匠作、养殖、耕种和八个水城门、一个陆城门等不同类别的遗址共 100 余处，是目前已知当时最大的城市。在良渚的西北部，发现了良渚古城十几公里长的大型水利工程，也是目前为止世界上最早、规模最大的水利建筑系统，达到了同时代的领先水平。

因为良渚文明率先进入犁耕时代，并且拥有了成体系的城邦居住区。作为东亚地区最早的原创文明，尤其以水运为纽带，良渚成为中国大地上第一个大一统政权（太湖流域），良渚开创的运河技术和建筑水平，直到明清，仍然是维系中华帝国正常运作的生命线。一方面，良渚古城体量巨大，与其他文明相比，算是真正的城市，而且良渚遗址发掘出了宫城、王城和廓城的格局，完全符合早期城池的"三城制"；另一方面，莫角山发现的良渚宫城巨型夯土台基，占地 30 公顷，总土方量达到 228 万立方米，是北京故宫的二分之一强，宫城中存在几十个大型房屋基址，最大的有 900 多平方米，近故宫太和殿（金銮殿）的一半。综上所述，可以看到良渚古城的工程量之巨大、设计之技术已经完全超越酋邦社会的建筑建造能力范畴了。由此可见，吴越建筑体系具有上述两个时代文明的深刻印迹[②]。

（2）"吴""越"称谓于商、周之际逐渐形成，据《史记・吴太伯世家》《越绝书》等书载，周太王古公父的长子泰伯、次子仲雍，因避祸逃至江南，并"自号句吴"，"从而好之者千余家，立为吴太伯"，后来，被周武

---

① 严文明．良渚随笔［J］．文物，1996（3）.

② 如何看待"国际考古权威在世界考古论坛上明确提出'以良渚来标志中华 5000 年文明'"?［DB/OL］．知乎．https：//www.zhihu.com/question/2640593.

王“追封太伯于吴”[①]。

吴越先民擅长修建干阑、养鱼种稻、织麻抽丝、制作舟楫，以及锻造农器和刀兵之器。正如杨正乐在《博物志》当中所云：“南越巢居，北溯穴居，避寒暑也。”早期的吴越建筑多就地取材，以竹、木、土为主要建筑材料。建筑建在水系或平原等处，多见上下分层，上层居住，下层储物或圈养牲畜。底部栽竖木桩，视各地环境不同，干阑一般离地面1～3米，地基都由密集松木桩与薄木板组成，建筑下部由松木柱构成底架，打松木桩基，桩木上架横梁，上铺横板，然后在木板上立柱、立柱上搭建榫卯梁架，梁架上再覆以屋顶。这类“干阑式建筑”在新石器时代的良渚遗址、马家浜、钱山漾、罗家角，以及江苏丹阳的香草河、吴兴的梅堰、江西清江营盘里遗址等地均有发现，可推断上述地区在新石器时代的住居习俗均以干阑式建筑为主。

（3）吴越建筑体系发展到封建社会的成熟时期，就不得不谈到吴越文化圈建筑体系与其他文化圈的交融与联系。吴越区域文化的转型关键时期开始于公元前333年楚威王败越，剧变于秦皇、汉武时代[②]。楚汉、吴越的连年战争成为文化的加速器，六朝时期楚汉文化与吴越文化也进一步融合。吴越文化转型的趋向由西向东、由北向南依次展开，此时吴越地区的建筑样式也逐渐转向柔美秀气与清爽。南宋之后，经元、明、清近千年的发展变化，吴越建筑风格连同所有的风景愈发向文弱、精致的诗意发展，随着工商业的发展，又平添了许多奢华之风。可以推论，今天江南地区的建筑风格往柔美、精细化方向趋同的动力，主要是吴楚文化的共同作用。

以杭州为中心的吴越国是五代十国中政治清明、文化发达的地区，覆盖浙江省全境、江苏苏州、上海和福建福州一带。由于保境安民和休兵息

① 吴光. 吴越文化世家序［J］. 观察与思考，2001（4）：28-29.

② 董楚平. 汉代的吴越文化［J］. 杭州师范学院学报（人文社会科学版），2001（1）：38-42.

民的战略得当，吴越国人口数量暴增，民居建筑体系发达，并且是当时全国佛教传播的中心。进入宋代，尤其是南宋建都临安后，原吴越地区更是成为全国经济与文化的中心，被誉为“人文渊薮”“文献名邦”。可以说浙江文化繁荣鼎盛的标志首先就是儒学复兴，其重要的外化表现就是书院数量卓然超群，居于全国前三。另两宋至清中期，在书院中孕育出以理学为主流，辅之以心学、经学、象数学、事功学的儒学革新运动，可谓学统四起，多元繁荣，全国罕见。

（4）从建筑文化辐射圈的历史论证，或从南方区域建筑文化形成的内外因素来看，吴越建筑文化是环太湖流域与长江中下游区域的主要辐射源。一方面，钱塘江—太湖—之江—运河水系是孕育、形成浙江古代建筑文明的摇篮；另一方面，上文论证过的马家浜文化、河姆渡文化、良渚文化等遗迹中的建筑也为中国建筑文化贡献了成熟的技术与理念。东南吴越建筑文化的发展历史，是吴楚建筑文化与中原建筑文化激烈碰撞而产生的一种多源头发展，能够体现吴越建筑文化本身的特质，同时非常清晰地描述出多条吴越建筑文化的源头与支流，充分证明了浙江处于吴越建筑文化辐射圈的核心地位。因此，近年来类似“徽派建筑”“浙派建筑”“杭派建筑”这类伪体系理论，是缺乏史论根据的。

2. 吴越建筑文化区划研究综述

本书所研究在吴越地域界定下的书院建筑，范围较广义的吴越地区大大缩小，专指发生在目前浙江省行政管辖区域范围内的建筑文化。时间上限可追溯到唐大中年间，但对其书院建筑风格可远溯至河姆渡文化和良渚文化时期。本节结合浙江地区的考古发现，从地理环境、经济环境、历史起源、信仰习惯对吴越建筑文化进行了辨析，认为吴越文化是浙江文化的母体之一，也是浙江传统书院文化的形成与发展的源流之一。现遗存的古代书院建筑正体现了这个十分生动的文化进程中的整合过程，多数研究学者对浙江周边地区充满地域特色的建筑文化系统是出自“吴越文化”的观点，都持认同的态度。

（1）从古代民居建筑考古学考证中总结出书院文化宏观的发展规律，认为浙江传统书院文化是在与周围中原文化、楚文化、闽文化当中的建筑文化激烈碰撞中产生和发展的一种多源头综合文化。浙江传统书院建筑在唐代已经出现，并且在唐代已经形成 4 条唐诗之路，书院建造活动在宋、元阶段到了高度发达阶段。书院建筑文化，有力推动了浙江古代教育事业的发达，对东南沿海、环太湖区域京杭大运河沿线地区的文化繁荣和发展起了重要作用。

（2）吴越建筑文化内涵中具有兼容并蓄、务实求新的特征，并具备孕育新兴形式、艺术审美和工艺创新的不凡能力。浙江传统书院自唐大中四年（850 年）的蓬莱书院开始，其营造技术历经的发展轨迹包括“滥觞期——吴越时期”“定型期——六朝宋元”“成熟期——明清”“转型期——晚清民初”四个阶段。仅在吴越时期，书院已经独立于民居、园林、寺观等不同类型，对中国文化类建筑分类的引导性产生了巨大的影响。尤其是明清以来，浙江传统书院发展进入空前蓬勃期，并在转型期间走向近代教育的全国领先地位。因此，分析吴越建筑文化时空整合，有助于厘清吴越书院建筑的特点，并进行科学划分，厘清史实，尽可能接近古人的营造思维。

3. 书院区划概念界定

本书对浙江书院的区划方法，主要运用综合指标进行区划：由于中国建筑材料不易保存的特殊性，再加上传统书院不断地变化、改造和重建，学者对古代建筑的研究缺少实物、实证，大多数考证都是通过旁证的方式取得。

（1）文化划分。本书将浙江地区书院建筑文化划分提出四个综合指标：第一是通过对地形地貌和景观差异、人文环境和景观差异、居民生产与审美差异等进行文化区划；第二是根据建筑体系、工匠技术、材料资源、民居构成、民俗习惯类型等指标进行文化区划；第三是将上述要素按照地区相同点，归纳成相同或相似的文化进行区划；第四是将书院基本相连成片，提炼1～2个能反映区域文化的核心特征进行区划。

（2）区域划分。本书将浙江地区书院建筑区域划分为四个片区：浙东书院文化区、浙南书院文化区、浙西书院文化区、浙北书院文化区。这样的划分方法虽然不符合过去只有浙东、浙西两个文化地理区域的习惯，但从研究角度来看，有利于目前各行政地域的界定，也符合浙江行政区域的划分趋势。

第二节　吴越书院的营建演替及理论根据

人们之所以把“浙江文化”称为“越文化”或“吴越文化”，是因为浙江的历史与古越族、越国、吴国及吴越国的历史与文化传统密不可分、休戚相关，并涌现了像东汉王充（27—97，浙东上虞人）这样纵观大局、具有恢宏气度与深刻思想的通儒，以及魏晋六朝世代传承的余姚虞氏这样的经学名家，来记载与总结地方历史文化。

1. 吴越的地理环境与文化营建

地理环境是推动各地区建筑设计实践和发展的重要因素。在古代，我们缺少移山填海的能力，所以不可避免地存在大量“天人合一”的设计理念，以此来促进建筑与环境的和谐共处：不仅需要关注书院的自然环境、场地的性质、书院的边界、建筑的造型、内部结构等，还需要关注书院建筑形态的文本资料、宗族家谱以及地方志中记载的书院图像。目的是通过图像复原的研究，使浙江书院重返历史现场。由于浙江各地区的地形大不相同，所以，各地书院建筑的建造者经过一次次缜密的考察之后，利用地形优势，让书院建筑群在建造过程中能融入场所精神与场地情感，使场地与人、人与建筑相互融合，形成具有吴越文化特性的古代教育建筑设计理念。

浙江地区地形主要分为浙东丘陵、东南沿海平原及滨海岛屿、浙南山地、中部金衢盆地、浙西丘陵、浙北平原（水乡）等六种地形区。多数地区单姓聚族而居、谱系完整、创积宗祠祀产，以理法严辑族众。长期以来，浙江不拘一格发展农工商业，学龄儿童与科举应试的青壮年人数逐年增多，书院建筑复杂多变。百工之乡工匠众多，群体集中，其中以“东阳帮”“宁绍帮”活动范围最广，传承有序，建筑工程最为活跃。吴越文化区历来儒教盛行，建筑技术发达，建筑材料丰富，书院营造频繁。书院建筑脱胎于民居，以三合型与四合型为基形，通过串联、并联的形式实现平面形制的多变。

书院建筑多数分布在乡镇，大多数为砖木结构，分为主屋和附属建筑两部分，其布局按前后顺序依次为：房套、大院、伙舍。书院建筑格局有大型的“五间”“七间”，甚至“九间”，但远没有达到民居的“十三间头”。书院类型有套屋、大墙门、台门、小天井、门楼式、单院落长屋、多院落长屋等多种形制。大部分书院是三间头、五间头、七间头为主，如东阳史家庄花厅、绍兴崇仁镇沈家台门、王守仁故居、青藤书屋、徐锡麟故居、俞源七星楼、上万春堂、东阳卢宅、南浔张氏旧居、戴蒙书院、仁山书院等形制的经典建筑[①]。很少有二十四间头、三十五间头的书院，如浙西东

① 丁俊清，杨新平．浙江民居［M］．北京：中国建筑工业出版社，2009．

阳市保存了完整的以“十三间头”为基本形制的民居与书院，但是书院在十三间头的规模上远不如民居。书院以清代中晚期的建筑为主，如绣湖书院、端本学堂、留轩书院、杜门书院、东山家塾等皆保存完整。浙江大部分书院的基本形制是讲堂三间，两厢各五间，前庭后院，高墙分割，中间由天井连接，讲堂为敞厅，讲堂两侧为高年级学斋，讲堂两翼各五间为低年级学斋，其中三间朝前院。有些书院的讲堂是两层，厢房是单层，也有些书院讲堂和厢房都是两层，整个平面呈“H”形布局，这些书院建筑充分发扬了因地制宜、因势就形、因材施工的特点。

2. 吴越的行政建制与文化构成

春秋时浙江分属吴、越两国，领地范围包括苏南、上海、浙江、皖南、赣东北部一带的地区。秦朝在浙江设会稽郡，三国时富阳人孙权建立吴国。唐朝时浙江分江南东道设立两浙道，是“浙”字第一次成为地方政府的名称，“浙江”之名由钱塘江流域，延伸至北起长江，南至平阳，西倚茅山、天目山，东濒大海，囊括太湖、钱塘江、曹娥江、甬江、灵江、瓯江、鳌江等几大流域的共同的政治和文化地理名称①。元代时浙江属江浙行中书省。明初改元制为浙江承宣布政使司，辖11府、1州、75县，省界区域基本定型。清康熙初年改为浙江省，建制至此确定②。

浙江各地书院建筑与民居体系一致属于吴越建筑木架承重体系。首先，江浙地区因山石众多，自然资源丰富，建筑材料随处可见，竹、木、石、砂、砖、瓦、土均为工匠们的天然良材。杭州与绍兴地区的制砖技术一贯发达，在建筑中砖瓦的应用也极为普遍，至今在萧山等地仍可挖掘

---

① 浙江［DB/OL］. 百度百科. http: //baike.baidu.com.

② 浙江历史［DB/OL］. http: //www.wutongzi.com/a/294723.htm.

出不同时代的古砖窑。丽水、金华等山区盛产木材，干阑式建筑水平颇高。台州、温州等地盛产花岗岩、青石材等，从墙基、墙身、楼板、屋面到台阶等均以石料构筑，石筑工艺与装饰上的砖、石、木雕刻尤为高超。同时，浙江优越的地理位置加上长期与中原、吴越、楚三种文化势力相互消长，吸收了多方的建筑体系和工匠技术，在交汇融合中加以创新，形成了与中国古代建筑文化高度一致但又具有独特江南特色的建筑体系（表 2–1）。

浙江传统书院社会文化构成表　　表 2–1

地区	民居特征	典型案例（与吴越文化圈民居基形联系）
杭州为主的平原区	1. 多进落 2. 进与进之间用天井、廊联系 3. 厅堂高敞，多用罩、槅扇、屏门自由分隔 4. 梁架装饰少而精，栗、褐、灰为主色调，不施彩绘，显得严穆稳重，房屋外部的木构部分用褐色、墨色、墨绿色与白墙黑瓦结合，显得雅素明净 5. 对外大门多用简洁的石库门 6. 在邸宅的后面或旁边布置花园	串联＋并联 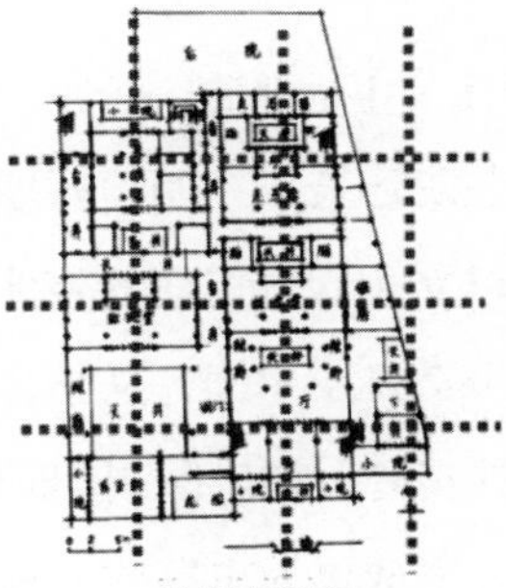 杭州市梁宅
嘉兴为主的水乡区	1. 进数多，纵轴长并与河流垂直发展（少则三进、四进，多则七进、九进、十进） 2. 出现“落”这一布局形式。“落”是指住宅横向排列，纵深院落称“进”，横向为“落” 3. 由院落组成天井 4. 门楼为大宅的装饰重点 5. 有花园，属于次园林空间	串联 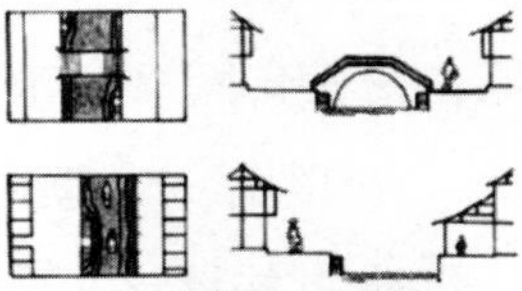 背河式临水空间格局 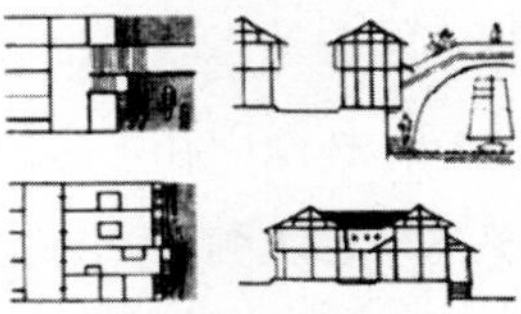 面河式临水空间格局

续表

地区	民居特征	典型案例（与吴越文化圈民居基形联系）
湖州为代表的山地民居	1. 屋脊平行等高线布置 2. 屋脊垂直等高线布置 3. 适应复杂地形的一些灵活处理手法	串联／并联 屋脊平行等高线形式 屋脊平行于等高线 屋脊垂直等高线

资料来源：周学鹰，马晓．中国江南水乡建筑文化［M］．武汉：湖北教育出版社，2006．表格据此文献整理

3．吴越民居文化圈的地域性特征

（1）平面形制

书院建筑虽在明清时期已经脱离了民居建筑，但它们的平面形制依然与吴越文化圈内民居的整体性特征保持大致一致。众多书院建筑在平面布局上虽然各不相同，从整体来说其平面规制依然体现了浙江传统住宅形制融合的精髓，如庭院制（四合院）、堂室制（三合院）①，并以此进行演变与发展，形成更为丰富的书院建筑形制。

（2）耕读意象

费孝通在《乡土中国》中提到的“土”，即指中国“耕读传家”的社会规范。数千年来，中国的社会秩序都是以农为主展开，各朝都积极“劝民农桑”，可以说，“耕读传家”就是乡土中国最重要的生产、生活与生存方式。同时，“耕读传家”也是维持乡土社会中“家族本位”的手段。这种以特定的自然意象与物态的概念来表达建筑的例子在书院布局中较为普遍。例一：林徽因在《风生水起・浙江绍兴王阳明墓风水形势图》中介绍王阳明墓地是水缠玄武、水聚明堂的“抖水鲜虾”之格局。例二：唐僖宗

① 余英．中国东南系建筑区系类型研究［M］．北京：中国建筑工业出版社，2001：120.

时期，员外郎翁洮归隐寿昌，筹建青山书院，并赋诗一首《枯木诗——辞召命作》："枯木傍溪崖，由来岁月赊。有根盘水石，无叶接烟霞。二月苔为色，三冬雪作花。不因星使至，谁识是灵槎？"[①] 这首诗中体现出翁洮对耕读意象的悠然心境。例三：浙西地区古建筑体量最大的明清古村落——衢州龙游县泽随村，建村720余年。街巷仿效八卦卦象，私塾位于村前，两口水塘阴阳交错，与兰溪诸葛八卦村在设计意图上如出一源，主发学脉与科举。例四：江山市凤林镇南坞村，位于浙赣交界地带，南坞村杨氏外祠为明清木构建筑，祠堂高大宽敞、立柱林立，宗祠内有一偏院，内有清朝乾隆年间的外祠书塾，木雕密布横梁、额枋之上，内容皆为龙凤呈祥、梅妻鹤子、麒麟送书等图案，用于促学之需。

（3）宗族意象

家族由宗祠、族谱和血缘关系连接起来，并制定严格的族规。为达到兴宗强族的目的，很多望族强宗纷纷兴建私塾、书院，重视族内教育。大部分宗族在宗规家法中做出具体规定，族内子弟有资禀聪慧而无力从师者，当收而教之。宗族提供了私塾资金、私塾和学田，使得贫穷子弟也可入学。浙江各地有1000户以上的家族，大部分有自己的宗族书院，他们通过制定内部严格的族规族训，利用家族伦理控制族群的生存、凝聚、教化、自治、生产与发展，并发展经济，建造大量的宗祠、仓储、书院等建筑，达到亲近自然、通达义理的境界，同时借山水之势以昌文运。作为教育机构的书院建筑更需要将礼乐伦理思想深入人心，因此，书院建筑在营造之初就被赋予了伦理秩序的内涵[②]。书院建筑中轴线对称的规则布局反映了宗族系统的等级和秩序，严格按照礼仪规范来建制和安排，强调等级，对称布局、清晰分区、有序排列，形成了中轴对称、层次递进的空间布

① 方舒丽．浙江传统书院的园林环境研究［D］．浙江农林大学，2015；徐莹莹．清以降浙北地区传统书院营造研究［D］．浙江理工大学，2018．

② 贾奕明，周景崇．浙东蕺山书院建筑文化杂释［J］．装饰，2017（10）：124．

局[1]，“乐”“礼”两者“相须为用”[2]。

第三节 不同地区的营造立场与方法

1. 区域地理与建造经验的合成

区域地理是自然地理与人文地理的综合与杂糅，是人文和自然在历史长河中和谐共处的经验总结。浙江不同地区的书院建筑之间的差异，与其内在的文化特征与营建经验相关。首先，从直观感受来看，书院建筑的区别主要来自于建筑材料的差异与经验的差异，不同的建筑材料与经验会形成不同的建筑艺术语言；其次，吴越地区的历史背景复杂多变，各地区的社会发展、文化习惯、生活方式也不同，形成了建筑营造思维的差异，有盆地平原的营造思维、水乡与滨海地区的营造思维、山区丘陵地区的营造思维等，各种环境产生的心理思维表现在书院建筑上，反映出明显的情感、文化和信念上的差异。

（1）盆地平原的书院营造思维

宁绍平原位于浙江东部沿海，地处曹娥江和甬江的下游，主要城市有宁波和绍兴。宁绍平原地势平坦，古建众多。如宁波宁海前童村，文风蔚然，村落内书院、私塾有集贤斋、雁塔书院、聚书楼、鹿鸣山房、文昌阁、石镜精舍等，据统计，童氏宗族曾先后在村内创立过 12 座书院，其中尤以石镜精舍最负盛名，这是族人童伯礼请方孝孺执教的书院。据传，书院中

① 胡佳. 古代浙江地区书院的空间营造［J］. 城市地理，2017（8）：215.

② 贾奕明，周景崇. 浙东蕺山书院建筑文化杂释［J］. 装饰，2017（10）：124.

的"诗礼名宗"匾额系方孝孺手书，内壁中有一块清道光三年的"祖训碑"，为宣教"耕读传家、敦礼遵法"的族法，并督促子弟积极就学。

相邻的杭嘉湖平原也大抵如此，杭嘉湖平原北濒太湖，与苏锡对望。湖州书院众多，近数百家，其中仅长兴县就有10多所知名书院。长兴的私学教育在明代中期之后才进入鼎盛时期，较为著名的书院有：南京刑部尚书顾应祥创办的养正书院，长兴知县创办的讲德书院，顾应详所建的静需书院，知县吴仲峦创建的霞丹书院，以及知县熊明创办的箬溪书院等。湖州还因私园繁盛闻名于世，光是有史料记载的就有三十多家。童寯在《江南园林志》[①]内称："南宋以来，园林之胜，首推四州……向以湖州、杭州为尤。"遍布湖州地区的书院，因造园之风影响，其书院比其他平原书院多了几分园林雅趣。湖州诸书院既是"胡学"的传播基地，又是古代书院园林的重要代表。

雁荡山脚下的平原地区与杭嘉湖平原的书院营造思维完全不同。楠溪江流域和雁荡山系附近各类书院众多，如平阳县会文书院位于东洞华表峰下，相传为北宋进士陈经邦、陈经正兄弟读书处。现存书院为光绪九年（1883年）汤肇熙重建，书院坐东南朝西北，主楼五开间重檐歇山式，进门处有新镌朱熹书"会邱书院"匾额。庭院栏杆处有一石碑，上刻苏步青《咏会文书院》诗一首："华表双峰下，会文一院孤。滩声留过雁，楼影落晴湖。横笛人何在，飞云看欲无。上方钟磬晚，烟树拥仙姑。"入口为东天门天然岩洞，门台为砖石结构，门楣对联曰："伊洛微言持敬始，永嘉前辈读书多"，据传为清代瑞安人孙衣言在光绪甲申年所题。门台右前方为"棣萼世辉"楼，宣统二年（1910年）迁移现址，为仿西式青砖二层楼。门楣"棣萼世辉楼"为郑孝胥所题。两侧为平阳启蒙思想家、学者宋衡所

① 童寯．江南园林志［M］．北京：中国工业出版社，1963．

题对联："不分新旧惟求益，兼爱自他所谓公"[①]。

溯楠溪江而上，两岸大大小小200多座古村落，其中建于五代末期的苍坡村别具文风。南宋年间，唐玄宗状元李岑的九世孙李嵩重新布局建造了苍坡村，形成如今文房四宝的格局——在村口的东西两方，各有一方砚池。砚池旁边有4米多长、削凿成墨条形状的"墨条"[②]。村东有朝山形似笔架，村前街名为笔街；村落四周为方形纸张造型。文房四宝——笔墨纸砚，组合而成，造就了文房四宝村营造文化的写照。文房四宝村附近有芙蓉村，村内的芙蓉书院建筑群坐西朝东，形制类似砚形，位于"七星八斗"的中心点，文房四宝的格局将星宿与建筑相对应，非常巧妙有趣。其至今展现了深刻的建筑艺术与人文印记，其建造风格，均与营造思维存在关联。

金衢盆地的主要城市是金华和衢州，是浙江最大的盆地。金华与衢州生产松木、杉木等建材，也多产石材，这为该地区成为"百工之乡"提供了关键的物质条件。宋元以来，明清时金衢经济繁荣，广建书院与会馆，至今金华、龙游、江山等地区仍有元明清的留存，如龙游县石板街、河西街、西门街、桥头、桥下等乡镇均有乡村书院的存在。士、农、工、商无需督促，自助捐资，广建书院。纸商傅元龙"生平于地方事来颇能心力，建凤梧书院……诸役咸与焉"。其子傅方锴"乃于其村创设中和两等小学校，经营二十年无懈"。如在廿八都古镇，不仅有文昌阁、文昌宫、文峰塔，还有书院、书塾、讲舍等，文风昌盛[③]。此外，仅衢州一府五县的传统书院就遍布各地，如：衢州府的柯山书院、巨麓讲舍；龙游县的鸡鸣书院、枫林书院；江山县的景行堂、逸平书院、克斋书院、江郎书院；常山

① Jackon. 永嘉前辈读书多——平阳会文书院 jakson_ 新浪博客［DB/OL］. http: //blog.sina.com.cn/s/blog_46335f560102y2gy.html.

② 楠溪江隐逸在时光中的古村落［DB/OL］. 龙源期刊网，知道日报. https: //zhidao.baidu.com.

③ 叶卫霞. 论龙游商帮对衢州古建筑的影响［J］. 装饰，2012（3）.

县的石门书院；开化县的包山书院等。衢州地区儒风浓厚，南宋孔氏南迁赐居衢州之后更盛，并有了“东南阙里”一说。

诸暨盆地、天台盆地、松古盆地、新嵊盆地的物产与金衢类似。松古平原山高林密，土地宽广，“八山”分布四周，群峦叠嶂，峡谷众多。松古盆地故西屏成为县治以来，只有城门，未建城墙、城池。松阳早在唐武德四年（621 年）创有州学，为浙西南最早设置的地方官学。除官学外，自宋至清，陆续出现过第一明善书院（址在古市）、潜斋书院（址在独山）、第二明善书院（址在城东）、紫阳书院（址在象溪）、第三明善书院（址在城北）、积诚草舍（址在城南）等讲学场所。光绪三十一年至三十二年（1905—1906 年），创办了文德、毓秀、育英、启秀等学堂以及震东、成淑、坤元等女子学堂，其中界首的震东女子学堂是丽水地区最早的女子学堂。松阳旧志称：“家多置塾延师，勤教力学；昔者，宦业相望。今虽少逊前徽，然人文蔚起，是在加意以振刷之耳。”[①]在松阳百姓之族规家训中，也有“尊师重教”这条规训。《黄南叶氏祠训》载：“崇师重道。”《厦田叶氏家规》第六条规定教读崇儒：“凡有志上达者，必须延名师教诲。”这些祖训都道出读书的重要性[②]。

天台盆地地势平坦，呈封闭式三角形分布，面积约 193 平方公里。盆地内书院较多，较有代表性的如黄岩保存的东瓯书院与清献书院。清献书院处于东官河头，东瓯书院则位于椒江东山头，头尾相对，眷顾有情。东山书院建于清咸丰八年（1858 年），同治年改为“东瓯书院”，意借朱熹“道学传千古，东瓯说二徐”意境，纪念宋代徐中行、徐庭筠父子。书院近两亩之地，讲舍为歇山顶建筑，高墙深院，讲堂为两层楼阁，东西厢房各三间，东西学斋前有小园，东门额曰“图书府”，西门额曰“翰墨林”，题额

---

① 新编松阳县志［M］. 2019.

② 走进松阳——丽水松阳［DB/OL］. http://www.songyang.gov.cn/zjsy/syxz/zsnj/201807/t20180716_3281.

典出唐张说诗句“东壁图书府，西园翰墨林”，西学斋尚接一小花厅，前厅花坛鉴塘，使之形成了独具山海特色的耕读文化，远近学子趋之若鹜[①]。

（2）水乡与滨海地区的书院营造思维

吴越区域地处东南沿海和水乡泽国，水乡与海洋文化色彩相对浓厚。浙江境内水系有一个显著特征，即大部分主要河流源短流急，江河狭窄，地势西南高东北低，河流源头多在浙西或浙中。舟山、台州、杭州湾等海岸线曲折，港湾众多，海岸线总长6646公里，居全国首位。杭州湾是其中最大的一个海湾，岛屿数量居中国之冠。1988—1995年进行的中国海岛资源综合调查结果显示，浙江省有居民海岛和无居民海岛2886个，占全国总数的40%。浙江古籍、诗文与绘画中有大量的海洋景观、沿海生活、海洋生产的作品，充分体现了浙人先进的海洋观念，传达海洋探求、自然敬畏以及征服勇气等意识。浙江沿海建筑如同诗歌绘画一样，不仅体现了海洋景观意识、海洋财富意识、海洋资源意识，甚至在台州与温州沿海建筑的设计、构造、材料与匾额楹联的文化中，也同样存在这些海洋意识。

浙江境内最长河流和流域面积最广的河流是钱塘江，其北源新安江出自安徽徽州，正源兰江出自开化县，两源在建德市梅城镇汇合，注入杭州湾。钱塘江较大的支流还有金华江、分水江、壶源溪、浦阳江、曹娥江等[②]。钱江潮、苕溪属于长江流域的一部分，加上瓯江、灵江、甬江、飞云江和鳌江这五条主要的独流入海河流，合称为“浙江七大水系”，有时也纳入曹娥江并称“浙江八大水系”[③]。太湖是浙江省和江苏省的界湖，宁波最大的湖泊是东钱湖，水面面积19.89平方公里。其他著名的有杭州西湖、嘉兴南湖、绍兴东湖以及千岛湖（面积573平方公里）等。浙江在河流治

① 陈明达．东官河畔有两家古代名书院［N］．台州晚报，2017-05-13．
② 浙江［DB/OL］．百度百科．http：//baike.baidu.com．
③ 浙江省资料［DB/OL］．百度文库．http：//wenku.baidu.com．

理方面的历史较为悠久，史传大禹治水“大会诸侯于会稽”。良渚古城、丽水通济堰、鄞县它山堰、钱塘江古海塘等古代著名水利工程流传至今，都与建筑技术密切相关[①]。

浙江水系自古发达，生民的建筑营造思维方式自然深受影响。浙江既有大陆主义思想，也有海洋主义思维，但浙江的海洋主义思维体现在建筑技术与方式上，与欧洲的沿海建筑文化概不相同。浙江的大陆主义善于经营陆地的固有边界，不如欧洲海洋主义思维更容易突破与改变边界。吴越地区的书院建筑体系在选择自然材料、建筑造型、建筑技术上，虽然有类似欧洲的“反脆弱模型”的倾向，但并没有达到欧洲海洋性建筑模型的长期性与坚固性的要求。究其原因，显然是因为大陆主义思维方式不断延伸的根系占据了上风，长期的农耕生活也培养了重土难迁的思维模式。这种思维习惯可以类比于政治学中的“大陆思维”，即在一个固定边界之中固守、耕耘、发展，不断延伸自己的根系，最终和这个系统之中的各个部分成为一个整体。《史记》卷一一八《淮南衡山列传》中“临制天下，一齐海内”的观念，实际上就是中国陆地边界的理念表达，其边界定位于海岸线之内。正是由于这样复杂又丰富的海洋思维，使得浙江境内民众存在一种追求更高层次生活生存条件的动力机制，同时也易于形成一种强大的变革驱动力。这些邻水、临海地区书院建筑的形成、演绎，是既有大陆主义，又有海洋主义的双重空间。数千年来，浙江人开放而不冒险，精明算计而符合常理，求真务实而不张扬，兼容并蓄而无门户之见，中庸平稳而少抱残守缺的精神，这也是近现代无数浙江先见之人反复强调要“破障”的所在。由此推论，自北向南，从水乡建筑到山地建筑，从盆地到海边，浙江各地区的传统书院建筑无疑是呈示出一种环境地理生态文化的差异。但如前文所述，这种差异仅仅表现在规划、布局、外形、材料、色彩、技艺等

---

① 浙江省资料［DB/OL］. 百度文库. http://wenku.baidu.com.

室内装饰上，有各种类似题为“海不扬波”“恩波洋溢”“海宇晏安”的匾额、对联等一些海洋意识的设计，并没有形成真正的海洋强力竞争意识。

（3）移民、科举思维下的书院营造意识

移民与科举对吴越建筑文化的影响是巨大的。浙江地区是历次中原士族人口大规模迁移的主要目的地，但也依赖于西晋末年永嘉之乱、唐朝安史之乱、北宋末年靖康之乱的三次南迁，将原居住地的先进建筑文化和营造技术带到浙江。吴越地区建筑文化发育较早，发展程度较周边地区高，对优秀技术的吸纳也较其他地区更包容。中原士族与工匠抵达江南之后，分散居住，并迅速调整生存思路，由客籍变为土著，逐渐繁衍，许多源于中原地区的村落的建筑技艺、审美、族规等方面都带有明显的中原印记。中原建筑技术对吴越原有的建造和园林技术造成冲击之后又融合发展，日益扩充它的内涵，并形成了新的分布区。浙江各地所发现的诸多书院遗迹，直观反映了吴越文化与中原文化交流和融合的过程。

以温州为例，“永嘉南渡”始于晋怀帝永嘉年间。在唐魏征《隋书·食货志》中有云：“晋自中原丧乱，元帝寓江左，百姓之自拔南奔者，并谓之侨人”，记载了大量中原人口入迁南方，其中北方士族比例巨大，著名的氏族有琅琊王氏、陈郡谢氏、陈郡袁氏、兰陵萧氏等世家大族。《光绪永嘉县志》也有记载：“谢康乐守郡，爱永嘉有东山之胜，且山水尤美于会稽，乃创第，凿池于积谷山下，迎母太夫人来养，欲定居焉。未几，升临川内史，遂携其子风及长孙超宗以行，而留其次孙越祖侍祖母太夫人于永嘉之第。至临川为有司所劾，谪广州，寻死于诬。太夫人忧患而卒，葬于所居第之城东飞霞洞之左。不复有东归之志，于是遂为永嘉人。”唐安史之乱、唐僖宗乾符五年（878 年）黄巢乱军及五代的移民避乱，温州都是大宗族的首选地之一，以上乱世迁移使得温州户口剧增。据《太平寰宇记》中记录，北宋太平兴国间（976—983 年），温州所属永嘉、瑞安、乐清、平阳四县，主、客户 40740 户。与南朝宋大明八年（464 年）相比，仅过了 500 多年，温州户数增加 5 倍多，如剔除当时松阳县之数，实际增加倍数当在 6 倍以上。

南宋初年，温州依旧成为四方移民的中心之一，南宋史学家李心传在《建炎以来系年要录》卷一五八中记载："四方之民，云集二浙，百倍常时。"其中较为集中的一次是建炎四年（1130 年）宗室臣僚余部留居温州；第二次是乾道二年（1166 年）温州受灾由福建移民补籍。葛剑雄在《中国移民史》中据民国《重修浙江通志稿》等资料统计，宋代迁入温州有四十三族，其中三十五族来自福建。据王存等《元丰九域志·两浙路》记载，元丰间（1078—1085 年），温州郡的主、客户达 121906 户。短短 100 年间户数又增加了两倍。到淳熙间（1174—1189 年）时府户高达 170035 户，其中不乏宗室巨族。如叶适在《水心集》中云："自余为高氏婿，颇得闻外舍事。始在京师，名南宅者宣仁后家也，王侯贵盛冠天下。逃乱转客留居永嘉。"王叔杲《玉介园集》亦云："大理寺副赵性鲁，宋南渡，宗室多徙温……寄居乐清，公廿九世孙也。"乐清《赵氏宗谱》称："当两宫北狩，宗室徙温者二十八人。"[①] 以上足以说明移民的问题。

衡量古代某个地区文风高下和教育水平的评价指标毫无疑问是人才的数量，这其中关键的指标就是科考及第人数。我国自隋朝开始正式实行科举考试制度，"经馆""精舍""精庐"等专经研习的私学迅速以科考为导向，私学补官学的风气大盛，朝野均以科举为导向，大兴土木营建书院。在科举和移民的双重作用下，浙江书院在唐中期开始孕育，至两宋之后，书院建筑遍及州、府、县、乡、村各层次，书院数量多寡成为衡量一个地区文化或科举是否发达的一个重要标志。两宋之后浙江地区的杭州、绍兴、湖

① 温州古道［DB/OL］. https://www.sohu.com/a/342215160_100143647.2019-09-20；沈克成. 温州历史年表［M］. 北京：北京电子出版物出版中心，2005；洪振宁. 温州文化史图说［M］. 杭州：浙江摄影出版社，2012；俞光. 移民之乡出温州［M］. 杭州：浙江科学技术出版社，2013.

州、明州、嘉兴、温州等城镇乡村的经济与社会更为发达，区域性、多层次的书院建造网络从中心城市往乡村市镇逐级延伸。根据浙江大学龚延明教授主持编纂的《隋唐五代登科总录》《宋代登科总录》《明代登科总录》与《清代登科总录》中，查证从6世纪以来这1300年历代进士登科人物资料，可知浙江全省的进士登科人数自两宋开始，基本保持在前3位，拔贡魁科者也常见史册，足以证明教育体系的健全与完整。

2. 书院兴起与科举兴盛基本同步

（1）两宋之际，浙江地方通过建祠堂、立族田、编辑族谱等建立了严密的宗族体制。族人共同商建书院、立学仓、举科考，并连续不间断地大修谱牒，同时也积极参与公益赈济救荒等地方事务。此外，修路、造桥、修建书院，皆乐此不疲。浙江各地致力于上述社区福利事业，增强了向心力，并逐渐建立起地方权威。由于科举功名鼎盛，有些书院逐渐成就了地方上的望族，可见科举的兴盛是强化各方力量的重要因素。如建于宁波南宋末年的前童古镇，始迁祖童潢以举族之力，大兴私学，村中最兴隆的时候有学塾与书院达12处之多。北宋熙宁四年（1071年）衢州江山市廿八都除兴建大小书院之外，还在宣统年间营建一处占地1500余平方米的雄伟孔庙。最为典型的望族兴学案例当数浙东望族浦江郑义门。郑义门以孝义同居及子弟促学绵延闻名于世，历宋、元、明，事迹载刊三朝正史。北宋年间郑淮迁来浦江居住，其家族子弟恪守祖训，历360多年，十五世一直同居共食。元代旌表改“孝义门”为“郑义门”，明代旌表为“江南第一家”。村内至今保存了东明书院遗址、文井、老佛社、昌七公祠、九世同居碑及孝感泉等元、明古迹五十余处[1]。此类案例在浙江多不胜数，比肩赣湘，堪

① 郑义门古建筑群——金华市浦江县郑义门古建筑群旅游指南［DB/OL］. http: //www.bytravel.cn/Landscape/55/pujiangzhengyimen.html.

称典范。直至晚清民初时期，浙江地方望族或士绅兴学仍弦歌不辍，如绍兴嵊州崇仁古村因抗战期间崇仁守土有方，免遭践踏。古镇保存了完整的明至民国的建筑序列，丰富的建筑群落类型，有传统的宗祠、民居、书院、店铺、作坊、寺院、法院、公所等完整的近现代乡镇政权管理机构，既折射了晚清乡村书院的转型，又充分体现了乡村建筑群落的发展历史。本节上述的这些乡村宗族的兴学之道，堪称“中国私学发展与嬗变的标本”。

（2）部分书院史研究者在论著中认为书院与科举制度相抵触。事实上，唐五代书院最初出现的目的，并非以科举为首要任务。但北宋之后的书院，基本上以兴学或科举为伴生，甚至直接以科举为办学宗旨。仅从浙江中唐至五代时期的书院数量来看，可评估出科举对书院的起源和发展起到的助推作用。不仅浙江如此，其他省份也大致相同。如中唐时期高安人幸南容所建的江西第一所书院——桂岩书院，据彭石居研究，幸南容创办桂岩书院目的就是为了迎合唐代科举制度的需要，他本人也是年近五十才金榜题名①，事实上这也是大部分书院创建者的共性。上文提到的浦江郑氏家族创立的东明书院，素来奉行以儒治家，督促子弟参加科举考试，制定了一系列严格的《郑氏家规》，依据族规形成了长达十五世、历经 330 多年的家族式私塾教育。回顾郑氏家族的辉煌历史，以科举育才的书院制度功不可没。据 1962 年美籍华人汉学家何炳棣《中华帝国的成功阶梯：科举与社会流动，1368—1911》（*The Ladder of Success in Imperial China: Aspects of Social Mobility, 1368—1911*）中列出了明代各省的进士总数表，在举人定额方面，浙江与江西、福建、湖广（今湖南、湖北）并列为“四大省”②。据历代府、县志书《选举》进士名录辑录，杭州地区仅在明清时期就有进士 1034 名，绍兴有进士 1216 名，其中状元就有 11 名。又知，从唐代至清末，宁波共

① 张劲松．论科举与传统书院的起源——以唐代江西家族书院为例［J］．大学教育科学，2006（1）：75-77．

② 刘海峰．科举制与“科举学”——引论［M］．贵阳：贵州教育出版社，2004．

出现了2483名进士，其中鄞县的明清进士就有693名，余姚有436名[①]。明代进士鄞县人范钦还创建了天下闻名的“天一阁”藏书楼。大思想家王守仁与其父王华，均为进士出身，且都曾亲任书院主讲。

清代各省进士数量前五名的地理分布分别为：江苏2949名，浙江2808名，河北2674名，山东2270名，江西1919名。清代状元前五位的省份分别为：江苏27名，浙江20名，安徽7名，山东5名，河北、福建均为3名。在两种统计数据中，浙江皆为第二名，但究竟有多少进士出自书院私学教育，很难界定[②]。

（3）从唐至清末时期的浙江书院来看，某些书院在其历史的发展曲线上，有时疏离科举有时靠拢科举，虽存在不同于官学的独立办学历史，但在历史长河中，封建社会话语权与子弟登科的强烈需求，使得书院教育始终无法脱离科举的发展通道。虽然程朱理学在宋代有较大影响，但并未获得官方认可，到了元代，仁宗时期采纳了程矩夫等人献言，强调程朱理学为科举考试的主要内容，才确立了程朱理学的官方哲学地位。《明史·儒林传序》认为明代“科举盛而儒术微”，以往辩经、问疑的传统也弃之不用。钱穆在谈及书院讲学传统转变时不无痛心地写道：“南宋以来，书院讲学之风尤盛。然所讲皆渊源伊洛，别标新义，与朝廷功令汉唐注疏之说不同。及元仁宗皇庆中定制，改遵朱氏《章句集注》。……功利所在，学者争趋，而书院讲学之风亦衰。其弊也，学者惟知科第，而学问尽于章句[③]。”

由上可知，书院在历史上的数次兴盛期与科考的兴盛期基本同步，浙江书院在全国私学教育中虽有独特之处，但也从未曾脱离科举考试的桎梏，这些均从侧面说明书院教育发展的诸多问题。

---

① 黄明光，李佳芳．浙江科举状元考订、进士人数探讨及盛况背景剖析［J］．浙江工商职业技术学院学报，2016（2）：20–27.

② 武杰．江西古代教育盛衰考［J］．教育学术月刊，2013（2）：3–9.

③ 张劲松，蔡慧琴．书院与科举关系的再认识——以唐至五代时期的书院为例［J］．江西教育学院学报（社会科学版），2006（1）：57–60.

第四节　浙江书院区系划分与地理分布

1. 浙江书院建筑的划分

浙江书院建筑的地理分布、建筑群体风格、建筑经验与审美、建筑材料等均与自然环境与文化特质相关。从历代浙江行政建置上看，可以发现浙江各级书院样式差异与浙江各地的天然分界线相吻合。由于当代浙江建置划分已不同于吴越时期会稽郡与吴郡以钱塘江为战时边界的分界线，加上行政区域重新划分历程多年，发展步伐各不相同，亦不再单纯地依照浙东、浙西两大传统区域来划分，而是遵循20世纪80年代之后逐渐被认可的东、南、西、北四个区域划分，这更为符合现代建置的要求。过去的书院建筑区系可能分跨几个当下的行政地区，书院建筑的类型也随之发生分异与融合，本书调查的方法也应结合历史成因与现当代因素加以踏查，不以行政建置为分界，而是以一种或几种关联度最为突出的建筑风格类型作为区系划分的理论依据。

谭其骧曾对（某种）文化区划的方法提到："文化区域的形成因素主要是语言、信仰、生活习惯、社会风气的异同。"周振鹤认为在不少国家，文化分划的主导指标是语言和宗教两项，在中国，宗教观念并不发达，这一项的指标数据不如风俗显著。因此，本书将浙江书院建筑根据语言和风俗两种文化因素进行划分，在乡土材料、风俗习性与工匠技术等方面体现出地域差异[①]。

本书对书院群体进行了详细的实地考察，并在参考浙江民居群体建筑类型的区系特征分类基础上，将浙江书院划分为浙东区系、浙南区系、浙

① 侯军俊．赣文化时空演替和区划研究［D］．江西师范大学，2009．

西区系、浙北区系。同时，浙江地域范围中的书院还可以按照地理单元做划分（表 2-2）：

按地理单元划分的部分浙江书院名录 表 2-2

地理单元	范围	书院
杭嘉湖宁绍平原地区	杭州市、嘉兴市、嘉善市、平湖市、海盐市、海宁市、桐乡市、湖州市、长兴县、德清县、绍兴市、绍兴县、上虞市、余姚市、慈溪市	丽正书院、龟山书院、石硖书院、高节书院、梅溪书堂、东莱书院、长春书院、安定书院、晦岩书院、传贻书院、宣公书院、月林书院、石鼓书院、兰亭书院、稽山书院、白社书院、西湖书院、杜洲书院、泳泽书院、仁文书院、思贤书院、龙山书院、姚江书院、道南书院、天真书院、虎林书院、证人书院、蕺山书院、斜塘书院、魏塘书院、枫溪书院、立志书院、鸳湖书院、九峰书院、当湖书院、崇文书院、蔚文书院、分水书院、仰山书院、安澜书院、桐溪书院、甬上证人书院、华英斐迪书院、三一书院、辨志书院、崇实书院、紫阳书院、育英书院、爱山书院、经正书院
浙西丘陵区	安吉县、临安市、富阳市、桐庐县、淳安市、建德市、开化县	青山书院、瀛山书院、春江书院、龙山书院、钓台书院、兴贤书院、会文书院、文渊书院、屏山书院、宝贤书院、丽正书院、云山书院
金衢盆地区	诸暨市、浦江市、东阳市、义乌市、永康市、兰溪市、金华市、龙游县、衢州市、常山县、江山市	溪山书院、九峰书院、丽泽书院、崇正书院、五峰书院、龙川书院、月泉书院、华石书院、石洞书院、屏山书院、柯山书院、清献书院、明志书院、包山书院、一封书院、石门书院、鸡鸣书院、江郎书院、逸平书院、东明书院、八华书院、衢麓讲舍、宗传书院、正谊书院、雅峰书院、文溪书院
浙东丘陵地区	嵊州市、奉化市、新昌市、天台县、磐安县、仙居县、临海县	龙津书院、鼓山书院、上蔡书院、鉴溪书院、九溪书院、安洲书院、葆真书院、广平书院、赤城书院、白云书院、南屏书院、丹崖书院、崇正书院、白象书院、南衡书院、紫阳书院、文毅书院、石龙书院、灵峰书院、志学书院、蓼溪书院、南冈书院、东壁书院、帻峰书院、唐公书院、东湖书院、鹤峤书院、宾贤书院、金鳌书院、椒江书院、东山书院、旦华书院、尊儒书院、正业书院、自任书院、文明书院、兰洲书院、文溪书院、苍山书院、玉湖书院、秀溪书院、春风书院、承先书院、白岩讲舍、南明书院、辅仁书院、剡山书院

续表

地理单元	范围	书院
浙南地区	武义县、丽水市、缙云县、遂昌县、松阳县、龙泉市、云和县、景宁县、青田县、庆元县、永嘉县、文成县、丰顺县	永嘉书院、浮止书院、会文书院、岱山书院、中村书院、梅溪书院、宗晦书院、心极书院、东山书院、介石书院、独峰书院、介石书院、独峰书院、美化书院、明善书院、桂山书院、鹿城书院、相圃书院、仁山书院、五云书院
沿海平原岛屿地区	宁波市、舟山市、岱山县、嵊泗县、象山县、宁海县、三门县、台州市、温岭市、玉环县、乐清县、温州市、瑞安市、平阳县、苍南县、洞头县	蓬莱书院、南山书院、长春书院、甬东书院、城南书院、丹山书院、慈湖书院、岱山书院、观澜书院、南峰书院、樊川书院、柔川书院、东屿书院、回浦书院、文献书院、鄮山书院、东湖书院、陈氏竟成书院、缑城书院、方岩书院、石龙书院、五龙书院、镜川书院、缑城书院、鲲池书院、月湖书院、育才书院、峰山书院、鸣山书院、于氏书院、清献书院、文达书院、东瓯书院、祀贤书院、金清书院、南渠书院、西华书院、九峰书院、秀川书院、灵石书院、原道书院、扶雅书院、文昌书院、东岙乘龙书院、文正书院、亭山书院、拱台书院、逊志书院、庄士讲舍、上叶金山书院、箬岙植桂书院、竹林王氏育英书院、沙篓环溪书院、金鳌书院、塔山童氏德邻书院、紫溪邬氏观澜书院、鹤鸣书院、鲸山书院、秉经书院、宗文书院、文炳书院、月湖书院、鸿文书院、翌文书院、望云书院、凤山书院、古坛书院、环山书院、玉海书院、凤鸣书院、武书院、环海书院、甬上证人书院、华英斐迪书院、三一书院、辨志书院、崇实书院、紫阳书院、罗山书院、中山书院、愚溪书院、龙湖书院、蓬山书院

注：本表据浙江各地书院统计报告整理而成。

世界范畴内曾经先后出现了大约七个独立的建筑体系，有的跟随母体文明的中断而废弛，有些受结构材料与空间的影响而流传不广，如古埃及、古西亚、古印度和古美洲等建筑体系的成就和影响都逐渐式微，只有中国建筑、欧洲建筑、伊斯兰建筑等世界三大建筑体系得以延续与不同程度的传承。因此，梁思成在《中国建筑之特征》中也认为："古代原始建筑，如埃及、巴比伦、伊琴、美洲及中国诸系，莫不各自在其环境中产生，先而胚胎，粗具规模，继而长成，转增繁缛。其活动乃赓续的依其时其地之气候，物产材料之供给；随其国其俗，思想制度，政治经济之趋向；更同其时代之艺文、技巧，知识发明之进退，而不自觉。建筑之规模，形体，工程、艺术之嬗递演变，乃其民族特殊文化兴衰潮汐之映影；盖建筑活动与民族文化之动向实相牵连，互为因果者也……建筑之始，产生于实际需要，受制于自然物理，非着意创制形式，更无所谓派别。其结构之系统，及形式之派别，乃其材料环境所形成。”梁思成并言：“中国建筑数千年来无遽变之迹，掺杂之象，一贯以其独特纯粹之木构系统。建筑显著特征之所以形成，有两因素：有属于实物结构技术上之取法及发展者，有缘于环境思想之趋向者。对此种种特征，治建筑史者必先事把握，加以理解，始不至淆乱一系建筑自身优劣之准绳，不惑于他时他族建筑与我之异同。治中国建筑史者对此着意，对中国建筑物始能有正确之观点，不作偏激之毁誉。”[①]

2. 浙江书院建筑文化属性

研究书院建筑之文化属性，必先研究中国建筑之文化属性。本书开头即以上述观点与梁思成以结构取法及发展方面之四点特征来助力浙江书院建筑属性之研究，可综合涵盖浙江书院建筑特征属性，论证如下[②]：

（1）中国始终保持木材为主要建筑材料，因而木造建筑使用构架制结构，并将木材应用发挥到极致，工匠既重视传统经验，又忠于材料的应用，故木构建筑积千余年的工程经验，更因此结构而产生其形式上的特征，能适用于极为不同的自然环境。

（2）斗栱成为建筑结构的关键，并以此为度量单位。系统建筑自有其

① 梁思成．中国建筑的特征［M］．武汉：长江文艺出版社，2020．梁思成所著《中国建筑史》是建筑学科的开山之作。第一章绪言对中国建筑的特征、建筑史的分期作了宏观概括，本节均以此为依据进行借鉴讨论。

② 梁思成．中国建筑史［M］．北京：生活·读书·新知三联书店，2011．

法式，如语言有文法与辞汇，中国建筑则以柱额、斗栱、梁、榑、瓦、檐为其“辞汇”，施用柱额、斗栱、梁、榑等法式为其“文法”。斗栱的组织与比例大小，历代不同，以其结构演变的时序，来鉴定建筑物的年代，因此对斗栱的认识，实为研究中国建筑者所必具的基础知识。

（3）外部特征明显，迥异于他系建筑，造成其自身风格之特色。梁思成所谓建筑之外轮廓以翼展于屋顶部分，崇厚阶基之衬托、玲珑木质之屋身、院落之组织，这些都是与欧洲建筑相对独立且大异之处，并且在彩色的施用尤其体现出中国建筑传统之法。

（4）绝对对称与绝对自由的两种平面布局。以多座建筑组合而成的书院平面布局，通常均取左右均齐的绝对整齐对称布局。书院的首要中心是庭院中线。一切组织均根据中线得以发展，其布置秩序均为左右分立，出之以自由随意之变化[①]。

上古至秦再到两汉时期（公元前204—公元220年），浙江民居建筑比较活跃，虽然史籍中关于建筑之记载颇为丰富，但建筑之结构形状无遗物可考，其他均为间接材料。浙江建筑发展真正的转机在魏晋南北朝时期，此时北方战乱，永嘉南渡江左，北方士族举迁，带来大量的财富和工匠技术，江南地区民居建筑活动丰富，成为中国建筑活动最大的动力。其时遗存至今的建筑远比两汉时期要多数倍，如杜牧诗云：“南朝四百八十寺，多少楼台烟雨中”，描写的就是江南壮观的寺院建筑景观，从中亦可见江南建筑技术的成熟；唐宋之后江南地区土地资源开发逐步成熟，加上吴越诸王奉行“保境安民”的国策，吴越地区超越江南其他地区成为一枝独秀，人口也随之暴增，民居村落的聚集犹如雨后春笋，散布在江南各地。

以南宋浙江为例，浙东、浙西的村落与人口数量为五代至北宋时期的

---

① 梁思成．为什么研究中国建筑［J］．中国营造学社汇刊，1944（7）：5-12.

3倍还多，吴越地区（978年）达550680户[①]。在宋代《千里江山图》《平江图》等绘画作品当中对江南地区村落与民居布局都做了生动的写实性描绘，明显可见乡村民居体系得到了飞跃式的发展。北宋柳永在《望海潮·东南形胜》中描述：“东南形胜，三吴都会，钱塘自古繁华。烟柳画桥，风帘翠幕，参差十万人家。”民间传闻此诗在北宋末年引得完颜亮率兵南侵，北方人口又一次大规模南迁。此时是浙江城镇民居与书院建筑发展的第一个高峰期。北宋亡而南宋立，南宋由此进入人口峰值，已有人口8500万之巨，全国书院有约150多所，其中浙江的知名书院建筑群已有约34个，占全国书院数量的五分之一（图2-1）。

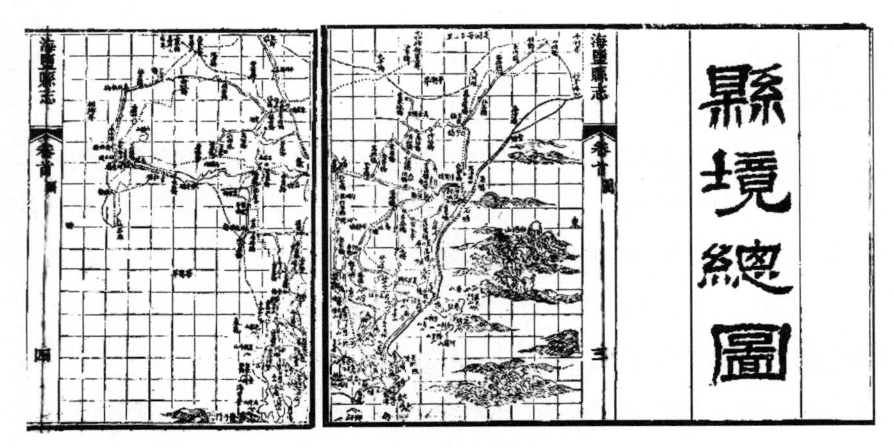

图2-1　海盐县境总图

图片来源：王彬修．徐用仪纂．（清光绪三年）海盐县志［M］．1877.

明嘉靖、万历至清乾隆、道光年间，是浙江城镇书院建筑发展的第二个高峰期。明清浙江地区书院数量、规模发展的过程，其实就是江南民居体系城镇化的过程，也是江浙地区商品经济形成的过程，这是一种自然演进的原生型城市化现象。明清两代继承了宋元城乡行政体系，在江南地区，

① 葛剑雄．中国人口史（六卷本）［M］．上海：复旦大学出版社，2002.

形成了省城—州府—县城—乡镇—村落五级城乡体系网。从此，南方民居建设规模超过北方已成历史惯性，元、明、清王朝的乡村体系也逐渐出现更加完整与严格的氏族聚居形式，由此浙江全省的传统书院的建设力度也大为增强，迅速追赶江西与广东两省的书院规模，书院依赖于乡村与城镇建设，迅速递增，有时竟能与官学相提并论，成为私学教育的立足之本[①]。

第五节　浙学书院的历史类型与体系分布

1. 浙学传统书院建筑类型

浙江古代书院首次出现于唐中期，有象山的蓬莱书院、诸暨的溪山书院、龙游的九峰书院、建德的青山书院、绍兴的丽正书院。这些书院的本来面貌是以基本居住功能为主的普通民居，因辟为讲堂与学斋，稍具书院功能与风格。但其尚未脱离民居的雏形，这类现象非常普遍，本文亦可据此与明清浙东部分书院建筑风格相比较，或从中得出书院建筑变迁的途径与路线。

浙江地区的书院与全国书院一样，达则大造华宇，谦则不求奢欲。但是无论是穷还是富，书院的建造首先注重的是形神合一，在倡导学术论争的同时，注重内外环境兼修，不仅极其注重外部环境的选择，且注意内在景观的设计，简约实用、和谐安定，为潜心研学者创造了近乎心灵庇护的建筑环境，以此赢得凝聚力，致力于道德教化。

在这个大前提下，浙江区域的各大书院建筑均遵循上述条件，或舍宅为书院，或新造书院。书院兼顾功能与精神审美，从其结构来说，可大致

① 周学平．中国古代经济重心南移的三个阶段及影响［M］．北京：人民教育出版社，2011．

分为两类：一类是实用功能型为主的书院，多数由于地势条件及经济状况限制，功能优先，以讲堂教学、山长室、斋舍、藏书楼等基本功能为主；另一类是园林雅居型兼顾的书院，除拥有第一类的建筑之外，还有内庭园林、楼台亭阁、义田义仓、祠庙牌坊等祭祀建筑与游憩建筑，一般规模宏大，经济自足能力强，是传统书院营建者礼乐相成的理想构成。

在浙学书院范畴内，本书择其重点形制和体系属性作一初步探讨，以官学书院举例阐述。

（1）金华的丽正书院。康熙六十年（1721 年），金华知府张坦创建丽正书院，书院之名乃“丽泽”“崇正”合二为一而得。书院建筑规模较大，前后共分五进，每进三楹，两边又有旁舍耳房各 26 间。书院建筑横向展开，其群体组合采取串并联结合的布局，既有纵深进落，又有横向联通。书院建筑的中央以讲堂建筑为主轴，两侧为辅轴，共分五进并联贯通，虽经历代修建，基本保存原有格局。后堂为七贤祠，主祀朱熹、张栻、吕祖谦、何基、王柏、金履祥、许谦共七人。乾嘉年间，金华知府郑远、杨志道、凌广赤、吴廷琛曾相继对丽正书院进行了整修、改建；同治五年（1866 年）知府徐主治重建了三堂；同治十三年（1874 年）知府赵曾向又建东西斋舍 32 间，东斋后花厅三楹，并选金华府属金华、兰溪、东阳、义乌、永康、武义、浦江、汤溪八县秀士 32 人住院肄业；光绪十四年（1888 年）知府继良又建斋舍于讲堂前，东曰“明经”，西曰“养正”，各三楹；次年，又重修讲堂，复修七贤祠，于东建屋四楹，额曰“宴桃李轩”[①]。书院各路建筑之间用院墙分隔，院墙高耸，多重洞门与院落互相联通，庭院园林高雅葱翠，颇具书香门第气息。

（2）新昌的鼓山书院。书院坐落于县城西隅的鼓山西南坡，书院北面即为鼓山，是新昌市目前修复规模最大的明清书院建筑，书院面积约达

① 刘鑫．宋代浙江书院之金履祥与书院［DB/OL］．2016-01-17．http://blog.sina.com.cn/s/blog_ed2152ef0102w2zi.html.

5328平方米。据现存的明、清碑记和旧《新昌县志》记载，鼓山书院的前身为宋嘉祐初（1056年）的石鼓书堂，旧为石亚之读书之处。石亚之号石鼓主人，其父为创建石溪义塾之石待旦。宋景祐元年（1034年），石亚之17岁考中进士，宋神宗见其俊秀，欲选为驸马，亚之辞曰："家已议鲍氏，王姬非敢偶。"帝不强之。亚之后仕至太常博士，39岁即弃官于鼓山居住并捐立书院。宋景祐三年（1036年）朝散大夫韦骧作的《石鼓主人记》载："佳山秀水之盘旋，中建一室以为栖息藏修之所者也。石公耕石溪之田以为食，汲石鼓之水以为饮，樵石鼓之木以为炊，蚕石鼓之桑以为衣，群石鼓之麋鹿以为友……"宋末及元代，石鼓书堂后续记载极少。明嘉靖十三年（1534年）状元出身的知府洪珠所撰的《鼓山书院碑》中云："乃寻鼓山旧址，得地直可十八丈，横如其数（按：约为3600平方米），中设石塾神位。前四楹为台门。南临大路，建绰楔以树风声。山田地共28亩，咸畀先生裔孙克刚岁供祀事。堂中屹势尊，宅安境静，泉石幽响，前人讲学声韵，若可听闻。"抗日战争期间，浙江蚕学馆随校长陈石民迁入新昌避乱，据鼓山书院兴办蚕桑教育。

2019年重修后的书院建筑基本保留原貌，今存书院东侧部分建筑，约1200平方米。书院建筑规整，院门以内，小青瓦、封火墙、梁架穿斗式，硬山造山墙。书院总体布局为纵轴线上三进，横轴线上三进。纵轴线上由南向北有前厅、讲堂、藏书楼，逐进递升，两侧为学斋。前厅一层三间，明间作通道；讲堂、藏书楼、学斋均为两层楼房。院落以天井及廊相隔互连，东侧书房建筑部分仍保持了旧制。现有书院西侧尚无内院，但东侧以廊道等组成多个园林小院，院内建筑物均以回廊围绕[①]。

由此二例可见，浙江早期私学书院多从民居、寺庙转化演变而来，整体上从属于民间建筑类型，但在明清之后的专业规划设计上，已经明显异

① 赵曦．鼓山书院［OL］．新昌新闻网．2010-02-23．

于民俗建筑，极大突破了民居的体系。书院在功能上，置讲堂、斋馆、学斋、门台、泮池、棂星门、祭祠与藏书楼等，在杭州、宁波、嘉兴、温州等地书院中还有刻书、印书的书舍等，已明显异于民居，其功能结构与审美意匠也逐渐完成组合，形成了文化类型建筑的基本风貌（图 2–2）。

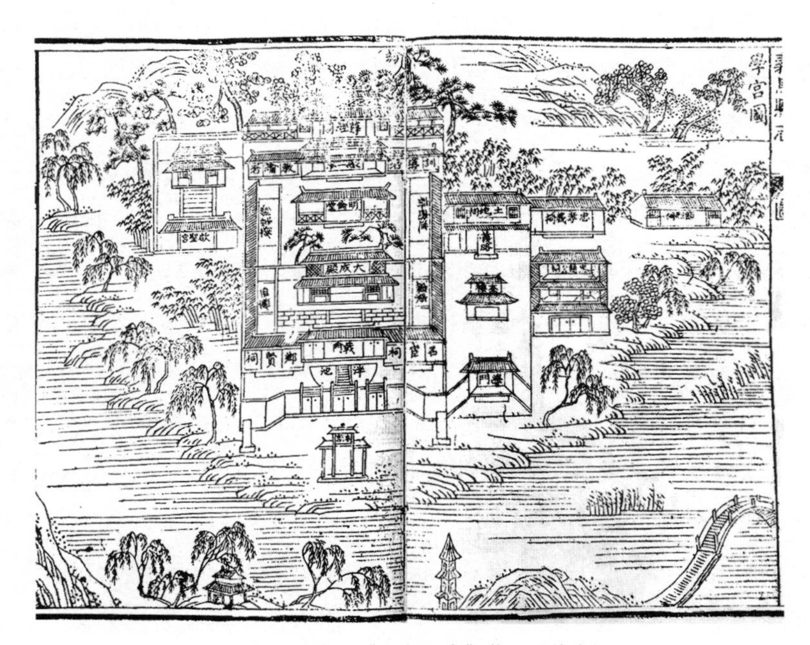

图 2–2 清嘉庆《义乌县志》载“明伦堂”

浙江早期书院一般规模较小，后世多加以增建，从而形成了大量礼制性建筑和实用性建筑的群体组合案例，加上历代书院院产较多，逐渐发展出书院园林类型。类如乡村家塾式书院，均参考官学建筑样式，择地肇造，规制弘而应求速，采取“前庙后学”“前学后庙”或“左庙右学”的建筑组合形式。诸暨的斯宅华国公别墅建于清道光年间（1840 年），原为江南诸省常见的建筑组合，也是为数不多的完整的家庙与私塾结合的典型。斯宅华国公别墅有三开间，三进，占地面积 1800 余平方米，前厅为书院，东西厢房为学斋，后厅为家庙。

浙江的书院常与园林结合，各地书院园林均以亭台楼阁、佳花名木、碑额诗联取胜。著名的建筑之乡东阳市湖溪镇郭宅二村石洞口村，至今保存了郭宅人士郭钦止于宋绍兴十八年（1148 年）创立的石洞书院，迄今存在 800 多年，是一座典型的园林式书院，成为族人与家乡子弟读书处。石洞书院自古文脉甚巨，并留有题刻楹联等文化遗迹，有魏了翁的《题石洞》："跨涧飞虹入洞门，石梯级级树森森。……个中便是蓬莱岛，何必迢迢海上寻。"有陆游的《郭氏山林十六咏》："苍崖韫白壁，欲上渺无路。但照太史占，虹气贯宝婺"，"摘玉毁珠玑，蒙庄有深旨。向郭不能传，千载付吾子。"以上经典名句生动再现了石洞书院中韫玉岩、药圃、玉泉、笙鹤亭、清旷亭、月峡、小烂柯等 16 处著名园林景观，其佳景妙处，美不胜收，依稀可见当年盛时盛貌。

书院园林充分体现了文人为出世或入世不同目的而攻读经史、求索问道的精神寄托。两者异造同源，从浙江部分书院建筑形制上看，多数书院属于多样、多功能的建筑组群，是教育与学术研究相结合，培育人才、传播文化的基地。从细节而言，其外发源于民居，却弘扬学统，以传道授业为功能，其内祭祀先贤，却迥异于宗教。以园林造景，却非孤芳自赏，而是做传承学思、报效社会的准备。无论内外，书院的规划设计，都充分体现了"礼乐相成，斯文宗主"的古代教育建筑定位，这种设计思想贯穿了古代书院教育精神与设计营造，属于古代教育建筑的精髓，深刻地影响了周边地区的书院建筑。

2. 书院文化区划的基本布局

根据前述各类观点，本书分两条线对书院文化划分进行分区：

一是根据书院的发展历史、形成过程、书院营建技术、乡土建筑材料、区域地理分布以及建筑文化审美的差异性进行分析归类。

二是考虑到浙江古代行政区划已经发生巨大变化，根据行政区域的完整性、区域相似性、差异性等原则，也有可能将不同地区的建筑类型划分到同一文化区中，形成了每个文化区都有一个中心区，中心区周围是辐射区。两个文化区的辐射区交汇的同时具备两个文化区的特征，文化区之间的界线由于文化本身的渐趋性特点，划分时做到整体上反映实地基本情况[①]。

在选取方言、民居、民俗三个主要指标的基础上，更借鉴明清两朝浙江布政司曾在浙江辖内分设四道，即杭嘉湖道、宁绍台道、金衢严道和温处道，道治在杭州、宁波、金华和温州等地。据《西湖游览志》云："布政分司五，曰管粮道，在峨眉山麓；曰杭嘉湖道，在朝天门外，旧为巡视都察院，元时西天寺旧基也，延祐间，西僧班迪达降香普陀山，过钱唐，建此；曰金衢严道，在太平坊，旧为镇守府后宅；曰温处道，在本司仪门外；曰宁绍台道，在运司河下。"其中按察司分巡道与布政司所设并不对称，为杭严道、宁绍道、嘉湖道、金衢道。《西湖游览志》明确了清初承明制："康熙六年裁缺，康熙九年二月，复设浙江分巡宁绍道、分巡温台道、分守杭嘉湖道、分守金衢严道四缺。"文中表述明清四道的分区与今天的东南西北四个区域大致相同。

本书结合以上各原则及浙江省具体情况，认为浙江文化区可划分为：浙北文化区、浙东文化区、浙西文化区、浙南文化区。

（1）浙北区系

浙北是以杭嘉湖道所涵盖的地区为主，与当今杭州、嘉兴、湖州三市的行政区域大致相同，古时属勾吴、于越两国交界，《吕氏春秋》中形容此地："夫吴之与越也，接土邻境，习俗同，言语通"，"同音共律，上合星宿，下共一理"。浙北地区以杭嘉湖平原为主体，是典型的江南水乡，气候温润、水运便捷、人文突出；乡风民俗上有鲜明的标志形式，如舟

① 侯军俊. 赣文化时空演替和区划研究［D］. 江西师范大学，2009.

楫、农耕、好勇尚武、好淫祀等，以江南运河勾连全国。

浙北区系范围内的书院建筑遗存数量较大，完整度高，特征明显。① 浙北地区的纯木构书院较浙东丘陵、中部盆地、浙西丘陵和西南山地更少。② 浙北书院建筑与民居建筑的类型相同，大多数采用东西延伸、背北向南的规划布局，多为“三间五架”“一明两暗”的平面布局，采用穿斗式木构架承重，小青瓦歇山式屋顶，屋角起翘，以砖墙作围护结构体系。③ 一般书院的入口处院墙不设门廊，屋脊露出封火山墙之上。④ 大多数书院属于“天井式”民居体系，平面上以“进”为单元复制，整体书院建筑的布局较浙南地区更为严谨。如海盐沈荡镇中钱村的清芬堂：由吴越王钱镠后裔始建于明代的永思堂，有前厅和花厅，东面曲园风荷，后面便是钱氏学堂。乾隆第三次巡游江南在《夜纺授经图》上御题“清芬世守”，钱陈群[①]从中提取“清芬”两字作为堂名。清芬堂历代人才辈出，从明代正德至清代光绪 400 多年里，海盐钱氏共出进士 14 人，举人 30 多人，可谓浙北地区私塾教育的典范（表 2-3）。

浙北区系书院分布表　　表 2-3

书院区系	自然地理区域	自然地理分界	现今行政划分的市县	汇聚点	考察点
浙北区系	太湖以南，钱塘江和杭州湾以北，天目山以东	嘉兴市、湖州市、杭州市，以罗刹江为界	杭州、嘉兴、湖州府	杭州、海宁、桐乡、建德、余杭、安吉	杭州万松书院、余杭龟山书院、淳安瀛山书院、桐乡桐溪书院、海宁立志书院

代表性书院有：余杭龟山书院、淳安瀛山书院、富阳春江书院、桐庐钓台书院等。

① 钱陈群（1686—1774），字主敬，浙江嘉兴人。康熙四十四年（1705 年），圣祖南巡，陈群迎驾吴江，献诗。康熙六十年（1721 年），成进士，授编修。雍正七年（1729 年），世宗命赴陕西宣谕化导，陈群诸府县，集诸生讲经，反覆深切，有闻而流涕者。使还，上谕奖为“安分读书人”。五迁右通政，督顺天学政。

（2）浙东区系

行政意义上的浙东始于唐，也是后世如江南道、浙江东道、宋浙东路等行政管辖区的简称。全唐诗当中记载全国的“繁华地，十二衢”，只有越州、长安并列为全国两大繁华地。该区系包括浙东部、中部的市县，地理上指宁绍平原和四明山以东雁荡山以北地区，现绍兴市（上虞区、绍兴县）、宁波市、舟山市、台州市。古时是吴越中心地带，以宁绍平原为主体，中心城市为宁波。浙东由北部狭长的滨海平原和南部的丘陵组成，水乡和海洋风貌并存，实质上是浙北到浙南的过渡带①。浙东区系书院群体的特征：自宋开始，浙东古代教育建筑脱离民居建筑的速度先于其他地区，发源最早、数量最多、类型完整、规模俱全；与浙南、浙西书院相比较，平面功能类型明显脱离了民居样式的局限；书院的类型较多、功能明确、布局严谨、选料精良、装饰简淡、务实节约。浙东天井式书院类型多样，有宁波的两层砖木书院，绍兴书院的一层半式书院，以及舟山的砖石结构书院。书院或明间单层，次层设楼层；或下堂单层，上堂设楼层。浙东许多书院的天井很小，甚至取消天井，扩建实用面积。但无论如何，浙东区系的书院建筑始终以正厅为中轴，讲堂为核心，书院的体量、规模、装饰设计均反映了文化教育的向心力，具有显著的浙东特色。

以宁波书院为例，唐大中四年（850 年）县令杨弘创办蓬莱书院之后，唐到五代的 400 多年间，宁波载入地方志的书院只有 2 座，鄞县仅中过 1 名进士。但是在北宋至清末期间，宁波新创的知名书院就有百余家，鄞县的进士多达 1205 人，其中两宋占 730 人，南宋就高达 601 人，以至时有人传“满朝朱紫贵，尽是四明人”。两宋时期，浙东书院发展迅速，著名

① 百度百科［DB/OL］.

的北宋“庆历五先生”[①]（杨适、杜醇、王致、王说、楼郁）以及南宋明州“淳熙四先生”（舒磷、沈焕、杨简、袁燮）与高闶等创立四明学派，均先后在浙东设院讲学。其中闻名全国者有楼郁的正议楼公讲舍、竹洲三先生书院、杨文元书院和焦征君书院；城区的城南书院、长春书院；象山的丹山书院，奉化的广平书院、龙津书院；余姚的龙山书院、高节书院等。其中得到皇帝赐匾的有桃源书院、甬东书院、南山书院等多家，倍享荣耀。

明清两代的浙东书院因姚江文化和浙东学派四起而发扬光大，科举取士与学说传播取长补短，并均衡发展。著名人物较多，以王阳明和黄宗羲为代表，他们在各地书院设课讲学。明代有名的书院有中天阁、姚江书院、镜川书院等；清代有甬上证人书院、月湖书院、育才书院等。清乾隆年间，宁波地区有史可考的书院增量就达 67 所，如 1885 年由宁绍道台薛福成创办的崇实书院，面积较大，校舍有 20 多间，因藏书较多，甚至建有 2 座藏书楼。明末战乱之际，黄宗羲在化鹿寺翻检山阴祁承业的澹生堂藏书，挑选得珍本、善本、经书近百种，此批图书乃黄宗羲藏书之重要组成部分。其他如钮石溪的世学楼，钱谦益的绛云楼，黄居中[②]的千顷堂，郑氏的丛桂堂，范氏的天一阁，曹氏的静惕堂，以及徐氏的传是楼等。清末光绪年间，还出现了由外国传教士在甬城创办的书院，如孝闻街的三一书院，江北岸外滩的华英斐迪书院，江东张斌桥附近的华美书院等[③]（表 2-4）。

---

① 北宋庆历年间，王安石知鄞县时，为倡导学风，邀请杨适、杜醇、王致、王说、楼郁五位大儒聚鄞县妙音书院讲贯经史，其后 5 人又各创书院，历 30 余年，弟子甚众，史称“庆历五先生”。庆历五先生最早主动切入中原儒学的精髓，可以说是明州新儒学的发端。

② 黄居中，1562—1644。万历十三年（1585 年）举人，初授上海县教谕，后任南京国子监丞，晚年建“千顷斋”，藏书 6 万余卷。见《宁波古代人物传记》。

③ 黄定福．历史上的宁波书院［N/OL］．宁波晚报网．2013-09-08．http://nbwb.cnnb.com.cn/forum.php?mod=viewthread&tid=188352.

浙东区系书院分布表 表2-4

书院区系	自然地理区域	自然地理分界	现今行政划分的市县	汇聚点	考察点
浙东区系	行政区划意义上的浙东	以狭义浙东为界	狭义上的浙东地区：宁波、舟山、绍兴	绍兴市、宁波市、舟山市	绍兴稽山书院、新昌鼓山书院、舟山蓬山书院、黄埔书院、宁波三一书院、东湖书院、余姚龙山书院、宁海育英书院、海曙甬上证人书院等

代表性书院有：绍兴稽山书院、新昌鼓山书院、舟山蓬山书院、宁波三一书院、余姚龙山书院、宁海育英书院、海曙区甬上证人书院等。

（3）浙西区系

浙西区系为金衢严地区，即金华、衢州、严州（今杭州建德），为传统“上八府”范围。原为两浙西路之简称，包括苏南地区，本书所讲的“浙西”是行政管辖与地理上的浙江西部，虽范围大大缩小，但浙西自古是教育、农业、手工业与商业并重的重要地区，从文化与经济上向徽、赣、闽各省渗透，也是浙江东南沿水路到内陆的门户，古时杭州分别通过“钱塘江上游的富春江—新安江”勾连严州，“浦阳江—衢江”勾连金华、衢州。

浙西区系的书院建筑比较特殊。因浙西地区自两宋以来一直是中国具有标志性的“百工之乡”与“建筑之乡”，建筑技术成熟发达，深刻影响了江南与中原地区，以及日本、韩国、朝鲜与东南亚地区，对中国传统建筑的时代走向起到决定性作用。

浙西的书院建筑与民居的建造类型相一致。王仲奋在《东方住宅明珠：浙江东阳民居》一书中将东阳建筑的营造做了详细分析，并将徽州建筑与东阳民居的“挠水（举折）”“升”“大木编号套照”“立架”“上梁”以及民居屋面、屋脊的做法都做了比较。清华大学建筑学院单德启教授也证实说：“所谓的徽派建筑，其源流就是东阳传统营造技艺。明清时期的徽州传统民居，绝大部分是东阳帮工匠建造。”可惜台州知府唐仲友在《修台郡学记》中偶见一句：“材良匠能，可支百载……自殿廊、门观，以及讲舍、射圃、次第井井，顿易旧观”，对书院建造的工匠并没有记录。

浙西书院建筑的大致可以分为两类：一类是“横向发展式”的天井式书院建筑，另一类是砖木混合结构的书院建筑[①]。南宋以来，东阳有“三大宅”“四名家”“五府”之说。后有卢宅、马宅、巍山、陆宅、画溪等名村陆续崛起。望族村落的宅居规划和建造上看，体现了规模气势。凡大姓望族，往往是单姓卜宅聚住，在聚落的总体格局上形成以姓氏为核心的社会共体，形成一个完整的功能系统[②]。

东阳书院数量之多，据《东阳县志》载，东阳历代书院 33 所（南宋共 12 所），义塾 12 所，私塾较多，遍布全县各村。自赵宋宗室赵公藻创建友成书院之后，东阳创办书院、义塾的风气大盛。南宋宝祐《东阳县志·序》称：“时邑之内外，士类骈集，各抱才气学术，项背相望……大家多创书院以教乡党子弟，诗书讲颂相闻，旁郡他邑不及焉。”友成书院延请吕祖谦任主讲，受教者有李诚之、乔梦符、陈豳、葛洪、乔行简、倪千里、马壬仲等人，这些人在宋淳熙二年（1175 年）至庆元二年（1196 年）的 22 年间先后中进士，名列青史。

南宋东阳的乡村书院以郭宅一地为盛，《东阳县志》记载郭宅的书院有石洞书院、西园书院、南湖书院、青溪书院、高塘书院等 5 所；元代东阳书院甚少，留名者仅八华书院；明代有荷亭书院、岘峰书院等 9 所；清代有 15 所，风格奢侈，规模宏阔，以开间多、学员多著称；清末科举停止以后，书院因其场地开阔而演变成学校（图 2–3）。

---

① 徐映璞．两浙史事丛稿［M］．杭州：浙江古籍出版社，1988.

② 王庸华．文史记忆 王庸华谈东阳民居：一方人文的物化标识［DB/OL］．2018–09–19.

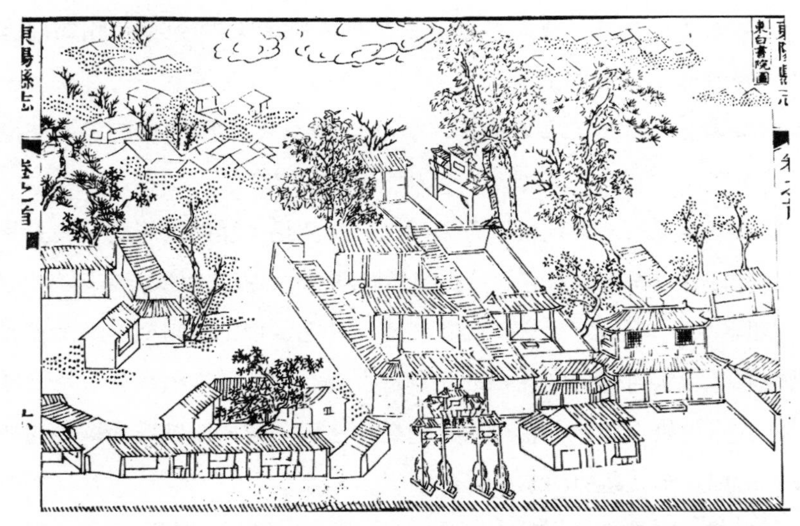

图 2-3 清道光年间的《东阳县志》载“东白书院”（1828 年绘）

浙西地区的乡村书院、私塾典型案例如下[①]：

① 兰溪市的诸葛八卦村。八卦村由诸葛亮第 27 代后裔按九宫八卦堪舆布局，村首以钟池为核心，两口水井呈阴阳太极图形。村内八条小巷分别从坎、艮、震、巽、离、坤、兑、乾八面入村，形成后天八卦中内八卦意象，而村外八座小山也按序排列构成外八卦设计意象。村内有书院、私塾约 10 多处，高隆书院位于南侧，象征朱雀兴学。青砖、灰瓦、马头墙、肥梁、胖柱历经数百年不变色，被费孝通誉为“八卦奇村，华夏一绝”。

② 兰溪市的长乐古村，乃浙东学派中坚金履祥后裔聚居之所。金履祥族人弟子受其影响，多在金华仁山书院、梅谷书院等地讲学。据传朱元璋曾路过长乐村，亲召其二传弟子宋濂、吴沉、胡翰、吴履、范祖干、徐原等人辅佐，因此有“明代开国福地”之称。长乐村的平面呈“北斗七星半月形”，由七座厅堂式建筑、七口水井与曲折道路组合而成。村内保存了元、明、清建筑 127 幢，以宗祠、象贤厅、望云楼为代表。最早为元代至

① 吴旭华. 东阳日报［N］. 2018-3-4.

正年间（1341—1368年）的望云楼，木构粗壮、外简内繁，底楼为起居生活所用，二楼厅堂却宽敞繁丽，被誉为“江南黄金屋”。村内至今保存了明成化年进士坊、清雍正八年（1730年）节孝石坊、清雍正年的照壁等，均庄严排列于象贤街口和泮池之前，一片正大光明的耕读气息。

③ 建于清乾隆三年（1738年）的浦江县灵岩古庄园，东如狮象，西有元宝山，南衔马岭，北靠茜水。庄园主体建筑群呈“井”字形布局，以诒谷堂为中心。书院一共有5个厅堂、5个花园、6口池塘。诒谷堂至今还保存了金华知府杨志道的手书匾额“惠及儒林”几个大字。该村因文风昌盛，人才辈出，被称为浦江的“秀才之村”，家族在清代受朝廷旌表者多达十三四人。乾隆皇帝还封赠朱可宾[①]为“国学生”，封其妻为“安人”，朱可宾及其后人先后捐资建造浦江学宫、浦阳书院、金华府学等官私书院；1745年创办了浙江第一所免费私学机构——灵岩书院，该书院在长达200多年里，培养了秀才、太学生等八九十人，造化远近数千学子。

④ 其余案例还有如武义县山下鲍村。该村内亦有多处私塾，梁思成曾亲自考察并将其写入《中国建筑史》。山下鲍村西南方向有余源乡星象村，村内建筑堪称“明代标本”，据称是明代开国功臣刘伯温按照星象规划设计。另外在民国《武义县志》中还可见丁卯年林桂荣绘制的“曾公大溪口村图”（图2–4），并标注了该村的宗祠与书院位置。

西南方还有一处郭洞村，据称始祖乃北宋宰相何执中，其后裔迁居武义之后，仿《内经图》之意营建郭洞村，村庄山环如郭，幽邃如洞，因而得名。

浦江的嵩溪村，始祖是北宋太宰徐处仁，其曾孙徐金，举家迁居嵩溪，村以溪得名。村庄内有1560间标本式的古代建筑。嵩溪村有“鸡冠

---

① 朱可宾，号灵岩，浦江廿五都朱宅人氏，生于清康熙三十六年（1697年）。起家贩销树木、茶叶和靛青染料，号称“朱百万”。1745年建灵岩书院，1756年重建浦江学宫，1763年建浦阳书院，其孙朱其重建金华府学。

望潮”“东壁石斧”“嵩麓灶烟”“庵岩晴雪”等十大美景，号称“浙西世外桃源”。该族人中善书画、诗文者代出不穷，如清代徐子静，近代徐品元、徐菊傲、徐心灯、徐察人、徐一芬、徐心安、徐心炼、徐式卿、徐芾棠、徐心泉、徐天许等画家，先后设教于金华与衢州各地。

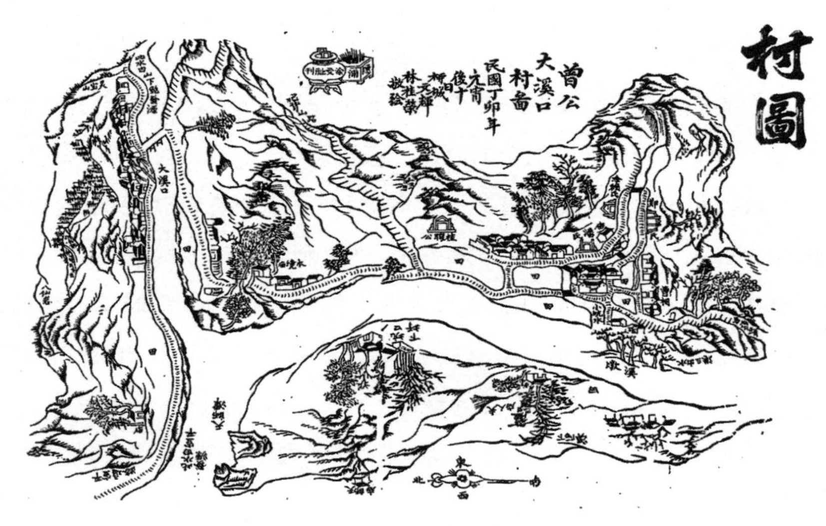

图 2-4 民国《武义县志》载“曾公大溪口村图”

⑤ 浦江另一特殊之处是盛产优质石灰。清诗人陈松龄在《嵩溪源观打石歌》中云：“嵩溪打石最号奇，悬崖千尺无攀跻。寸铁穴石系短梯，逼削岂足穷身栖；仰压俯堕两莫支，相对方各笑且嬉。”据考，浦江嵩溪沿途村民烧制石灰已有 2000 多年历史，且嵩溪石灰石油滑细腻，质优色白，乃上乘建材，直到民国中期还通过水路供应金衢严、徽州与苏州地区。

在唐以前，安徽歙州和金、衢、严、处诸州在同一行政区划下，如歙州总管府（歙州都督府）时期、江南道时期（627 年）、江南东道时期。直到清康熙六年（1667 年），江南省分出江苏、安徽两省之后，徽州府仍与浙江的金、衢、严、杭等地交往甚密，虽方言不同，但文化渐融于金衢严处杭等州，在建筑技术源流与建筑材料的运用上，亦遵照浙西风格。徽州与衢、严二府毗邻，同属新安江流域，新安江流经严州府往东汇入兰江，又经兰江形成富春江，富春江的下游即钱塘江，一起形成了浙江的干支流，并成为徽州商帮进入金华、衢州与杭州地区的主要通道。明清时期，此三府成为徽州人向外移居的首选目的地，同时也是“八婺百工”进入徽州地区的主要通道。明清以降，“东阳帮”遍布“上八府”的金、严、衢、处，“下三府”的杭、嘉、湖，以及相邻的皖、赣、闽地区。他们将东阳民居的形制建构做出许多改制，也涌现出如杜云松、黄紫金、楼水明、叶振海、陈声远、卢保火、楼发桂、金水锦、杜承训等著名艺人及匠师。此时徽州商人在浙西诸州善于经营，商界势力相当大。咸丰三年（1853年）曾国藩率军进驻祁门，与太平天国军队鏖战于歙县、绩溪一带，造成大批徽州人溯新安江而下，“万山之中，村落为墟”。

民国18年（1929年），魏颂唐在《浙江各县经济概略》中写道：“徽州、绍兴人居半数，福建、江西、宁波次之，东阳、义乌人居十分之一五，本地人居十之二。”金、衢、严当地人种植杉木，他们将杉木及浦江的优质石灰沿钱塘江、兰江溯新安江东入徽州，传授建筑技艺、贩卖建筑木材。东阳建筑商帮在徽州商帮的支持下，参与徽州建筑事务，对徽州建筑景观的改造有深刻的影响，对沿途地区的建筑营造也起到了决定性的作用。

浙西区系的书院建筑是中国南方杰出的文化建筑样本，主要特点有：

① 该地区的书院拥有江南标志性的粉墙黛瓦、大木构架和前厅后堂的建筑特色类型。多数书院建筑群采用砖木、土木混合结构，即使有的书院内外墙都是石块或土坯作承重砌体，但依然与浙西民居的总体特色保持一致。东阳市政协文史资料委员会编的《东阳帮与东阳民居建筑体系》中总结说：“浙江建筑的梁柱榫卯墙间联结，使用的是三销一牵（柱中销、羊角销、雨伞销，一牵指墙牵）的方法，其中柱中销的做法与河姆渡出土的柱中销的做法完全一致。东阳与河姆渡两地相隔百余公里，说明两者间存

在工程做法的学源关系。”[①]

② 浙西区系以天井式书院最为独特，其中梅岩精舍（柯山书院）是其中代表。此类书院多采用横向组接的建筑平面，横向轴线上左右对称，左右自由增加纵向排开的横屋，并向中间纵长方向的天井开门。虽然大部分书院在建筑平面设计以“进”为单元，但在建筑平面的横向、纵向上都扩展明显，以清献书院、明正书院、崧山书院较为典型。衢州宋代著名的柯山书院，其建筑布局就是天井式纵向组接的平面，轴线上左右对称，左右可容纳的学斋多，面积、楼层不同，使用面积提升明显，具有非常强的功能性。

③ 浙西的合院式书院也比较独特，格局伟岸，建构细密，既有三合院的变化模式，也有北方四合院的典型样式。如柯山书院有屋 24 楹，中为格致堂，前为登瀛亭，后为三贤祠。书院纵向四进长贯，五十余间屋连体结构。以主堂居中，侧安副堂，布局上呈横向发展，形成合中有分，分中有合的多轴线多院落形态。这种合院式的书院基本上是大型书院与祭祠为主，比如凤梧书院、定阳书院、朱文公祠、詹先生祠、方先生祠、邑贤侯祠、双桂堂等建筑均为如此。此类书院规模宏大，体现了浙西书院建筑弹性组合的优点。同时，因这类书院膏火丰厚，用料充足，少弯曲杂木，或与浙西产出杉木与石灰有关，造就了浙西书院建筑独领风骚的建筑样式与风格特征，并在明清时期常见于赣北与皖南地区。

④ 浙西自古儒林荟萃，史称“东南邹鲁”。南宋时期，金华的丽泽书院与岳麓、白鹿洞、象山书院并称“南宋四大书院”，凸显书院教育之实力。婺州著名学派以金华学派与永康学派为主，传播程朱理学与功利之学，因此，学派的产生与发达的书院教育有着密切的关系。浙西为著名建

---

① 东阳市政协文史资料委员会. 东阳帮与东阳民居建筑体系［M］. 杭州：西泠印社出版社，2017.

筑之乡，工匠众多，建筑型制丰富。浙东人喻皓所著《木经》当中对屋、梁、柱等建筑构件的名称、概念与宋李诫修编的《营造法式》相同点甚多，从侧面说明浙西建筑在建筑科技史上留下了珍贵的史料（表 2-5）。

浙西区系书院分布表　　表 2-5

书院区系	自然地理区域	自然地理分界	现今行政划分的市县	汇聚点	考察点
浙西区系	非两浙西路的简称，今浙江北部	传统上的浙江“上三府”——金华府、衢州府、严州府	金华市、衢州市、严州（建德）	金华市、衢州市、建德县	金华丽泽书院、青田石门书院、云和箬溪书院、常山定阳书院；江山江郎书院、开化包山书院；龙游风梧书院等，东阳石洞书院等

代表性书院：金华丽泽书院、永康五峰书院、浦江月泉书院、兰溪华石书院、东阳石洞书院、宝贤书院、丽正书院等。

（4）浙南区系

浙南区系在地理上指浙江南部的温州、台州、丽水三个地级市，包括所管辖的临海、龙泉、瑞安、温岭、乐清八县级市，以及苍南、洞头、缙云、景宁、平阳、青田、庆元、三门、遂昌、松阳、泰顺、天台、文成、仙居、永嘉、玉环、云和十七县，其中温、台主体在浙东南沿海狭长的平原上，中心城市在温州。浙南地区的平原狭小，基本上是前海后山，同时三门湾、台州湾、隘顽湾、乐清湾、温州湾、大渔湾等海湾港口密布于此。浙江八大水系一半位于浙南地区，其中瓯江水系、灵江水系、飞云江水系、鳌江水系周围水资源丰富，环境优雅，是温州人的祖居之地[①]。

浙南地区自古人杰地灵，这里既是道家七十二福地集中地区，又是东南沿海闽粤文化区的起点。在第三次全国文物普查中仅温州就有历史保护建筑 4061 处，其特点如下：一是年代跨度大，不同年代的建筑集中在浙

① 符宁平，闫彦．浙江八大水系［M］．杭州：浙江大学出版社，2009．

南呈现出来，少数有宋元风貌，多数为明中后期与近代建筑；二是书院建筑造型多样，既延续了江南建筑样式，还兼有福建民居特色，也不乏中西合璧及西式风格的建筑。

温州书院建筑群体的主要特征是：① 浙南地处沿海，交通不便，因而遗留了大量的古代教育建筑，历经沧桑，既保留了宋元风貌，又深蕴地方审美内涵；② 浙南海上丝绸之路的印迹非常多，至今在温州江心屿依然矗立着当年海上丝绸之路航标——东西双塔，元代特使周达观出使真腊（今柬埔寨）并编撰了《真腊风土记》，即由此乘舟出发；③ 浙南地区在《烟台条约》签订开埠之后，受“西风东渐”影响，催生了大批中西合璧式建筑，也深刻地改变了浙南地区的书院建筑，再加上温州海外移民多，在建筑上也保留着许多移民的审美特性；④ 部分村落的规划以祠堂、围堡、书院等为特色。在村落建筑规划中，大多数以祠堂为核心，住宅则环居内围，最外围是堡垒墙壁，书院则藏于其中。书院多位于民居左右，学斋分布四面或两侧，既可分等级布局，又可采用同类规格。与浙江其他地方相比，浙南的围堡、村落因防盗要求颇高，堡垒墙高壁厚，在防御性的基础上，增设观景与实用功能，形似福建与江西赣南土楼。书院的总体布局、朝向及建筑轴线、空间的安排，沿村落呈带状组合；多数书院主楼为两层的双坡顶。下面举例阐述：

① 长屋形书院。永嘉县溪口村的东山书院，是永嘉最早的书院之一，是南宋著名理学家戴蒙与其子戴侗共同创建的。东山书院建筑为典型的长屋形悬山式建筑，七间两层，占地面积近4000平方米。前后分三进，俗称“三退房”。戴氏宗族文风繁盛，远近闻名。村中宗谱中还载有乐清南阁章纶公题赠的对联：“邹鲁号溪山，道统儒门双接绪；程朱传理学，春宫第甲六登墀。”对联中所述“春宫第甲六登墀”，指的就是溪口村戴氏一门四代六进士，分别是戴述、戴溪、戴栩、戴龟年、戴蒙、戴侗。

② 民居式书院。龙湾区御史巷的都堂第私塾，是典型的明清浙南沿海民居样式，其周边三侧临水并设有埠头，以水路为主要交通途径，建筑完整，为楠溪江难得一见的大型宅第。

③ 内院式建筑。南宋时创建的永嘉芙蓉书院，位于岩头镇芙蓉村如意街南侧，建于清康熙年间，是典型的封闭内院式建筑。书院格局正统、形制规整，由东向西依次排列着泮池、仪门、杏坛、明伦堂和讲堂，保存较完整。各院间由回廊穿插连接，梁架造型古朴、构件简单、装饰淡雅。据《芙蓉陈氏宗谱》载，陈氏先后有进士、举人、生员一共 34 名，历代有官宦 18 人，俗称“十八金带”。

④ 合院式建筑。与温州不同的是，台州市的书院建筑多数是合院式，平面布局呈长方形，占地面积比杭州、绍兴等地的书院更宽大。建筑沿中轴线依次排列，两侧辅以廊庑、厢房，建筑四周砌筑块石围墙。台州的古民居素有南北两大流派之分，南派以“五凤楼”风格为代表，北派则以硬山顶为代表。北派代表是北固山麓的正学书院。该书院是明嘉靖二十一年（1542 年）台州知府周志伟与王廷乾等人在原“溪山第一书院”遗址上兴建而成，其主要特征是：硬山顶、二披檐、两边游封火墙。封火墙（俗称“灿头”）形式多样，有玉几灿、马头灿、弓张灿、半马鞍灿、蝴蝶灿等形式[①]。书院中祀十贤祠，馆舍外位于中庭、东西两侧，还辟有射圃、花园，比原有规模大四五倍，并改名为“赤城书院”。清道光年临海县令程章改名“正学书院”。

⑤ 东湖书院位于东湖中部，为清康熙知府鲍复泰筹建，毁于太平天国匪乱，同治时重建。设置学斋七间，东西两庑各三间；讲堂五间，屋面为重檐歇山和悬山结合，左右两庑各五间，南面的魁星阁面阔三间，规模宏大。书院采取天台独特的建筑类型，高堂内无厅堂额枋，使建筑内厅视觉

---

① 张礼标. 悠远的建筑与工匠［DB/OL］. 中国台州网 – 台州日报. 2019–04–16.

效果更显高大；辛亥革命光复会元勋王文庆[1]曾在此求学（图 2–5）。

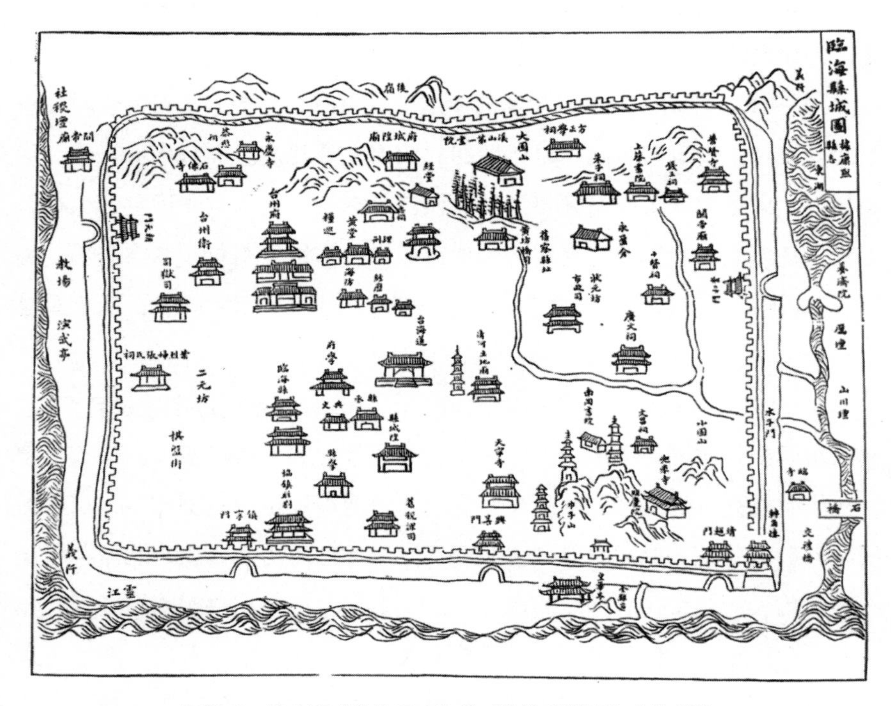

图 2–5　清康熙《临海县志》载“临海县城图”中的书院

⑥ 浙南地区盛产石材，有史可考的石匠名家有咸丰年间的金敬林，光绪年间的金增祥、项道虎，民国的项吕明、项兆锡等人，他们擅长雕刻人物、山水、花卉、走兽；清朝末年至民国期间，著名的泥工有葛文能、葛文聚、李德元、金良亲等人，擅长堆塑；知名木匠有金守罗、葛寿龙、李祥泉、李克法等。民间匠人方只满多才多艺，木匠、细木、雕花、油漆、

① 王文庆（1882—1925），浙江台州人，中国近代民主革命家。1905 年加入光复会与中国同盟会。1907 年回国在上海主持起东学堂，重新积蓄革命力量。在南洋期间，与黄兴等人积极组织教育会，筹募款项。武昌起义成功后，王文庆在上海、杭州、南京陆续发起光复运动。1916 年 4 月浙江宣告独立，王文庆被推举为浙江临时参议会议长、浙江省长。1925 年 2 月 3 日，病逝，终年 43 岁。

纸扎等工种技能，样样精通，他建造七间面的房子“八驳柱”时，不用套照，施工过程中，能随口能报出“驳柱”各部位尺寸，堪称“一代木匠宗师”①（表 2–6）。

浙南区系书院分布表　　表 2–6

书院区系	自然地理区域	自然地理分界	现今行政划分的市县	汇聚点	考察点
浙南区系	温黄平原，温瑞平原，鳌江平原；三大滨海平原	浙江南部的温州、台州、丽水三地级市；临海、龙泉、瑞安、温岭、乐清八县级市和苍南、洞头、缙云、景宁、平阳、青田、庆元、三门、遂昌、松阳、泰顺、天台、文成、仙居、永嘉、玉环、云和十七县	温州、台州、丽水	温州市、台州市、丽水市	乐清宗晦书院、瓯海罗山书院、永嘉醉经堂书院、永嘉书院、黄岩九峰书院；台州东欧书院、三门双桂书院、仙居桐江书院、缙云独峰书院、松阳明善书院；青田石门书院等

代表性书院：乐清宗晦书院、瓯海罗山书院、永嘉书院、黄岩九峰书院、台州东欧书院、三门双桂书院、仙居桐江书院、松阳明善书院、青田石门书院等。

3. 各区划区域中书院营造理论根据

借助司徒尚纪编著的《地理学在广东发展史》关于划分文化区的几点原则，下一节将从以下部分来分析书院营造的理论依据：① 文化景观的类似性；② 文化发展程度的相近性；③ 区域文化发展的类似性；④ 文化地域的相连性；⑤ 区域文化的中心。②

① 张礼标．悠远的建筑与工匠［DB/OL］．中国台州网 – 台州日报．2019–04–16．

② 侯军俊．赣文化时空演替和区划研究［D］．南昌：江西师范大学，2009．

浙江书院建筑的营造有其简朴的理论依据，原因是：① 文化习俗的一统性——吴越建筑技术和文化相互交融，呈现由北往南连续渐变的状态；② 政区的稳定性——浙江文脉悠久，政通人和，五代吴越融合儒、道、佛的治国理念，并与日、韩、东南亚多地文化交流密切。

4. 小结

本章的基本观点有两点。第一，浙江的民居建筑是书院建筑的母体，能体现建筑类型、用材习惯、生活观念与技术经验。本书对书院建筑文化的区域划分方法，采用地方风格、地貌特征、乡土材料、技术种群、宗法制度、居住习性等文化内容为主要指标，因此，本文将浙江书院的区系按照“泛民居化”的分类法划分，并参照司徒尚纪对区域文化的论述观点，将浙江地区的书院分为浙南书院群、浙北书院群、浙西书院群、浙东书院群进行研究。但是，书院建筑文化区系划分不是简单的分界，而是一个历史交叉、文化交融、观念交错的复杂的系统工程。建筑区域虽受历代行政区划的限制，但由于行政区域不断变化，建造技术交流与建筑材料也不受行政区域界限的限制。如金、衢、严、处地区的工匠群体问题，边缘地带受相邻建筑技术与建筑用材的影响是客观存在的；浙西民居体系就延伸到了皖南及新安江流域等邻省地区，书院文化也受到了江西书院文化的强势渗透。这些因素加在一起，足以证明浙江地区的书院建筑是多元建筑文化融合发展形成的综合文化系统，其产生和发展是以吴越文化为主线，并接受中原建筑文化、吴楚建筑文化等杂糅，经过改造创新与因地制宜的用材经验，形成了富有吴越建筑特色的建筑体系与匠作系统。浙江书院建筑在发展的不同阶段，外来建筑技术与规范均对本土建筑技术形成良性补充，也是吴越建筑文明的延伸和发展。

第二，浙江的建筑体系具有强大的外向型优势，邻近的地区可以看到大量出现吴越特征的村落与城镇建筑景观。如浙东北受吴文化辐射影响，皖南则趋同于浙西，上海趋同于苏、嘉、湖，闽东北与丽、温地区连为一体，金、衢则与赣文化趋同。随着浙江建筑技术越来越成熟，其外延领域就越来越大，周边地区与吴越地区建筑的类似性、文化的相似性、地域的相连性也越来越明显，但浙江作为吴越建筑的中心区域之一，其方向始终没有发生偏离。

第六节　江南先进营建技术的北传与扩散效应

历史上的浙江是著名的“百工之乡”，木匠、篾匠、漆工、石刻、弹花、印染、补锅、打金等匠人仍具备坚韧创新的创业基因，他们抱团组群，肩挑行担，创造了许多传播先进营建技术的事迹。同时，百工匠人世代相传的专业技能，也构建了江南特殊的专业人才资源优势。入宋以来，浙江人口日益稠密，造成耕地不足，无法以扩大生产规模和发展生产力得到补偿。在生存压力下，浙人逐渐产生了“重商贵贾”的思想，并在一定的机缘下付诸实施，因此，浙江“民生多务于贸迁”[①]。《光绪永康县志》卷一《风俗》称：“土、石、金、银、铜、铁、锡皆有匠”，间接证明了这个问题。

1. 浙江先进营建技术的北传与扩散

本节根据张十庆关于对江南建筑营建源流的部分研究成果，结合浙江民居与书院建筑的技术特征，简略分析书院建筑的地域特色、不同倾向及

① 陈立旭．浙江现象提升文化软实力［M］．北京：中共中央党校出版社，2006.

技术由来等若干问题[①]。苏轼在《灵璧张氏亭园记》颂曰："华堂夏屋，有吴蜀之巧。"宋初浙东名匠喻皓被推崇为"国朝以来，木工一人而已"[②]。自中唐、五代以来，南方的建筑技艺不断创新，并为北方地区广为接受[③]。潘谷西也曾说："五代至北宋间江南一带的建筑与《营造法式》的做法很接近，尤其是大木作，几座石塔的斗、柱、枋、檐部等，几乎都可和《营造法式》相印证。"[④]从宋末的《营造法式》问世时间来看，江南建筑的成熟做法在先，《营造法式》的记录在后，因而可以验证《营造法式》借鉴与学习了许多江南的建筑技艺。

以下罗列江南建筑技术影响北方地区建筑营建法式的事实：

①《营造法式》的内容及其编修方式的来源，兼顾了南北地区不同的营建技术。如《营造法式》中常见的"南中"概念[⑤]与"转叶"概念，前者代指江南一带地区的称谓，后者则是典型婺州地区的民间营建俚语[⑥]。

② 宋初，浙江名匠喻皓所著的《木经》被南北工匠奉为民间"规范"，其专业的权威地位在《营造法式》一书问世之前，无可比拟。我们据《木经》在南北地区的流行实据以及喻皓在中国历史建筑工程上的贡献，可以推测《营造法式》一书大量借鉴了浙东一带的建筑技术与经验，并由此构

---

① 张十庆.《营造法式》的技术源流及其与江南建筑的关联探析［J］. 美术大观，2015（4）：106–109.

② 杜维沫. 欧阳修文选［M］. 北京：人民出版社，1982. 欧阳修的《归田录》："开宝寺塔，在京师诸塔中最高，而制度甚精，都料匠预浩所造也。塔初成，望之不正，而势倾西北。人怪而问之，浩曰：京师地平无山，而多西北风。吹之不百年，当正也。其用心之精盖如此。国朝以来，木工一人而已。"

③ 张复合. 营造法式的技术源流及其与江南建筑的关联探析［M］// 建筑史论文集（第17辑）. 北京：清华大学出版社，2003.

④ 潘谷西.《营造法式》初探（一）［J］. 南京工学院学报，1980（4）.

⑤（宋）孟元老等. 东京梦华录（外四种）［M］. 中华书局，1962. 宋、金时称"江南"为"南中"，南宋・西湖老人《西湖老人繁胜录》："金人奉使，……我北地草木都衰了，你南中树木尚青。"

⑥《营造法式》卷四"大木作制度一・总铺作次序"："凡出一跳，南中谓之出一枝，计心谓之转叶，偷心谓之不转叶，其实一也。"

成了重要的理论支撑与技术来源，甚至深刻改变了宋、元、明、清各朝在建筑营造规范上的格局。

③ 吴越建筑形制特色与《营造法式》的关系问题。张十庆在《〈营造法式〉的技术源流及其与江南建筑的关联探析》一文中认为，北宋王朝以中原地区为营造中心所颁行的建筑营缮的法规制度——《营造法式》，无疑体现了北方官式建筑的制度与做法。但查阅《营造法式》发现，其章节、做法、名称、俚语及经验方面，都与两浙地区做法有着极大的技术与审美关联，并渗透出宋代建筑营造技术在南北地区之间的差异与交流，同时该书也记载了自唐宋以来南北不同地区的建筑技术、经验与审美的不同倾向。

（1）合院与厅堂做法[①]

江南的合院式建筑遗存稀少，我们只能在壁画、墓葬石刻及雕塑等古物上看到范例。如南宋刘松年的《四景山水图》中可见西湖桃李争艳、山石林木中的重楼深院，夏日湖边之水阁凉庭，冬日白雪覆盖的房屋小桥，近处石砌凉台上的褐色栏杆，湖中水阁密集的木桩梁架；明代戴进的《春游晚归图》描绘了矮桩木桥，古松绿荫，夯土院墙内有一座竹林小院，远处楼阁掩映；明代的《虎阜春晴图》是画家谢时臣晚年对苏州虎丘的寺庙与村居、茶馆等建筑的描绘，明显可见江南地区建筑、庭院的特征。以上都是吴越建筑史重要的史料。

从现存记载分析，汉代以来的民居多为“前堂后寝”的设计，民居的卧室与前部待客及厅堂之间用直线、曲线的连廊串通，使整个民居建筑的平面形式形成“丁”字、“工”字、“王”字，甚至“圭”字形，这种格局被书院建筑原封不动地借鉴与吸收，并加以扩充或改变功能，如会在书院两侧增加东西偏院。

---

① 张十庆. 江南殿堂间架形制的地域特色［J］. 建筑史，2003（2）.

第二种类型是俗称“四水归堂式”的厅堂式书院建筑。建筑的平面是围合建筑，屋顶“人字坡”的屋面四角相连，这类形式在江西、徽州与苏南民居中较为常见（图 2–6）。第三种类型是四合院院落内各房屋相互独立，仅在檐廊上部四角相连，形成看似围合其实独立的书院院落。浙东、浙北大部及浙西部分书院均以 1～2 层的四合院住宅为主，除藏书楼外，很少有高达三四层的书院。

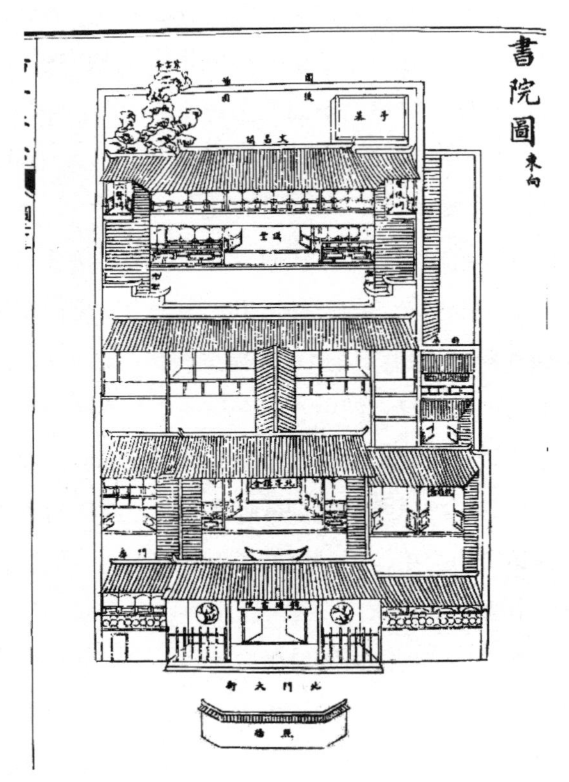

图 2–6 清同治二年《嘉善县志》载“魏塘书院图”——四水归堂式书院图

在《营造法式》中，对不同规模和等级的建筑形式分为“殿阁”和“厅堂”两大类，其中典型的营建方法是“垂直构架横列式厅堂”，“月梁式厅堂”等工程做法尤为特别，这与中原地区普遍采用“层叠式”的水平构架形式在建筑结构、营建程序和方法上差异明显，将传统建筑的特色发挥得淋漓尽致。这种经典做法，今天仍然可在宁波保国寺大殿、武义延福寺大殿、金华天宁寺大殿中找到。传统“厅堂”式的案例在永嘉县蓬溪村的李时靖宅、塘湾村的郑伯熊宅、花坛村的马湾等建筑中也能找到，马湾旧宅的井圈上还刻有“大宋宝庆二年丙戌”（1226 年）等字样。其余的宋元遗构还有东阳卢宅古建筑群、宁波前童古镇童宅、金华武义县的俞源村、范村旧宅（图 2-7）、嘉善的干窑镇、兰溪的诸葛村等多处，这些建筑中的门屋、柱脚、短柱、低矮檐口等处还保留了宋元遗风。浙北杭、嘉、湖和浙东宁波、绍兴等地还有“封闭型”厅堂，以及浙东、浙南“开敞型”厅堂等。这些“封闭型”与“开敞型”厅堂书院建筑群遗存广泛分布在浙东丘陵、浙南盆地、浙西丘陵和浙西山地地区。

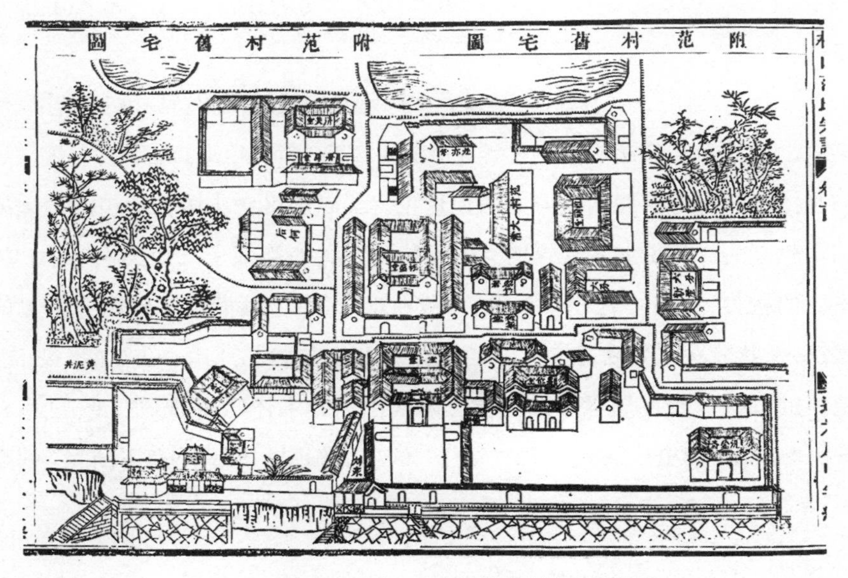

图 2-7 清道光《武义县志》载“范村旧宅图”

在浙江六个自然地理区域中，各地的书院在规划设计、平面布局、建筑形态、空间处理、材料运用，以及厅堂、阁楼、庭园、骑楼、天井等部分的营建技术略有不同，形成了特色鲜明的地域风格差异[①]。如水乡平原数量最多，院落与建筑面积大、结构完整、逻辑严谨、特色明显；丘陵山区次之，因地势变化多端，衍生出更多的组合创新；濒海地区则较少遵守严格的规范，在闽浙边缘，多见交叉的建筑风格上，自创一体。

（2）吴越特色的书院营建样式与技术

《营造法式》中分了“殿堂结构”“厅堂结构”“簇角结构”三种。殿堂结构的书院在浙江官私书院中都较为少见，称之为“大木大式”，如衢州南孔孔庙书院，建筑构架内外柱同高，柱头以上是水平铺作、随屋面的坡度架梁，这类平面一般为长方形。厅堂结构的书院，称为“大木小式”，多用于横向的垂直屋架，每个屋架由长短不等的梁柱拼合而成；每座书院的间数不受限制，屋架的梁柱数量与拼合形式不同，因而不需要强制平面类似的形式。簇角结构的书院多组成圆形或者方锥形屋顶，常见于小型亭榭。

“串”的运用[②]：“垂直构架横列式厅堂”构成的重要特色就是“串”的运用。得益于《营造法式》的理论支撑，其收录的江南厅堂丁头与月梁造的整体形制均来自江南地方做法，这也是吴越地区对中国构造技术最重要的贡献之一。传统书院建筑的大木作构件中，有类似宋式建筑梁架中“枋子”的构件，“串”有“顺脊串”“顺栿串”等。“顾栿串”属南方常见的做法，《营造法式》载入其中，使之流传于北方建筑。“串”在江南（浙江）建筑的祠堂以及民居当中的厅堂、厢房里的大木作运用非常普遍。“串斗式”木架建筑中的“串枋”和“斗枋”的功能相同，形式略有不同[③]。傅熹

① 张十庆．江南厅堂井字型构架的解析与比较——以保国寺大殿为主线［J］．中国建筑史论刊，2015（1）：167-182.

② 张复合．营造法式的技术源流及其与江南建筑的关联探析［M］// 建筑史论文集（第17辑）．北京：清华大学出版社，2003.

③ 潘谷西．《营造法式》初探（一）［J］．南京工学院学报，1980（4）.

年曾指出："顺串等特点载入《营造法式》，是吴越地区地方做法融入北宋官式的例子。"①

斗栱形制②：在宋《营造法式》中将其称为"铺作"。斗栱源于战国时代采桑猎壶上的图案，到汉代已经普遍使用，常用于柱顶、额枋和屋檐或构架间，并逐渐形成经验，成了中国传统木架建筑的技术与艺术特点。在清工部《工程做法》中改称"斗科"，各级斗栱逐层纵横交错、相互叠加，上大下小形成密集托栱，分别承担梁柱、出檐的重量。

江南斗栱在书院建筑上的表现③：① 唐代至元代（定型时期），斗栱不仅仅是支承或挑檐的构件，而是水平框架的铺作层；《营造法式》中所绘制的斗栱做法已不如唐代紧密④。② 明代至清代（成熟时期），明代江南建筑的斗栱用料和尺度比宋式大为缩小，间距更密。《营造法式》中所记载斗栱形制中的上昂、挑斡、连珠斗、楔、圜斗、讹角、造要头等工程做法与形式，昂与鞾楔的配合，造檐、补间铺作两朵、铺作、竹作和彩画作制度中的七朱八白刷饰，以及普拍方的运用、睒电窗做法等，其根源均与吴越建筑结构体系有关。另外，《营造法式》中收录的经验做法，可在吴越地区的建筑遗存中找到技术根源，比如苏州的云岩寺塔、瑞光塔、虎丘的二山门，杭州灵隐寺的双塔及闸口白塔，湖州的飞英塔，以及武义延福寺大殿、金华天宁寺大殿等。

由上述可见，《营造法式》中所收录的大量吴越建筑技术无疑是有章可循的。在中国建筑发展史上，江南建筑技术自晚唐以来在"北人南迁"与"南技北传"的背景下早已超越北方，五代及宋以后或可称作是"江南

---

① 傅熹年. 试论唐至明代官式建筑的发展脉络及其与地方传统的关系［J］. 文物，1999（10）.
② 张十庆.《营造法式》厦两头与宋代歇山做法［J］. 中国建筑史论汇刊，2014（2）：188-201.
③ 殷亚静，李冬. 斗栱的演变及中国古代建筑形式探微［J］. 中国建筑装饰装修，2010（5）：198-200.
④ 同上。

时代”的开始；元、明、清三代都有大量的“南匠北调”的技术工匠迁徙现象，江南匠人聚集北方，成为重要经典建筑工程的主导者，并且正如傅熹年所说：“在明代建立以后，成为明官式建筑的主要来源，为一代新风之先河，尤为重要。”①

（3）书院建造格局的基本形态

从历史上看，浙江各地书院建筑的基本形态经历了由弱到强、由小到大、由单体到群体的发展过程，大约在南宋时期才定型下来。与其他建筑的基本形态一样，书院的建造形式主要有两种：① 均衡对称——书院分纵轴线与横轴线两种形式，浙东、浙北等区系主要以纵轴线为主，横轴线为辅；② 因势就形——因浙江地势差异较大，很多书院因势而造。浙西、浙南等地山林众多，浙北多湖、河，书院建造顺应坡度及水系曲线而造，以纵轴线为主、横轴线为辅的方式进行施工建造，但往往分段铺开。大致以五进院、三进院、一进院等为主要建筑形式。五进制书院少见，迄今为止浙江还未发现七进以上的书院。九进书院的标准布局可参考曲阜孔庙：第一院落为棂星门至圣时门；第二院落为圣时门至壁水桥；第三院落为壁水桥至弘道门；第四院落为弘道门至大中门；第五院落为大中门至奎文阁；第六院落为奎文阁至大成门，分东西两路；第七院落为西路启圣门——启圣殿——圣王寝殿；第八院落为东路承圣门——崇圣祠——家庙；第九院落为寝殿——圣迹殿。孔庙的布局与宫殿、衙署的规划设计是一致的，沿轴线左右两侧对称布置。

浙江的古代书院自唐以来，先以民居为基本模式，后以宗庙建筑格局与私家园林组合为模式，既有封建礼制建筑遵守规制的“器”，又有园林崇尚自然的“道”。书院的建筑格局虽然不能超过孔庙建筑的礼制规范，

① 傅熹年．日本飞鸟、奈良时期建筑中所反映出的中国南北朝、隋唐建筑特点［J］．文物，1992（10）．

但其自由性与客观性远非其他建筑所能比拟。如衢州南孔家庙书塾，为宋高宗绍兴八年赐田所建，“二百余楹，规矩略同曲阜，资政赵汝腾为之记”，“明弘治初，吏部郎中周木使蜀，过衢，有修葺家庙之议。同知萧显倡捐修建，乃于殿前西厢设塾教读，以训孔氏子孙。推官刘启宗实主其事。其塾为门三，为堂三。为东序三，以迪成材；为西序三，以启幼稚。东西为号舍者十，为照厅者六。临街为市屋者六，征其租以备修葺。是为孔氏家塾之始”[①]。明正德十五年（1520年）建成的孔庙，享有孔庙礼制的较高规格：次于曲阜，五重合院，主殿为重檐歇山式，中轴线包括泮池、礼门、义路、棂星门、戟门，大成门、礼乐亭、大成殿，两侧建筑包括圣域、贤关两坊、东、西庑、崇圣祠、钟鼓楼、御碑亭、乡贤祠、名宦祠、更衣所、陈设所、神厨、祭器库等[②]。后花园层岚叠嶂，规模巨大，非一般官学建筑所能比拟。而其他官办书院一般按照七间的规格，家族书院则一般是五间、三间规模，其中一至三进院落是乡村书院比较普遍的建筑形制。

2. 吴越建筑的文化扩散效应

“文化扩散”，是指吴越地区的建筑文化和技术从某地扩散到另外一个地区的空间过程，人是文化扩散的主要载体，建造技艺工匠及建造需求方等特定人群是文化交流承载的主要对象。我们研究宋代到明代吴越地区的历史数据时发现，江浙民居的建造文化扩散现象从北宋开始，南宋时快速扩散，并缩小了与北方地区的建筑格局和建筑技术的差异。受吴越建筑文化影响最为明显的就是徽州地区的水、陆两段：水路由“钱塘江上游的富春江—新安江”勾连严州，通过“浦阳江—衢江”勾连金华、衢州；陆

① 徐镜泉纂辑．孔繁英，徐寿昌点校．孔氏南宗考略：衢州家塾考第八［M］．

② 袁天沛．文庙建筑规制及功能［DB/OL］．http://blog.sina.com.cn/s/blog_593ce．

路通过杭徽古道，西起绩溪、歙县，从临溪至绩溪的伏岭乡转陆路，经江南第一关、下雪堂等地，最终到达临安马啸乡的浙川村。古道全长百余公里，其中在安徽绩溪境内长约75公里，此古道是吴越地区文化扩散的结果，也是浙东工匠沿途进入徽州地区的重要通道。这一疆域扩散地区包括宁绍平原、杭嘉湖平原、金衢温丘陵、温黄平原的部分地区，转而向西影响到了江淮丘陵、沿江平原和整个徽州地区。作为江南地区建筑的文化扩散发源地，其特征如下。

（1）吴越民居的建造技术基础。自古越文明起，吴越建筑经干阑式、穿斗式、抬梁式、抬梁与干阑混合式，发展成粉墙黛瓦、大木架构、前厅后堂、马头墙、青石板等建筑特征，加上石雕、砖雕、堆雕等装饰艺术，形成了具有标志性特点的吴越建筑体系。其中，东阳帮是最重要的扩散源，其业务范围辐射到北京、河北、山东、江苏、江西、安徽等地区，建筑样式从官式到民居、宗庙、书院无所不包。其中著名样式如东阳有3、5、7、9、11、13、15、18、24、25间头，尤以“13间头”最为有名。“东阳帮”与“宁绍帮”、苏州的“香山帮”一起形成三足鼎立的建筑行帮，对吴越建筑文化的扩散起到了至关重要的作用。

（2）浙江书院的“浙学”奠基①。狭义的“浙学”概念是指发端于北宋、形成于南宋永嘉、永康地区，以陈傅良、叶适、陈亮为代表的浙东事功之学。广义的“浙学”是指发端于吴越、绵延于当代的浙江学术传统与人文传统，它是狭义“浙学”与中义“浙学”概念的外延，既包括浙东之学，也包括浙西之学。它既包括浙江的儒学与经学传统，也包括佛学、道学、文学、史学等人文社会科学传统，甚至涵盖了具有浙江特色的自然科学传统。中义的“浙学”概念是指渊源于东汉、酝酿形成于两宋、转型于明代、

① 吴光，陈野．浙学：为江南文化注入人文精神的厚重意蕴［J］．文汇报，2019；吴光．从浙学角度看中国地域文化［J］．地域文化研究，2019（1）；吴光．浙学与阳明学论纲［J］．湖南大学学报（社会科学版），2020（1）．

发扬光大于清代的浙东经史之学，包括东汉会稽王充的“实事疾妄”之学、两宋金华之学、永嘉之学、永康之学、四明之学以及明代王阳明心学、刘蕺山慎独之学和清代以黄宗羲、万斯同、全祖望为代表的浙东经史之学[①]。这些学派的背后，大多数都以自己所创建的书院为基础，开展学术交流活动。

（3）商业经济的重要传播载体。海上丝绸之路的兴盛期是在唐、宋、元时期，此时的明州是世界级贸易的发达地区，通过众多水系，将明州的辐射力拓展到内陆省份。因此浙江的建筑形式、建筑材料、工匠技艺、工匠群体纷纷走出国门，向周边地区尤其是日本列岛、朝鲜半岛扩散，深刻影响了周边国家的建筑与造园设计。

“浙学”思想的源头主要由史前文化、古越文化、汉会稽文化、吴越国文化、六朝隋唐文化等几个重要阶段构成[②]，作为浙江书院建筑文化形成的土壤，可以从东汉王充时期算起。王充[③]建立了浙江思想文化史上第一个“实事疾妄”的精神，这也是浙江人求真务实、批判创新的基本精神。由于“浙学”的不断成熟，浙江的书院不可避免地与“浙学”流派、“浙学”人物共荣互存。如南宋金华学派著名的理学家吕祖谦创办丽泽书院，与岳麓书院、白鹿洞书院、象山书院并称“南宋四大书院”[④]；陈亮在永康五峰书院创办的龙川学派，与永嘉学派并称为“事功学派”；王开祖、丁昌期、南宋郑伯熊、薛季宣、陈傅良、叶适先后接力，均假此设帐授徒，发扬学术流派。北宋王安石创办县学并延聘“庆历五先生”后，南宋“淳熙四先生”在宁波

---

① 浙江省社会科学界联合会．再论“浙学”的内涵——兼论当代浙江精神［M］// 吴光．浙东学派与浙江精神．杭州：浙江古籍出版社，2006.

② 林琼华．浙学的起源演变及其基本精神［DB/OL］．浙江地方志网．

③ 王充（27—约 97），字仲任，上虞人。东汉思想家、文学批评家，汉代道家思想的重要传承与发展者。出身细族孤门，汉章帝征召不就，汉永元年间卒。代表作品《论衡》八十五篇，是中国历史上一部重要的思想著作。

④ 秦玉清，张彬．吕祖谦与丽泽书院［J］．杭州师范学院学报，1999（2）：32-35.

月湖设坛讲学，并形成“四明学派”。南宋末年黄震创立“东发学派”，晚年侨寓鄞州南湖书院，数传子孙及弟子，著名者有黄叔雅、黄叔英、陈深、赵炎、胡幼文、岑士贵、王士毅、杨维桢等人。一直到明末清初，黄宗羲、万斯大、万斯同、全祖望成为“浙东史学派”精神支柱，浙学思想的创始人及弟子均在书院设立基地。明代姚江学派的代表人物如王守仁、王畿、钱德洪等，以及刘宗周的蕺山学派、黄宗羲的梨洲学派及其众弟子，均在浙江甚至邻省都创建了许多书院，从者如云。这些书院后来大多成为各学派传道授业的重要固定场所，也是浙江学术思想存在与发展的基本载体。

3. 浙江传统书院建造文化的整合与变迁

浙江书院建造文化的时空演替，实际上是浙江吴越建筑文化圈与其他建筑文化圈相互排他与抵消、包容与融合的过程，在文化地理学上称之为“文化整合”，并非是不同文化的简单叠加，而是一种建筑文化的酝酿、孕育、生成过程。

（1）整合方式

吴越建筑体系作为一个独立的建筑技术体系，面对强势的中原建筑技术与文化，总能轻松吸收并化解，并形成了综合性、独特性较强的建筑形态，其基本态势从没有发生过实质性的变化，主要取决于以下几个方面。

① 浙江是中国南方地区的政治或经济的核心地区，其辉煌的建筑技术源流与文化产出是吴越文明与其他文化圈整合后的结果。大部分时期，浙江相对是一个比较稳定的单元，为浙江民居建筑文化的形成及与外来文化的整合提供了安全、稳定、持久的时间与空间，以及优厚的物质条件，在政治、经济、文化等方面，促进了建筑技术的交流。

② 四次北方人口南迁为吴越地区带来了先进的农耕文明与建筑技术，吴越文化影响力抵达赣、闽、湘、皖等周边地界后，建筑技术、工具逐渐渗

透、融合，此过程表现为传染扩散的方式。比如，浙江是宋、元、明、清时期重要的雕版印刷技术中心，印书技术对书院教学功能的扩大和传播至关重要。在私学刚刚出现的时候，由于以竹简为书，甚为难得。雕版印刷技术发明以后，书院将以前“言传口授”的教学方法改为“视书而诵”，促进了学生思维的发展变化，随着教学方式的转变，书院的兴建活动越来越频繁。

③ 书院最早作为中央政令与儒家思想的承载体，其扩散方式具有典型的从高到低等级扩散的特征，先集中于各郡治中心地，再由中心地向其区域辐射范围扩散，实施针对性极强的奖励机制——族表制度。这样一方面笼络精英，另一方面精英们身体力行，言传身教，把儒家道德思想通过书院载体传播出去。其中，书院起到了十分重要的桥梁作用。浙人不仅限于办学，而且对外传播教育，如王充、吕祖谦、陈亮、叶适、王阳明、刘宗周、黄宗羲、朱舜水、龚自珍、王国维、孙诒让、蔡元培、杜亚泉、经亨颐、杨贤江、竺可桢等传播教育的精英国士，繁不胜数。与此同时，浙江各地的建筑工匠群体，也通过外出务工的形式向周边郡县并输出技艺与劳力。

（2）改制方式

“壬寅学制”与“癸卯学制”两个政令在浙江的实施，存在正负两面的效果。一方面，宣告了浙江几千年优秀的传道方式的终结，近代教育制度正式确立，浙江从此有了统一的近代学制；另一方面，政令实施出现三种结果：一是书院改制为现代学堂，二是宣告停办，三是士子仕途中断而人心浮动。在“癸卯学制”的推动下，全国学校迅速发展。据当时学部统计，自光绪二十九年（1903 年）至宣统元年（1909 年），全国的学校数由 719 所增至 52000 所，约增长 73 倍。自光绪二十八年（1902 年）至宣统元年（1909 年），学生人数由 6943 人增加到 1562170 人，增长 225 倍[①]。据《光绪三十二年（1906 年）分第一次教育图表》统计，至光绪二十八

① 郭齐家．中国古代学校——清末学校逐渐走向近代化［M］．北京：商务印书馆，1998．

年（1902年），浙江省共有学堂34所，居全国第一位，其中嘉兴有9所，居全省第一。清道光年间，浙江新建书院179所，杭州府占据首位，嘉兴新建书院数为21所，亦居全省前列。光绪三十二年（1906年），浙江省书院改学堂共18所，嘉兴6所，占全省第一位[①]，如鸳湖书院改为“嘉兴府中学堂”；光绪十八年（1892年），紫阳书院改为仁和县高等小学堂。1912年，辩志书院创立了宁属县立女子师范学堂，现址为宁波二中。光绪二十八年（1902年），鼓山书院停办，院田移拨“绍兴县立高等小学堂”；1945年改作县立简易师范校舍；1995年8月为石城中学办公室等。

对上述现象，新文化运动领袖胡适曾叹曰：“所可惜的，就是光绪变政，把一千年来书院制完全推翻，而以形式一律的学堂代替教育。要知我国书院的程度，足可以比外国的大学研究院。譬如南菁书院，它所出版的书籍，等于外国博士所做的论文。书院之废，实在是吾中国一大不幸事。一千年来学者自动的研究精神，将不复现于今日了。”[②]

书院解体或转型带来革命性变革的同时，也给众多士子带来了不少的困难，由此产生了其他的社会问题。王奇生在《民国时期乡村权力结构的演变》[③]一文中以山西太原县清代举人刘大鹏（1857—1943）所著的《退想斋日记》为例，推知科考废止后落魄士子当时的处境。1896年春当“裁科考之谣”传入太原县时，立即引起“人心摇动，率皆惶惶”。1905年10月正式停止科考时，刘大鹏“心若死灰，看得眼前一切，均属空虚”。废科举，不仅中绝仕途，以教书为业者出现“生路已绝，欲图他业以谋生，则又无业可托”的生存危机，至同年12月已是“失馆者纷如”，“无他业可为，竟有仰屋而叹无米为炊者”。刘氏哀叹道：“嗟乎！士为四民之首，

① 浙江省教育志编纂委员会．浙江省教育志［M］．杭州：浙江大学出版社，2004．

② 陈启宇笔记．胡适在东南大学的演讲［R］．1923-12-10．原载上海《时事新报·学灯》副刊，1923年12月17—18日；又载《北京大学日刊》，1923年12月24日．

③ 王奇生．民国时期乡村权力结构的演变［M］．武汉：湖北教育出版社，2000．

坐失其业，谋生无术，生当此时，将如之何？”刘大鹏的境遇无疑是当时数十万旧式读书人处境的缩影，也是晚清士子处境劣化的一个隐性造因。

科举制度没有年龄限制，这也为科考失败者始终保留着下一次成功的机会与企盼，这种机会很容易消减群体性的社会负面效应，从而不会对现存秩序产生压力。“科举初停，学堂未广，各省举贡人数不下数万人，生员不下数十万人，中年以上不能再入学堂，……不免穷途之叹。”[①] 即使乡村社会适龄生员，又苦于办学难度远高于创办书院，而只得望而兴叹。于是在废科举之后的一二十年间，广大农村出现了一大批游离于新式教育之外的“过渡群体”。民国初年的著名记者黄远庸将这些人称之为“游民阶级”[②]。这些“游民阶级”缺乏上升的社会流动渠道，因而产生了群体性的乡绅劣化现象。

---

① 萧功秦．从科举制度的废除看近代以来的文化断裂［J］．战略与管理，1996（4）：11-17.

② 王奇生．党员、党权与党争：1924—1949年中国国民党的组织形态［M］．北京：华文出版社，2010.

第三章

传统书院的历史溯源和体系分布

浙江因江流曲折，被称之江、折江，又称浙江，省以江名，简称“浙”，境内东西和南北的直线距离均为450公里左右[①]，被称为“丝绸之府”“人间天堂”。浙江的书院建筑遗存大多数分布在四大平原的城镇或自然村落里，按照书院总数量的排列分别是杭嘉湖平原、宁绍平原、金丽衢平原与温台平原。各地书院因风俗人文各不相同，自然在建材、工匠群体、审美外因等存在细小差异，其中浙北、浙南部、浙东沿海、浙西山区等地，更是杂糅了中原文化圈及赣、闽、皖、苏等地的经验与风土，是导致各地书院建筑略有不同的原因。本章基于对浙江民居资料的整理调研，结合实际的营建活动，对各地书院建筑通用的平面空间类型、传统的建造方法和建构体系进行进一步梳理，试图对浙江不同地区的砖石结构、砖木结构、夯土结构、轻木结构的书院建构体系进行专业探讨，提炼和总结出一些有效的、本土化的、可实践的书院建筑的文化隶属体系，通过对不同的书院遗存解读，讨论浙江地区的传统书院的历史与体系。

① 奚家亮. 浙江省资源禀赋情况研究分析［J］. 现代商业，2014（30）：80–81.

第一节　浙江传统书院群体的建筑类型概述

浙江书院建筑凝结了江南社会的文化精神，经历了新建与衰败，复兴与消沉，在各地开花结果。自从原始社会开始发展至今，其基本格局始终以木构架为结构主体，以单体建筑与院落为构成单元。尽管在不同的时代、不同的地区略有变化，但书院建筑群作为活态的传承及创造的产物，其独特的体系始终保持本色不变，显露出深厚的本土建筑内涵。

1. 浙江民居与书院建筑的隶属关系

书院是浙江民居建筑体系最基本的组合类型之一。由于经济社会、政治环境、地形地貌差别万千，书院类型分山地书院、丘陵书院、海滨书院、水乡书院、平原书院等，其建筑空间形态也各不相同。如杭嘉湖、宁绍多平原水乡，金衢严处多山区盆地，台丽温多山地滨海，各地书院根据自然地貌而独成一体。

浙北地区因多水乡与平原地貌，小型化书院较多，特别是以“一”字形的平面布局居多。这些小型书院在轴线两边呈“竹节”状铺展，开间约为1～3间，进深一般为5～7檩，立面造型根据左邻右舍而退让或前进，封火墙变化丰富，富有水乡建筑韵味。浙西地区的书院建筑群与民居一体化，也是以“一”字形三开间建筑为基本单元，左右厢房沿轴线配有五、七、九开间，形成“U”字形平面布局。浙西的书院建筑模块化程度比浙南地区高，其小型书院建筑基本以一层建筑为主，师生均在讲堂内活动，山长在正室外墙侧搭建单层单坡屋顶建筑居住或待客，这类书院没有回廊或天井；浙南地区大多数明清时期建造的“U”字形平面布局的书院，讲堂为三开间，轴线两侧排列厢房，前设正门，以一个平面为单元连接另一个平面单元，平面户型为长方形。无论是建筑样式、营建技术、人文内涵，书院建筑都与浙江民居体系相辅相成，显现出一体化的隶属关系。

浙江的书院建筑与民居的平面类型一样，主要分为五大类，分别是“I”字形、“T”字形、“L”字形、“U”字形、“H”字形。这五种类型又分别被书院建筑的平面类型所吸收并有所创新。如“I”字形建筑最基本的平面布局为民居式三开间类型，运用到书院建筑后拓展为两种类型：第一种类型书院建筑按平面展开，中间为学堂、祭堂，两侧为学斋，以中轴为中心连带两侧发展，并为“H”字形书院平面发展出两侧的次轴线，因此，“I”字形书院的开间以单数模式为核心；第二种类型为纵向展开的“I”字形，多为临河或面街的书院，如东山书院、桐溪书院（图 3-1）等，整个建筑布置，由大门至主建筑崇雅堂，是“I”字形的步步升高，周围修廊，中辟小庭。由于纵向的“I”字形书院建筑普遍进深较大，光线不足，多开天井或明瓦来通风并补充光照，也是一种创新。“L”字形书院是山地建筑的变通模式，是“一”字形书院的分型重组，长边为南北向，是讲堂与学斋，短边为东西向，多为山长室或辅助房。这类书院建筑以 1 层较多，2 层较少，是浙江非常典型的市镇书院与山林书院的平面形制，俗称“一正一厢式”，厢房一般低于正房。“U”字形书院建筑由典型的三合院民居转化而来，主要分“封闭式”和“开口式”两类，多位于发达的杭嘉湖与宁绍平原地区，明清之后的温台地区亦有，建筑材料以砖木为主，因地制宜。“H”字形也称“工”字形书院，书院建筑特点是院落相套、梁架高大、明堂宽阔，规模比“I”字形、“L”字形更为宏大，“一纵两横”保持了南北朝向与主轴线，由多进学斋与讲舍集组而成，大部分为两层或两层半建筑，进门为前庭祭堂或讲堂，一般不住人，大厅为明厅，设两廊，三间敞开，有用活动隔扇封闭，便于冬季使用，中间为天井采光，后设学斋或接待厅堂。万松书院则在正中设屏门，师生日常从屏门的两侧出入，这一点在东阳卢宅、绍兴吕府等浙江大量的民居与祠堂中都较为常见。

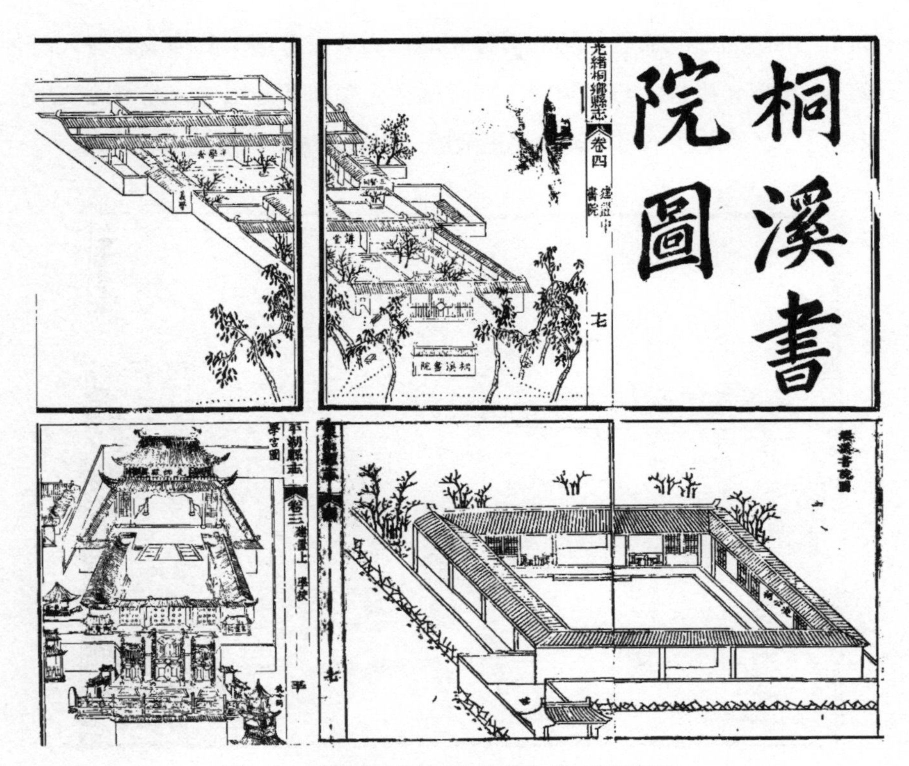

图 3-1　光绪《桐乡县志》卷四载“桐溪书院图”

书院建筑文化在继承、创造、延续的过程中，离不开传统民居的深刻烙印。每个坊街、院落，围绕着以宗祠为中心的聚族而居，并按照这种惯性来约束后代，以维持这种关系的长久存在。书院中的组织关系也与此高度类似，从大量的乡村宗族书院建筑上看，对内寄存家族兴旺、宗族发达的向往，对外则成为划分宗族地位的地理和心理界线，从侧面反映了中国社会寄托在建筑载体上的礼乐纲常理想[①]。例如，平湖县古藤书屋（图 3-2）规模不甚宏大，但结构大气精巧、伦常清晰有度，实为求学的好

① 浙江浦江郑义门，位于浙江省浦江县郑宅镇，是全国重点文物保护单位。郑氏家族以孝义治家名冠天下，自南宋建炎年间始，历宋、元、明三朝，十五世同居共食达三百六十余年，被朱元璋赐名为“江南第一家”。

处所。书院为浙北典型的轴线对称布局，由数进院落书院构成，有大门、仪门、正厅、接待室与祭堂等，祭拜儒教先师与郑氏祖先，兼书院议事，氛围浓厚，后花园小巧玲珑，端正闲适，为本族继文载道的文化高地。

图 3-2　康熙《平湖县志》载“古藤书屋图”

2. 堂屋之制与庭院之制

书院的构造与中国传统建筑一样，都属于堂屋之制、庭院之制。这是由于浙江所处的地缘条件、文化审美与自然观念形成的，与黄河流域的窑洞、云贵的吊脚楼、闽西和赣南的围屋等建筑形制完全不同。反映在书院建筑上，杭嘉湖、宁绍与金衢地区多为庭院之制的书院建筑，庭院为三合院或四合院不等。小型的堂室之制（如一堂二屋），多见于丽、台、温等交通不便、经济不强的山区，具有灵活多变的优点，如台州黄岩的二徐书院、三门的双桂书院、高龙书院、衢州的江郎书院等。这种结构可以在民宅与书院建筑的功用之间随意切换，主要有穿斗式大屋顶或者穿斗式加抬梁式大屋顶等两种形制。大型的书院则继承了合院建筑的形制特点。浙江最大的合院式书院或私塾不是诸暨的千柱屋斯宅，也不是浦江的郑义门建筑组群，而是缙云的松岩百廿间，有120间大屋，为乾隆年间兴建的大学套匣式庭院，其中有6个天井，四进三院[①]，但此类建筑并非典型的书院形制。

前章有述，唐开元间的丽正殿书院、集贤殿书院二者并无书院教育功能之实，《新唐书・百官志》中可见："乾元殿更号丽正修书院，置使及检校官，改修书官为立正殿直学士。"另外，两宋之后，民间出现的私学书院受佛道影响，多营建在环境优美、有历史渊源的胜地，使书院与宗教寺观一样，有刻意"择胜地而建"的名声。同时，私学书院也吸取了佛教禅林的讲学例规，其中师法、家法等规则制度都隐形显现出与佛道联系的文化影子，也继承了儒释道杂糅的文化使命，这一点从早期书院的命名多含"精舍""精庐"可知。"精舍""精庐"在当时并不具有藏书的功能，也并非书院教育之所，但具备了书院讲学性质的雏形。

浙江营建书院的活动虽然较早，但并不繁盛，直到隋唐时，书院营造开始有所变化。首先，由于社会生产力发展与印刷术的推进，除官办的写书、校书地之外，民间大量的书堂、书楼、书屋兴起，为具有学校性质之私人书院的产生创造了条件。唐代的科举制逐渐成熟，脱离直接从事生活资料生产的人数大大增加，上升通道得到了拓展。到了唐末和五代，全国政局动荡，官学废弛，唯独吴越地区太平昌明，经济发达，北方望族南迁入浙，筑室乡野，学者聚徒讲学，更重视治学。

根据前期对书院建筑群调研的结论，以及针对功能设计的差异，书院建筑分为三大基本类型。

---

① 丁俊清，杨新平．浙江民居［M］．北京：中国建筑工业出版社，2009：29．

（1）（鸿儒）读书处

此类书院源自私人读书处，以个人修行研学为主，没有传道授业功能。大体分三类。第一类是鸿儒的个人读书处，被后人被改为书院。如诸暨的溪山书院，原为名士吴少邦的读书处；龙游的九峰书院，原为唐代尚书徐安贞读书处①。后朝更多，如宁海县的方孝孺读书处、金华东村桥的朱大典读书处、建德的严子陵读书处、范仲淹的龙山读书处等，后期均借他人之手转为书院。第二类是大儒长期读书兼讲学之地，如仙居的桐江书院，原为唐诗人方乾后裔方斵故居，其孙方志道将其改为书院；寿昌的青山书院，晚唐隐士翁洮所建；王阳明、朱熹、黄宗羲等讲学书院也属于此种类型。②第三类是官员退隐乡里所建的书院，如天台的顾欢读书堂，为南朝顾欢隐居之处，开馆授徒，被后人所改建；临海的观澜书院③，进士石整（1128—1182）在临海章安创建观澜书院，讲学授徒；仙居的安洲书院，元代隐士翁森所建，从学者800余人；横峰宗文书院④，清道光二十七年（1847）金煦春创办，黄濬任山长，1902年尊令改学堂。以上书院的性质已初见教育功能，大多具有一定的声望，规模较大，存续时间长。此类书院多以教学为主，兼备研究、藏书功能⑤。

宋高宗绍兴年间（1143年），温州乐清梅溪村王十朋创办的梅溪书馆堪称“鸿儒读书处之典范”。据《大井记》载：“绍兴癸亥，予辟家塾于井之南。”王十朋的书馆开创了乐清勤奋的学风和朴实的文风⑥。另有桐乡乌

① 刘鑫．宋代浙江书院［DB/OL］．http：//blog.sina.com.

② 书院与学田、宾兴［DB/OL］．黄岩区人民政府．http：//www.zjhy.gov.cn/art/2019/3/21/art_1634077_31454863.html.

③ 郑瑛中．蓦然回首——临海古代名人述略（二）［N］．今日临海，2012-12-27.

④ 从横峰山前施到五龙山麓：温岭中学不平凡的发展之路［DB/OL］．温岭新闻网，2017. http：//wlnews.zjol.com.cn/wlrb/system/2017/11/30/030550252.shtml.

⑤ 董睿．巴蜀书院园林艺术探析［D］．四川农业大学，2013.

⑥ 梅溪书院：乐清最著名的书院［N］．温州日报，2017-01-13.

镇的昭明太子读书处，据清乾隆《乌青镇志》载，梁天监二年（503 年）南朝梁武帝太子萧统至乌镇读书，并建有书馆，明万历年间，乌镇同知全廷训复建石坊，曰“梁昭明太子同沈尚书读书处”。

宋元时期是金华传统书院营建的黄金发展期，据雍正《浙江通志》、民国《重修浙江通志稿》及有关地方志资料记载，宋代浙江地区被史志记载的书院约有 174 所。其中金华最多，达 40 座；宁波第二，为 30 座[①]。南宋吕祖谦创建的丽泽书院是金华最早的书院。除此之外，宝惠书院、说斋精舍、龙川书院、五峰书院、石洞书院、月泉书院、道一书院、北山书院、山桥书堂等都是金华著名的书院。婺州下辖各县书院很多，仅东阳境内，至今可考的就有友成书院、南园书院、石洞书院、西园书院、南湖书院、青溪书院、屏山书院、籯金书院、洛阳书院、高塘书院等。

宁波的隐学书院，最早源于徐偃王隐学于东钱湖之始，晋代郦道元《水经注》载曰：“偃王治国，仁义著闻……自称偃王。江淮诸侯，从者三十六国。周王闻之，遣使至楚，令代伐之。偃王爱民不斗，遂为楚败。”其墓在“县东四十里隐学山，旧名栖贞。”徐本原在《徐偃王墓》一诗中写道：“山以隐学名，上有栖真祠。”后人为纪念徐偃王，将其读书处名曰“隐学书院”；晚唐时，在隐学书院旁建造了隐学寺，成为东钱湖畔最早兴建的寺院[②]。

（2）兼有官办色彩或社会教育功能的书院

此类书院大致可以分为三类：一是应对科举考试，如蒲江县的鹤山书院、江山县（今江山市）的崧山书院、常山县的石门书院等；二是用以讲学会友，如衢州毛开的梅岩精舍、徐霖的柯山书院；三是综合讲学与科考

① 张夏菲. 浙江书院现状调查及景观营造研究［N］. 金华晚报，2019-7-5：10、11 版；郑金瑶. 南宋书院地理分布研究［D］. 辽宁大学，2017；宋元学案·丽泽诸儒学案［M］；（光绪）金华县志［M］.

② 东钱湖畔隐学书院［N］. 鄞州日报：宁波帮，2009-03-24.

的书院，如：淳安的石峡书院，曾培养出状元、榜眼和探花；建德的宝贤书院，是知府刘荣玠筹拨公项余钱1500余圆所建，并亲为讲学，造就不少人才。

半独立半官方色彩的书院往往因资源雄厚而闻名。以金华、嘉兴地区为例。① 雍正《浙江通志·书院》载，崇正书院初为正学书院，元后期由江浙行中书省奏立。书院位于旌孝门外，每期学员就有约200人之多。② 康熙六十年（1721年）金华知府张坦让筹建的丽正书院，规模巨大，今已复建。③ 光绪十一年（1885年）金华知县曹砺成由无相寺改建而成的长山书院，内设讲堂、花厅、景行堂、四桂轩等，并有斋舍25间，学员名闻八婺的学府之一。④ 明万历三十一年（1603年）嘉兴知府车大任创建的仁文书院，书院内有仁文堂、崇贤堂、有斐亭等，为明代浙中王门的活动中心之一。⑤ 从清《清康熙嘉善县志》中所载县城内图来看，嘉善内城中有县署、城隍庙、义学、魏塘书院、学宫、状元坊等建筑，水陆阡陌联通（图3–3）。清乾隆二年（1737年）浙江嘉善知县张圣训所筹建的魏塘书院，书院内有山门、讲堂、东西学斋、藏书楼、祭堂等；同治二年（1863年）知县傅斯怿扩建于北亭坊，有堂有厅，前后有楼，旁有书斋共屋32楹，并清理旧时田产为延师课士费，邑绅屠以铨、许元杰、孙葆澄、魏鈖分年经理。⑥ 浙江嘉兴名相陆贽（754—805，也称陆宣公），创办宣公书院，这也是嘉兴府内最大的学府。元二十二年（1362年）总管缪候思复建，北为祠堂以祀宣公，又北为讲堂，属以修舍以为会集之所，凡32楹，东西庑各6间，以为讲诵之地。

从上述记载可见，半独立半官方色彩的书院与师徒授受的私学相比，有相对强大的政治经济基础，有较大规模的建筑群落，有较为完备的组织机构，通常拥有自己的学田、院产、藏书、供祀、教学设施等，条件远胜一般书院，可与官学一较高低。

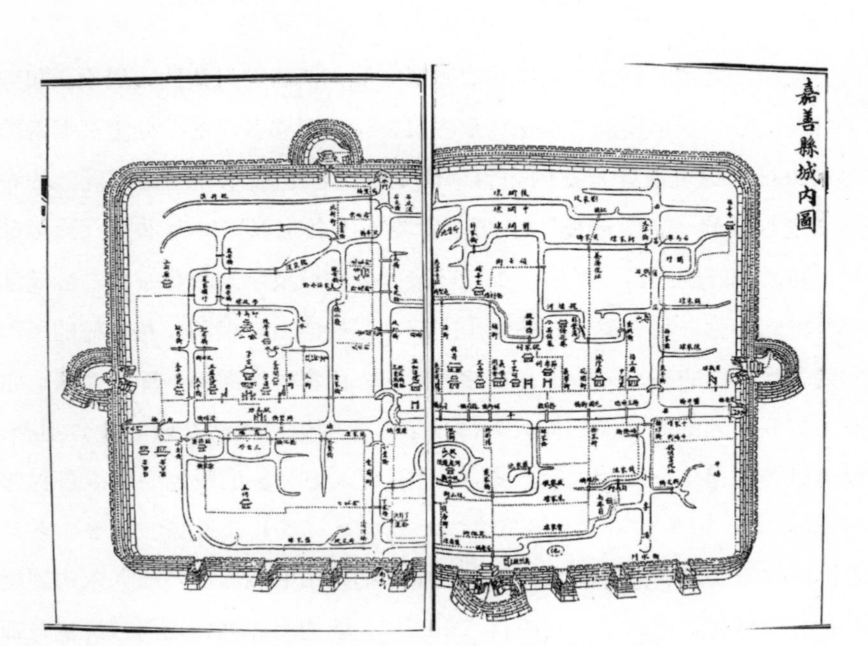

图 3–3　康熙《嘉善县志》载“县城内图”

（3）宗族与望族书院

江南地区的聚落制宗族书院多以血缘为纽带，且有宗族谱牒可稽。书院与村寨、坞堡的民居建筑一起构成团块式的村落结构，其核心是宗祠，书院则位列宗祠四周，成为同宗血缘联系与教化子孙的纽带。书院是宗祠兴盛与否的孵化器，也是宗族振兴的精神寄托场所。书院与祠堂的空间结构具有特殊的文化承载功效，对外成为划分与其他乡村宗族之间地理和亲疏关系的界线。书院以培养本族子弟为主，也有些家族书院兼收临近房派或母系家族亲属子弟；对内严格遵循长幼有序、卑不逾尊的关系，并展现其从“类别”到“关系”、从“经验”到“伦理”的逻辑演绎过程。

清代宗族组织在江南普遍存在，其中有两个标志：一是宗族祠堂的大量兴建；二是书院的伴随而生。在村落规划当中，祠堂是最为重要的场地，其次就是书院，两者相继出现，相辅相成。祠堂一般包括大门、仪门、正厅、后寝等，而书院也采取类似布局，两者在村落的布局中，起到了凝聚人心、安定族群、教化后辈的重要作用。许多村落十分重视书院的规划选址、建筑设计与室内布置，比如楠溪江苍坡以“笔墨纸砚”的布局来规划构建“文笔蘸墨”格局；苍坡李氏书院以“耕为本务，读可荣身，勿游手好闲，自弃耻辱，少壮荡废，老悔莫及”为教化宗旨；楠溪江芙蓉村的芙蓉书院、溪口村的东山书院、朱村的白岩书院、花坦村的凤南书院、豫章村的石马书院等，在建筑梁枋、门窗隔扇雕饰、厅堂命名、题匾、撰联、题刻等方面，均大力体现了家重师儒、人尚礼教的教育观念，以保证各村落均有弦诵之声，遍于闾里。《宋史》曾记载越中地区各村落“弦诵之声，比屋相闻，无间城乡，无分苦乐，咸礼让而循，宛当年之邹鲁”的好学之风。浙江丽水松阳县三都乡的钟山书院，大门原为木构牌楼形式，门外有弧形照壁，院内有二重照壁，院内有泮池、正门、讲堂与师生寝舍。周山头古迹众多，巷弄曲折盘旋，墙头如群马奔腾，大屋高低林立，天井错落，层峦叠岘，深藏乾坤大象。建筑以清代为主，周围的周氏宗祠、古戏台、周氏香火堂、白衣丞相庙、石拱桥等公共建筑基本保存完好。宗族书院承担了教育子弟、发展家族的历史使命，并让外族感受到本宗族的力量，体现了传统文化观念在建筑中的演绎、传承。

乡村书院立足于传统农业聚落，其生存的根基主要源自于土地。大部分乡村书院与私塾功能一致，规模很小，多见一户为一个小小的三合院。而出仕做官或经商致富者的望族村落，建有中、大型书院建筑群，拥有一定的社会地位、经济能力，如东阳卢宅、绍兴吕府、慈溪龙山虞氏旧宅等。无论是官办书院还是乡村书院，其主流还是属于民居体系下的规整式住宅，或兴建祖居，或舍宅而建。其理想的读书空间多为“一轴两翼”，内庭方阔，屋舍俨然，花木繁盛。无论是从大格局还是到小装饰，书院建筑都反映了人生寄托、功利情感和礼乐气氛等内涵。有人说中国人并没有精神寄托，我们发现书院显然担负了农耕社会在精神教化方面的功能与职责。

第二节　从“城郭”到“民居”的营建变迁

自两宋后，浙江的书院教育迅速靠拢科举考试，在书院规模、格局建设、延请山长和招收生徒等方面都以科举为指向，分散了官学独领风骚的地位。如衢州的江郎书院，为唐代名儒祝东山长子祝钦明创建，先后有祝氏10人为之修缮扩建，学斋20余间；两宋时期，江郎祝氏人才辈出，有祝程、祝绅、祝宝、祝应言、祝臣、祝夔等一众荣登进士榜，并曾有一榜登仕40余人的光辉历史，一时间四方负笈求学者汹涌而至，甚至超过衢州官学规模与影响。苏辙在《重修江郎书院赋》中，明嘉靖右佥都御使赵镗在《江郎书院赋》中，都对书院的人才规模赞许不已。各地书院在选聘山长时，首要考虑条件是科举功名，其次是举人以上资历，从已知各地的书院山长看，基本都有举人或贡生身份，如缙云县的美化书院的历任山长黄应元、周仁荣、陈天益、王秉仁等均为进士出身。但不以科举为唯一目标的书院更强调德业文章、人格健康，如王十朋创建的梅溪学馆、朱熹创建的独峰书院等。

散布在浙江各地的书院建筑群是浙江建筑文化史上令人赞叹的创举，是民间建筑的智慧结晶和教育构想，吸引了全国古建与教育史研究者的目光，既保持清风朗月般的文化理想，又融合历代国情，始终屹立不倒，连历代统治者也非常重视。其缘由有三：一是对发源于吴越的建筑精髓文化与工匠技术渊源的传递与接力，功不可没；二是作为浙江农耕社会的文化载体，培养了璨若星河的浙学精英与辅国安邦之材；三是作为浙江工匠的建筑实验场，在古代教育建筑的技术拓展与建造形式上，开创了许多因地制宜的经验做法，对江南地区甚至全国书院建筑也影响深远。

1. 朝野皆有的“中心”营建观念

中国历代的书院建筑营造格局，基本上都受到“中”——即“中心”——这类概念的深刻影响。至少从周代开始，“中”这类方位的概念，已经转化成了一种建筑方位的象征形式。造城、造园、造村、造屋均应遵循礼制法则，不得僭越。从良渚古城到西汉长安，从合院式住宅到万里长城，这些建筑虽然空间层次不同，但其营造思想都属于“中心”的空间形态——即内向、封闭式的空间形态，这些空间形态围绕着一个中心的共同体，共同服务于拥有一个核心的社会系统。春秋时期的《吕氏春秋》《荀子》《韩非子》等都曾认为都城应建在“天下之中”，并以“天下之中”这个概念指导秦以后的两千多年的都城、州、府、县、乡镇的规划设计，形成了宗法制度和都城建设思想的先决条件。《考工记》中系统地讲述了匠人营国中关于“中经中纬”的标准结构，这是早期理想城市的面貌，后来形成了对国家疆域和天下概念的适用性概念。一城一国或数城一国的模式与国中有家、家中有人的格局就固化并传承下去，大空间模式与小空间模式高度重叠，国是放大的家，村落、书院或宗祠只是缩小了的城市。无论大小，依然遵循一条中轴基准线，这条中轴线上的核心建筑，就是整个空间的中心点。无论是城池公建还是村居结庐、宗祠书院，这些看似独立的建筑，实际上都有显性或者隐性的“中心”的营造理念。不仅浙江的建筑，整个中国的建筑都构建了一条天、地、神、祖、君、臣、主、仆的结构关系，并通过建筑载体构成了一个不可僭越的等级观念与工匠技艺的整体。

浙江地区也不例外，一个个古代村落的择址与修建，均有意无意地按照“天下之中”的思想去实践，渐次发展到民居、宗祠、书院建筑群的规划，都沿袭上述文化观念从区域、聚落和建筑三个层面来进行。书院建筑的议建、建造目的、过程、竣工及其使用与管理等，也都关乎经济因素、制度因素、技术因素等背景。无论乡村聚落或者书院建筑群“择中”于何处，各地都有一套建筑与自然观、天下观相一致的建筑经验。这种乡土的文化认知与技术经验集合了当地的天命、天性、人伦与自然观，其自我解释的经验可以与任何地域的政治、地理和乡风习俗相搭配，并能迅速成为难以动摇的“地方法则”。乡民们围绕这个“中心方位”与“中心概念”，营建书院建筑、购买书院义田、修谱建祠、兴办族学等。因此，作为书院体系的“中心”观念，是建造规划的中心点、中轴线等要素的原则性与灵活性的统一（图 3-4）。

图 3-4　同治《富阳县志》载“富阳县分图”——晚清县域拼图式“中心观”

纵观浙江地区的书院建造，处处可见到“中”的内涵。在教育理念上，通过以人（师生）为中心而体现书院的价值取向；在建造工程上，择建筑之中，考虑其朝向、平面布局，注重体现“中”的伦理空间。一个重要原因是，古代读书人信奉君子立身持正，常思怀德持重，做学问要守中执正，方能持正行远。因此，书院自然是当地古代教育建筑的样板，人才也是科举取士的焦点，学术思想的源泉。我们理解书院文化的设计意匠和形式特点，都可以借助“中”的模式去察看与检验。

2. 书院营建的丛林方国模式

浙江的书院谱系兼备了丛林法则、教派界限、学员结构、学员的准入程序、书院的权力体系、教学规范结构、经济结构、工匠技艺的成熟度等一系列丛林方国模式要素。尽管对某些传统书院的起源和形成诸问题的研究还比较模糊，书院的办学理念与管理体系也各不相同，但最终的目标都是达到中国传统儒家思想中经世治国的目的。如绍兴的阳明书院、衢州柯山书院的前身梅岩精舍、丽水的第一明善书院等，都是闭门治学的封闭丛林方国。而另一类书院则完全是依托科举办学，生源较杂，更像是现代性学校或企业的模式。

江西、湖南等周边地区大都比浙江更先进入书院林立的时代，其中同样有最早的方国模式，他们形成了以知识分子为精神领袖的群体聚集特征，其结构复杂但相对稳定，有不同种类的从属关系。这种特点体现在各地的书院建筑上，也表现出某种特有的“宗教式”的精神聚集形态。

作为从原始到理性的终端，方国模式几乎是所有传统书院建筑的理想模式，所有的师生聚集在方国之中，精神领袖在其中传道授业，而方国拥有自给自足的农耕甚至商业产业，从而延续与传播书院的学术精神，照顾周边学子求学。这类的书院的方国模式有如下特点：

（1）三大功能齐全。尽管浙江各地书院建筑面积都不算很大，但教学、祭祀与科举的功能比较齐全。书院建筑规模与形制比民居或者普通寺庙高大，书院内居住区、教学区、公共区布局有序。除去园林、公共建筑、义田等附属体之外，若按总面积计算，全省各地的可容纳师生 300～500 人的书院，大概有 100 多个，算得上是一个个微缩的方国。

（2）经济基础完善。传统书院教育主要以私学形式存在，很多书院集中依附宗族士绅，或得到地方精英的经济支持。办学经费的来源有学田耕种、缴纳地租、经营钱款、捐资捐款等多种形式。书院常规的经费支出主要用于塾师束脩、塾生膏火、延请名师、增建修缮等方面。如史载康乾时期的丽正书院，除了继承了明代崇正书院的 100 多亩学田外，在康熙年间又置田 82 亩，乾隆十一年（1746 年）置田 39 亩，前后共有学田 280 多亩，并扩建了讲堂、学斋、斋舍等，所用经费均来自各类捐赠与地方支持，足以维持自足生存。这些经济来源即利益链，将书院同学派、宗族、商会等地方利益紧密结合在一起，并将其转化为维护自身话语权的一个工具。

（3）学术权力的垄断。传统书院的创设主体成分复杂，由于创办者或实际主持者往往本身都是名师大儒或地方官绅。如王阳明、吕祖谦、陈亮、金履祥等大儒各自占据的书院派系，借书院广授门徒，标榜学派、扩大书院规模，并逐渐形成书院学规、继承秩序并制定门生成员法则。传统书院以礼教与政权、学权以及行政权相结合的形式存在，并一直延伸到晚清民国的结束，这种模式可以从浙江各地的著名书院、知名学派等的演变史看出端倪。

3. 书院建筑的精神标榜

浙江的书院建筑体系与民居体系基本一致，以风格优雅、结构灵巧、气质素心而著称江南。大多数地区的书院主体结构去繁就简，一些山区书院因经费短缺，尽量采用无梁屋顶，或以柱直接承檩，外围砌空斗墙或采用编竹抹灰墙，墙面粉刷石灰。大部分书院屋顶偏矮，墙下部以卵石、片石为主，室内地面多数硬地或铺石板，山长室及楼面多铺木板用以防潮，久而久之，形成独有的节约型建筑特色。节约型的书院数量较多，如淳安县宋淳祐年间由黄蜕创建的柘山书院，寿昌县由宋校书郎胡楚材创建的墨山书院，以及景宁县清雍正知县汪士璜创建的雅峰书院等，均因舍宅而来，且多借民地营建，利用书院庭前旧有竹木建成。这类书院格调高雅、淡泊简朴，反而处处显示出此间人情不知、利害不计、从容淡泊的文人品质，非常契合私学书院标榜的精神。

温州保存较为完好的当属会文书院，为宋代大观三年进士陈经邦、陈经正兄弟筹建。会文书院开浙江理学之先河，对开创“平阳之学”乡邦学术作出了积极贡献。在《宋元学案》和孙依言的《瓯海轶闻》中，均认为“平阳学统始于先生兄弟”。今天书院的大门外，还悬挂瑞安人孙依言撰写的楹联：“伊洛微言持敬始，永嘉前辈读书多。”此联的内质，就是赞许温州会文书院千百年来的学术开创精神。

会文书院的建筑营造并无特点，但巧妙地利用了附近两块天然巨石景观，扬名天下。巨石形似老翁，色泽深沉，似乎在低头倾听松涛与诗颂之声，被当地人形象地形容为“听诗叟”“听涛叟”。两叟在书院门阙前相对成影，与旁边的“雁荡第一泉”对称成趣，为书院增添了平凡的天然景象。

杭州万松书院与会文书院完全不同。万松书院始建于唐贞元年间（785—804 年），原为报恩寺，明弘治十一年（1498 年）浙江右参政周木改辟为万松书院，时乃江南规模较大的官办书院。书院建筑群的正门采用南方将军门式结构，大门建于多级台阶之上，甬道尽头是五开间的书院主楼。楼高两层，硬山顶，出三山屏墙，前有立方形大柱，柱础巨大。书院群为白墙青瓦，风格威仪大方。清初，万松书院继续扩建，康熙、乾隆两帝南巡时，分别赐额“浙水敷文”“湖山萃秀”，并有“芷兰轩”匾、大成殿内横匾“万世师表”乃康熙皇帝御笔。存诚阁为书院藏书之处，节义亭内有一块双节义碑，用于纪念“贫困守志，至死不移”的清代落魄书生崔升夫妇。万松书院作为官办书院的典型，在形象上以“颂圣”与“颂道”为重点，其外在精神主要彰显了官办书院的大气恢宏。

第三节　书院建筑的独立体系与结构特点

浙江传统书院的建筑特点，其内涵是吴越建筑结构与工匠技艺特点的外化展现。虽然唐宋时期的书院遗存已经无从寻觅，但是从唐宋绘画中，我们可以大致了解到江南书院建筑体系的若干特点。浙江地区书院发展到两宋时期，已完成了学术流派、书院经营、师生规模等方面的积累；从大量的书院建筑形制来看，浙江书院的建造文化已基本完成了“文化教育类”建筑文化的积累，完完全全地形成了一个独特的建筑分支，并逐渐形成特色，吸引着日本、朝鲜等国僧侣与工匠。

1. 建立（书院）建筑类型学的独立体系

从传统建筑文化的角度来看，浙江地区传统书院建筑的特点大多来源于民居，又逐渐形成文化类建筑的独有特征。前人对吴越地区民居建筑类型的研究大多数停留在“风格”研究的层次上，而从文化角度去研究建筑问题由于基础薄弱，一直未能形成理论研究的气候。本书即利用建筑类型学进行归类分组，使吴越书院建筑从民居建筑中独立出来，成为古代教育建筑类型的代表；主要从三个方面来进行文化辨读，阐明风格与类型的关系，也进一步说明了建筑类型学研究的必要。

（1）从多样性、唯一性、艺术性等角度看，书院建筑已经从民居体系当中独立出来，完成了文化类建筑的标准化与通用化的规范与操作程序，并在江南地区形成了技术工匠群体、建筑材料供销链条、建筑与装饰等产业体系。更重要的是，这种技术流派与审美意趣被迅速传播与推广出去，深刻地改变了周边地区的建筑风貌。

（2）书院建筑在建造过程中的影响因子较多，如风土环境、乡土材料、匠师经验、宗族势力、学术流派等。书院建筑中也充满了参与者们对历史主义与现实主义的处世态度。正如其大量使用木构技术一样，古人同意秉持不求构筑之长在，仅以当时讲学之需为目的。重要的是，通过书院的建筑载体，传播其文化观点与学术理论，形成学派脉络，以达到修身养性与治国平天下的理想宗旨。这也是构建书院建筑类型学理论的重要支撑。

（3）吴越建筑在木构梁柱结构、建筑形体审美、侧脚与生起的视觉矫正技术，以人尺度为基准的空间构成，以及大胆丰富的装饰色彩等方面的差异，形成了与西方建筑不同的“艺术语言”与“装饰语言”，从而形成了不同的艺术表现力与文化对应关系。西方建筑上的结构、线条与雕塑等在吴越建筑中同样存在，同样具备了趣味性、故事性、科学性的教化功用，无论是建筑架构、类型风格还是装饰构件，其中都富含了清晰可辨的、吴越之风的象征符号。

教育建筑具有文化性与功能性双重属性，既是传承学术“道统”的场所，又是传承建筑技术的载体。浙江很多书院建于风景秀丽之佳处，或是改寺为院，因此这类书院建筑的布局与规制也有丛林规制的特点：有些书院建于村落当中，自然就增添了宗族的精神寄托；有些书院位于街市，则有经世致用的实用主义标榜。从功能性上看，书院在聚落选址、规划布局以及各类建筑物诸要素上，更多崇尚自然、材料朴素、注重实用，普遍采用合院、敞厅、天井、通廊等建筑形式，尤其是东阳帮的工匠们善用选材，发明了如“套照”、木梁承重、砖石砌墙等做法，极大地满足了不同阶层营造书院的要求。当然，这些特点由于时代的不同和城乡、地域的区别，表现形态各不相同，但无论是杭嘉湖地区临水而筑的水乡书院，还是台丽温地区依山布局的山地书院，或者是宁绍地区隐含理性秩序的院落式书院，其价值取向都是一致的。

2. 书院与民居建筑的形制异同

前章所述，古代教育建筑是在民居建筑的基础上，总结教育功能与经验技术，并最终完成了文化情境与读书物理空间的创造。书院建筑形制的定型，实际上是主动脱离民居单纯居住功能以及主动构筑教育文化场景的一个过程。书院建筑在形制上的异同，可以被描述为分离主义与统一主义的一致，意味着既有统一的文化与技术源泉，也有文化与技术的分离。这些并不矛盾的现象可以用藤本壮介的“N/A House”的设计概念源来解释。藤本壮介说：“一棵树的有趣之处在于，这些空间并不是完全密闭隔离的，而是以它独特的相对性彼此相连。人听到从斜上方传来的声音，于是从其中一处分支跳到另一处分支上，一种不同分支上成员间的对话由此产生。这些是在这个空间密集的生活中能遇到的一些丰富的时刻。”[①]古代教育建筑在建筑技术、材料、设计形制以及意境上，通过时间的积累完成了独立于民居体系的理论与实践积累，虽然同样是在一砖一瓦、一榫一卯之间，但功用、精神已独具一格，完成了古代教育建筑形式的体系化积累。具体异同如下：

（1）书院以木材、砖石为主要建筑材料。除浙南部分乡村私塾及书院采用四面墙形式外，大多数地区的书院在结构方面一般采用原地产的杉木或其他硬木作为主要梁架材料。这类梁架的特点，可从梁思成考证的武义县延福寺大殿的木构构架，如山、檐面札牵的榫卯节点，中三椽袱、顺栿串等构件节点，以及侧脚、下檐、转角及厦两头造等处，寻找到些许经验来源。我们从《慈溪县志》中看到宋咸淳七年（1271 年）慈溪创办的高节书院绘图，该书院组团巨大，中轴通直，由燕居堂、思贤堂、义悦堂三个

①（日）藤本壮介．建筑诞生的时刻［M］．张钰译．桂林：广西师范大学出版社，2013．

建筑组团组成三进院落；书院内建有高风阁、遂高亭，提供休憩之所；书院两层，底层以砖石砌墙，上层是杉木构架，其中主楼由素色木质斗栱支撑巨大屋顶，墙体为砖石结构，高墙厚石，坚固实用。整体来看，高节书院平面布局如竹节状，由正门、对厅、教舍、讲堂、祭堂、园林等大小居室十余间，构成一幅三合式的古代书院图景。

（2）书院保持了构架制与斗栱式的结构。大多数书院采用构架制的结构，与民居一样，以立柱和纵横梁枋组合成类型不同的梁架，屋顶的荷载由梁架、立柱传递至基础①。墙壁多以砖石围合，无荷载要求。书院与民居一样，多由奇数构成间数，如 3、5、7、9、11、13 间等，依此类推，开间越多，书院的规模越大，建筑等级越高。浙江传统书院的斗栱建造工艺流程分三步走：大木作布局基台；小木作制作构件；漆匠整体上色。书院建筑的艺术效果主要依靠简明的组织序列取得。建筑组群在实体上注重平衡、和谐、对称、明暗轴线等设计手法，沿着纵横轴线将学斋、主楼、内祠等建筑合理布局，左右主宾有序排列，构建成合院式的书院建筑群。建造材料上主要是砖木，采用木柱立起柱架，用短木和斗形方木叠出斗栱，只是组合方式和比例更加细巧与灵秀。

（3）浙江地区盛产木材，建筑便于就地取材和加工制作，但其缺点是易发生火灾或腐蚀，牢固耐久程度比砖石结构建筑略差。笔者考察浙江传统书院发现，在大木结构上最常用的材料就是杉木，浙江及浙江周边江西、福建、广东、安徽等省都盛产杉木，但以江西、福建杉木品质最佳，东阳建筑工匠称之为“西木”。但绍兴、宁波、温州等地的书院大木结构多喜用松木、栗木，湖州地区的书院发现使用了榉木、柏木、柞木，靠近江西玉山的衢州书院特别喜用香樟、银杏木做弯椽、弯件转角和木雕件。书院不用楠木、柏木、花梨木等珍贵木种；杉木多用于书院讲堂、亭台楼阁中的柱子、桁条、

① 江雪梅. 轻型木结构体系的研究［D］. 河北理工大学，2005.

枋子、椽等，其抗腐性能和抗压性能稳定，木材不易被虫蛀，且木材自重较轻不易变形，所以是较理想的建筑材料。从湖州地区现存的一些书院来看，杉木材质较耐腐、结构受力后不易变形，或因其采光、通风、防潮条件好，其遗存的明清木结构依然完好如初。栗木、榉木材质坚韧，常用于承重的骑门梁、大梁、转角梁垫等处。松木在防腐性能和防白蚁等虫蛀以及耐变形方面不够，因此在书院中主要木构件处，如柱、梁、枋、桁，无法使用松木。

在书院的建筑过程中，匠人们对木材的选配与断料要严密计算。在施工断料、配料前精细计算该工程单项的用材量和实际用材量，并列出柱、梁、桁、枋子、椽、板等的各种长短尺寸、规格和数量。断料前进行用料选配，根据年轮、木材轻重来识别木质的好坏，在实际利用时合理利用木材的老嫩轻重。在断料配料前，配料人员心中要有全局观念，应先配先断大料、长料，后配小料、短料；要做到配料场地整齐、场中无多余而无用的短头木；如果书院的梁柱有弯曲，弯料一般多见于书院的大梁、双步、桁条、弯摘檐板、弯里口木、枋子、连机等部位，这也是浙江书院在弯料弯用方面的一个重要创举[①]。

（4）从《营造法式》可知，当时书院的建筑营缮完成了类型的延伸。中国历代颁行的各类建筑营缮法规制度，从解释上看，主要是集中代表和反映了北方官式建筑的制度与做法。那么南方建筑有没有贡献智慧？张十庆认为："细读《营造法式》往往又有这么一种感觉，即《营造法式》在诸多方面与江南建筑营造存在非常大的关联。南北方现在遗存下来的古建当中，可以看到大量的宋代南北建筑技术的交流与融合。"[②]同时在不同的建筑中，也表现了唐宋以来南北建筑地域特色的不同倾向。

---

① 中式营造古建筑常用木材分类及用量计算［DB/OL］. 2018-11-24. http: //www.360doc.com/content/18/1129/23/32343086_798240767.shtm.

② 张十庆.《营造法式》的技术源流及其与江南建筑的关联探析［J］. 美术大观，2015（4）：106-109.

第一个重要的贡献：20世纪40年代，刘致平在四川民居调研时，在西南的云贵川首次发现“穿斗架”建筑，将其与“抬梁式”并列为我国最主要的木架形式，清楚地显示了南方木构架的多样化特征。从对浙江传统书院建筑的踏查来看，“穿斗式”民居及书院同样大量存在，嘉兴、绍兴、宁波及温州沿海的部分民居都是穿斗式建筑的规范做法：沿着进深方向立柱，立柱小而弯曲；为了减轻荷载，匠人们将这类书院的柱间距设计得很密，柱头直接承檩，以数层“穿”连接各柱，组成许多组构架。尤其是台州、绍兴、宁波等地的山区书院，非常典型地再现了南方建筑穿斗的本质——“穿”“斗”。其与官式书院建筑最明显的差异表现是在榫卯不同做法上：无论“梁”与“枋”，都是以穿过柱的榫卯形式完成的。

第二个贡献是：在江南地域，出现了数个全国著名的建筑工匠之乡，这与工匠习风有关。浙江、江苏与江西这三个重要的建筑工匠之乡当中，几乎村村出工匠、家家用工匠，工匠们自制的鲁班尺、曲尺、三角尺、蝴蝶尺、活尺等营造尺的种类造型、规格甚至使用技巧都高度相似，只是在名称和细节上有些区别。大木作、小木作、定料配料体系、梁柱框架结构、建筑空间的细分做法等，都存在深刻的渊源关联。这种共性与特性，就赋予各地书院建筑不同的“性格”与“身份”，使建筑的“因地制宜”“因材施建”成为可能。

（5）地方建筑工匠的标准与创新。历代在书院营建的应用上，都有严格的规制与要求。宋《营造法式》、明万历《工部厂库须知》、清《工部工程做法则例》则对不同类型单体建筑作了概括记述，三者对建筑应用上运用工程管理经验与实用办法进行规制。书院建筑则参考民式建筑的规范组织施工，无论是单体还是组团建筑，其规划、选材、定料、用料、构件尺寸都是在标准化、定型化的基础上，根据工匠经验动工营建。在浙江东阳的民居中，有很多未成法式的“地方营建经验”。如王仲奋多次讲到的“套照”，（东阳帮）所用材料多为就地取材，因陋就简。在调查中发现，干阑式书院建筑中的柱子粗细不一、弯曲不直，甚至扭曲难用的木材也极为普遍，而且木榫技术在弯曲木材上很难对接，这就给后面榫卯的制作增加了难度。东阳帮工匠专门为解决此难题，摸索总结出一套简便、科学、准确的特殊工艺，这就是他们发明的因地制宜的技艺，谓之“套照”[①]。浙江古建中有三种独具特色的月梁形式：浙南法式形月梁、浙北高扁作月梁和浙中冬瓜形月梁[②]。此三类月梁的形制、尺度与其他地区不同，在浙江、赣北及徽州地区建筑中比较常见。如用浙江古建月梁形式与宋《营造法式》、苏州《营造法原》中的月梁形式进行对比，可轻易寻找到浙江工匠对月梁的创新做法——因横梁需承受大部分屋顶的荷载，时间一长难免出现下弯变形的变化，建筑物的整体形态会受影响，但工匠将月梁反向突起，形成一个“反弓形”元宝状月梁，既克服了弯曲的弊端，又在形式上进行了创新。有些民居或祠堂的月梁上，有许多精美的历史故事、花鸟鱼虫等木雕。这三类月梁在书院建筑中出现较少，多数书院并无完整成形的月梁，只是简单用木材制成穿斗框架，从中可以发现工匠在营建技术上的混杂性特征。同时，值得注意的是，《营造法式》、明万历《工部厂库须知》、《工部则例》这类定型化的建筑方法对总结经验、制止贪腐或粗制滥造等的作用巨大，但同时由于长期严格执行所谓营造法式，僵化守旧，严重妨碍了建筑技术与艺术形式的创新。浙江地区的书院建筑中，只能看到局部的技术与审美创新。

（6）重视建筑组群的平面布局。典型书院的平面布局一般按照纵深进次进行布局，分为教学、藏书、祭祀、园林、纪念五大建筑格局。循礼门而入，依次有若干进：第一进包括山门、泮池；第二进为仪门或院门；第三进为讲堂，一般为 3 开间的两层敞厅，中堂版壁前设有讲台；第四进为待修、祭堂；第五进是藏书楼、魁星楼，一般位于书院最高处。讲堂、经

① 王仲奋．“东阳帮”传统木作特艺——“套照”［C］// 中国民族建筑研究会，中国城镇规划设计研究院．第十八届学术年会论文特辑，2015．

② 石宏超．梁形如月曲如虹——浙江传统建筑月梁的类型与尺度研究［J］．建筑与文化，2016（2）：224-228．

舍、藏书楼等主体建筑依次分列左右，自然体现了以“讲学”为中心、“藏书、祭祀”为一体的典型浙江传统书院模式。另外浙江很多书院的院落布局并不讲究中轴对称，反而类似禅林模式，采取层层递进、院落相套的造园模式，把书院平面营造出既庄严肃穆，又宁静悠远的纵深空间与心理感受。私家书院建筑的等级尊卑序列较官办书院而言，明显多了一些自由清雅的布局，少了许多社会复杂世俗关系的禁锢。

（7）重单色不重五彩。由于木质结构建筑在防潮、防蛀、耐腐蚀方面较弱，而大漆具有的防腐、防潮特性恰好弥补了木材的缺陷，中国古建筑出现了在木构件表面“髹绘”的做法。“髹绘”做法记载最早可见《左传·庄公二十三年》，其中记载了“丹楹刻桷”的很多做法。文中的“丹楹”出自“秋，丹桓公之楹”一句，指的是用红漆髹饰的柱子。后据《礼记》记载，周代还对建筑色彩做等级制度的详细规定。因此可以推论，至少在春秋时期，中国古代建筑装饰形式已经有了漆饰与刻画两大类别，并可以推断当时漆艺工匠做法已经比较成熟，且出现了建筑、家具、器皿、古琴、雕漆等专业细分；在材料上也逐渐出现了生漆、熟漆、土籽灰、粗漆灰等。浙江的书院建筑使用漆艺“髹绘”的非常少，仅在杭州、宁波的部分大型书院的梁柱与四壁夹板上，发现大漆“髹绘”，而且以清中晚期书院居多。考察东阳市的歌山镇、巍山镇、虎鹿镇、三单乡、南马镇等地，了解到传统的建筑漆匠还自制了一些“髹绘”的竹铲刀、牛角板、皮子、压子、竹扎、油条、磨石、漆捻等特有的工具。林徽因据此做法，在《中国营造学社汇刊》中讲：“因为木料不能经久的原始缘故，中国建筑又发生了色彩的特征。涂漆在木料的结构上为的一是保存木质抵制风日雨水，二是可牢结各处接合关节，三是加增色彩的特征，这又是兼收美观实际上的好处，不能单以色彩作奇特繁华之表现。”[①]

① 林徽因. 论中国建筑之几个特征［J］. 中国营造学社汇刊，1932（1）.

建筑色彩的主角——石灰[①]。中国南方建筑的色彩主基调，基本以黑、白、灰为主，书院也不例外，以石灰石煅烧涂饰于墙面所成。《苏州平江府志》所载“涂白垩以防潮非为费材而饰也”，可猜测当时包括江南地区在内的多地建筑都不是纯粹为了装饰建筑外观，而是当时的一种生态选择，是实用影响了建筑外观色彩的选择。涂白垩以防潮，其主因是建筑色彩装饰材料的匮乏，以及当时的经济制约，在一定意义上造成了江南建筑色彩外观的表现力薄弱，这也符合当时的社会现实。久而久之，此地形成了江南民居青砖、粉墙、黛瓦质朴而淡雅的独特审美风格，并受到后来附会的各朝礼教规制约束。本书第二章提到金华地区盛产优质石灰，其周边地区江西也产石灰，将其经船运至周边省市，广泛用于建筑外立面、改良土壤及防腐消毒等方面。

戴仕炳在《天工开物石灰“风吹成粉”的做法》一文中谈到[②]，我国明末清初对石灰的消解非常可能采用的是宋应星（1587—1666或1587—1661）在《天工开物·燔石》中所描述的“风吹成粉”的干法消解方式。虽然宋应星在其序中写道：“随其孤陋见闻，藏诸方寸而写之，岂有但者？”但考虑其出生地并长期生活于江西，周边的徽、苏、浙、闽、湘等地均为石灰的重要产地，他描述的工法应具有一定的普遍性和可靠性。《天工开物·燔石》详细地描述了关于石灰烧制及应用的工法：“凡石灰经火焚炼为用。成质之后，入水永劫不坏。亿万舟楫，亿万垣墙，窒隙防淫，是必由之。百里内外，土中必生可燔石，石以青色为上，黄白次之。石必掩土内二三尺，掘取受燔，土面见风者不用。燔灰火料，煤炭居十九，薪炭居十一。先取煤炭、泥和做成饼，每煤饼一层，垒石一层，铺薪其底，

① 周景崇．黑白苏州——漫谈苏州古城民居色彩文化［J］．艺术与设计（理论），2007（10）：110-112．

② 戴仕炳，钟燕，石登科，胡战勇．天工开物石灰“风吹成粉”作法考［J］．中国文物报，2017-7-7．

灼火燔之。最佳者曰矿灰，最恶者曰窑滓灰。火力到后，烧酥石性，置于风中，久自吹化成粉。急用者以水沃之，亦自解散。凡灰用以固舟缝，则桐油、鱼油调，厚绢、细罗和油杵千下塞艌。用以砌墙、石，则筛去石块，水调黏合。甃墁则仍用油、灰。用以垩墙壁，则澄过，入纸筋涂墁。用以襄墓及贮水池，则灰一分，入河沙、黄土三分，用糯粳米、杨桃藤汁和匀，轻筑坚固，永不隳坏，名曰三和土。其余造靛造纸。功用难以枚述。凡温、台、闽、广海滨，石不堪灰者，则天生蛎蚝以代之。”其中可见技术性的选料要求：① 石灰以青色为佳，黄白次之；② 烧石灰多以碳、煤或木材；③ 石灰最佳者是矿灰，最差的窑滓灰，火力烧酥石灰，放在风中，久吹成粉；④ 宋应星书中重点提到“凡温、台、闽、广海滨，石不堪灰者，则天生蛎蚝以代之”，与本书考察一部分书院的外墙“以天生蛎蚝以代之”的事实相符，算是重要的材料应用创举。

第四节　浙学书院建筑群落的初始设计

1. 唐代书院建筑

据王炳照的《中国传统书院》记载，浙江在晚唐创建的书院多为私人藏书、读书之地。见诸史料者有如下五处[①]：

① 蓬莱书院，位于宁波象山，是象山县令杨弘所建，约建于唐大中四年（850 年）。

② 溪山书院，位于绍兴诸暨，由名士吴少邦的读书处扩建而成，时约

① 传闻青田县石门洞的石门书院始建于唐天宝三年（744 年），并无考证。

唐大中四年（850年）。

③ 九峰书院，位于衢州龙游，由唐代尚书徐安贞读书处扩建而成。

④ 青山书院，位于杭州建德，乃隐士翁洮私人读书处。

⑤ 丽正书院，位于杭州绍兴，约始建于唐开元十一年（778年）。

蓬莱书院后在1000多年的历史中屡次兴废。清乾隆十八年（1753年）时，知县尤锡章将其更名为"缨水书院"；乾隆二十三年（1758年）乡贤邓怀圣捐资重修后改名为"缨溪书院"；光绪二十九年（1903年）改为"公立象山始达小学堂"。据传书院繁盛时，"担簦负笈者踵相接，而弦诵之声，朗朗乎与溪声相续"。《象山县志》描绘了缨溪书院的建筑样图，内有学舍五间，中轴线上为讲堂。隋唐之后，科举始兴，官学不足，于是民间人士则有"余惟前代庠序之教不修，士病无所于学，往往择胜地而立精舍，以为群居讲习之所……"①之举。所以，浙江地区早期书院的建筑风格大致可推测出是以简朴为主，因其多为民宅转变而来，或本身为寺庙的一部分，较难评测。

2. 宋代书院建筑

浙学传统书院的兴盛期是两宋时期。两宋之前的书院大多数是名儒聚众讲学及私人读书处，此时的书院师生多淡泊名利或为持志守节之士。宋以后，浙江各地书院已扩展成为家族式书院、学派式书院、商会式书院以及私办官助、民办公助式书院等各种类型，有些书院已经开始兼具刻书、藏书等经营性事务，可谓兼具"商道文心"。两宋及吴越时期，多采取宽松国策，以文促教政策导致广大地区营建书院的风气崛起，主要原因如下：① 经济发展而人才短缺，北宋科考规模迅速扩大，但"士病无所

① 李秦，唐忠．两宋书院的兴盛及其建筑特点研究［J］．兰台世界，2013（1）．

于学，而多依山林，辟舍传习”，官办书院不足，大量民间书院应需创建，短期内极大地促进了宋代书院的发展；② 宋初以文治国，鼓励民办书院发展，如中国古代四大书院都受到过朝廷的奖赏和鼓励，在政策上促进了宋代民办书院的发展。[①]

浙学书院第一个鼎盛期是两宋时期，数量仅次于江西，名列全国第二位。宋代浙学书院的杰出表现不仅体现在持续增加的绝对数量上，其教育制度、学术影响、治学成果与人才培养的模式也堪称楷模。在书院的建筑规模、硬件设施、建筑形式、经营状况等方面更体现出了浙江地区的书院建造艺术的独特魅力。

（1）书院多处于山清水秀、环境幽雅之地。王阳明在《万松书院记》中阐述了这个观点：“名区胜地，往往复有书院之设，何哉？所以匡翼夫学校之不逮也。”“匡翼”二字，点明了书院之于官学的巨大差别，以此点出官学与书院的关系。州府县学都是奉诏所建，大都选址在城镇中心，其教规及膏火都优于私学。而私学书院则相反，多数选择城郊环境幽雅、适宜读书的地方。这一点从书院名称也可得知一二，如遂安的狮山书院、建德的龙山书院、宁波的月湖书院、太平县的方岩书院、衢州的柯山书院、包山书院、开化的钟峰书院、金华的鹿田书院、兰溪的仁山书院等；仅从台州一地的书院名，如溪山第一书院、南峰书院、骊山书院等，均可知其以地名立学，大多数建在空山灵秀、清溪明流佳境，甚至还是仙道之胜迹。著名者如兰溪市黄店芝堰村的仁山书院——这是南宋著名学者金履祥的讲学处。仁山书院就坐落在村中有芝溪之后[②]，村落坐北朝南，地势平整。村落东南桃峰耸峙，芝山起伏；西南青峰壁立，狮虎雄踞；北面陈陀山类似交椅，环抱村落；书院前有朱雀泮池，整座村落以四象为格局，形

① 李秦，唐忠．两宋书院的兴盛及其建筑特点研究［J］．兰台世界，2013（1）．
② 王晓．兰溪地名之“水”韵无穷［J］．现代语文（语言研究），2013（4）：117-122．

成了乡土社会的理想环境[①]。

这类书院的营建借鉴了山水园林文化与人文空间的设计，充满了文人精神与文化立场，蕴含简远、疏朗、天然的文化寓意和理想境界。

（2）两宋书院的建筑规模较前朝相比更为广大。宋代书院的教学、祭祀与藏书功能比唐代完备很多。宋代书院形式多样，因经济富庶，多为三合院式，其讲堂一般多为3～5开间的楼房建筑；规模较大的书院甚至有五六个讲堂，讲堂宽阔，能容数十人，规模大可坐百余人，供宾主交流或举行联讲活动。如永康著名的五峰书院，陈亮假此讲学而声名鹊起，弟子均来自四海，可容纳200人规模。温州的醉经堂书院乃永嘉学派鼻祖“皇佑三先生”之一丁昌期创办的讲学书院，盛期也有大约100师生居于此处，是北宋中期温州最早、最著名的书院之一。这些书院建筑的规模扩大和建造水平的提高，反映了两宋浙江地区书院建筑体系的成熟。

（3）书院的命名文化充实了浙学文化的厚度。书院的命名，犹如宗祠与园林的命名一般，内涵丰富，寓意深刻。望族营建屋庐，必立书院以教化后人，祠堂与书院的数量也是衡量一个地方是否人丁兴旺与文脉繁荣的社会指标之一。一般书院的命名有以地为名、以贤为名、以志为名、以族为名等多种方式，如宋代开化县最早的书院叫“七贤堂”，是太常少卿江纬为纪念其侄少齐、少虞、江汉、汪藻、程俱、李处权、赵子昼七人，于宋1086年前后建造。天台县的竹溪书院以宋淳熙年间（1174—1189年）进士徐大受的字号“竹溪”为名。桐庐的钓台书院是北宋范仲淹为祠祭汉代隐士严子陵而建。台州黄岩的溪山第一书院，乃取名出自朱熹亲书“溪山第一”书院匾额。临海的上蔡书院有两处讲堂，分别取名“圣则”与“稽古”，命名深刻反映了文人化的影子。开化汪氏邀朱熹、吕祖谦来听雨轩

---

① 乡土兰溪[DB/OL]. 2020-11-22. http://www.360doc.com/content/20/1112/13/41026553_945444070.shtml.

讲学，受其影响，汪氏后人于元至正十六年（1356 年）创建包山书院，康熙十七年（1678 年）重建，康熙皇帝亲为题写“明伦堂”“万世师表”“学达性天”等匾额，左院题名“景贤乡秀”，右院题名“绳武育才”，后为“先贤名院”。浦江东明书院有以“成性”“四勿”“继善”“九思”命名的四斋，书院讲堂曰“敬轩”，中堂曰“数飞处”，后厅曰“居业堂”，其余 22 间诸生学斋分别以“孝义绍先猷，允作麟祥凤彩；诗书绳祖武，宜勤孔思周情”命名。兰溪的瀔水书院“仅东南书楼九间，短垣薄甋，居其中，市声阛阓贯耳”（光绪《兰溪县志》卷三），乾隆二十二年（1757 年）知县左士吉重修书院，设立讲堂，建有 5 间正楼，两旁又有 6 间偏楼，堂左右更辅以厢屋 10 间，其前为照厅 5 间，又其前为大门，楹数亦 5 间，学斋达 50 间，为旧“瀔水书院”五倍之大[①]；其中斋舍，分别取名“得己”“嘉惠”“徐行”“三到”等，明显出自朱熹的《训学斋规》，标明了书院修身养性、潜心修学的志向。

值得一提的是，自宋代朱熹和明代王阳明等人的学说获得认同之后，与这类名人的相关书院特别多。如朱熹原籍婺源的紫阳书院，杭州亦有紫阳书院，天下紫阳书院多达十几所。阳明书院亦广泛分布在浙江、江西、贵州和两广地区，多是其门徒创建。

书院命名文化保留了朴实、简洁和淡雅的格调，体现着创建者的宗旨、目的、要求和期望。从书院的命名中，“可以窥见中国传统文化的厚重积淀和书院教育体系的特殊品味”（胡昭曦《四川书院史》），建筑简朴无华，清幽宜人，体现了两宋浙江的文人风范[②]。

---

① 兰溪云山书院的历史变迁［DB/OL］. 兰溪新闻网. 2018-08-15. http://lxnews.zjol.com.cn/lxnews/system/2018/08/15/031077518.shtm.

② 李秦，唐忠. 两宋书院的兴盛及其建筑特点研究［J］. 兰台世界，2013（1）：128-130.

3. 书院建筑及特点

（1）浙江地区的书院在两宋时期数量剧增，据《中国传统书院》统计，宋代浙江知名书院总数不少于156所，仅次于江西的224所。但宋代浙江书院的发展，不在于数量的多寡，制度的健全与否，而在于浙江书院多有原创思想的萌发，且与时俱进，人才如潮。自宋以后，浙学思想逐渐成熟，创建书院的类型丰富，私办官助、民办公助式书院在宋、元、明、清四朝均列于前席，也有些书院开展经营性质的事务，可谓兼具“商道文心”与“经世致用”之实。

（2）书院建筑类型。第一种是规整式书院。书院的主体建筑多采用规则式中轴对称布局，吸纳了丛林建筑和宗庙建筑的设计妙处，中轴线充满着理性主义情绪，此类书院多数为私学官助式样的建筑，庄严端庄、庠声序音，重规叠矩，氛围严肃，多见于杭嘉湖与宁绍平原地区的书院。规则形书院建筑布局可以细分为串联、串并联、串并列三种形式[①]。① 串联式布局，院落沿着纵深轴线串联布置，如同一个“串”字，是这类书院设计的基本布局方式。② 串并联式布局，是多路多进组群在纵横两向都存在着规整的轴线对称关系。宁波史守之创办的碧沚书院，为文元之故宅，仅学田就有100多亩。书院由一条中心主轴线和左右副轴线组成，合成三组串联式多进院落，因规模宏大，人才济济，被宋宁宗御赐“碧沚”二字。其余有此特点的书院如绍兴蕺山书院、临海的观澜书院、天台县的竹溪书院、仙居县的上蔡书院等案例，均是沿山势依次并列，主副轴线呈规整对称状，各院落之间以门洞、长廊进行联通。③ 串并列式布局，如南宋的稽山书院，是典型的多进院落相对独立的并列布置模式。该书院位于山阴卧

---

① 孔素美，白旭. 中国传统书院建筑形制浅析——以中国古代四大书院为例［J］. 华中建筑，2011（7）：177-180.

龙山西岗，时为纪念朱熹而建，元代开始办学。嘉靖三年（1524 年），绍兴府知府南大吉因信奉阳明之学，“以座主称门生”，乃增大其规模，建有明德堂、尊经阁、瑞泉精舍等，“聚八邑彦士，身率讲习以督之”，盛况空前，“环坐而听者三百余人”。[①]

第二种是自然式书院。自然式书院布局的特点与自然式的园林类似，无明显中轴线，或者庭院中心的主体不一定是建筑，主体两侧也不要求对称，追求自由放旷与适应环境的设计准则。此类书院在浙江占三成左右，主要应用在地形地势不规则的山区或用地条件局限性强的区域。如慈溪的大隐山讲舍，安吉的梅溪书堂，江山的江郎书院、清漾书院，以及上虞的月林书院等园林式建筑群，都是巧妙利用自然地形布局，建筑与地势相映成趣，实现了书院师生对话自然的精神诉求。

新昌的南明书院和永康县的五峰书院最为典型。南明书院为清乾隆十七年（1752 年）知县曹鋆购得城西通会门内的两云庵捐建。书院规模甚大，有山门、仪门、立讲堂、敬业堂、冰壶堂、凌云阁等 20 余间，院内布局自然，并无笔直主轴，轴线自然蜿蜒，颇有寺庙的古朴天趣。永康方岩寿山的五峰书院更为奇绝，因宋淳熙间朱熹、吕祖谦、陈亮、吕子阳等在固厚峰石洞中读书讲学，知府陈受泉命吕瑗在洞中创建书院，洞窟中有正楼 3 楹，用木柱支撑，类似山西的悬空寺。

因私学书院规模不大，学员不多，宋元之后，一些山长为避居山林，特意把书院建在依山傍水佳处，所以书院营建的核心大多以山水为主，建筑是从，多数基址依形就势，建筑体量宁小勿大。书院建筑规划在平面布局与空间处理上都力求活泼，富于变化。建筑设计中的空间序列和观景路线格外重要，“因势随形”，顺应山地状态和趋势，讲究建筑物和园林植物的顺势构建。在建筑的内外空间交汇地带，注意方与正、虚与实、明与

① 年谱三［M］// 王阳明全集·卷三十五．上海：上海古籍出版社，1992：1290.

暗、人工与自然的相互转移，依次过渡的载体常用阁、轩、榭、舫、亭、长廊、曲桥等形式作为交融的纽带。这种半室内、半室外的空间过渡与中国造园的手法一致——主张微妙的、和谐的变化。

第三种是合院式书院。浙江传统书院的建筑类型很多，合院式书院类型约占5成以上，有些书院既是园林式又是合院式，还有一种空间形态介于几何形和自然形之间，对于主体建筑空间来说，是规整的几何式布局，而对于附属建筑来说，可以针对书院建筑组群不同的布局特点，组合不同的建筑平面，以产生不同的建筑空间模式。如嵊县的合院式剡山书院，从讲堂到藏书楼再到园林，从讲堂到祭堂，合院环环相套，产生趣味的空间组合；因建筑开间较小，人的视角转移速度较快，游览其中，能感受到强烈的建筑空间转折腾挪的有机趣味性。嘉兴的立志书院则为天井式书院（图3-5、图3-6），书院门前河埠上建有一处文昌阁，其合院范围为今天的观前街至观后街，直落五进式建筑，由仪门入院，天井后为讲堂，讲堂后又有一处大天井，第三进为斋舍，最后一进平房原为“张扬园祠”（同治九年建造），四开间、两进深，东面两开间、两进深自成单元，序厅靠西的一间为家塾。

图3-5　嘉兴立志书院

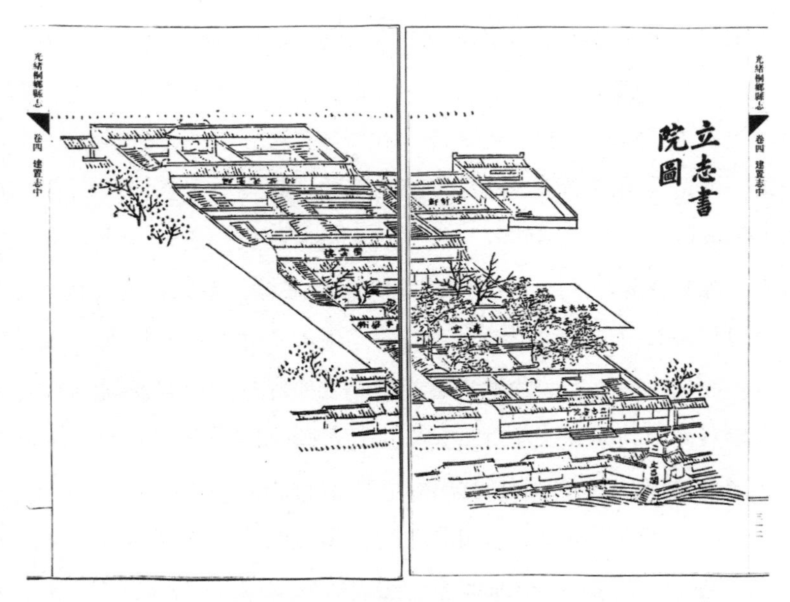

图 3–6 光绪《桐乡县志》卷四载“立志书院图”

（3）建筑群体组合。浙江书院群体的平面组合形式分类，可参照浙江古代民居以院落特征为标准的墙垣式、廊院式、合院式[①]三种分类方式。

① 墙垣式：多属于乡村私学，一般在边远山区，较小且简陋，多为一层或两层建筑，与独立屋宇式书院的区别是在院墙上开门，并无庭院。墙垣分割空间主要有两方面作用：其一，界定内外空间；其二，划分功能分区。该类型以龙泉县（今龙泉市）的桂山书院、温州的虎丘书院、德清县的东莱书院、富阳的春江书院为典型。早先的浦江郑宅镇的东明精舍，原为元初青田尉郑德璋创办，有屋 20 楹，前堂后寝，东西两侧为成性、四勿、继善、九思 4 斋。后书院毁，只留有一层的讲堂，将门洞直接开与讲堂上，清贫而又朴素。

① 孔素美，白旭．中国传统书院建筑形制浅析——以中国古代四大书院为例［J］．华中建筑，2011（7）：177–180.

② 廊院式、合院式：晚唐之前北方地区盛行廊院式院落，晚唐后四合院逐渐取代了廊院，宋以后廊院民居逐渐减少，只能在园林中窥其面貌。比如绍兴的蕺山书院，其后院即以回廊、长桥、高墙等进行构成式组合，放眼望去，建筑夹杂在园林之中，高低远近、虚实明暗，一片清雅幽静的文化意趣。其特点是在纵轴线上的建筑与建筑之间用长廊、高墙等把书院内的单体建筑连接成为一个整体，建筑占地面积偏大，从A建筑到B建筑，必须经过一段回廊，故而被称为“廊院”。绍兴新昌县的南明书院，原为绍兴城西的两云庵，书院规模甚大，院内既有连廊连接了原庵门、立讲堂、敬业堂、冰壶堂、凌云阁等20余间建筑。此外，还有金华的云山书院，浦江的浦阳书院，以及义乌的绣湖书院、延陵书院、桃源书院等，为园林连廊或斋舍连廊，局部均有廊院式书院的特点（图3–7）。合院式则较为普遍，如平阳县的会文书院、永康的昌明书院、东阳的白云书院、湖州的安定书院、余姚的古灵书院等。

图3–7　清《义乌县志·文教》载廊院式书院“绣湖书院图”

第五节　浙学传统书院建筑的形态组成

浙学传统书院建筑作为吴越地区的文化、教育与审美的载体，通过用近乎模式化的建筑样式、装饰风格与文化承载等传递建筑的功能、技术、文化、美学等寄托，从而组建出江南教育建筑的审美性、仪式性和生活性。浙江的建筑类型到南宋时期，已经初步完成了其模式的创新建构，表现出独有的标准化设计与施工模式，并转化为营建的若干要素。如山体、水体、建筑、装饰等构成，可组合、打散、嫁接或分解，等等。在选址与环境布局上，居城市时，以庙堂为准则；居乡村时，以宗祠为模范；居山林时，以丛林寺院为理想。这种模式甚至被历代使节、高僧、名儒带到日本与朝鲜半岛等地，传播吴越建筑之道统，深刻影响了这些地区的古代书院与园林的设计观。

1. 书院建筑构成要素

敕修《浙江通志·卷二十二·形胜》中曰："《周礼》有司险之掌，凡山林川泽之阻，咸周知之，所以顺地利而奠民生也。两浙环地数千里，虽金城天堑，何以加兹？……而慎固封守，必因地利，则形势宜审焉。志形胜。"传统书院的景观构成要素与其他类型建筑遗存大部分一致，主要由地形、水体、建筑、装饰等景观要素组成，并由此产生特殊的文化要素，继而对书院建筑功能和审美产生深刻影响。以下简而述之。

（1）地形

浙江地势东西南北各不相同。地形既包括自然的山地，也包括人工土山或假山。在现有的书院建筑景观中，地形是增强古代教育建筑景观性的重要元素，地形的选择也决定了其建造形态、建筑类型、建筑风貌。按照民居择地的要素，一般将地形依"形状"分成平地、凸地形、山脊、盆地、山谷五类；按照地形水平面属性可划分为平地、水泽、土丘、台地、斜坡等。同时地形对其他自然设计要素有支配性作用，如山地建筑与滨水建筑在建筑层高、平面布局、外立面设计、轴线布置、植物培植、铺装材料、园林水体等方面的营建手法不同，同时也对景观、排水、小气候、土地的使用有重要影响。以上的设计要素都依赖地形并与地形协作，经由工匠们合作，营造出丰富多样的建筑风貌。

对于书院择地而言，地形最大的功能便是创造一处能容纳弦颂之声的学习环境。以浙江鄮山书院为例，元大德二年（1298 年）乡儒赵寿建书院于城西五里割田别居。清《鄞县附郭水利图》上还清晰地标有"鄮山书院界河"的字样，可知其址在今宁波师范学校附小附近[①]。其地形可从一幅佚名题诗当中窥见："云石旧钟灵，地脉平分，定卜六堂敷雨化；月湖同造士，人才竞出，首从一郡树风声。"[②]又如初建于五代的余姚龙山书院，原名"中天阁"，取自唐代著名诗人方干《登龙泉山绝顶诗》中"中天气爽星河近，下界时丰雷雨均"之意。正德末年，王阳明归余姚被钱德洪、夏淳、范引年等 74 人迎请到中天阁讲学。书院规模甚巨，共有讲堂、斋舍等 30 余间，主楼有数楹开间，上为山长室，下为讲堂，登高瞭望有数里之远。清全祖望的《杜州书院记》[③]、《杜洲六先生书院》，记其营建情形，可惜明代湮废。其余有镇海的湖山精舍、奉化的龙津书院、慈溪的慈湖书院以及杜洲书院，地形各不相同，有高山、丘陵与平原之地，或湖流之曲。书院由于地势不同，呈现出来的设计要素就各不相同。书院建筑规划与地形地貌融合，在建筑中突出人工技术景观，在园林中突出自然景观要素，两者相得益彰，将人工对自然景观的负面影响减至最小，书院建筑与

① 周达章．宁波书院的历史变迁［J］．宁波教育学院学报，2013（5）：88-91．

② 邓洪波．中国书院楹联［M］．长沙：湖南大学出版社，2004．

③ 全祖望（1705—1755），清中期著名经学家、史学家和文学家。他私淑黄宗羲、万斯同之学，继承和发扬清初浙东学派的学术思想，是浙东学派的重要代表人物。

大地地形才能浑然一体。[①]

（2）水体

水是造园家最钟情之物，是园林景观的生气之源。浙江地处东南沿海，为江南水乡，在不少书院中，泮池、水池、溪流、叠瀑等成了书院的灵魂，既独成景色，又与自然山体等诸多要素相融相生，形成著名的人文山水的建筑景观。在浙江古代书院当中，设计最奇特精妙者莫过于石洞书院与五峰书院。万历《金华府志》里记载了叶适在《石洞书院》一诗中这样描写石洞书院的水，“好泉好石入君庐，雾锁云封地敢居。若挹风光当豪馔，岂同经史作寒菹。庭中蓍老易无过，畹内兰滋诗有余。只此尽知贤圣乐，世闲青紫亦空虚”，“水之飞湍瀑流，而蕉红蒲绿，皆浸灌于其下”，可见水体与石洞园林的契合度非常高。南宋时，石洞书院将水加以利用，形成了月峡、石井、飞云、玉佩等水系景观。南宋永嘉黄田乡人王致远营建温州永嘉书院，在选址时以水秀取胜，书院千百年来不仅人才辈出，而且以岩奇、瀑多、树古、水秀等成为胜景。民国《海宁州志稿》中《重修仰山书院碑记》记曰：“海昌长安镇之有书院也，创始于沈君毓荪、陆君鸣盛、陈君光庭、都君复基、倪君善治、邹君谔、倪君谷城。时嘉庆七年，仪征相国阮公填抚吾浙，颁额曰仰山，寓高山仰止之意，亦以登书院之楼可望见皋亭一角，故云。中为崇雅堂，桃李门内有楼，曰更上一层楼，之前有亭，曰坐春亭。南叠石为山，曰小狮林，环山杂莳花木，周以曲池，至于邃室修廊，无不整而洁。”[②]永嘉学者骆玉明在《新建永嘉书院记》中也证实该书院重嶂叠翠，群壑争流的非凡景观[③]。

---

① 华晓宁．建筑与景观环境的形态整合［D］．东南大学，2006.

② 李圭始修．海宁州志稿·四十一卷［M］．台北：成文出版社有限公司印行，清光绪二十四年至民国5年.

③ 骆玉明．新建永嘉书院记［DB/OL］．永嘉书院，2015-1.

2. 文化现象的影响因子

宋元之后，浙江各地书院创建快速发展，书院建筑逐渐成熟，并从民居体系中分离出来，朝着园林化、文人化的方向发展。部分书院在营造上并不以建筑为中心，甚至将建筑在设计中居于次要地位，除了正房合院的建筑形制之外，再配以亭、轩、阁、榭、楼等小品，并随着地形的变化而千变万化，表现出典型的自然优先的园林化设计观念。从规划上看，建筑又往往成为书院整体景域的构图中心，这似乎与民居建筑形成差异，倒是与江南园林的自然式营造规划意趣保持了一致。除自然条件的影响，文化力的影响价值更是必须要考虑的范畴。

（1）文人化、园林化的倾向

浙江民居建筑依靠一个个小型单元“院落”组合而成的，院落内外别有洞天。书院建筑也具备单元化的组合特点，但真正连接书院建造的形制与功能之间关系的是在两宋时期。两宋时期的书院，在性质上是儒学思想的传播基地。因此，传统儒学“礼乐思想”内核决定了传统书院在建筑上的功能形制，并将这种形制固化成三大功能板块：礼仪场所——祭堂、祭祠；治学场所——讲堂、学斋、藏书楼；游息场所——书院园林、庭院。这种固化的模式得到社会的认同，并冠以文化人的模式，得以广泛传播，至今在全国书院的环境考察中，都可以看到这种统一的内核模式。

宋代的文人园逐渐成熟，深刻影响到了书院营建的多样性。宋代文人在书院营建观念上，也与绘画、园林的关系逐渐密切，既有开放的一面，也有寄情山水、追求宁静淡雅的超脱志向，授课、藏书、促学，甚至科举应试等，都构成了书院建筑的精神内核。书院的合法存在，建筑文化与自然相辅相成，力量强大，在百家争鸣与科举取士两个层面上安抚了天下士子的心。朝代更替，遗民则放弃仕途，隐退山林，创建书院精舍，著书立说；盛世之时，他们积极出世，交流学习，参悟济世之道。这些思想都极大地影响了他们参与修建书院的观念哲学甚至审美情趣。

文人造园法对宋代书院的营造也产生了较大影响，从近几年的考察来看，带有文人园意境的书院不断被发现。这些园林化的书院有的在城镇，也有的在乡村。园林化的倾向不仅表现在规划设计上，连书院各建筑物的命名，也深刻体现着书院原主人避啸山林的价值观。如淳安姜家镇的瀛山书院，不仅以造园的理念营建书院，连取名都是借詹骙殿试状元而取“登瀛”之义，其书堂亦改名“瀛山书院”，各斋舍的命名如双桂堂、格致堂、大观亭、仰止亭、得源亭等，与“登瀛”的字义相呼应，体现了胸有丘壑的自在与得意。后来朱熹游览瀛山书院，见此风景，作名诗《观书有感》，句曰：“半亩方塘一鉴开，天光云影共徘徊。问渠那得清如许？为有源头活水来”，为后世传颂了瀛山书院的自然内涵与人文美景。

（2）制度化、伦理化的影响

从《考工记》文本当中推测，中国在春秋时期就已经初步规定了建筑的组群规制、间架做法以及室内装饰，并以此规定了一整套完备的营建规范体系，形成了各朝不可轻易僭越的建筑规范。宋崇宁二年（1103 年）李诫编修的《营造法式》，是北宋官方颁布的一部建筑设计、施工的规范书，也是我国古代最完整的建筑技术书籍，对后世影响深远。下文以万松书院为例，结合地方的营造法式加以说明。

万松书院在名例、制度、看详、工限料例、图样等方面，与《营造法式》的要求能形成对应关系。书院东西纵轴线上依次排列的牌坊门、碑亭、大门、仪门、二门、讲堂及藏书楼等主要标志性建筑，整体设计规范符合营造法则的基本要求，同时也体现了南方建筑伦理的传统礼制思想。祭祀和讲学两部分功能在书院建筑布局为“左庙右学”，体现了中国传统建筑文化左尊右卑思想的影响。此外，书院建筑群以复道重门来区分内外之别，显现出内外、上下、宾主有别的设计观。院内建筑尺度以“材”为标准，分成八等，学堂不可用一、二等材。同一构建，三类书院讲堂的用料也各有规定。“品”字形牌坊、仰圣门、毓粹门、明道堂、大成殿、万世师表平台等都集中在中轴线上，学斋、御碑亭等分列两侧，其建筑布局呈平面方形，对称稳重且整饬严谨。院内的亭台楼阁则依据自然山势，星罗点缀，给人一种严谨、规范的界画般的审美，并以理性主义精神展现了建筑制度的规范。

（3）本土化与工匠化的影响

浙江各地区的书院群落往往是建造者的主体意识与客观条件双重作用的结果。由于每个地区的建构体系中主客观条件的异同，决定了书院建筑会产生较大的时空差异。同时，由于古代中国“匠不入史”的习惯，书院建造志史等资料上很难保全其建造链条中的参与人员或重要事件的记录，但建筑本身是凝固的史书，即便“匠不入史”也不能掩盖本土工匠对本土建筑的重要影响。本书在后一章中详细举例阐述了浙江金华与宁绍工匠对建筑的重要影响与贡献。

第一，本土工匠经验。从建筑类型学的角度来讲，本土化的建筑技术和建筑布局因为技术与观念的差异，会演变出一种具有明显地域特色的营造经验和文化传统。东阳建筑作为一种特有的地方建筑类别，“把作师傅”集合了泥水匠、篾匠、漆匠、堆灰匠、雕塑匠、立石匠、彩绘匠等古典建筑工种，采取“有工则聚，竣工即散”的组织方式。数千年来，工匠经验已经渗透到宫殿、寺庙、民居等各个方面，同时也深刻影响其建筑的规划布局、用材用料、施工技艺等因素，形成固化了的建筑审美与营造经验。虽然“匠不入史”，但从建筑文化上可推敲出其本土审美与艺术，避免了“匠死史亡”的历史缺憾。因此，“风格即历史”这一点，与中外建筑史学研究者的观点保持了高度一致。

第二，本土自然环境。书院营造除技术原因之外，还受自然条件的客观影响。浙江地处东南，大致可分为浙北平原、浙西丘陵、浙东丘陵、中部金衢盆地、浙南山地、东南沿海平原及滨海岛屿等六个地形区。浙江各地区的自然环境各不相同，决定了各地书院建筑的开放与封闭。另外，书院在起居生活、教学培训、通风采光、防蛀防潮等方面，因自然环境的差异而体现出不同的建筑技术特色与匠心独运。[①]

第三，本土建筑材料。从《营造法式》与《营造法原》上看，吴越地区的工匠在建构方式上较为注重就地取材、因材致用、因物施巧的理性传统，他们善于将不同材料形成不同的建筑风格。因为隐私与礼制的约束，也受象数易理与建筑秩序关系影响，房屋的开间数目一般为奇数；户型设计上遵循“前堂后寝、亮灶暗房”的设计惯例，并在结构与等级上，参照象数布局的模式，营建出独特的空间规律。书院大量使用本土的建筑材料，故而各地书院建筑的规制和体量、颜色、建筑式样及装修等都高度一致，久而久之，形成了独特的建筑风貌。[②]

3. 书院藏书楼的专业化营建

浙江藏书一直是研究热点，本书无法概述其万分之一，本书节取各方精要姑妄言之。叶昌炽的《藏书纪事诗》、吴晗的《江浙藏书家史略》、傅璇琮和谢灼华的《中国藏书通史》等研究专著，以及浙江各地史志对浙江各界藏书的记载，较为全面。[③]孙毓修在《中国雕版源流考》中评价说：“书籍之雕版，肇始隋时，行于唐时，扩于五代，精于宋人。”[④]浙江是我

① 孔素美，白旭．中国传统书院建筑形制浅析——以中国古代四大书院为例［J］．华中建筑，2011（7）：177-180.

② 邵志伟．易学象数下的中国建筑与园林营构［D］．山东大学，2012.

③ 陈心蓉，丁辉．浙江进士藏书史［M］．合肥：黄山书社，2018.

④ 钟毓龙编著，钟肇恒增补．说杭州［M］．杭州：杭州古籍出版社，2016.

国雕版印书的源头之一，在五代时，杭州已经以印书业著称全国。两宋之时，杭州已经与开封、福建、四川、江西并列为“五大刻书中心”。宋元书院的藏书、印书活动已非常发达，各类监本、京本、杭本都出自书院雕版，为保存典籍、补益国藏、刊刻藏书作了重要贡献。同时，浙江又是造纸中心之一，临安府、绍兴府、婺州、衢州、严州等地均有大量优质贡纸出现。陈心蓉、丁辉在《浙江进士藏书史》中指出，有证可考的南宋170多处刻书点当中，浙江地区数量最多，且规模巨大，盛极一时。元代时，浙江书院藏书进展缓慢，但具有鲜明的时代特色，官刻、书坊刻书遍地都是，有些书院甚至自设书肆，一些罕见珍本也时常重现。书院刊印技术发达，藏书刻本、手抄本、拓本、手稿本、墨迹影印本、绘画、舆图等无奇不有；在杭州、嘉兴、湖州与宁波等地，书院刊刻书籍已形成制度化、正规化的风气，书院藏书甚至成为整个元代藏书事业中最闪亮的一点[①]。有学者考查认为，元代浙江书院有167所，高居中书省及各行省之首位[②]。

据传两宋至清末的浙江藏书家多达850人之众，浙江知名的藏书楼更是有800余座之巨，影响周边省市藏书之风，其中书院藏书遥居全国榜首。北宋时有越州石待旦的万卷楼，临海的庆善楼，以及杭州的玉壶等。南宋有湖州叶梦得的石林精舍，吴兴的尚书园，越州的博古堂，金华的知旨斋、省斋，湖州的玉壶园，杭州的芸居楼，以及天台的竹素园等[③]。王炳照在《中国传统书院》中提到，清代学者朱彝尊的《日下旧闻》称：“书院之设莫盛于元，设山长以主之，给廪饩以养之，几遍天下。”据统计，元代官办书院占书院总数的52.49%，超过了半数以上，其中有7.8%的书院是由朝廷直接主办的，民办书院只占总数的47.51%，从而造成了元代书院发展的一个最显著的特点——书院逐步官学化。中国现存明清藏书楼也

① 朱汉民. 长江流域的书院［M］. 武汉：湖北教育出版社，2004.
② 王颋. 元代书院考略［J］. 中国史研究，1984（1）.
③ 陈心蓉，丁辉. 浙江进士藏书史［M］. 合肥：黄山书社，2018.

主要集中在江浙地区，著名者有天一阁、天籁阁、文澜阁，以及金华的青萝山房、清平山房、南阳讲习唐、小仓山房等数百家藏书楼，最晚建成者有民国的九峰旧庐、嘉业堂等，书院藏书之风高潮迭起。从此，藏书库与藏书楼的营建规划自然就多一项重要内容。

邓洪波在《元代书院的藏书事业》一文中认为，元统一全国后，因前朝书院尽毁，藏书散落民间，遂加强了对书院的保护扶持政策，积极推行“汉化”文教方针，大力提倡尊孔崇儒。元世祖至元四年（1267年）正月“敕修曲阜宣圣庙”，五月“敕上都重建孔子庙”。先后在世祖至元二十三年（1286年）、成宗元贞元年（1295年）、武宗至大三年（1310年）都有清还学田、禁止侵扰的诏令发布。全国书院开始复兴，书院藏书事业亦进入恢复调整阶段，其表现如下：

（1）修复前朝书院的藏书楼。浙江余杭的集虚书院在大德三年（1299年）时，院中原先就有“蓄书数千卷”①。东阳西南八华山的八华书院，原为元代许谦长期讲学之所，内有高大藏书楼，藏书数千卷②。慈溪的杜洲书院，藏书目可从元至正年间所修《四明续志》当中窥视一二③，其不失为中国书院藏书史第一目之风范④。当时官办的西湖书院，所藏的南宋太学图书还不算入内（藏书数量可从原宋国子监雕刻书版片中可见一斑。西湖书院设尊经阁、书库两处藏书之所，收藏印本书籍、书版、石刻本等⑤，凡经、史、子、集无虑二十余万，约三千七百余卷⑥）。

---

① 杜牧．洞霄图志·卷六：邓牧．集虚书院记［M］.

② 叶杭庆．浙江书院藏书楼的发展变迁［J］．兰台世界，2008（15）：70-71.

③ 朱晓燕．浙江书院藏书考略［J］．图书馆研究与工作，2004（1）66-68.

④ 邓洪波．元代书院的藏书事业［J］．图书馆，1996（4）：72-74.

⑤ 金达胜，方建新．元代杭州西湖书院藏书刻书述略［J］．杭州大学学报（哲社科），1995（3）.

⑥ 两浙金石志·卷一五 西湖书院重整书目记［M］；王国维．两浙古刊本考·卷上 - 元西湖书院重整书目［M］.

（2）据吴晗在《江浙藏书家史略》中统计，在元代两浙有藏书家 27 人，其中浙江为 12 人。宁波藏书读物《智者之香》中就提到庆元路（宁波）在元代有著名藏书家 11 人，他们是应伯震、袁桷、郑芳叔、张式良、闻元春、祖铭、程端礼、徐禹圭、蒋宗简、王昌世、胡珙等人。这些藏书家在当时均参与学院讲学或院体印书[①]。其中鄞县人袁桷任丽泽书院山长，继承曾祖父袁韶、祖父袁似道、父袁洪藏书之业，建有藏书楼清容居，藏书之富甲于浙东。其余如金华王柏建上蔡书院的藏书楼，许谦居东阳八华山建四贤书院藏书楼，等等，不一而足；元末浙江长安镇、南浔、乌镇、梅城镇、南田镇、双林镇等经济富庶、文化繁荣的市镇，书院异军突起。

明初朝廷坚持"世治宜用文"的文教政策，大力促进官学、强化科考，"明初教士，一归学校"，造成了近百年私学书院备受冷落，"讲学书院之风一变，其存者徒以崇祀先儒耳"[②]。清代学者黄以周也曾说过："学校兴，书院自无异教；学校衰，书院所以扶其弊也。"而后，嘉靖、万历、天启年间多次禁毁书院，抄没学田等，明代私学书院的营建活动陷入历史低谷。后虽有王守仁、湛若水等一代大儒积极倡议修复书院，阳明之学一时"东南景附"，门人遍于国中，所建书院也天下皆有，但王门弟子竟然以江右居多。黄宗羲对此曾评论说："姚江之学，惟江右得其正传。"[③]大儒们的努力，也仅仅是修复了宋代慈溪的慈湖书院的横经阁、绍兴稽山书院的尊经阁等少数几座书院建筑而已，不足宋、元书院的五分之一。虽然如此，明代书院也并非一无是处，有明一代的全国书院总数还至少有 1962 所，其中新建 1707 所，修复 255 所，依然以江西最多，广东、福建、浙

① 冯晓霞，魏海波．元代宁波私家藏书的特色［J］．浙江万里学院学报，2013（1）：56–57．

② 王炳照．中国古代书院［M］．北京：商务印书馆，1998．第一节明代古代教育与书院，谈到近代学者、书院史研究专家柳诒征在《江苏书院志初稿》一书中所表述的观点。

③ 王炳照．中国古代书院［M］．北京：商务印书馆，1998．

江分居第二、三、四位[①]。

嘉靖年间，浙江书院藏书建筑也逐渐增多。王守仁、湛若水先后在各地兴办书院，将书院办成既是学术研究中心，又能进行教学的机构。如慈溪慈湖书院嘉靖年间重修，建横经阁，专门用于藏书；金华的崇正书院，在万历十七年（1589 年）扩建了尊经阁等建筑；万历年初，东阳许一元集众创建彭山书院的松风阁，藏书万余卷；万历二十二年（1594 年）宁海的缑城书院亦建有扶摇阁。明万历年，杭州一地仅有间高濂在苏堤跨虹桥畔筑妙赏楼以藏书。虞淳熙隐居于回峰，筑藏书阁，名曰“读书林”；其弟虞淳贞在灵隐寺旁建藏书楼，名曰“八角团瓢”。另有塘栖广济桥卓氏三代营建的传经堂书院藏书楼。其余如虎林书院（图 3–8）、敷文书院等一概富藏旧书。除私学外，官学书院以府学尊经阁的藏书最富，但也仅有万卷而已，不及宋、元时十分之一。可见明代文教政策发生转变，重科举、轻读书，导致了有明一代的书院与宋、元或清代相比，形成了极不协调的冷热差距。

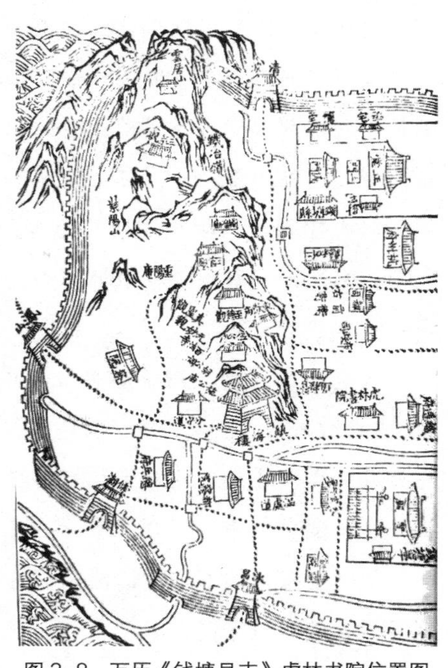

图 3–8　万历《钱塘县志》虎林书院位置图

清代是浙江书院创建的历史高峰，统治者特别警惕明代书院讲会制度会激发知识分子关注国家民族的热情，顺治九年（1652 年）通令“不

① 邓洪波，周郁．试论明代书院的藏书事业及特点［J］．高校图书馆工作，2005（10）：23–25.

许别创书院群聚徒党，及号召地方游食无行之徒，空谈废业”[1]，对私人创办书院严格限制。但从雍正十一年（1733年）起，在禁止私人创办书院的同时，却开始提倡官办书院。等进入“康乾盛世”之后，清政府对书院的政策由消极的抑制转变为积极扶持，浙江地区的书院获得了宽松的发展环境，不仅是新建书院比宋、元、明各朝代的数量多，而且藏书丰厚。据曹松叶在《宋元明清书院概况》中统计，清代浙江书院增至400余所[2]，并出现了不少著名的书院，如杭州赵谷林、赵意林兄弟的小山堂多精品，人称“谷林小山堂图籍埒于秘省”；道古堂主人杭世骏藏书之富，甲于武林。王瞿在《道古堂集序》中说：“堇浦于学无所不贯，所藏书拥榻积几，不下十万卷。”国内私人藏书的“四大藏书楼”，浙江独占两家——湖州陆心源的“皕宋楼”以及杭州丁氏的“八千卷楼”；其他如杭州的“四大书院”——万松书院与诂经精舍、紫阳书院、崇文书院，皆闻名遐迩。还有一所著名的特殊书院为著名思想家黄宗羲创办的甬上证人书院，其实只是讲会，并无固定的院址和讲堂，多借僧寺、祠堂或民居讲习；另一所特殊书院就是阮元在嘉庆五年（1800年）出任浙江巡抚时，在杭州西湖孤山之麓，就昔日编纂《经籍纂诂》时的旧屋50间，创立诂经精舍，教学内容以经史为主，小学、天部、地理、算法等兼顾。

此时的书院藏书事业，超过任何前朝，主要原因是兴朴学，重经史，更有朝廷赐书、私人捐助和书院自置，再加上刊印刻书的越来越多，书院藏书一时蔚为大观。具体如下：

① 朝廷赐书。如万松书院，清康熙五十五年（1716年），圣祖书“浙水敷文”匾额悬于中堂，赐《古文渊鉴》《朱子全书》等，书院因此改名

① 王炳照. 中国古代书院［M］. 北京：商务印书馆，1998.
② 张彬. 从浙江看中国教育近代化［M］. 广东：广东教育出版社，1996.

为“敷文书院”[①]。乾隆十六年（1751 年），又赐经史给钟山、紫阳、敷文等书院，极大地扩大了浙江地区书院发展的空间。[②]

② 私人捐助。如清嘉庆二十二年（1817 年）创办的平湖县（今平湖市）当湖书院，以及光绪十八年（1892 年）平湖知县吴佑孙等捐办的瀛洲书院，两所学院都获得私人捐书达万册以上。光绪十一年（1885 年）宁绍台道薛福成在鄞县创建了崇实书院，开始采录西方教材与书籍。再如龙游县的凤梧书院仅知县张照一人在光绪二十三年（1897 年）私人募捐书籍就达 311 部，共 8375 册。

③ 书院刻书和修志。书院刻书增加了大量藏书，同时促进了书院教学和学术研究的发展。著名者诂经精舍的创始人阮元，他“役志在书史，刻书卷三千”，其中刻书百卷以上的大部就有：《经籍纂诂》106 卷，《十三经注疏》416 卷附《校勘论》243 卷，《皇清经解》1400 卷。这三部书对浙江书院的藏书贡献巨丰。[③] 另据统计清代书院刊印课艺文集多达五十余种，如杭州紫阳书院刊《紫阳书院文集》，杭州龙山书院刊《求志书院课艺》等。书院刻艺既是修学研习成果的展现，又丰富了书院藏书，满足了教育的针对性需求。

④ 书院自置。书院自置是清代浙江书院藏书最主要的途径。书院自购书籍，多合力购买，如瑞安心兰书院院志记：“定议之初，人约二十家，家先出钱十五千，合三百千钱，购置书籍。”（清陈虬《拟广心兰书院藏书引》见《治平通议》卷八）心兰书院还建立购书基金，“续置有隔江涂田数十亩，岁近又可得息数十千，益务恢广，自开办以来积二十一年矣，寻

① 万松书院［J］. 浙江档案. 2012（11）：38–43.

② 邓洪波，肖新华. 宋代书院藏书研究［J］. 高校图书馆工作，2003（5）：45–50，60.

③ 李海燕. 论阮元在文献纂刻方面的成就［J］. 图书与情报，2008（2）：130–133，144.

常文史，略可足用”[①]。直到光绪二十七年（1901年），各地书院的教育使命基本结束，所有书院藏书陆续为各地图书馆接收，同时揭开了向近代图书馆转变的序幕。

第六节　书院营建中的规划选址实践例证

关于中国传统的建筑规划与设计理论，解释颇多。《庄子·天下》中曰：“天下之治方术者多矣。”成玄英疏：“方，道也。自轩顼已下，迄于尧舜，治道艺术方法甚多。”可见这种“道”与“术”的理论积累由来已久，并为历代奉为经典。秦皇汉武也曾经悉召方士参与议事，尤其是汉武以后，方士与儒生合流，用“方技”与“数术”等理论来解释儒家的经传，并细分出如“数术”分天文，历谱，五行、蓍龟、杂占、形法六类，出现了“明堂羲和史卜之职”[②]。宋玉在《高唐赋》将羡门、高溪、上成、郁林、公乐、聚谷等人归纳为上述类型的“有方之士”[③]。由此可见早期方术与儒生是一体化的文化群体与文化现象，二者将儒生、医师与方士、医术与方术视为一体。

在古代社会中，方术文化的参与者大部分为传统知识阶层，这些人大部分都是具备多重身份的“有方之士”。后来方术分为两部分，逐渐成为专业类的职业群体：一类观星象、察云气和天人感应来测算实践；一类从事相地、望气、祈禳等指导建筑营建工作。自唐代起，史载就有李虚中、张果、僧一行、崔善为、薛颐、周克明等人参与各地城池、市镇、村落与

① 邓利萍．“心兰书社”——我国近代公共图书馆的早期雏形［J］．四川图书馆学报，2007（2）：60-62.

② 侯外庐等．中国思想通史（第三卷）［M］．北京：人民出版社，1957.

③ 劳思光．新编中国哲学史3上册［M］．桂林：广西师范大学出版社，2005.

陵墓营建的各类记录。宋、元两代朝野更是方术大盛，北宋的徐子平精通星学[④]，宋明理学的主要奠基人物邵雍创立了象数学派，上述这些都是两宋时期著名的理论学者[⑤]。朱熹本人就精通此道，其弟子门生中蔡元定也是久负盛名之人。朱熹在其著名的《山陵议状》一折里，就力陈“国音”之弊，五音姓利害人误国，字里行间，展示了一代大儒对地理风土学养的真知灼见。到明代时，东南地区的地理风气渐浓，经陈宝良研究考证，他认为明代“百工技艺之人，多出于东南，江西最多，浙、直次之”[⑥]。而在这百工之业中，以建筑业等谋生者为数不少，如下举例阐述。

江南地区多有精通天文、地理之士，其中以赣、浙、苏、闽等地职业方士最多，甚至于泛滥东南亚地区。他们职业也较为分散，大致为僧、道、俗三类。浙江籍术士也比较活跃，历史上参与各地建设的著名人物有：隋代的东阳人氏舒绰；唐代的缙云人氏杨筠松之徒范越凤；元第三十八代“正一天师”张与材也较为出色，其人曾为盐官、海盐两地村落民居与衙署等除患，受到几代帝王恩宠；刘秉忠[⑦]曾隐居武夷山为僧，后留侍世祖左右，成就一段帝王与僧道之间的江湖佳话；明代永乐年新昌人杨宗敏、洪武初钱塘郡邑人周仲高。其中，明余姚人氏骆用卿乃明正三年（1508 年）进士出身，官至兵部员外郎。在嘉靖年间，骆用卿曾为明世宗朱厚熜在北京昌平天寿山十八道岭的帝陵选址。再如明代永嘉人氏谷宗纲、明杭州人氏冷谦、明开国元勋青田人氏刘基，都曾在此领域功绩明

---

④ 珞琭子．珞琭子三命消息赋注 • 提要［M］．“传宋有徐子平者，精于星学，后世术士宗之。故称子平，又云子平名居易，五季人。与麻衣道者，陈图南，吕洞宾，俱隐华山，盖异人也。”

⑤ 李夏兰．明代江西方士研究［D］．江西师范大学，2012.

⑥ 陈宝良．明代社会生活史［M］．北京：中国社会科学出版社，2004.

⑦ 刘秉忠《干荷叶三首》：“南高峰，北高峰，惨淡烟霞洞。宋高宗，一场空，吴山依旧酒旗风。两度江南梦。”1276 年元军攻占杭州，而此时刘秉忠已亡故，未及见南宋亡后的杭州景物。此处所摘的第三首曲子乃是以一个征服者的宰辅对南宋的覆灭遥作凭吊而已。

显。直到今天，江西的形势派还流行刘基自创的“地理五行图”“五星归垣图”等理论要诀。

1. 书院营造与风土理论的独特性

传统风土经典著作有《青囊经》《宅经》《葬经》《青鸟经》《罗经解定》《撼龙经》《青囊奥语》等，虽有巨大的时代局限性，但不可否认这些理论构建了中国古代营建科技与文化的理论分支[①]。其方法灵活多变，在朝堂则适用于庙堂帝陵，在乡野则适用于阳宅村邑、阴宅墓穴以及书院房舍，延续至今，多有演变，并屡禁不止。凡宗族书院或私人书院，其兴建者必先卜地、点穴等为安固久远之计。如遇吉地，则欣喜落成。如不吉，则更择再卜，直至皆大欢喜为止。书院的建筑选址、风土需求与民居不同，因事关文脉发源之大事，故而更需参互比较，择其上者用之。

宋、元两代之后，书院多选址在林泉之胜，究其原因，除避世之外，也有科学选址的考虑。一是须远离喧嚣，静心修学。诚如朱熹所言：“学于此，宜净洗涤名利之心，力超名利之关，无所用而不宜，进可行道于当时，退可著书立言垂范与来世。”[②]二是建造须因地制宜，人文与生态俱佳之地方为善地。南怀瑾在其选集第六卷《景印地理天机会元》的“序”中曾谈及：“明代方士论及堪舆之源是一相、二命、三风水、四积阴德、五读书。其中堪舆的比重中读书与传教占其中两份。”王士性在《广志绎》中也曾说起：“士商工贾……职堪舆、星相、医卜、轮舆、梓匠，非有盐商木店，筐丝聚宝之业也。”[③]虽然这段话是对江西时况的表述，但实际上

① 刘沛林．理想家园风水环境观的启迪［M］．上海：上海三联书店，2001.

② 周銮书，孙家骅，闵正国，李科友．千年学府——白鹿洞书院［M］．南昌：江西人民出版社，2003.

③ 王士性．广志绎 • 卷四 江南诸省 江西［M］．北京：中华书局，2006.

明代南方各地均是如此。浙江与江西文化素来相近，来往密切，其中相地营建之术交流尤甚，在此方面意见共识颇为相同[①]。在各地区书院营建活动中，方士、乡绅、学者、地方官及退休官员都是积极参与的重要角色，一方面是书院营建后承担为地方兴学业、焕人文的时代责任，另一方面这也是占据地方话语权的重要支点。书院兴则文脉盛，文脉盛则经营佳。从书院建筑规模与经营的角度分析，不难看出，很多书院迁址的原因几乎都是因选址不吉、财力不足或科举不利而导致书院经营不善[②]。可见，在书院营建过程中，将选址相地之说与书院营建、科举勃兴、书院经营等方面联系起来，是必然的社会现象，这些问题构成了中国书院营建甚至科举文化中独特的一面。

浙江各书院是怎么选址与布局的？这方面的记载少见，但从各书院的书院志或典籍记载中，可看到书院的营建过程与山长、主讲以及筹建者的关系，这些人对当地的山水、风土、人情有全面与深入的了解。举例阐之。以岳麓书院为例，以张栻在宋乾道三年（1167 年）主讲岳麓、城南两书院时，在《答朱元晦书》中称："书院相对案山，颇有形胜，有力者睥睨作阴宅，披棘往来。四方环绕，大江在前，景趣在道乡、碧虚之间，以风雩名之，安得杖履来共登临也。"文中张栻明显表露其对岳麓书院在"行龙、朝山、案山、四方"等形胜规划思路方面的深刻理解。宋代苏州诗人顾逢在《西湖书院重建三贤堂》中日："三贤堂废西湖上，文庙重营气宇新。若得雪江相配享，方知创立是何人。"该诗中表现了对三贤堂与西湖地理的形峦法与水系搭配法的赞赏与评价；还有如淳安县石峡书院，自南宋淳熙元年（1174 年）至咸淳三十四年（1298 年）间，12 次应试过程中有 74 位中榜的学子。如南宋淳安县著名学者方逢辰（1221—1291），原

① 李夏兰．明代江西方士研究［D］．江西师范大学，2012．
② 罗洪先．赣州府县儒学兴复记［M］//（天启）赣州府志・卷二十 纪言志二．

名“方梦魁”，据传其出生之时，方逢辰父亲梦见儿子殿试夺魁而取名“梦魁”。淳祐十年（1250年）被宋理宗钦点头名状元后赐名“方逢辰”。同年，其胞弟方逢振也进士及第，与同窗黄蜕与何梦桂分列榜眼与探花。史载：“上眷隆渥，问公读书聚徒之所，奎画昭回，赐名‘石峡书院’。”元代文及翁所撰写的《故侍读尚书方公墓志铭》记曰：“近进士一科文章盛而古意衰，卿以儒硕创家塾，以程朱之学淑其徒，朕甚嘉之。”[①] 何梦桂任大理寺卿后，持续对石峡书院的周边环境加以完善，他多次撰诗在《和夹谷书隐先生寄题蛟峰石峡书院三十韵》中赞曰：“堪舆运玄化，万物品汇分。狉狉鹿豕群，中吸五色麟。圣哲不出世，郊囿可能驯。粤从光岳分，鸿灵咸纠纷……”

清光绪二十四年（1898年）的金华鹿田书院，历代涉及此问题的题咏颇多。因书院垒于高台，扼守要冲，门峙笔架三峰，层峦耸秀，地脉钟灵，宋太学博士潘良贵曾赞赏：“自是评吾乡山水以此为第一。”另据万历《温州府志》记载，郡人侍郎王瓒求学芙蓉书院时，当年有芙蓉五月先花，王瓒遂联魁及第。历史上这种记录比比皆是，众人一方面为科举发达而寄托于风土神灵，另一方面也从科学角度考虑书院与环境、兴学与人才之间的关系，这些因素都成为各个书院营建与废弛的重要决策。

2. 各书院的营建择址与教育托寄

书院通常是一个地方的学术文化中心，担负着教育士民和示范风化的作用，因此书院的环境被假借为“兴地脉”“焕人文”的文化象征也较为常见。宋代之后，四大书院大多仿效丛林，避世于野，天下书院莫不效仿。也有一些书院居于平原、街巷、村落甚至闹市，既无列嶂群峰，亦无

① （明嘉靖）《淳安县志》记载的元代文及翁所撰写的故侍读尚书方公墓志铭.

泉涧溪湖，难借自然山水之利[①]，于是主人便叠石置山，甚至引水开池，造出许多精致小巧的山景水景来，这种现象的文化根源可追溯至历代的造园之术。连书院的冠名也开始效仿文人造园的精神意趣，多取寄情山水之名，人们相信“地灵”与“人杰”是相辅相成的。因书院长期独立办学，不事科举，因此从唐、五代到清初，书院的主持人都被敬称为“山长”，讲学兼院务管理，直到清代才始称“院长”。清代学者张锦芳曾在《创建三湖书院碑记》记载了一段对话：“古之通经者有经师、学官，弟子而外，大儒宿学，皆以颛门、业相付授；而居山者不可无师，故教授曰‘山长’。元仁宗赐下第举人并授山长，则得师其要也。”对话中，对山长称号的原因作了简单阐述。直到清末彻底废除了山长之制，可见书院与山林胜地之间保持了千年之久的精微联系。

3. 选址规划理念对书院建筑形式的影响

传统的建筑规划设计理论在选址方法上讲究天时地利人和，亦讲究对龙、穴、砂、水等自然生态环境的和谐，这些正是古代社会对建筑与自然环境之间和谐统一的追求。营建之初，首先要从文化传承、空间要素、风土属性三大角度来决定书院建筑的特性，从乡土建设理论的角度组织乡土建筑的营造逻辑，其次要在喝形择吉、辨方正位、流星赶穴等方法上找到营建的理论依靠，将理论与实践关联方法，才能开始展开一个新书院的设计与营造。在浙江各地，都有类似案例，举例阐述。

1）根据明嘉靖《温州府志》记载，永嘉之乱后，郭璞因精通算学，在323年受命为温州修建郡城。郭璞见温州周围有七座山头，形成了北斗

---

① 刘婉华．书院：中国古代园林的一朵奇葩［J］．南方建筑，2014（4）：75-79．

七星的形状，“城内五水配于五行，遇潦不溢”[①]，城外秀峰兀耸，形如青牛、朱雀，便是古代建筑规划中惯用的“象天法地”，郭璞因此指山为墙、修水为界，设计了一个“山似北斗，城似锁”的风土、形势与城防格局。自两宋开始，温州城衢内大小20多个书院的营建理念，均与郭璞的规划理念一脉相承。

2）缙云的独峰书院的设计同样出自对传统文化的考虑。缙云本是风土佳处，《史记》载：“缙云，本黄帝夏官之名。”张守节[②]云：“栝州缙云县，其所封也。”《太平寰宇记》卷九十九《（祥符）图经》有云：“唐天宝七年六月八日，有彩云起于李溪源，覆绕缙云山独峰之顶，云中仙乐响亮，鸾鹤飞舞，俄闻山呼万岁者九，诸山皆应，自申至亥乃息。”此等绝佳之处，自然是建造书院的风水宝地。因鼎湖峰状如春笋，高一百余米，峰巅蓄水成池，四时不竭[③]，从地理形势上看，类似一只巨椽之笔，文脉不断。在南宋宝庆三年（1228年），青田进士叶嗣昌提议在伏虎岩下朱熹讲学处创建“独峰书院”[④]，并延请孔子54世孙孔林出任山长。但后来因独峰书院时建时毁，学员中并无天下皆知之人。有人说此峰乃片岩孤石，孤峰独耸，峭拔无倚，气象不佳，于是在清同治十二年（1873年），缙云知县朱延梁与后任知县何乃容将书院改址重建。

3）越州的稽山书院是北宋宝元二年至康定元年（1039—1040年）由范仲淹知越州时所创建，原址在城区府山（卧龙山）西岗，新昌大儒石待

① 丁丽燕．环境困境与文化审思：生态文明进程中温州地域文化的传承与转型［M］．北京：中国环境科学出版社，2007.

② 张守节其人不详，大概是开元时官诸王侍读，守右清道率府长史，其著作《史记正义序》写于唐玄宗开元二十四年（736年），文中有“守节涉学三十余年”等句，由此上溯，此人应是武则天当政时期人物。

③ 俞云文，王达钦．九曲练溪十里画廊——缙云仙都火山地貌景观［J］．浙江地质，2001（1）：77-80.

④（元）《仙都志》记载：“独峰书院……绍定戊子（1228），郡人叶嗣昌始就此创礼殿为讲贯之所。”

旦主持书院，还有江南处士李觏任教授，一时门徒甚众。朱熹任浙东常平茶盐事时，常在此讲学，但岁久湮废。明正德间（1506—1521 年），山阴知县张焕以旧址抱山揾水，科第乏力，加上卧龙山山撼书院，力荐移建至新址。王阳明晚年于此讲学长达六年，并撰《稽山书院尊经阁记》①。万历七年（1579 年），奉例毁书院，遂为吴氏所佃，尚书吴兑持之不遽毁。十年，知府萧良干修复，易名“朱文公祠”，出于风水先天不足，又于瑞泉精舍旧址建“仕学所”，以形补形，可惜仍未持久，现已不存。

4）浙江乐清市由于偏于海角一隅，直到北宋崇宁十七年（1121 年）才出了第一个进士郑邦彦。后王十朋在“绍兴癸亥，予辟家塾（梅溪书院）于井之南”②，据传梅溪书院营建时是根据“文房四宝”而布局的。作为兴文运的营造理念，书院营建时，把孝感井、洗砚池砌筑成砚槽，在砚池的临池处放置了几根修戒石，象征墨锭，以寄希望于后人发奋读书。书院的来龙祖山为雁荡山，少祖山为白龙山，遥对三峰并立，颇似笔架，人称“笔架山”。书院地势平坦、方正如宣纸，恰如“笔、墨、纸、砚”的“文房四宝”格局。书院靠山为水形山，朝向东南，砖木结构，屋顶均为人字形硬山顶。两者理同机助，有利于人才辈出。自书院建好之后，乐清文风繁盛，名士辈出，梅溪书院也成为古代著名的书院。

5）淳安县治东面有一狮山书院，其营建理念也堪称经典。据明万历《遂安县志》记载：“遂安婺峰环其前，五狮拥其后，襟带武强，龙渡诸溪，肘臂六里，文昌诸阁，虽不通大驿，实严胜壤也。”狮山书院背靠五狮山，形成两大天然优势：第一，瀛山之麓塘下畈，詹氏在此聚族而居，后宋状元詹骙及第后授龙图阁学士、知定国军府事，建魁星堂于塘下畈村，书院前方塘流经山麓，后人筑石拱桥与其勾连，形成水脉相通的山水格局；第

① 王阳明《稽山书院尊经阁记》记载：“越城旧有稽山书院，在卧龙西岗，荒废久矣。”

② 王十朋．大井记［Z］．

二，书院背后有五块巨石，形如温顺、凶猛等巨狮状，巍然如屏，故名“狮山书院”。宋时加建一亭于其上，名“状元台”。明万历年间知县韩晟改名“五狮书院”，并添置学田三十二亩四分[①]。在淳安县孔庙正门东侧内壁嵌有《状元詹骙碑记》，铭曰：“大魁于宋，名留到今，山川之秀，人物之英；坊表虽圮，碑石尚存，阐扬先哲，感发后人，从兹刻石，文运重兴。”

6）湖州安定书院的选址考虑。元世祖至元三十年（1293 年），湖州路总管许师可将原安定书院移建于观德坊处，新建祠房舍 50 舍楹，书院格局一直延续至清代。宋叶梦得有诗云：“山势如冠弁，相看四面同。”弁山为湖州祖山，所以，将东仪门命名为“弁山起风”，西仪门曰“苕水腾蛟”。院西苕溪源自天目之阴，溪流湍急。清乾隆二年（1737 年），知府胡承谋重修书院时，他将仪门和前大门以及门外的东西两坊调整了朝向，改前门面向弁山。因二山势如冠弁，冠弁在外相上与官帽高度形似，成为科举取士与登科取禄之象征。书院根据选址要求重修后，中为明善堂、两庑各五间，东为经义斋，西为治事斋，规模宏伟、气势壮观，一时人文荟萃，引得乌程、归安、德清、武康、长兴、安吉、孝丰等七县生童不辞辛苦前来发蒙。可惜安定书院其后迭经变迁，房舍大部倾圮[②]。

由上述例证可见，早期书院极少记录相地营建等史实，然古人为了营建书院而堪天之道，舆地之意，极尽卜宅、形法之能事，其相地之法虽有时代局限，但的确反映了古代营建实践中朴素的设计理论。营造书院，须先审察山川形势，讲究构建物的风向、光照、方位、向背、排列结构等；涉及山脉、水流、土壤等穴位的点穴、走向、轻重、荣枯等，把古代天文、气候、土地、水文、植物等形势景观的内容纳入择址、环境的建造之中。从书院的选址规划角度分析，书院选址首先要兴“文运”、择“吉地”，

---

① 汪国云．严州的书院［N］．今日建德，2018-02-26．

②（元）．安定书院燕居堂铭［Z］．

因此传统书院多偏爱钟灵汇秀之佳境，注重山环水绕或查龙点穴，以期文运昌隆，人才辈出。

第七节 古代教育建筑“礼乐相成”的文化地位

古代中国是一个伦理社会，因此伦理的研究是中国学者研究古代建筑的重要视角，本书从中国古代建筑及其建造活动的现象出发，挖掘其背后的伦理根源[①]。本节主要研究浙江书院建造的相关活动，涵盖书院建筑伦理的议题包括：书院建筑的礼制与规格、建筑的设计与伦理要求、工匠群体的技艺水平与伦理的外化等。中国传统建筑蕴含着浓厚的礼制色彩，无论是皇宫宗庙还是普通民居，都印刻着深刻而固化的礼制思想。宗法礼制以建筑形制、建筑布局及数量、体量、材料等多方面的等级差别为外在表现，反映出书院建筑特有的美学精神与制度规范。

1. 书院祭祀历史溯源

书院祭祀大约从汉代开始，最初以祭祀孔子及其诸弟子为主，后涵盖本土本学派先师大儒，在这一点上，浙东与浙北地区差别甚大。古代学校除了讲学之外，最重要的活动莫过于祭祀，康有为曾希望将儒家祭祀上升为儒教，其根源之一即来自释奠活动，可见祭祀与学校教育功能已经合为一体，互伴始终。但是书院祭祀活动是教育活动之一，不可等同于宗教活动，它有着多方面的教育意义，是古代德育的一种重要途径。[②]

① 曹洋. 当代中国建筑伦理学研究概貌及缺憾［J］. 建筑学报，2016（3）：114.

② 董志霞. 书院的祭祀及其教育功能初探［J］. 大学教育科学，2006（4）：86–88.

（1）书院建筑与伦理

礼乐制度既是精神理想的寄寓，也属现实秩序的规制。《国语辞典》中特别指出："伦理，谓事物之条理，不专指道德言。"传统书院建筑几乎在每个方面都解释了中国儒家传统的伦理文化，具有强烈的秩序功能设计思想。《说文》中解释："伦，辈也。"《礼记》中说："天地之祭，宗庙之事，父子之道，君臣之义，伦也。"要使人懂得"父子之道，君臣之义"的伦理道德规范，首先就从"天地之祭，宗庙之事"开始。书院建筑自身内部的各个要素充满了伦理的外化载体，既可以是建筑构成的内外整体，也可以借据于围绕建造展开的各种工匠活动。

（2）祭祀功能与对象

书院体现儒家礼制的主要外化就是祭祀，"礼有五经，莫重于祭"。元人唐肃在（《丹崖集·皇冈书院无垢先生祠堂记》）中对历代书院祭祀对象作了一个最完整的阐述："然先贤之得祠者，或以乡于斯也，或以仕于斯也，或以隐于斯也，或以阐教于斯也。乡于斯者，非有德弗祠；仕于斯者，非有功弗祠：隐于斯者，非道成于己祠；阐教于斯者，非化及于人弗祠。此又立制之详也。"[①]"凡始立学者，必设奠于先圣先师。"南宋以后，思想逐渐活跃，学派增多，在书院祭祀中孔子及其弟子的唯一重要性逐渐淡化；浙江各地的商业经济体逐渐发达，其祭祀的对象逐渐转向，所属学派的代表人物、筹建书院的人物、本派的著名学者、历史诤臣先贤等成了书院的主要祭祀对象。如宋、元时宁波地区各书院多祭祀"北宋五子"，南宋祭祀杨时、周敦颐、程颢、朱熹、陆九渊、林希逸等；元时书院多祭祀吴澄、许衡、刘因、姚枢、刘秉忠等；明代心学祭祀王守仁、陈献章、朱得之等。黄岩的柔川书院原是"南宋十大儒"之一黄超然创办的义塾，其子黄中玉将其改为书院。从元代文学家、翰林学士张翥所撰《柔川书院

① 盛况．论书院教育仪式的文化传播［J］．现代教育论丛，2015（5）：56-61．

记》中可见："辟塾为书院，中祠二程（程颢、程颐）、朱子，侑以先生（黄超然）。东西两庑为师生之舍，后堂为会讲行礼之所。"从浙江各书院来看，几乎所有建有祭堂的书院，都有本门祭祀礼仪与尊祀的大儒，如余杭的龟山书院、淳安的石峡书院、宁波的南山书院、绍兴的稽山书院、新昌的鼓山书院、衢州的柯山书院、青田的石门书院等，均将当地的历史文化名人列入享堂、祭堂当中，书院所祀大儒乃"立德""立功""立言"之辈[①]。

祭祠、祭堂是书院建筑的主要精神内核，一般设计在讲堂之后、山长室之前。浙江的书院多设置简单的祭堂，官学书院多建造祭祠。例如鼓山书院的主要组织方式是沿水平轴线网渐次展开，祭堂单独在中轴线上的最高位，起到突出先贤的作用。浙江各地区对待书院祭祀功能的思路不一样，如浙东地区因为土地有限，在山林地区的一些书院将祭堂与藏书楼或讲堂结合；而嘉兴、绍兴、湖州、杭州地区的书院则更多的兼有祭祠，规模较大，更加凸显祭历史先贤、法古今完人的教化作用。

书院祭祀空间一般都建在中轴线西北的乾位，即所谓"左庙右学"，很少位于中轴线正北面，如宁波海曙区的甬上证人书院、城南书院、桃源书院。一般乡村或街区的书院没有独立祭堂，设置相对比较自由。如温州的永嘉书院、丽水的鞍山书院等，因地势不允许，故而在书院的后厅或山长室的正面设祭堂。建筑的功能布局是严格按照礼仪方位来排列，古今先贤的坐列也按先后、长幼、轻重等顺序严格规定。如濂溪祠祭祀周敦颐，因其为理学创始人，位高序先，排在乾位之左；四箴亭祭程颢、程颐，"二程"乃继周敦颐后最著名的理学家，位列其后；其余如稽山书院与阳明洞祭祀王阳明，王阳明自然位于书院的主位偏左；先儒祠乃生员祀贤象山先生之所，自然以象山先生居尊；敷文书院的祭祀因为自明弘治年间以来皆由衢州孔氏嫡裔主持，乾隆帝认为其传经授道皆来自孔孟真源，则是

① 赵新．传统书院祭祀及其功能［J］．煤炭高等教育，2007（1）：94-96.

以孔子位列核心；严州府的龙山书院因为西坞范氏先祖范初一为祭祀先祖范仲淹而扩建，并修严先生祠，留下了“云山苍苍，江水泱泱，先生之风，山高水长”之绝唱，于是将范仲淹与严子陵作为主尊祭祀。各书院因为主题不同、价值取向不同，导致祭祀礼仪、配祀等级与祭祀对象各不相同，均视为核心要素，不容混淆。

（3）祭祀空间与作用[①]

书院祭祀先贤已成为东亚传统文化的一个共同认知。书院多数祭祀儒学先师孔子及其弟子，后世的圣哲与先儒，以及宗亲或乡宦乡贤。有教学活动的书院出现在中唐以后。具有学校性质的书院的出现，不仅沿袭了古代学校祭祀先贤的传统，还完善了书院除藏书、教学之外的祭祀功能。如衢州南宗孔庙于宋宝祐元年（1253 年），宋理宗以“宗子去国，庙当从焉”为由，拨款三十万缗，建孔氏家庙于衢州东北隅的菱湖之滨。孔庙的金声门左为孔家塾所在，内进为崇圣祠，祠后是圣泽楼，祠前稍西为报功祠，祀官绅之有功于南宗者。玉振门右有五支祠、袭封祠、六代公爵祠及思鲁阁等建筑。另如岳麓书院在咸平二年（999 年）由潭州太守李允“揭以书楼，塑先师十哲之像，画七十二贤”，赢得天下书院效仿，于是书院的讲学、藏书、供祀三个组成部分的规制形成了相对稳定的制度。杭州万松书院创立后，奉孔子及弟子像，孔衢、孔积兄弟主持院务，世代相袭。杭州官府划拨原报恩寺佛田 170 亩，用作祭田，专作祀事之用。祭祀之费的名目，还可细列为祭品费、礼生衣资、香火、灯油等。明清之后，无论官私书院，均由官府划拨学田。

各地书院祭祀大同小异，每月朔望行祭礼，每日则要“早晚堂仪”，形成一套严格的礼制。师生对先师先儒顶礼膜拜的形式，是为宣扬功绩、传播学说、树立典范，成为各门派延续本门学派学术渊源的极佳形式。这

① 董志霞．书院的祭祀及其教育功能初探［J］．大学教育科学，2006（4）：86-88.

种独有的文化精神，实际就是现代大学的大学精神的来源[①]。

（4）亦礼亦法的营建与建筑等级

历代不同时期的营造法式等级森严，大到城市格局、建筑组团、坛庙、墓葬、门阙、庭院、屋顶、梁柱、台基，小到斗栱、色彩甚至建筑装饰加工的精度均有严格的典章制度。即使是在“天下无道”的战国，也没有废除建筑的等级制度。晚明之后，在沿海地区稍为宽松。究其核心规矩，大致可将建筑与建材分为八等，规定不同等级的建筑用不同建材，如果大材小用或小材大用，皆为违礼之举。唐《营缮令》可见，五品以上官吏住宅不可超过五开间，进深不得超过九架。六品以下官吏至平民住宅只能宽三间，深四至五架，只可用悬山顶，不加重檐、重栱、绘画、藻井等装饰；其中特别限制低层级官员与民居的梁柱间不许用斗栱彩绘，只能用土黄色漆刷；建筑装饰的伦序等级亦十分明显。明代以汉族正统自居，自立国之后便制定了一套更详细的等级制度，但明代更倾向世俗化，其建筑的礼制逐渐放松，装饰的图案由凶猛威风转变成雅致秀丽的审美纹样。民间祠堂与书院建筑在明初只能用普通台基，但府学、国子监等可用较高级台基，唯有皇家建筑和佛寺庙宇方可用须弥座。但到了明后期，浙江很多地区的祠堂书院的屋顶式样已经出现四面坡顶、歇山顶，甚至有些园林建筑还用上了重檐重栱，明显与礼制要求不符，但已体现了明后期社会宽松与思想解放的端倪。

2. 礼制对建筑的正负作用与影响

（1）“以材为祖”之制和模数之制

由于古代礼制被列为治国之本，排在所有建造活动之首，礼制性建筑

---

① 董志霞．书院的祭祀及其教育功能初探［J］．大学教育科学，2006（4）：86-88.

与实用性建筑在礼制类型上形成了一整套庞大的体系与规范。

建筑等级制度在中国建筑形式上有着正面积极的作用，极大地促进了中国建筑样式与建造技艺的发展进步，如模数制度是中国建筑历史研究中的重要问题。梁思成将西方古典建筑模数法则“Five Orders”翻译为“五种型范”，认为宋《营造法式》“以材为祖”之制和清式斗口模数之制与西方建筑“五种型范”在模数方法上极为相似，堪称中国建筑之“型范”。“以材为祖”之制和模数之制，一方面严格地限制了书院建筑等级的僭越；另一方面，由于商品经济社会的发展，礼制又不断地被突破，书院建筑的等级制度变得越来越模糊[①]。

类型限制——中国的建筑规制虽然创立了独特的建筑风格语言和相应的规划设计方法，但同时也限定了人的自由活动与建筑类型发展。虽然中国建筑的空间模式与人的活动已经取得共性共存，建筑空间与宗法风俗等达到了平衡状态，然而传统营造法则对中国建筑的禁锢可想而知，无论是官方还是民间工匠，均难以突破弊积因循的法规，难以出现西方现代主义建筑这类重大的审美与技术上的革命式突破，以至于“在近代，无疑将来中国要大量采用西洋现代建筑材料与技术”，正如梁思成在《为什么研究中国建筑》一文中所言：“一个东方古国的城市，在建筑上，如果完全失掉自己的艺术特性，在文化表现及观瞻方面都是大可痛心的。因这事实明显代表这我们文化的衰落，至于消灭的现象。”[②]

功能旨归——中国建筑（书院）的类型在建筑史上不仅仅被当作造型艺术，还被视为精神教化、社会教化的符号，梁思成将这种现象归纳为“结构技术＋环境思想”。体现在书院格局与建筑环境中，则是处处存在伦理等级，包括宇宙、方位、道德、祭祀、五行、促学、尊官重爵等，处处

---

① 王军．梁思成“中国建筑型范论”探义［J］．建筑学报，2018（9）：84-90.

② 梁思成．为什么研究中国建筑［J］．中国营造学社汇刊，1944（1）：5-12.

皆凝结着强烈的政治伦理规范，涵盖上下有序、尊卑有礼的国家结构[①]，皆与生死、幸福、舒适、安全等观念相关。

纵观浙学传统书院建筑的整体脉络，各地区的书院建筑总体形象和结构方式的变化幅度有限，但阙、斗栱、藻井等具有等级意义的部分的增量明显，尤其是到了明末时期，在温州、宁波等商业发达地区，已经突破了礼制的界限。从浙江书院的遗存来看，由于受等级制度的限制，避免在体量上作出突破，但是从装饰角度进行了革新，如局部门楼的雕镂刻划日益华美，浮雕、高浮雕、圆雕的作品层出不穷，在家具、栏杆、柱础、雕花的装饰上也体现出繁复华丽的转变，逐渐形成了鲜明的区域古代教育建筑特色，成为今天特有的建筑标识。

（2）书院建筑伦理化的思想禁锢

从浙江各地书院营建的文献记载中可见，书院的建筑等级制度主要承担者为官学书院，私学书院建筑因财力、物力、人力之缘故，极难超越礼制。但从清代中后期来看，无论是官式书院还是私立书院，其建筑要素中的伦理化又存在巨大的禁锢性与局限性，主要表现在两个方面：

一是对古代教育建筑设计思想的禁锢。传统书院建筑设计思想中，以“礼制”“中和”等思想表现最为突出。“礼”的伦理内核在传统的建筑工程上的表现就是严格的等级制度，也是造成中国民间建筑与官方建筑的巨大思想禁锢的源头。“和”是中国传统建筑的价值取向，是建筑中的理论品格、文化基调、审美情趣。在浙江传统书院建筑中，很难看到有创新的单体建筑，工匠们在统一的建筑形制中，除了循规蹈矩之外，难以积极创新，最大的发挥余地就是精益求精地做好细节[②]。二是对技术革新、材料革新的禁锢。与西方自由式建筑发展的历史脉络相比较，中国传统建筑中的

① 黄柯峰，陈纲伦．中国传统建筑的伦理功能［J］．华中建筑，2004（4）．

② 陈万求，郭令西．人类栖居：传统建筑伦理［J］．自然辩证法研究，2009（3）．

政治伦理观、尊卑有序的等级观以及“贵和尚中”的伦理观念，使中国建筑在技术创新、造型、材料、装饰等方面的创新有着很大的局限性。有人说中国建筑实际上是一部伦理学的鸿篇巨制，同时又是近现代中国建筑落后于世界的核心原因，笔者认为，这与中国古典建筑陷入形式僵化，因循守旧之途，有着重要的因果关联。

| 第四章 |

浙东浙南的传统书院建筑群落

明代浙江的地理学家王士性（1547—1598）在其地理学名著《广志绎》一书中，提出并谈及了“泽国之民”“海滨之名”“山谷之名”的两浙地理与民风的多元化特征。古代的“浙东”“浙西”并不是完全按现代东南西北的方位观念进行划分，而是以浙水为界按所属郡望分为浙东、浙西两大块。如今对于浙江的区划划分多有争议，其焦点多集中于所谓“浙西”“浙东”及“浙南”概念上，认为浙江可由东西两分，或南北两分。从当前诸论著来看，明清时期所谓的“浙东”“浙西”之谓，涵盖了古今两义性：古代的“浙东”“浙西”是指代两浙东路、两浙西路的简称。“浙东”包括今之浙江省的大部分市县，即宁波、绍兴、台州、金华、衢州、温州、丽水（旧称处州府）以及杭州市的桐庐、建德、淳安三县（旧称严州府），合称“上八府”；所谓“浙西”，则包括杭州、嘉兴、湖州地区（旧称“下三府”），以及今属上海、江苏的若干府县（如松江、苏州、太仓等）。

总之，浙江地形复杂，居民多元，这种自然环境的特色也为形成浙江文化的多元特色提供了基础。而如今所谓的“东南西北”，是指浙江省行政区划的意思。本书亦遵守新义，以行政区划为界，不再以古时两浙区域为方位观念。但在论及书院建筑风格及民俗经验时，仍将因循历史要义，因为从过去“浙东”与“浙西”的地域划分概念中，已经很难完全概括今天整个浙江省的文化分界线，如完全遵循古义，后人将无从查勘今世之新文化及技术之变革。

浙江区域的建筑风格分异实际上是以吴越文化为界定标准，古时“两浙”由于历史背景不同、生存生产环境不同、地理文化不同以及人文习俗的相异，形成了吴、越文化的差异性。从历史全景来看，二者总体上是先对峙后融合的动态呈现，逐渐在相互交融、激荡、流变、集成中形成高度统一的文化类型。晋室南渡后，中原士族文化的渗入，极大地改变了吴越建筑文化的审美取向，尚武逞勇之风逐渐注入了“士族精神、书生气质”，并逐渐成为建筑与工匠精神的代表之一。

长期以来，浙江以钱塘江为界分“浙西”与“浙东”两个大文化区。清朝乾隆年间刊刻的《浙江通志》上对此做了详细记载：“元至正二十六年，置浙江等处行中书省，而两浙始以省称，国朝因之，省会曰杭州，次嘉兴，次湖州，凡三府，在大江之右，是为浙西。次宁波，次绍兴、台州、金华、衢州、严州、温州、处州、凡八府，皆大江之左，是为浙东。”而本书所指“浙东”，则是遵循改革开放以后，相关地区的地方政府以地域相连的宁波、绍兴、舟山组合而成的地区。

1）浙东书院建筑的两个特点

本书对浙东传统书院建筑研究，主要聚焦于两点：一是浙江余姚河姆渡的干阑式建筑对浙东书院的影响；二是浙东长期形成的工匠帮派，如宁绍帮，其闻名天下，创造了长屋式、台门式、天井院式书院建筑样式与“宁式家具”“绍兴红妆”“朱金木雕”等，成为中国建筑史与家具史中重要的研究要点。

通过调研走访、实地考察、查阅相关文献资料等方法，笔者发现浙东地区现存的书院群普遍采用敞厅、天井、通廊或重楼等建筑样式。其中浙东宁绍地区建筑的主要特征是平原式和水乡式建筑；天井院式建筑是宁绍宅院空间的重要特征，其形制是三合或四合联结，中间形成天井。由于宁绍平原的水系发达，交通主要靠水陆两运，大量民居、市镇都依水而居，传统书院的形式多样，有“一河一院”“一河两街”“前街后河”等形式，因此有些书院建于水系两边，其建筑形式也形成了沿河带状布局——有些建于河一侧，有些夹河而建。书院与民居相互毗邻，朝向多依河而定，有些书院设有私用码头、河埠；有些过街书院建筑还做成骑楼或廊道的形式，十分灵巧实用。

（1）合院与自由布局

浙东书院的重要特征是“天井院式”与“天井式”。该类书院来源于天井院式的民居形制，比较符合当地的地理环境和气候特点。建造书院时，尽可能节约用地而采用三面或四面建两层的手法，主要有两种基本形式：一种是“三间两搭厢式”；另一种是“对合式”。两种天井院都以讲堂为中心，开间、进深大，前面一般不设门窗和墙，与天井直接相通，利于采光和通风，具有一定的实用功能。除了上面两种外，还有一种组合式院落，即多个单元的院落组合连通，书院开间多为“3”“5”等单数，每一间的进深与面阔都比民居宽大，利于多人聚集而散热通风。晚清定海学者胡賨曾谈此说道：“现今庶民之家，两垂夏屋，无论七架五架，大约以五间为率，每间一丈五六，通计不下七八丈。”

宁绍书院的基本院落空间以“凹”字形、“工”字形居多，“一”字形则常见于民居，在此形式上再出现“目”字形、“日”字形或者规模巨大的书院。宁绍地区书院的基本形式与寺庙、官学接近，“一”字形分单进双院、双进双院、多进多院的形制；“凹”字形书院在平面上可分东西院落式、东边院落式等。

（2）长屋书院与前厅后堂[①]

浙东长屋型书院来源于合院式民居，书院一般有一个前院，这类长屋平面当心三间为“一明两暗”式，两侧由相同构成的房间顺次向两翼展开，最多可达十几开间。比较典型的长屋为七开间，如甬上证人书院，当心间

① 周易知．两浙风土建筑谱系与传统民居院落空间分析［J］．建筑遗产，2020（1）：2-17.

称为“上间”讲堂，其两侧是高年级学斋，称为“正间”或者“一间”；正间的外侧两间，即梢间，被称为“二间”，是开蒙学员的学斋，等级稍低；而最外侧的被称为“边间”，也叫“倒立”，一般是储藏空间或其他附属空间。若要增加开间数，则将梢间数量增多，并在“二间”的基础上冠以“三间”“四间”等名称，显示其横屋的本质。同样的书院平面亦见于绍兴、嘉兴、杭州、湖州等地区。但宁波地区的长屋书院与温州书院不同，平面各空间等级差异不强，像是单元式联排住宅，并且以偶数开间为主，是更单纯的横屋空间。上述书院建筑平面类型可在明清时期宁绍地区重建的书院中发现端倪，如慈溪重建的湖山书院、文蔚书院，鄞县的证人书院、辨志书院与象山的丹山书院等，还保留了明清时期的建筑式样。

2）学派对书院的支撑

浙东的学术史源远流长，学派众多，影响甚巨。管敏义在《浙东学术史》[①]一书中系统论述了浙东学术汉唐、宋元、明代、清代等时期的发展过程和规律，其中重点介绍了宋元时“庆历五先生”与“永嘉九先生”，以吕祖谦为代表的金华学派，以陈亮为代表的永康学派，以叶适为代表的永嘉学派，“甬上四先生”“金华四先生”、黄震的东发学派、王应麟的深宁学派等，明代的阳明学派、刘宗周、张岱等，清代浙东学派的开山祖黄宗羲、朱舜水、姚江书院派，以及邵廷采、万斯大、万斯同、全祖望、章学诚等为代表研究经学兼史学的学者。到了明末，随着资本主义经济的繁荣，黄宗羲、顾炎武、王夫之等人培养出了一大批在经学、史学、文学，以及天文、地理、六书、九章等领域的大学者，他们论述了“经世致用”的理由，并提出“工商皆本”的学说，形成了对于后世具有重要影响的启蒙主义思潮。这些学派富有现代主义价值的经济观、富民观、义利观，极大地影响与促进了东南地区商品流通和工商业的发展，对主流思想产生了积极影响。

---

① 管敏义．浙东学术史［M］．上海：华东师范大学出版社，1993．

浙东诸多学派的思想也影响了书院的营建，其实用主义的“因地制宜”“以材为祖”“惜木如金”的义利观思想，对书院的设计与建造产生过巨大的影响。再加上浙东学派所处商品经济发达的地区，有着深刻的经世致用的认知习惯与勤奋节俭的工匠群体，在两者的驱动之下，浙江古代书院相比较而言，呈现出个性较强、功能实用的特点。尤其是在明清时期，书院营建的观念开始出现强调个体、实用、功利的特点，成为浙江传统书院建筑精神的崭新注解。

第一节　宁波地区传统书院营建

两浙地区在晚唐已有5所知名书院，以宁波象山县的蓬莱书院为最早。到五代时期，浙东书院数量有所增加，且兼具讲学，并逐渐完善了教学与学术研究的书院建筑功能。两宋尤其是南宋时期，宁波地区的书院建造活动得到了迅速的发展，此时浙东吕祖谦创建的丽泽书院声名崛起，与白鹿洞书院、岳麓书院、象山书院并称为“南宋四大书院”。

浙东注重经世致用的学术认知，学派的形成与书院的发展紧密相关，以宁波地区的书院为例逐一述之。从隋唐至五代的400多年中，宁波有记载的知名书院只有2座，同一时期鄞县也只出过1名进士。但从北宋至清末这段时间，宁波书院数以百计，这一时期考中进士的达1205人。两宋时期，宁波的知名书院有：位于鄞县的有桃源书院、杨文元书院和焦先生书院、城南书院、甬上证人书院、南山书院、鄮山书院、花崖书院、德润书院和长春书院等；东钱湖畔有史嵩读书台、隐学书院、二灵山房、东湖书院、茂屿山庄等；象山有丹山书院；奉化有广平书院和龙津书院；余姚有龙山书院、姚江书院和高节书院；镇海有蛟川书院、慈山书院、悟竹书院、湖山书院；慈溪有慈湖书院、高节书院、天香书院等。

元代的书院建造活动以元仁宗统治前后为界，私学发展的前期是从元太宗窝阔台到元武宗至大末，此前官学废弛、经济萧条，“诸路学校久废，无以作成人材”，此后社会安定、儒籍儒户以授徒为业更为宽松，官府鼓励办学，规定自愿招生或自受家学者，悉从其便。宁波地区保存了两宋之前的书院，元仁宗之后，家学、私塾、义塾、书院的数量大增，如杜洲书院、湖山书院、东湖书院，但私学资料相当分散，资料甚少。据潘美月在《宋代藏书家考》一文中，就统计了31位藏书名家，其中有北宋临海陈怡范的庆善楼，南宋鄞县楼钥的东楼和史守之的碧沚。元代以来浙东书院藏书、刻书、教书等非常普及，仅元代鄞县人袁桷的清容居，就广藏旧书万卷。

明清时期，姚江文化和浙东文化在宁波学术史上大放异彩，其中以王阳明和黄宗羲为代表，各学派弟子均在各地建书院并设课讲学。明代唯物主义哲学家、“气学派”大儒江西泰和人罗钦顺曾说：“近世道学之倡，陈白沙不为无力。而学术之误，亦恐自白沙始。”他形容了明代私学盛而流弊的状况，指出这也是学术发展的正常道路。明代较有名的书院有中天阁、姚江书院、镜川书院等（图4-1）。清朝乾隆年间，宁波地区书院的数量大大超过了前代。据统计，清代宁波地区的知名书院约有57所，有甬上证人书院、育才书院、月湖书院、辨志书院等。许多书院历经风雨已不存在，保存下来的只有中天阁（王阳明讲学处）、甬上证人书院（白云庄）、育英书院（图4-2）、金山书院和球山书院的碑记及砷石遗物等。

据《宁波通史》记载，隋唐五代时期宁波地区科考人才普遍落后于周边地区。唐代，明州地区有记载的诗人仅有6人，在浙江10个州中倒数第三。在宋代以前的数百年科举考试中，仅有鄞县1名进士。但北宋至清末，鄞县历代进士达1205人之多，其中两宋730人（南宋601人），以至当时有“满朝朱紫贵，尽是四明人”的说法。明代全国进士人数超过200人的县仅有9个，慈溪县竟高达245人。宁波历史上的书院除了教书育人，还承担着刻书、抄书、治学的使命，如南宋鄞县人应伯震的花厓书院，就收集藏书 5000 卷，请良师教育子弟（见光绪《鄞县志》），明代慈溪的宝阴书院，刻印过冯柯的《贞白全书》10 卷，并令天下一时“洛阳纸贵”。

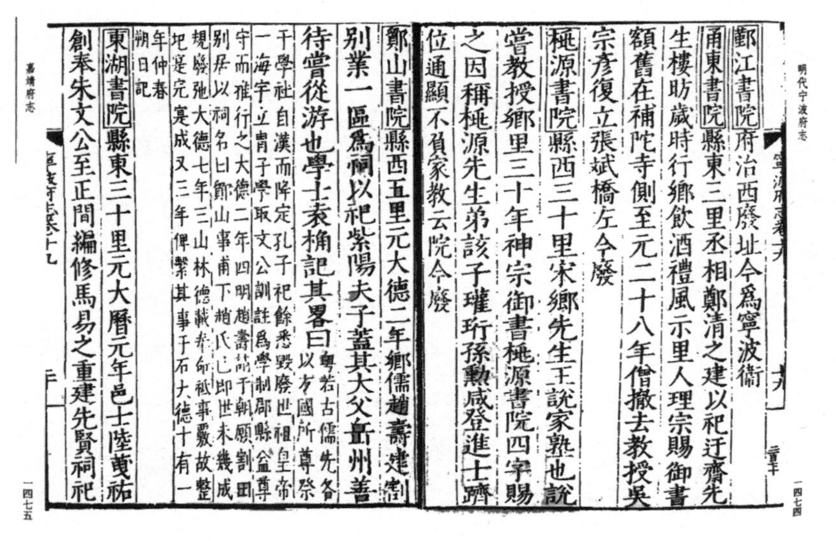

明代宁波府志

鄞江書院府治西廢址今爲寧波衛
甬東書院縣東三里丞相鄭清之建以祀迂齋先
生樓昉歲時行鄉飲酒禮風示里人理宗賜御書
額舊在補陀寺側至元二十八年僧撤去教授吳
宗彥復立張斌橋左今廢
樆源書院縣西三十里宋鄉先生王説家塾也説
嘗教授鄉里三十年神宗御書樆源書院四字賜
之因稱樆源先生弟該子璀珩孫勲咸登進士躋
位通顯不負家教云院今廢

一四七四

鄭山書院縣西五里元大德二年鄉儒趙壽建割
別業一區爲祠以祀紫陽夫子蓋其大父昔州善
待嘗從游也學士袁桷記其畧曰粵若古儒先各以方國所尊祭
于學祉自漢而降定孔子祀餘悉毀廢世祖皇帝
一海宇立胄子學取文公訓註爲學制郡縣益尊
守而推行之大德二年四明趙壽請于朝願割田
別居以祠名曰鄭山事甫下趙氏已即世未幾成
規廢弛大德七年三山林德藏奉命祗事衋故整
圮寔完寔成又三年俾繫其事于石大德十有一
年仲春朔日記
東湖書院縣東三十里元大曆元年邑士陸黃祐
創奉朱文公至正間編修馬易之重建先賢祠祀

嘉靖府志

一四七五

图 4-1　嘉靖《宁波府志》载书院名录

图 4-2　宁海县深甽镇龙宫村育英书院

在书院变革方面，根据唐晓明在《晚清浙江书院教育的变革与传承》一书中记载，光绪五年（1879 年），知府宗源瀚创建的辨志书院，是浙江新式实学书院最早的尝试。辨志书院于1902年消亡，改名“南城小学堂”，后来成为今天的宁波二中。今天宁波的很多学校都与历史上的书院有渊源，如慈湖书院，历经元、明、清三代，1902 年改名为“慈湖中学堂”，与今天的慈湖中学似有渊源；创办于元大德二年（1298 年）的鄮西书院，历经 700 多年历史，民国时改为“鄮西小学堂”，后来又改名为“宁波市实验小学”；清末光绪年间，外国传教士积极在甬城创办近代体制的书院，如三一书院、华英斐迪书院、华美书院等。华英斐迪书院为清咸丰十四年（1864 年）英国循道公会始创于鄞县竹林巷，初名“大书房”；三一书院是清同治七年（1868 年）英国圣公会传教士戈柏、禄赐始建，光绪二年（1876 年）传教士霍约瑟将其改名“三一书院”，移迁于孝闻坊。在西学东渐的时代大背景下，华英斐迪书院与三一书院率先实践西方的教育体制，改革科目内容和教学方法及标准，重视外语教学，对浙江近代教育体制改革先行影响甚巨[①]。以下举例阐述。

1. 慈溪慈湖书院[②]

慈湖书院位于宁波市慈城镇慈湖湖畔。嘉泰三年（1203 年），南宋心学大家杨简作为陆九渊入室弟子[③]，晚年筑室故里，设馆讲学，时人尊称为“慈湖先生”。咸淳七年（1271 年），沿海制置使兼知庆元府刘黻复建慈湖书院，请朝廷赐院额，书院改名“杨文元公书院”，《慈湖书院记》里完整记载了此事：“相攸先生旧宅，熙光遗址，爰契我龟，鸠工庀材。经之营

① 谷雪梅，李珂杨．近代宁波三一书院述评［J］．宁波大学学报（教科版），2017（4）：39.
② 吴莆田．慈溪书院［J］．开放时代，2015（1）.
③ 胡绳系．杨简学行与慈湖书院［J］．宁波师院学报（社会科学版），1986（2）：98-101.

之，礼殿崇崇，祠宇奕奕，敷经之席，肄业之舍，规模视昔不愆于素冠进衣逢……”[①]明洪武元年（1368年），院田入官，弟子归于邑学，天下书院遂废。正统四年（1439年）慈湖书院毁；景泰天顺年间（1450—1464年）巡按李王己、李日良重建。嘉靖年间（1522—1566年）知县谢应岳广重建书院，增置祀田。书院之前，泮池、照池各一泓，共四亩三十步，邑人冯成能尝修之。清道光六年（1826年）邑人冯云濠、云祥捐资一万五千两，冯汝霖、冯汝震捐资一万五千两，于普济寺前，面湖建屋3层，前为讲堂，中为祭堂楼祀文元公。1901年科举中断，其更名为“慈湖中学堂”，后续至今日之慈湖中学。

2. 奉化龙津书院

龙津书院又名龙津馆[②]。宋乾道间朱熹奉使循行，泊舟奉化龙津，长吏率诸生请讲学于讲堂。景定初，李璛、舒泌等请立书院于此，聚徒读书其中，取名“龙津书院”。元至元十八年（1281年）改名“文公书院”，山长李芝皓、王镃主之。元贞间，后被洪水冲毁，达鲁化赤等人迁建于宝化山南麓，延任士林主师事。任士林在《重建文公书院记》中记曰：“取朱子之书而读之，君臣父子之纲，身心家国之目，体用兼该，本末一致，其不为世道深系乎。”后圮。清乾隆二十一年（1756年）县令曾捐资建讲堂3楹、楼屋5间及廊房等，供贫寒子弟读书。戊戌变法后，开明绅士庄崧甫、奉化劝学所总董严翼鋆和江北淏、周骏彦等人于光绪二十七年（1901年）改为“龙津学堂”，与储才学堂一并成为宁波地区最早开办新学的两所学校。现在奉化中学的校舍大致就是当年龙津书院的原址。

① 光绪·慈溪县志［M］.

② 易永姣．元代学堂赋述略［J］．桂林航天工业学院学报，2013（1）：98-101.

3. 龙山书院[①]

龙山书院位于浙江余姚，初建于五代，名为中天阁，是取唐代著名诗人方干《登龙泉山绝顶诗》“中天气爽星河近，下界时丰雷雨均”之句。明正德年间，大儒钱德洪开辟为讲堂，正德末年，钱德洪、夏淳、范引年、诸阳、柴凤等 74 人于中天阁拜王阳明为师，王阳明亲自书壁，订立学规《中天阁勉诸生》以告诫勉励学生，后废为庵。清乾隆二十五年（1760 年）知县刘长城将其建为龙山书院，李惠适首任山长。龙山书院布局分三部分：中间是楼房数间，楼下作讲堂，楼上用为讲会，上下左右共有 30 余间，建筑群体“缭以周垣，高甍巨桷”，规模宏大，气势不凡。同治元年（1862 年）毁于兵燹。光绪五年（1879 年）知县高桐重建[②]。光绪十七年（1891 年）县令忠满向龙山书院增加款项五百贯，共计在羡余中列支一千贯，随课支领，“详请各宪奉行在案，并将章程条例勒石于堂”。

4. 辨志书院

清光绪五年（1879 年），宁波知府宗源瀚于月湖竹洲创办辨志书院，1921 年太仓人唐文治在《黄元同先生学案》中称作辨志精舍。“宁波宗湘文先生建辨志精舍，聘先生主经学科，南方弟子从之者千余人。”[③] 宗源瀚本人曾作如下解释：“今于孝廉堂、书院月课时艺之外，取《学记》‘辨志’之语，别为辨志文会……”[④] 郑玄注：“辨志，谓别其心意所趣乡也。”院

---

① 余姚市文保所. 王守仁讲学处［DB/OL］. 宁波文化遗产保护网. 2006-06-23. http: //www.nbwb.net/pd_wwbh/info.aspx?Id=902&type=2.

② 邓洪波. 中国书院楹联［M］. 长沙：湖南大学出版社，2004.

③ 唐文治. 茹经堂文集・卷 2［M］. 上海：上海书店，1996.

④ 唐燮军. 辨志文会与清末宁波的地方教育［J］. 社会科学战线，2017（8）：110-118. 取自《礼记・学记》中：“一年视离经辨志博习亲师，七年视论学取友，谓之小成。”

舍4进，向南一楼为讲堂，左右厢房为学斋。轴线前有讲学之所，门侧为厨房，屋后花木深囿，使人流连忘返。书院除山长总掌外，分设汉学、宋学、史学、舆地、算学、词章六斋，前四斋为传统文化，后二斋包含西方文化，以“讲求实学，教育时贤”为宗旨，后并入宁波二中。

5. 南山书院与城南书院

南山书院位于横溪金峨山北的西岙，后正式定名为“横溪南山书院”①，是宁波明代早期的书院之一，黄润玉热爱此环境，自号“南山”，在南山书院讲学二十余年。南山书院为宋代沈焕（1139—1191，谥号端宪，定海人）讲学处，南宋孝宗帝赐额，朱熹与沈焕谈道信宿于此。书院后是沈焕祭祠。明嘉靖七年（1528年）知县周懋申请重建为书院，嘉靖三十六年知县宋继祖重修，复圮；清康熙五年（1666年）又重建，后圮。

城南书院原名为“正议楼公讲舍”，位于月湖竹州。原为北宋楼郁先生讲学处，当时书院学员众多“乡人翕然师之”，后楼郁迁居城内。宋嘉祐年间，其高弟袁毂（光禄）于此讲学并世居于此，后任国子监祭酒、礼部侍郎。袁毂曾孙袁燮（世称絜斋先生，“淳熙四先生”之一）亦以此为家塾，更名为“城南书院”。袁燮讲学必启发诸生“反躬切己，忠信笃实”，与学生共同探究学理。后城南书院因学员不足而圮，清代全祖望访故地后，并以《絜斋书院诗》记之。

6. 甬上证人书院

清康熙七年（1668年）黄宗羲创建该书院于宁波西郊前丰村。书院前

---

① 朱道初．南山书院［N］．宁波晚报，2009-09-20.

身为万斯大等 26 人于前一年创建的“五经会”。五经会并无固定场地，会讲地点遍及广济桥高氏祠、延庆寺、城西万氏白云庄、黄过堂、陈夔献家等处，“一月再集。先期于某家，是日晨而往……先取所讲覆诵毕，司讲者抗首而论，坐上各取诸家异同相辨析，务择所安……”[①]黄宗羲的办学宗旨为“经世致用”，允许学生自由讨论，相互辩难。在黄宗羲的提议下，讲经会更名为“甬上证人书院”，这也是黄宗羲将刘宗周创立的绍兴证人书院迁移至宁波的原因[②]。甬上证人书院广受追奉，弟子有 70 余人，被黄宗羲推许者有 18 人，杰出者如万斯选、万斯大、万斯同、董允瑫、董允璘、万言、陈夔献、陈锝䄂、李邺嗣、郑梁等。甬上证人书院首提“浙东学派”概念[③]，培育形成了以书院弟子为主体的清代浙东学派，自此开创浙东学派，全祖望在《甬上证人书院记》书中叙其始末，梁启超在《饮冰室文集》曾说：“江浙名人大半出于门下。”

7. 东湖书院与月湖书院

元泰定二年（1325 年）陆居敬、陆思诚两兄弟为实现父亲陆天佑办义塾的遗愿，捐地 60 亩在鄞县东钱湖北边高钱村兴建义塾，《四明谈助》记载：“高钱山，山下有高、钱二族，故名，旧志称‘西亭山’。”元天历元年（1328 年）东湖书院建成，配祀朱慕及以陈禾为首的 10 位地方先贤。后来，元代鄞县学者、教育家程端礼和程端学两兄弟在高钱讲学，一同受学于宋末元初著名理学家史蒙卿，且以教育论著而闻名，与宋代程颐、程颢兄弟同称为“二程”，因此东湖书院也被称为“二程学斋”。程端学在《东湖书院记》中记曰：“山围而献秀，水澹而浮光，舟行若乘气凌空，不知

① 方同义，陈新来，李包庚. 浙东学术精神研究［M］. 宁波：宁波出版社，2006.
② 周慧华. 甬上证人书院考［J］. 浙江工商职业技术学院学报，2011（1）：8–11.
③ 敖运梅. 清初浙东地域诗学：传统因循与风格嬗变［J］. 文艺评论，2012（4）：72–75.

身在尘世也。”

鄞县的月湖书院（图 4–3）原名义田书院，由清顺治十年（1653 年）海道副使王尔禄建于月湖西广盈仓基。书院规模不大，置义田百余亩，中为正学阁，奉祀朱熹。康熙二十五年（1686 年）知府李煦重建大门、讲堂、敞楼、书舍，延义师 1 人，改名“月湖书院”。雍正五年（1727 年）知府孙诏重修，八年知府曹秉仁又新建讲堂、厅、书斋等。道光二十三年（1843 年）绅士宋遵路等捐修讲堂，添建书舍。咸丰中毁。光绪《新修鄞县志》有图[①]。

图 4–3　清康熙《鄞县志》载“月湖书院图”

8. 余姚中天阁

余姚城内的龙泉山上，有王阳明先生著名讲学处“中天阁”，阁名取自唐浙西诗人方干“中天气爽星河近”之意。中天阁始建于五代，明代时

① 周达章．宁波书院的历史变迁［J］．宁波教育学院学报，2013（5）：88．

由余姚大儒钱德洪辟为讲堂，属于龙泉寺的一部分。中天阁的建筑造型为楼阁，仅占地 1 亩左右。现存的中天阁为清光绪五年（1879 年）重建，凿山扩建占地 2 亩左右，比原址扩大了一倍。1985 年重修，现为余姚市级文保单位。史籍上有明确记载王阳明在此两次讲学：一次是在明正德十六年（1521 年），王阳明归余姚省祖茔时，由弟子钱德洪等 70 余人迎上中天阁讲学；另一次是明嘉靖四年（1525 年），王阳明当年于每月的朔望、初八、廿三在讲会任主讲。

最有特色的书院建筑当属“墙门式”书院。所谓“墙门”，即在院墙上直接开门，其基本形制是“H”形。如清象山县志当中所绘的丹山书院，为两进制，正厅三开间，沿着轴线自南向北，依次为墙门、主厅、泮池、朱文公祠、左右厢房等。清《鄞县附郭水利图》中亦可见鄮山书院是一处典型的“墙门式”建筑形制，其特征就是院内井巷多，外墙高，墙体无窗，围墙和房屋连起来，形成纵深感很强的深巷，造型简洁，私密性很强。

第二节 绍兴地区传统书院营建

绍兴之史上溯远古，夏禹治水，勾践伐吴，民尚耕读之风，士重诗书传家。晚唐绍兴地区在古代教育上先行一步，为整个浙江地区私学的普及和繁荣作出了重要的贡献。绍兴河运发达，海内外贸易繁盛，经过几个朝代的休养生息，到北宋时，绍兴、嘉兴、宁波等地区已经成为全国经济的发达地区。初唐之前，绍兴一直是浙江境内最大城市。南宋偏安临安后，绍兴地区市镇规模急剧扩大，“烟霏雾吐，栋宇峥嵘，舟车旁午……壮百雉之巍垣，镇六州而开府”（王十朋《会稽三赋》）。此地有越王古城、王羲之、陆游、陈洪绶、王守仁、刘宗周、姚启圣、章学诚、蔡元培等人故居数百处之多。其次，绍兴地区的市镇经济发展繁荣产生了与之相适应的文化需求，读书以经济为事，讲求实学实用。据绍兴史志记载，自唐至清登文进士科者共 1965 人，其中唐 12 人、五代 7 人、宋 618 人、元 24 人、明 560 人、清 744 人[①]（表 4–1）。这些辉煌成就的形成与书院教育紧密相关，一些名家大儒对绍兴私学的发展有着不可磨灭的贡献，涌现了一批如蕺山书院、鼓山书院、笔峰书院、鹿口书院等著名书院。

历代文科进士数量柱状图　　表 4–1

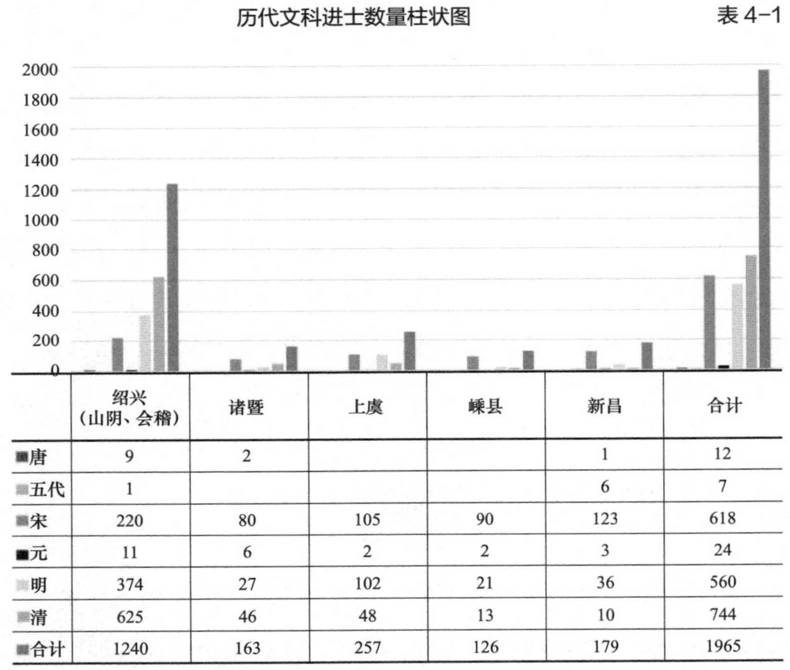

	绍兴（山阴、会稽）	诸暨	上虞	嵊县	新昌	合计
唐	9	2			1	12
五代	1				6	7
宋	220	80	105	90	123	618
元	11	6	2	2	3	24
明	374	27	102	21	36	560
清	625	46	48	13	10	744
合计	1240	163	257	126	179	1965

注：此表据《绍兴史志历代进士名录》统计。

① 绍兴市政府颁发《绍兴史志历代进士名录》的第四十四卷第二章载：以清雍正《浙江通志》与清乾隆《绍兴府志》记载较为完备。据对以上两种方志和南宋嘉泰《会稽志》《明清进士题名录》及明万历《绍兴府志》等 14 种明、清、民国时期编纂的府、县志统计，参考部分家谱和《绍兴县志资料》第一、二辑有关记载，剔除前后重复、记载有误和籍贯已不属于目前市境范围的人数如上。

1. 绍兴古代教育发端甚早

东汉大思想家王充是会稽上虞人，幼年曾就读于上虞书馆，据传其个性才高但不尚口辩，终日不言。其一生以设塾授徒为生，为绍兴境内私学之始，也被浙人视为“浙学”开端人物。西晋南渡之后，士族移居会稽，客、土两族竞相办学，越中私学大见进展。唐代，越州及诸暨、嵊县率先创办官学，并开始有私学书院之设，如唐开元十一年（723 年）在越州（今绍兴）创建的丽正书院，以及唐中和元年（881 年）建的诸暨溪山书院。北宋时期，越州创建陆太傅书院、稽山书院及鼓山书院，属县皆纷设书院，同时出现了为数不少的民间义学私塾。南宋时期，绍兴官学不足，私学书院勃兴，城乡遍设学塾，如上虞的月林书院、嵊州的鹿门书院、诸暨的景紫书院、萧山县道南书院（图 4–4）等十余所，均为著名私学。元代历明迄清，府属书院至少有 45 所，并逐渐出现官学化趋势。入明迄清，各书院多延名师讲学，王守仁、刘宗周、黄宗羲、全祖望等人亲辟书院设坛讲学，受业者众多，学术交流频繁，极大地发展了“浙东学派”的基础，并夯实了现代“浙学”的基本理念。[①]

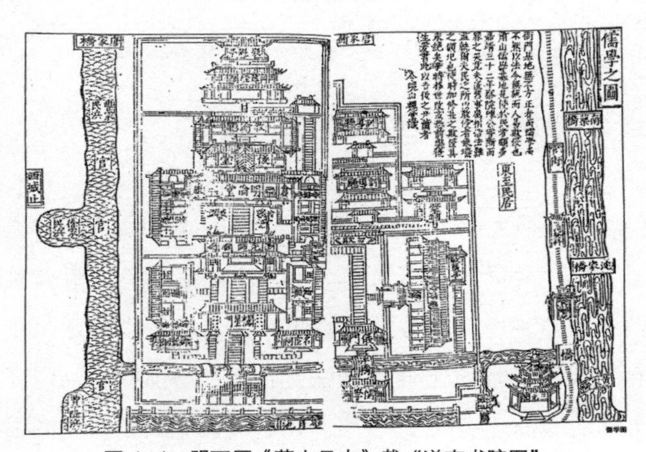

图 4–4　明万历《萧山县志》载“道南书院图”

① 《绍兴市志》第 33 卷教育“第一章：府县学 书院 学塾”。

2. 绍兴书院是近代教育转型的先导

绍兴地区书院学塾遍举和讲学授业成风，对绍兴近代教育的形成和发展影响深远，不少书院和学塾成为新式学堂的模范。诸例如下：清末蔡元培接任绍郡中西学堂总理，实施新式教育，使该校成为中国新型学堂之佼佼者；徐锡麟创明道女子学堂，办大通师范学堂，与陶成章、秋瑾等推行新教育，功效卓著；姚麟、谢飞麟等创办嵊县女子学堂，并于府城举办女子蚕业学堂；吴澄甫改诸暨旧式书院为新型学堂并建“诸暨师范讲习所”，均开府属各县举办新学之先河；民国元年（1912 年）胡似杰、陈琳珊等女士创办成章女子学校；经亨颐首任上虞私立春晖中学校长，改革教材教法，率先实行男女同校，学生俊杰辈出，江南春晖遂与北国南开齐名。近代，民间以族产、私产举学者比比皆是，最早举办的各类新式学堂多系民办。徐树兰、陈春澜、孙德卿、邵力子、王子余、金汤侯、朱仲华、俞丹屏、蒋鼎文等均以办学、助学著名。民国 20 年（1931 年）诸暨县私立小学占学校总数 97.8%，嵊县占 96.5%。有识者革新教育，倡导新学，由此形成一批影响较大、具有特色的学校①。

3. 台门式书院建筑的主要特点

绍兴民居建筑最大的特色是“台门式”。绍兴有民谣“绍兴城里十万人，十庙百庵八桥亭，台门足足三千零”，可见台门是绍兴民居的基本形制。台门有很多称呼，有分宗族称呼，分方位大小称呼，还有以行业命名等。台门在书院建筑上典型做法是：台门—前院—仪门。台门的地坪比建筑外面的地面要高约 3～5 级台阶。同时绍兴的台门式书院有些设

①《绍兴市志》第 33 卷教育“第一章：府县学 书院 学塾”。

计了左右倒座的门屋形式，有些书院更是直接把台门开在院墙上。对于绍兴多雨潮湿的地理环境来说，不管何种形式的台门，都具有鲜明的针对性设计，一方面体现了建筑技艺的高超精美，另一方面体现了甲第世家“以高为贵”的审美思想。倪守箴在《安昌古镇街上台门缀合》一文中归纳整理了107余个安昌台门，其中既有簪缨世胄的深宅大院，又有巨贾豪商的堂皇高楼，还有文士隐者的书香门第，以及林林总总的高台民居。

绍兴的台门式书院混杂民居建筑当中，非常普遍，如创建于清光绪二十八年（1902年）的高迁学堂，原为宋代名刹“融光寺”，内为三进制台门庭院，两旁左右厢房。台门有圆形石柱和两只石狮子，进入大门两旁分别是前后二进讲堂。著名的稽山书院、蕺山书院和阳明书院更是将台门式与厅堂式书院的建筑特性实现了深度融合。据宋《绍兴志》记载，淳祐年间吴革请建稽山书院时，发现书院建于半山腰，入口为3级台阶的台门。明嘉靖三年（1524年），知府南大吉命山阴县令吴瀛于稽山书院原址建明德堂、尊经阁，后为瑞泉精舍，斋庐庖湢诸所咸备，共40余间。从王阳明所作《稽山书院尊经阁记》绘图中也可以看出，该书院是一个典型的台门式书院。另一座著名的蕺山书院，位于南侧的半山腰，有5级台阶的台门，左右两侧山墙上嵌“慎独、诚意”二字。另外，新昌的鼓山书院在西南坡重建，其纵轴线上由南向北有5级台门、前厅、讲堂、藏书楼，逐进递升，两侧为学斋，前厅一层三间，明间作通道，讲堂、藏书楼、学斋均为两层楼房。

唐五代时期，浙江已有书院5所，其中丽正书院在绍兴府会稽县，溪山书院在诸暨县吴少邦读书处，两所书院均为唐大中四年所建[①]［一云为

① 邓洪波．中国书院史［M］．东方出版中心，2004．

玄宗开元十一年（723年）建[①]］。从唐代到五代十国时期，浙江书院一直遵循官、民间两条路径发展。因时代久远，史料湮没，难叙其事。[②]两宋时期，绍兴著名的书院有十余所，如绍兴市的稽山书院、蕺山书院、兰亭书院；嵊县的二戴书院、鹿门书院、东楼书院、长春书院等；新昌县的鼓山书院、南明书院；上虞的经正书院、月林书院、承泽书院等；诸暨的溪山书院、紫山书院、同文书院等。《续文献通考》卷五十记录了一个南宋期间曾受到朝廷赐田、赐额、赐书或设官的书院名单，绍兴稽山书院就位列其中。[③]明初官学控制严峻，上召以官学结合科举制度，同时推行程朱理学，书院营建活动大为减弱。明代浙江共建书院260所左右（表4-2），绍兴以阳明学派领私学之先。[④]明中期之后，书院教育在湛若水继承陈献章学说的基础上，创立了理学的一大门派"甘泉学派"，与"阳明学"并称"王湛之学"。由此，绍兴书院的发展又得以冲破樊笼，重新恢复生机，在成化至嘉靖年间著称于江南。以下举例述之。

明代浙江地区主要书院建置地域分布　表4-2

地区	主要书院及建置年代
杭州府	西湖书院（始建于元，明成化间重建）、万松书院、天真书院、吴山书院、虎林书院、崇文书院、龟山书院（始建于宋，明嘉靖间重建）、黄山书屋、石斋书院、富川书院、赤石书院、屏山书院、兴贤书院（明嘉靖间建）
嘉兴府	宣公书院（始建于南宋，复建于元，重修于明嘉靖间）、仁文书院（明万历间建）、东湖书院、江南书院（明嘉靖间建）、文湖书院（明嘉靖间建）、思贤书院（明正德间建）、鹤湖书院（明崇祯间建）、传贻书院（始建于宋，明嘉靖间重建）、靖献书院（始建于元，明嘉靖间徙址重建）、崇文书院、介庵书院、天心书院、正心书院（明崇祯间建）

① （弘治）衢州府志·卷四［M］；（康熙）浙江通志·卷十八［M］；（光绪）浙江通志·卷二十七、二十九［M］.

② 同上。

③ 曹松叶. 宋元明清书院概况［J］. 中山大学语言学历史研究所周刊，1929（10）.

④ 王兴喜. 浙江传统书院通论［J］. 杭州教育学院学报，2000（5）.

续表

地区	主要书院及建置年代
湖州府	安定书院（始建于宋，明宣德间重建）、一庵书院、保滋书院、长春书院（始建于宋，明嘉靖间重修，崇祯间增建）、尊经书院
宁波府	桃源书院、广平书院（始建于宋，毁于元，明嘉靖间复建）、南山书院、镜川书院、楼湖书院、二程子讲堂、袁学士书院、慈湖书院（始建于宋，明统正间毁，后景泰、天顺间重建）、西溪书院、东泉书院、屿湖书院、聚奎书院、湖山书院（始建于元，明嘉靖间重建）、紫阳书院
绍兴府	稽山书院（始建于宋，明正德间改建）、证人书院（明嘉靖间建）、蕺山书院、阳明书院、念斋书院、康洲书院、陆太傅书院（始建于宋，明正德间重建）、兰亭书院、阳和书院、道南书院、紫山书院、绍兴府南渠书院、复初书院、姚江书院、泳泽书院（始建于元，明万历间重建）、南山书院、水东书院、二戴书院（始建于元，明成化间重建）、慈湖书院、心传书院、东楼书院、艇湖书院、五云书院、高节书院、石鼓书院（始建于宋，明嘉靖间重建）
台州府	上蔡书院（始建于宋，明宣德间重建）、赤城书院、南屏书院、丹崖书院、崇正书院、桐江书院、鑑溪书院、回浦书院、安洲书院、紫阳书院、文毅书院、石龙书院、志学书院、蓼溪书院、方岩书院、五龙书院
金华府	桐荫书院、仁山书院、杰山书院、渔石书院、大云书院、枫山书室、荷亭书院、崇正书院、明德书院、华川书院、钟山书院、纯吾书院、龙川书院（始建于宋，明成化间重建）、五峰书院（始建于宋，明嘉靖间重修）、月泉书院（始建于宋，明嘉靖间重建）、丽泽书院、四贤书院、横城义学
衢州府	清献书院（始建于宋，明天顺间重建）、衢麓讲舍、青峒书院、定志书院、枫林书院、清漾书院、仰山书院、景濂书院、东溪书院、柯山书院、包山书院、明正书院
严州府	钓台书院（明宣德间重修）、石峡书院、会文书院、仙居书院、清溪书院、学山书院、狮山书院、莲谷书院、兴贤书院
处州府	紫阳书院（明嘉靖间重修）、圭山书院、鹤山书院、心极书院、混元书院、仁山书院、贯道书院、明德书院、继志书院、卢山书院、鹤溪书院、三胜书院、崇正书院、双溪书院、凤池书院、练溪书院、相圃书院、瑞龙书院、鞍山书院、新建书院
温州府	鹿城书院（弘治十三年建）、鸡鸣书院、贞义书院、雁山书院、南屏书院、罗山书院、华阳精舍、东湖书院、正学书院、罗阳书院、凤南书院

（1）稽山书院

南宋稽山书院位于山阴卧龙山西岗，为纪念朱熹而建。嘉靖三年（1524年），绍兴知府南大吉因信奉阳明之学，捐资筹建书院，建有明德堂、尊经阁、瑞泉精舍等，“聚八邑彦士，身率讲习以督之”[①]。当时书院规模盛况空前，容纳数百人之多，有“环坐而听者三百余人”[②]。南宋乾道六年（1170 年），朱熹任提举浙东常平使，驻绍兴，常到此讲学、议事。其后吴革重修书院，学者吴观、陈飞熊、陈策、陶泽、陈汉臣、俞懋等人任山长。明正德间（1506—1521 年），山阴知县张焕移建于故址西岗之阳、绍兴府城隍庙西邻（今偏门直街），占地 9.3 亩（图 4–5）。其时，王守仁常在此讲学，并作《尊经阁记》。万历十年（1582 年），知府萧良干将其改名“朱文公祠”。清康熙十年（1671 年），里人虞世道、柴世盛重建书院，后圮。[③]

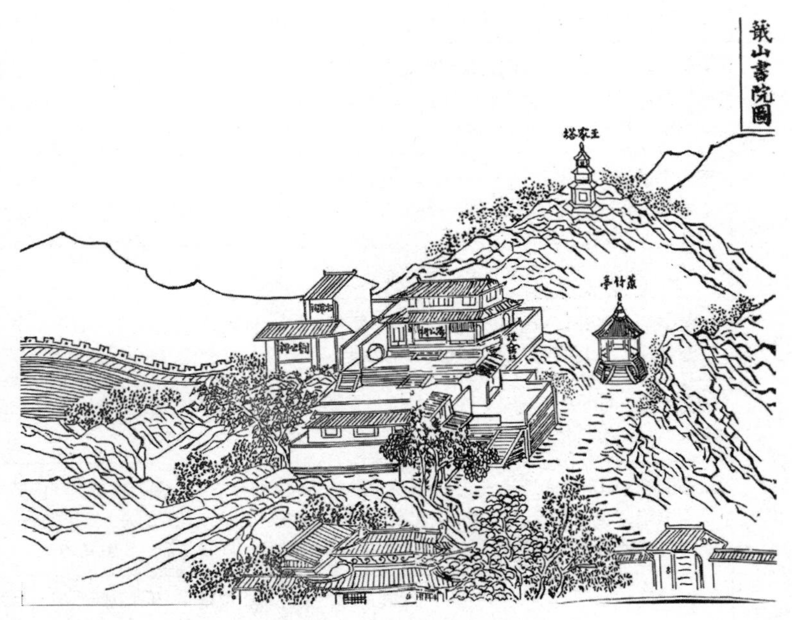

图 4–5　明嘉靖《山阴县志》载“稽山书院图”

① 邓洪波．明代书院讲会研究［D］．湖南大学，2007.

② 王阳明全集 年谱三：卷三十五［M］．上海：上海古籍出版社，2011：1290.

③ 走进绍兴［M］// 绍兴市志・教育：第 33 卷．

（2）鼓山书院

鼓山书院为宋天禧间（1017—1021年）新昌县邑人石待旦所建，因西郊外鼓山形似一面巨鼓而得名。山中林禅并重，古柏参天，山上可俯瞰新昌，远眺天姥山。鼓山书院的命名最早可从石亚子的墓志铭“鼓山书院乃石城公待旦集贤开讲之所”中得知。书院原名“石鼓书堂”，记载极少，正式见诸文字记载的是明嘉靖十三年状元出身的知府洪珠在《鼓山书院碑》中记云：“乃寻鼓山旧址，得地直可十八丈，横如其数（约为3600平方米），中设石塑神位，前四楹为台门。南临大路，建绰楔（即牌坊）以树风声。”书院复建后又圮。清嘉庆十九年（1814年），邑绅吕保之母陈慕人捐资重建书院于山麓。新书院前立讲堂，后设祭堂，祀石待旦先生像。书院轴线较前朝更宽，左右两边学斋、讲堂等共50余间，规模巨大，并拨原南明书院的学田作为膏火费。抗战期间，新昌人陈石民任浙江省立杭州高级蚕丝学校（后并入今浙江理工大学）校长，率师生西迁办学，曾借鼓山书院办农桑学校；抗日战争胜利后，鼓山书院曾作为新昌简师校舍。书院创建至今，虽饱经沧桑，几经兴废，但其教书育人的宗旨始终未变。①

（3）二戴书院

二戴书院位于浙江嵊县，原址为晋代戴逵、戴顺父子读书处。“二戴”不慕荣华、避官不就，善铸佛像工诗书画，词美艺精，器度巧绝。宋时建有“戴溪亭”，元至元十七年（1280年）县尹汪庭将读书处改名为“雪溪精舍”。元贞正中二年（1296年）佥事完颜真、县尹余洪慕“二戴”，将其改名“二戴书院”，内祀“二戴”。至正五年（1345年）县尹冷瓒重修书院。明成化九年（1473年）知县许岳英重建书院，规模较前朝更大，后

---

① 曹鑫江．新昌鼓山书院［DB/OL］．城市建设理论研究（电子版），2014（25）：4304–4305．https://baike.baidu.com/item/鼓山书院/2043299?fr=aladdin．

几度毁于兵火祸乱。清同治年间，知县严思忠倡议移建；光绪初年，知县陈国香捐资落成；光绪二十六年（1900 年）蔡元培兼任院长；光绪二十九年（1903 年）邑人郑锡生、王丙枢等将其改为“新昌县立高等小学堂”。[①]

（4）阳明书院

阳明书院（图 4-6）位于绍兴城西光相桥之东。嘉靖四年（1525 年）十月由王畿、邹守益、钱德洪等绍兴八县及湖广、直隶、南赣等地的门生集资营建而成[②]。明代末年，著名理学家陶望龄和刘宗周均在此讲学，改为“王文成公祠”。嘉靖十六年（1537 年）巡按御史周汝员建“阳明先生祠”于楼前。书院创建之初，在“伪学”谤诽声中处境艰难，且被视为异端邪说传播处。嘉靖八年（1529 年），皇帝论其功过时说：“守仁放言自肆，诋毁先儒，号召门徒，声附虚和，用诈任情，坏人心术。近年士子传习邪说，皆其倡导……都察院仍榜谕天下，敢有踵袭邪说，果于非圣者，重治不饶。”[③]

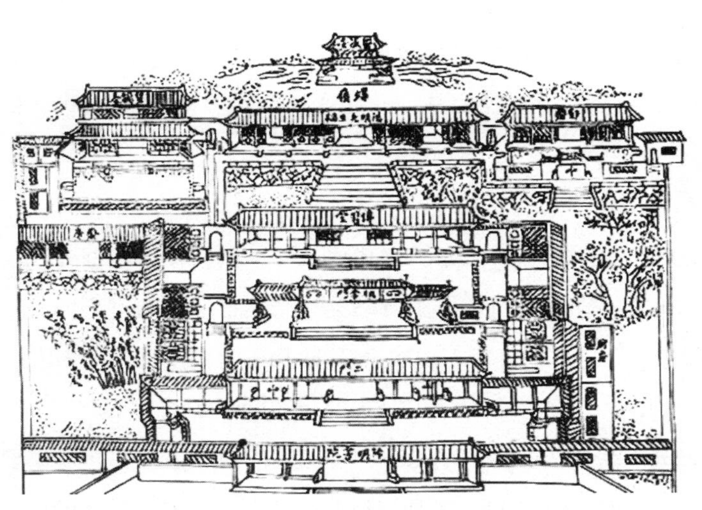

图 4-6 陈明、朱汉民编《原道》第 34 辑载《阳明书院图》

① 季啸风．中国书院词典［M］．杭州：浙江教育出版社，2006.

② 沈建乐．绍兴历史名人［M］．银川：宁夏人民出版社，2006.

③ 明世宗实录・卷九十八［M］．嘉靖八年二月戊辰，甲戌.

阳明先生将私学书院定位为“匡翼夫学校之不逮”，他认为书院存在的意义在于补救官学的流弊，求圣贤明伦之学[①]。他在《万松书院记》中称：“惟我皇明，自国都至于郡邑，咸建庙学，群士之秀，专官列职而教育之。其于学校之制，可谓详且备矣。而名区胜地，往往复有书院之设，何哉？所以匡翼夫学校之不逮也。”此言认为“国家建学之初意”就是明人伦，但因科举的制约，这种建学的本意一直无法贯彻。不管如何，阳明学派下的诸多书院纷纷建立，也是阳明学派走向成熟的一个客观标志，他们以书院为基地，将学派思想发扬光大。“阳明殁后，绪山、龙溪所在讲学，于是泾县有水西会，宁国有同善会，江阴有君山会，贵池有光岳会，太平九龙会，广德有复初会，江北有南谯精舍，新安有程氏世庙会，泰州复有心斋讲堂，几乎比户可封矣。”[②]直到穆宗即位后，朝廷对王阳明评价始渐转变[③]。

（5）证人书院

证人书院是绍兴著名学者刘宗周亲自参与营建的。明嘉靖八年至九年（1529—1530 年）知府洪珠为纪念宋儒尹焞“和靖先生”，于旧善法寺创建古小学。崇祯四年（1631 年）刘宗周就古小学旧址建书院，占地 9.7 亩，讲堂 5 楹，额曰“证人书院”；手订《证人社约》，从者甚众，名士黄宗羲、王业洵等 40 余人均出此门。后魏忠贤下令尽毁天下书院，证人书院扩建工程未半而止。清康熙七年（1668 年）黄宗羲与同门师友姜希辙、张应鳌等复举书院讲经会，谓“明人讲学，袭《语录》之糟粕，不以‘六经’为根柢，束书不读，但从事于游谈，专授慎独之学，从者数百人”[④]。光绪二十八年（1902 年）书院改称“会稽县学堂”；宣统元年（1909 年）改办

---

① 王守仁利用书院实施教化的问题。

② 黄宗羲．南中王门学案一［M］// 明儒学案・卷 25［M］．北京：中华书局，1985：579.

③ 邓洪波．王阳明的书院实践与书院观［J］．湖南大学学报（社会科学版），2005（6）：23–28.

④ 同上。

“山会初级师范学堂”，后圮。[①]

（6）蕺山书院

蕺山书院（图4–7）位于绍兴府城东北隅的蕺山南岗，原名“蕺里书院”。“蕺山”的来由是“越王勾践从赏粪恶之后，遂病口臭，范蠡乃令左右皆食岑草，以乱其气”（见《吴越春秋·勾践入臣外传》）。晋王羲之曾于此卜宅，后舍宅为戒珠寺。南宋绍兴年间（1131—1162年）戒珠寺宇泰阁辟为“士子肄业之地，常千余人”。宋乾道年间（1165—1173年）韩琦六世孙韩度隐居戒珠山并讲学于此，名“相韩旧塾”。明崇祯四年（1631年），绍兴大儒刘宗周于寺内设坛讲学，从者200余人。清康熙五十五年（1716年）知府俞卿修葺旧书院，增造前堂、外轩、两庑共14楹，重题额曰“蕺山书院”。全祖望、齐如南、蒋士铨、陈兆仑、孙人龙、徐锡麟等曾先后任主讲，从者云集。书院为退坡式建筑布局，正面山墙上有“浙学渊源”四个榜书大字，大门两侧照壁上分别书写着“诚意”“慎独”，院舍南向临街，有头门、左右耳房。乾隆间知府张廷柱构学斋18间，舍东为蒃竹亭，亭西为二门，左为吏胥之所，门内南向堂5楹，额曰“刘念台先生讲堂”。蒃竹亭北有匾额题曰“证人讲舍”，再上有楼3楹，额曰“清晖”。楼西侧为“来英阁”，以奉奎宿，后圮。正中建独院祠3间，祀刘宗周。[②]光绪二十七年（1901年）蕺山书院改设“山阴县学堂”，乃绍兴近代最早之新学堂，传陈建功、范文澜等人毕业于此。此地1956年改为“蕺山中心小学”，校内书院遗址犹存。其校门书有一联，曰：“兹山即刘子讲学坛，望诸君立雪坐风，追踪往哲；此地是越王采蕺处，愿吾齐卧薪尝胆，励志前修。”[③]

---

①《绍兴市志》第33卷：教育“第一章：府县学 书院 学塾”。

② 季啸风．中国书院词典［M］．杭州：浙江教育出版社，2006．

③［DB/OL］．http://blog.sina.com.cn/u/2761017032．

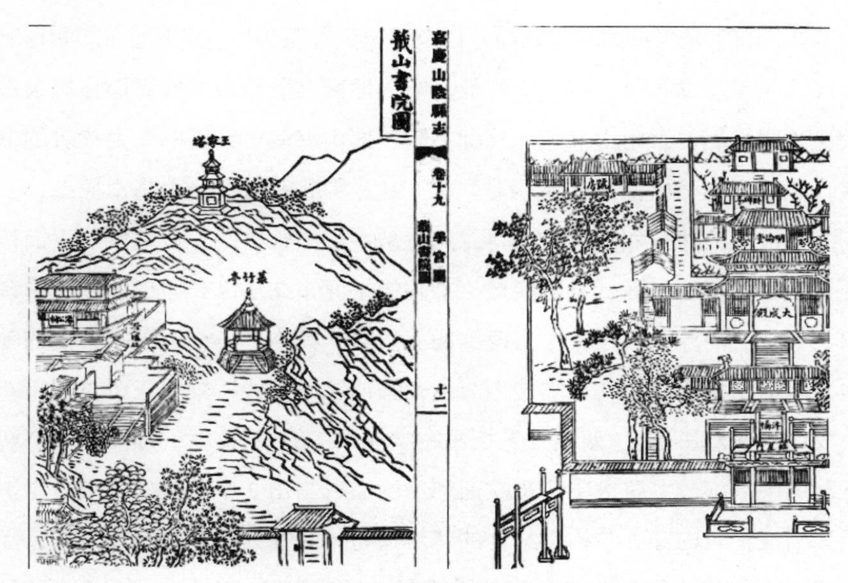

图 4-7　嘉庆《山阴县志》载“蕺山书院图”

明清交替之际，江南风雨飘摇，大多数书院化为废墟。浙江士子避乱归乡，甚至远遁日本、朝鲜半岛。但在此特殊时势下，江南地区衍生出一个独特而又坚定的明代遗民族群，他们坚持书院讲学，一方面是为了保留大明衣冠，另一方面是为了维护自己学派的主体意识。清代之后，宁绍地区书院的发展大体可以分为四个阶段：① 书院的恢复发展期——顺治至康熙期间；② 书院的大发展期——雍正、乾隆年间；③ 书院发展低谷期——嘉庆、道光、咸丰年间；④ 同治至光绪年间，可视为书院高速发展—快速变化—最终改制期。

据《中国文物地图集浙江分集》[④]记载，宁波市现有明代民居遗存约有45 处，绍兴市约有 32 处。宁波江北区慈城镇是明清传统书院、学塾、义学最为集中的区域，而绍兴则集中在越城区[⑤]。宁绍地区书院建筑的平面类

④ 国家文物局主编．中国文物地图集 浙江分册（上、下册）[M]．北京：文物出版社，2009.
⑤ 徐学敏．宁绍地区明代民居特征简述［J］．中国名城，2014（11）：53-57.

型多样，有不带天井的各类散屋，以及各类天井院等[1]，其平面布局和形制与民居体系基本一致。第一个特征是绍兴地区书院建筑群的平面格局大多数呈长方格局，以南山书院、慈湖书院、蕺山书院、经正书院为代表的书院，都是以“一横两纵前后明堂”的“H”字形平面单元为基本原型，少则二进，多的达五六进，甚至有二到三条平行的轴线。宁波地区的平面格局也呈长方形，多为二进至四进。书院的平面布局呈纵长方形，依次由台门、二门、前厅、后厅及左右两侧厢房组成。其中“一横”是指书院的轴线，以讲堂为中心，与藏书楼为节点；强调纵向轴线，轴线正中位置设左右仪门，两侧影壁。“两纵”是指左右学斋厢房的对称。“一横”位于“两纵”的中后部，书院讲堂建筑平面利用围墙分割出 2 个天井，书院主屋一般为浙江惯有的穿斗与抬梁结合的建筑造型，特征为檐柱方柱、方础，当心间、次间前后施一斗三升，斗栱四攒，通过串联、对接、放大、变形，组成各类变体，构成各个书院建筑的不同形制。书院的外部为空斗砖墙围合，屋顶多为双坡硬山形式。有些书院（如证人书院）还在天井院内设置假山、花坛并种植花木等。

第二个特征是宁绍地区的书院院落平面可纵向延伸，扩展成“日”“目”等字形平面，形成纵深串联的二进院、三进院或五进院。可运用串、并联结合的营建方式，复制庭院，构建多轴线、多通道的连环院落空间形态。这种“H”字形的基本变体形制通过多种方式的变化，可以灵活地满足学员较多、成片成排的大型书院建筑群的扩建要求。比如利用围墙和隔墙营造出不同大小、不同功能的书院空间；利用多横多纵的建筑营造形式，通过廊、亭、桥、墙等形式，可以任意地将跨院隔成两个、三个及以上小院，方便山长、教授与生员的学习与生活，其建筑设计逻辑依旧

---

① 蔡丽，戴磊．宁波平原地区传统民居的特征与分析——以走马塘古村落民居为例［J］．宁波大学学报（理工版），2009（3）：430–433．

忠实于宁绍民居体系，并在民居基础上灵活变通，是宁绍地区文化类型建筑的重要风格。

明万历与天启年间，绍兴地区乃至整个浙江地区，书院营建遭到破坏，张居正立意剪抑天下书院，书院改公衙，学田归里甲，扼杀自由学风，江南以浙江为甚，浙江以宁绍最严[①]，如稽山书院、五云书院等均在此期间被毁。清初朝廷抑制书院发展，直到雍正十一年（1733 年）后，清政府才谕令各省皆建书院。本地主政官员审时度势、兴办文教，相比嘉兴地区的书院营建多样性特点，此时绍兴地区的官方主导的色彩更浓。但有清一代，绍兴的实学流派、硕儒名家依旧成绩斐然，究其原因，即是前朝书院的发达及掌院山长多尚古风，坚守前人教育文化思想遗产，发扬学统，为当时书院的保留和发展提供了经验样本。总的来说，绍兴地区的书院在唐宋兴建最早，明清时期也能逆流勃兴，究其原因：一是绍兴这块土壤包容、进步的结果；二是硕儒士绅能顺应大势，积极提倡书院向官学靠拢，促进了书院的发展。

第三节　浙南儒学体系下的私学书院与学派[②]

1. 浙南概述

浙江之名，在古地理书《禹贡》《山海经》《地理志》中已有记载，其所流经地域及其支流分合，也相当复杂。清代学者黄宗羲、全祖望曾予

① 俞卿. 绍兴府志［M］. 台北：成文出版社有限公司，1983.
② 袁行霈，陈进玉. 中国地域文化通览：浙江卷［M］. 北京：中华书局，2015.

订正。黄宗羲《今水经》[1]记浙江之源流曰："所谓'浙江'者，是由浙溪、徽溪、新安江、寿昌江、桐江、浦阳江、兰溪江，衢江、富春江、钱塘江、钱清江、曹娥江等汇合而成的一大水系，流经浙江境内的淳安、建德、桐庐、富阳、衢州、开化、常山、江山、龙游、东阳、兰溪、浦江、杭州、余杭、绍兴、上虞、余姚等二十多个县市，加上连接这些江河溪流的周边水系如乌溪江、瓯江，椒江、姚江、甬江等流域，形成了一个涵盖全省的水系与地域，可谓是'多元一体'格局。"但古代的"浙东""浙西"并不是完全按现代东南西北的方位观念划分，而是以浙水为界按所属郡望分为浙东、浙西两大块。明清时期所谓的"浙东"，包括今之浙江省的大部分市县，即宁波、绍兴、台州、金华、衢州、温州、丽水（旧称处州府）以及杭州市的桐庐、建德、淳安三县（旧称严州府），合称"上八府"；所谓"浙西"，则包括杭州、嘉兴、湖州地区（旧称"下三府"），以及今属上海、江苏的若干府县（如松江、苏州、太仓等）。但今天的浙江省，从行政区划而言，是承接明、清、民国区划而有所损益。现设杭州、宁波2个副省级市，温州、嘉兴、湖州、绍兴、金华、衢州、舟山、台州、丽水9个地级市，22个县级市，36个县[2]。

本书的浙南地区，指浙江省南部的温、台、丽三地，临海、龙泉、瑞安、温岭、乐清、玉环六个县级市，以及苍南、洞头、缙云、景宁、平阳、青田、庆元、三门、遂昌、松阳、泰顺、天台、文成、仙居、永嘉、云和、宁海、象山16县。凡九市16县，与"浙北平原"相对，也被称为"浙南山地"[3]。浙南北接宁波、绍兴，西邻金华、衢州，南连闽东北，东濒东海。浙南地区主要由温黄、温瑞和鳌江三大滨海平原组成，是江南鱼米之乡的重要延伸；海湾众多，海岛罗布，分为灵江、瓯江、鳌江与飞云江

① 黄宗羲. 今水经［M］. 嘉庆（1796—1820年）原刻. 知不足斋木刻丛书.
② 同上。
③ 同上。

水系，占浙江八大水系一半；此处是道家七十二福地的集中地区，又有楠溪江、雁荡山、天台山、百丈漈等名胜，书院位于名胜之地，对建造的要求更体现文人气质。

浙南山区有“浙南林海”的美称，盛产毛竹、水杉、松树、银杏、惶树、浙江楠、江南油杉等多个树种，为浙南传统建筑穿斗和抬梁为木结构框架的工艺做法提供了丰富的竹木材料资源。浙南地区传统建筑中占有很大比重是俗称为“黄泥墙”的夯土墙做法，由工匠将“黄基泥”与草木、砂碱、碎瓷片等按一定比例混合成“混凝土”。另有运用牡蛎壳拌海泥，涂抹在墙上——蚵壳耐腐蚀，不渗水，有“千年砖，万年蚵”的俗称，是东南沿海罕见的一种建筑材料。“黄泥墙”和“牡蛎壳”甚至已成为浙南传统建筑的创新之举。

2. 浙南兴学之风与书院

浙南地区在汉初称为“东瓯国”，狭义上的“浙南”指以温州为中心，台州、丽水等南部地区统属的传统的“浙南三地”。该地区多山地丘陵，有“八山一水一分田”之说。总体来说，浙南地区虽山高路险，但资源丰富、经济活跃，历史城镇和村落保存较完整[①]。

浙南的温州自古土狭民稠，一直是对外移民的区域，同时又是“俗秀而矜絜，子弟胜衣能文词”，“尤号为文物极盛处”的区域[②]。据传，西晋太康年间（280—289 年），平阳横阳学宫是浙江第一所县学，东晋太宁年间（323—325 年）营建的永嘉郡学是浙江第一所官办府学。北宋以后，温州学者纷纷聚徒讲学，私学甚盛。到南宋时，已是书院林立，并由此发育形

① 施德法，夏建中，郭莉，金星星，朱新成．浙南历史城镇特色的研究［DB/OL］．https://www.docin.com.

② 吴松弟．温州创业文化启示录［M］．上海：复旦大学出版社，2004：66.

成了“永嘉学派”事功思想，陈傅良、叶适等人贡献巨大。两宋时期是温州巨大发展机遇时期，温州有史记录最早的书院是永嘉王景山于北宋皇祐间（1049—1053 年）创办的东山书院，他提倡“学者国之大本，教者国之大务”之主张，求学者数以百计，被尊为研究永嘉学术的第一人。他大本大务的观点影响了此后许多著名学者在浙南地区开始创办书院，如“元丰九先生”之一的周行己在松台山麓小雁池创办浮沚书院（1111—1120 年），传授“洛学”；隆兴元年（1163 年）毛密主持温州城南茶园寺学塾；乾道十三年（1177 年）陈傅良创建仙岩书院；平阳人陈经邦、陈经正兄弟回温州后主持南雁会文书院讲会；北宋元祐年间永嘉学派创始人丁昌期在永嘉县枫林镇垟山村创建醉经堂书院，为北宋中期温州最早最著名的书院之一，清代《宋元学案》《瓯海轶事》《两浙名贤录》等文献中均有记载。北宋以前，台州、丽水素以“仙佛道教名胜”著称。北宋胡瑗“安定之学”入浙南后，台丽地区方才开始重学兴教。宋室南渡后，中原儒士入台，浙东事功之学和朱子理学蓬勃发展，私学快速。伴随着“庆历新政”的序幕，在“庆历兴学”“熙丰兴学”“崇宁兴学”三次兴学活动的带动下，理学家石整讲学于观澜书院，朱熹驻节黄岩讲学。之后，以陈耆卿、吴子良、舒岳祥为代表的台州本土学者承接永嘉文统，开始讲学，培养人才。临海上蔡书院、黄岩南峰书院、仙居上蔡书院，温岭东屿书院、清田介石书院、缙云独峰书院、美化书院，松阳明善书院，龙游桂山书院的出现，标志着台丽学统已经从仙佛道教向理学科举的转变，站在了古代教育发展的前端[①]。

南宋中期，温州地区人口密度大、人均耕地少。南宋著名思想家、温州人叶适说：“余观今之为生者，土以寸辟，稻以参种，水蹙而岸附，垅削

① 姜小娜．宋代台州地域文学研究［D］．上海大学，2017．

而平处，一州之壤日以狭矣。”[①]明清浙南人文荟萃，曾经涌现出陈傅良、叶适、王瓒、张璁、王激、孙衣言、孙怡让、项乔、王叔杲、王叔果兄弟等大批文化名人，均参与了各类书院营建与讲学活动。以偏狭山区的泰顺为例，在建县以前分别属于瑞安、平阳两县的西部山区，而浙南书院主要集中在各县的沿海平原和近海山区，泰顺的文化自然逊于温台地区，但来自闽东、闽南的移民对泰顺有着不可忽视的重要影响。《分疆录》阐述了外地移民与泰顺文化兴起的关系：“唐季各大姓避地入山，至宋而人才辈出，蔚为文物之邦。”依据《分疆录》中对泰顺大姓家谱中关于本族中举人数的记载，泰顺历史上中举人数最多的时代是南宋。泰顺的若干家族，如库村的吴氏和包氏、箬阳的毛氏、泗溪的林氏、罗阳的董氏、章峰的蔡氏、仙居木棉的徐氏、龟岩大安的张氏等，不仅“登甲科者既不乏人，即由诸科及恩荫出任者亦伙”，这些地方望族基本都拥有本族的书院或学塾[②]。

浙南兴学的热潮一直持续到晚清时期，仅孙诒让一人就在温、处两府倡办各类学校300多所，如中国第一所中医专门学校瑞安利济医学堂，中国近代最早一批数学专门学校瑞安学计馆，浙江最早的外语专门学校瑞安方言馆等。永嘉蚕学馆是继江西上高（县）蚕学馆、浙江蚕学馆（浙江理工大学前身）之后中国第3所蚕桑职业学校，瑞平化学堂是中国最早的化学专业学校之一，这些学校奠定了温州近现代教育的重要基础。

据前章所述，浙南和闽东、闽南之间存在重要的移民现象，两地的民居建筑之间高度互融，从民居的梁架形制来看，浙南地区的唐宋木作遗风犹存，保留了大量古老的木作、石技作法。传统民居大木构架中的插梁式构架与《营造法式》中厅堂式结构中插承式梁架类似。直到今天，浙南、

---

① 李世众．晚清士绅与地方政治——以温州为中心的考察［M］．上海：上海人民出版社，2006.

② 吴松弟．中国东南山区的地域社会结构：以明清浙江泰顺县为例［J］．历史地理，2010（4）：324-333.

闽东地区还保存了大量使用“偷心造”的斗栱、丁头栱等中原建筑的构造。温州的斜撑拱与福建永安地区的构件相似，在泰顺、平阳一带的“关刀栱”的插栱构件与闽北福安、福鼎等地民居构件高度一致，甚至在朝鲜半岛都可以发现“柱心包”建筑以及日本的天竺样、黄檗样建筑，在福建与浙南地区都能找到直接的源流关系。

温州世外桃源般的地理环境吸引了无数中原人士和佛道大德前来居住，也造就了浙南地区文风繁盛、人才辈出的景象，其中最具代表性的是永嘉郡。永嘉郡初建于晋明帝太宁元年（323年），先后有王羲之、裴松之、孙绰、谢灵运等人出任郡守，他们也对浙南特别是永嘉地区促学的发展产生了积极启蒙作用。永嘉学者主要活跃于南宋，更加注重民生、勤勉实务。前章谈到北宋庆历年间王开祖、丁昌期等人开创学术思想，南宋郑伯熊、薛季宣、陈傅良对永嘉“事功学派”的形成功不可没。叶适的“永嘉学派”与朱熹的“理学”和陆九渊的“心学”并称为“南宋三大学派”。首先，永嘉学派重视实用性，强调功利，以“事功”为特色，反对理学和心学中诸多唯心主义思想、“贵义贱利”的思想。其次，其重视商品经济对于国家、社会的作用，主张发展商业，主动对外交往，被认为是今天温州人“敢为天下先”的创新精神的思想源头[①]。浙南学派众多，除上述大儒兴学之外，永嘉学派集大成者叶适是第一位重要人物，他对浙南地区的书院营建影响深远，掀起了温州教育史上第一次营建书院的办学高潮。第二位重要人物以瑞安学者孙衣言为代表，他将兴学视为乡邦人才培养之大事，清同治四年（1865年），孙任杭州紫阳书院山长；六年，讲学于诒善祠塾，人才甚众；十四年，建藏书楼，名曰“玉海楼”。后来的章太炎说他是“晚清特立之儒”。第三位是晚清大儒、杰出教育家孙诒让，他苦心

① 洪振宁．“温州学”研究的先驱——纪念孙衣言先生诞辰200周年［J］．温州职业技术学院学报，2015（4）：1–4.

经营，筹建资金，领导温处16个县先后成立学堂、书院300余所，掀起了浙南地区晚清教育史上的办学高潮，为浙南近代教育与地方思想启蒙奠定了良好的基础①。

浙南地区地形复杂，早期书院的规模较浙东地区明显偏小。浙南现存的书院主要是单进式建筑为主流，一般是"一"字形长屋和三合院式的书院为主。温州地区的"一"字形书院和民居一样，非常适合浙南的地形地势，书院多以五开间、七开间为主。浙南地区的长屋书院保留了早期住宅形式，如宋咸平年间（约988—1003年）的苍南的鹅峰书院，清雍正年重修的东山书院以及乐清清雍正年重修的梅溪书院、南雁荡山的会文书院等，开间都在10间以上，但这些长屋后来均因"庶臣居室制度"而退出了舞台。

三合院式书院建筑是温州、台州和处州地区共有的最基本的民居形制，一般书院的平面结构为五间或七间，东西两厢的讲堂一般是三开间。有院墙的书院如东山书院、介石书院、独峰书院等在院墙东南侧设置院门，或者随着书院人口结构的变化，有些小型书院的辅助用房等向后移动，变成"H"字形布局②。

第四节　温州地区的典型书院例证

两宋时期，温州地区的书院大约有21处之多；到明代时，至少有46座知名书院，仅在瓯海境内就有仙岩书院、梅雨塾、吹台塾、罗山书院、心极书院、贾氏书塾、茹芝馆、华阳精舍、朱氏书院、暘湖书院、三溪书

① 祝宝江．温州人精神简明读本［M］．杭州：浙江大学出版社，2009.

② 曾雨婷．浙南闽东地区传统民居厅堂平面格局研究［D］．浙江大学，2017.

院、任氏书院等知名书院。

1. 东山书院

温州地区的书院文化最早起源于东山书院（图 4-8），该书院位于华盖峰之巅，原为宋代永嘉学派的创始人王开祖（1035—1068）讲学之所。明嘉靖十二年（1533 年）书院毁于台风，三十一年由知府龚秉德重修。清雍正十年（1732 年），巡道芮复传移建东山书院至城东南积谷山麓。据清乾隆《温州府志》记载，当时孙扩图任教席的东山书院位于城东南积谷山麓，书院不大，三五间学斋，一进院落。到清乾隆年间（1759 年），巡道徐绵、知府李琬、知县崔锡次第加以重修，并重新延请名师主讲，清代名学者陆汝钦、孙扩图、张振夔、孙锵鸣、王棻等都曾在该书院任主讲[①]，两郡负笈求学者日益增多，以至于无院舍可容纳多余的学员。

图 4-8　清光绪《永嘉县志》载“东山书院图”

① 清代孙扩图的“网红诗词”为温州增添颜值［DB/OL］. https://www.sohu.com/a/276491316700170. 2018-11-19.

2. 罗山书院

罗山书院位于浙江温州市瓯海区永兴镇。清光绪七年（1881年），永嘉场廪贡生张仲虎、廪生陈峋、廪生张高黼、廪生张廷庆和生员王肇纶等地方绅士筹资，在永兴堡永场社仓重建。此举深得时任温州知府与张静芗、司马先两位县令的响应。光绪九年（1883年），书院初具规模，台门高大，讲堂3楹，东西学斋6楹。因永嘉场与大罗山接壤，气势雄伟，灵秀所钟，故取名“罗山书院”。书院大门门楣上悬挂着程云骥所题“罗山书院”四个隶字匾额，大堂后屏程尚题写了朱熹的《白鹿洞书院记》全文，门联为“高士恒栖沧海曲，好山多在永嘉场”，道尽了山清水秀的书院风光。清光绪十七年（1891年），瑞安名儒陈黻宸先生在罗山书院讲学，因教导有方，其门下上榜与留洋者众。故罗山书院有“学风寖盛，百里知之”之美誉。书院占地约十余亩，高墙深院，曲径通幽。书院正门朝北，门前有座牌坊，甬道约50米长，东向台门，台门前有照壁。书院南北两侧各有学斋与斋堂，中间有大天井，南北两侧是厢廊，各有两室，南侧有一门转入花园。中轴线是石板甬道，讲堂高大巍峨，庄重古朴，中间三开间宽阔高立，东西两侧学斋均为抬梁式木构，图中还可见反向月梁及少数斗栱、木柱，惜在“文革”中被毁坏[①]。

3. 梅溪书院

乐清著名的梅溪书院乃南宋大儒王十朋所建。王十朋因出生于乐清淡溪镇梅溪村而自号“梅溪”。王十朋在《大井记》记载：“绍兴癸亥（1143年），予辟家塾于井之南。”此处所指的“家塾”指王十朋32岁时，因丁

① 罗山书院溯源［N］. 温州都市报，2011-08-03.

忧居梅溪村，辟学馆，聚徒百余人。王十朋在《哭孟丙》一诗中有“书院游从近百人”的模糊描写，文中“书院”就指梅溪书院。自王十朋创建梅溪书院之后，乐清名士辈出。梅溪书院也多次改址，元明两代各自在县城东隅东岳庙以及县城九牛山下设梅溪书院。清朝雍正六年（1728 年），乐清县令唐传鉎将箫台山下的长春道院改建为梅溪书院。唐传鉎在《梅溪书院记》中记载道：“长春道院头门榜曰‘义路礼门’”，院后为王十朋祭堂，左右大舍为藏经阁，前有回廊一栋，门坊题曰“梅溪王忠文公书院”。左西为庖厨三间，北为静修斋，共 9 间。讲堂板壁上高悬朱子《梅溪集叙》全文。同治元年（1862 年）书院毁于太平军兵火，后由徐德元协助乐清知县舒时熠重建。新书院规模较大，有泮池、仪门、里门等，占地二十余亩。据光绪《乐清县志》记载，清朝中晚期及民国年间，浙南学者如永嘉拔贡陈舜咨、高垟恩贡林启亨、永嘉教谕张振夔、瑞安举人王甸宣、瑞安著名教育家陈黻宸、乐成举人蔡保东、高园举人黄鼎瑞等名师，先后执教于该书院[①]。清代乐清新建其余知名书塾有：龙山书塾、启秀书塾、启文书塾、崇文书塾、雁峰书塾、酿花书塾、花村书塾、瀛洲书塾、凤山书塾、金溪书塾、锦湖书塾、采真书塾、骊珠书塾、腾蛟书塾等。

4. 鹿城书院

明弘治十三年（1500 年），温州知府邓淮、永嘉县令汪循创建鹿城书院[②]。弘治十六年癸亥（1503 年）季春，明成化八年壬辰（1472 年）状元、掌詹事府事、礼部尚书兼翰林院学士长洲吴宽在《鹿城书院记》中写道：

---

① 王志成．梅溪书院：乐清最著名的书院［N］．温州日报，2017-01-13．

② 明邓淮修．弘治温州府志・卷 22［M］．上海：上海科学院出版社，2006．

“浙水之东，唯温为上郡，非以其物产之美，山川之秀也，特以其地人材之多耳。人材之多者，或以事业闻，或以文章显。在他郡固有之，若其人以义理自守，名教自乐，求乎于内而无待于外，此则所谓道学之士而非人所能及也……道学既传，海内风动，士相慕悦，莫不奋迅而起，往往负笈抠衣，不远千里而来，以得登门为幸。”[①]万历十六年（1588年）卫承芳组织工匠重建鹿城书院，在他的精心设计下，规制一新的鹿城书院，设有头门、二门，前有讲堂楼——名为“精荫堂”，为师徒讲会肄业之所；其右楼房设有大雅堂。院内占地十余亩，院舍共六十多间，亭池之胜，媲美园林。中设祭堂，祀先贤程颢、程颐、朱熹、张栻等先儒共23人，学规仿白鹿洞书院。命府学教授王执玉兼长教事，以儒家经学为主，旁及史书诗文，兼顾程王理学，一时生徒蜂拥而至[②]。

5. 明文书院（戴蒙书院）

永嘉岩坦镇溪口村兴学之风远近知名，据传村内先后创设了戴蒙书院、祠前书院、小山堂书院等7座书院。最有名的当属南宋理学家戴蒙、戴侗父子共同创办的书院，又称“戴蒙书院”，也是永嘉最早的私学书院。戴蒙书院现存砖石地基为宋代遗构，木构则是清乾隆重建之物。由于兴学有功，宋光宗御题匾额“明文”二字，后书院又称“明文书院”。书院平面布局为“H”字形，二层重檐楼阁式木构建筑，学堂东西两侧分列两个院落，正屋的南北为学堂与祭堂。学堂面阔五间，梁架结构为穿斗式结构。2005年3月，该书院被列为浙江省第五批文物保护单位[③]。

---

① 陈丽霞．温州人地关系研究：960–1840［D］．浙江大学，2005.

② 杨建华．卫承芳重建鹿城书院（下）［N］．达州日报社，2018-08-27.

③［DB/OL］．2019-10-12．https://www.sohu.com/a/346556308_100064685.

6. 琴山书院

楠溪江流域最大的书院建筑群，是创办于明代嘉靖年间的琴山书院，该书院位于岩头古村中央街南端，规模宏大，外墙长约百米，南北宽阔，现有一座明代正堂，其余建筑为2002年重建。书院中轴线上有山门、照壁、泮池、秋月池、映月亭等，现尚存些许明代石板基座。书院前有望月亭，文峰塔倒映在水池中，仿佛是墨池里的毛笔，而水池则就是砚台，形成“笔、墨、砚、台”独特布局。

第五节　台州地区的典型书院

宋代时期台州地区文风渐醒，先后创建7所知名书院（临海上蔡书院、观澜书院，黄岩南峰书院、攀川书院、柔川书院，仙居上蔡书院、温岭东屿书院）。朱熹在宋淳熙元年（1174年）及淳熙八年（1181年）先后任浙东常平使，其重心就是促建讲会，使得台州，尤其是黄岩地区一时文风蔚然。南宋时期，黄岩进士人数倍增，达182人，直追杭州、宁波与绍兴等地。台州私学受到朝廷重视，临海的上蔡书院始建于南宋景定三年（1262年），乃台州知州王华甫以南宋台州名臣谢良佐的字号“上蔡”为名而创建，后宋理宗亲赐额匾。

宋明两代，浙江各地很多书院假托朱（熹）王（阳明）之名，属于逢迎但也不足为奇，达到了以朱王之虚兴行促学之实之功效。南宋淳熙年间（1174—1189年），椒江教育家石墪创办观澜书院，为椒江史书记载最早的书院，填补椒江私学空白，兴学之风盛行一时。时代变迁，元军进入台州，直到至正二十七年（1367年），将近一个世纪，台州的经济与教育总体上呈下跌之势。元代台州只有9名进士，各地书院停办，时人乃以习儒为耻，俗之陋弊令人费解。元代知名文学家、礼部侍郎陈孚在《安州乡学记》中感叹道："独骇夫江之南台之乡之无学也，犹幸翁子之乡之有学也。"但宋末元初隐士翁森却对元代早期的台州书院薪火相传的贡献巨大，他以一己之力，在偏于县治东南25里的崇教里创办安州书院[①]。据《翁氏宗谱卷四》记载："建乡学以淑弟子，乃构书舍三十楹，安教近远异邑诸生。"受此影响，许多明代台州遗民在山林开馆，做了"隐形教授"。清顺治十八年（1661年），台州因深受"两庠退学案"影响，雍正四年（1726年）至十年（1732年），清廷两次以浙江"风俗浇漓，人怀不逞""甚至民间氓庶，亦喜造言生事"（见清雍正《浙江通志》卷2）为由，大兴文字狱，勒令停止乡试、会试，台州的文教事业因此消沉。直到同治三年（1864年）刘璈调署台州知府后，大力剿灭土匪，筹款修复府县两学，设立校士馆，台州清代的私学书院才逐渐复兴。据喻长霖在《民国台州府志》卷九十八本中统计，刘璈在任9年，督促各县新、重建、扩建或整顿的书院共32所[②]。迨至清末，台州共有大小书院144所，占当时浙江省11个府书院总数的14%。教育家王棻在《前台州知府刘公祠堂记》中写道："前明二百七十余年，守台者六十余人，治绩以谭襄敏公（抗倭名将谭纶）为最；入国朝二百四十余年，守台者五六十人，以刘公治绩为最。"[③]

1. 九峰书院

清同治年间，黄岩县兴建城乡义塾、私塾约39处。同治八年（1869年）知县孙憙依北宋法眼宗第二祖德韶大师挂锡九峰寺处创设九峰书

① 杨坚．寂寞先贤话翁森（随笔）[J]．六盘山，2018（2）：125-128.

② 喻长霖．民国台州府志·卷九十八本传[M]．胡正武，徐三见，李建军，楼波点校．上海：上海古籍出版社，2015.

③ 申海良．略论刘璈其人其事[J]．黑龙江史志，2013（13）：43-44.

院，在原佛殿之址建敷极堂——书院讲堂。讲堂朝北，其后是梯云精舍，实为学斋；书院左侧是吴公祠，祀明代乡贤朗公吴执御，是黄岩书院建筑的典范；并将瑞岩寺改为义塾，延请知名学者王棻为首任山长，正式招收学员。之后孙憙订立《九峰书院学规碑》六条于书院前院，以激励诸生发愤求学。光绪二年（1876年）县令王佩文增建祭祠，祀孙公祠。光绪十年（1884年）王棻从江西训教返乡，赠放《古今图书集成》一部计万卷于藏书楼名山阁内，成为省内屈指可数的私学藏书楼。王棻执掌九峰书院后，培养出了王彦威、喻长霖等十多位享誉一方的人士。

2. 双桂书院

三门县小浦村三面环山，状如新月。清雍正年间（1723—1735年），族人集资在村头古庵遗址上修建双桂书院，书院因缅怀先祖兄弟同科蟾宫折桂而得名。书院为三合院式砖木结构建筑，讲堂重檐硬山顶，梁架为抬梁、穿斗混合结构，内有典型的曲木支柱“套照”做法。正讲堂高耸于地面，拾级而上方可进入书院。讲堂高两层宽三楹，东西两侧附建一层三楹厢房，土墙黑瓦；书院前石板铺地，古朴而庄严。书院原建有文昌阁、魁星亭。前人有《湖心奎阁》诗：“龙溪曲曲绕芳田，水漾湖心一色天。光射奎楼芒在斗，风吹鳞甲动于渊。栽培雅化成桃李，图画高轩写雨烟。自此文星辰朗耀，石池翰墨试香泉。”林氏后裔迁移至此，耕读传家，后裔中有林炳宗、林淡秋、林泽清等知名人士曾在双桂书院发蒙[1]。中华人民共和国成立后，书院改作小学校舍，于2003年重建，原址大部分被村

① 台州古村落小莆：古桥书院叙往事［DB/OL］. 2018-07-25. https://m.sohu.com/a/243338166_396207.

中巧借他用。

3. 二徐书院

晚清与民国的台州两所书院较有特点：一是二徐书院，二是高龙书院。“二徐”即北宋末年台州大儒徐中行、徐庭筠父子。据《临海县志》记载：“后人论台学，以中行为首。”光绪六年（1880 年），黄岩人杨友声首议捐资，打算在“二徐”墓侧福海禅院旧址上建造“二徐”祠、塾各一所，又欲建绿漪亭一所，以恢复二徐讲学时的旧貌，后未成功。其子杨晨继承父志倾尽家资，在经费短缺的情况下，建成二徐祠，实际上规模极小。光绪十九年（1893 年）其子在祠内设私塾，延师授课。1906 年，私塾改名为“二徐小学”，1950 年又改名为“下白岩小学”①。

4. 樊川书院

樊川书院乃黄岩院桥杜家岙的族人为纪念唐代先祖杜牧（杜樊川）而兴建的书院。877 年间，杜牧的从兄杜羔为避黄巢之乱，举家南迁到黄岩院桥柏山之杜家岙。南宋，其后人杜椿在六潭山之间营建书院，称之为“樊川书院”。据传朱熹于 1151 年、1174 年、1181 年先后三次驻节黄岩，期间在樊川书院召集讲会，也促使樊川书院走向兴盛。樊川书院坐东朝西，分上、中、下三进长屋制格局，上、下两进占地面积 150 平方米左右，中间最大估计有 250 平方米左右。书院西边有大瀑布，溪流奔泻而下，如白练入潭。樊川书院的建筑布局为典型的“一”字形长屋，原址久圮。明

---

① 道学传千古二徐文化在台州［DB/OL］. 百度文库. 2018-10-08. https://wenku.baidu.com/view/b16973a74793daef5ef7ba0d4a7302768f996f46.html.

嘉靖三十六年（1556 年）将其改建；清康熙三十五年（1696 年）县令刘宽扩建新祠 5 间，并重新命名为“樊川书院”；现已是黄岩区樊川小学校址（图 4–9）。

秀川鎮保國民學校一覽表

校名	原校名	校址	創立人	創立時間	校產	學級數	學生數	教職員數
第一保國民學校		上蒼		民國[illegible]年[illegible]月	校舍[illegible]間田[illegible]畝	一	三六	一
第四保國民學校		日溪		民國[illegible]年[illegible]月	校舍[illegible]間田[illegible]畝	一	四一	一
第五保國民學校		牧礄頭		民國[illegible]年[illegible]月	校舍[illegible]間田[illegible]畝	一	[illegible]	一
第六保國民學校		嶺門	王天明 朱仲棣	民國二十二年二月	校舍借用十五間田八畝	一	[illegible]	一
第九十保聯合國民學校	董嶴初小	董嶴	陳廣培 董甫初	民國二十一年二月	校舍借用五間學田二十六畝	二	四四	二

秀南鄉中心國民學校原為秀川書院清同治九年知縣孫熹創立以文昌閣為院舍[illegible]改為秀川初級小學後又改為秀川兩等小學校[illegible]後又改為秀南鄉中心學校繼又改為今名現有校舍[illegible]五間田九十畝教職員五人學生一百二十六人編為三學級 冊採訪

嶺上鄉保國民學校一覽表

校名	原校名	校址	創立人	創立時間	校產	學級數	學生數	教職員數
第一保國民學校	道南小學	半嶺堂	戴雪門 戴長慶	民國二十年	校舍借用三間田五畝五分山[illegible]畝	一	四一	二
第四保國民學校	双抗初小	雙抗	張佩文 張和勤	民國二十四年二月	校舍[illegible]間田十六畝	一	六四	二
第七保國民學校	決要初小	決要	陳元杏	民國十八年八月	校舍借用九間田八畝	二	五四	一
第十保國民學校		李家山	[illegible]	民國二十七年[illegible]月	校舍借用[illegible]間田[illegible]	一	七二	一
第十一保國民學校	半山初小	畔山嶴	許楠森	民國二十二年二月	校舍十間山二十畝	二	八三	二

黄巖溪鄉中心國民學校在上陳原為上陳初級小學二十九年里人陳宣福等改為中心學校三十四年又奉令改中心國民學校現有校舍借用十四間山三片教員四人學生一百二十六人編為三學級 冊採訪

黄巖溪鄉保國民學校一覽表

图 4–9　民国樊川小学校一览表

5. 东瓯书院

晚清时期，椒江士绅积极参加“兴书院、振文教”的活动。清咸丰八年（1858 年），东山乡绅何锡庚、周作新等士绅捐购钱氏旧宅 9 间，以此为“东山私塾”的创建。书塾规模小，有学生 10 多人。在《东瓯书院碑记》中，对于东瓯书院的来历有这样一段记载：“院初名东山，其改称为东瓯，取朱子[1]诗句，以祀北宋临海名儒徐中行、徐庭筠。”光绪十五年（1889年）筹资扩建院舍，储有学田265亩；光绪二十八年（1902年）改称“筠美学堂”；光绪三十二年（1906年）改名为“东瓯两等小学堂”；民国9年（1920年）又改名“东山小学”；民国30年（1941年）被日军烧毁部分建筑，次年修复[2]。

现存东瓯书院在东山中心小学校园内，是一处合院重檐式书院，与《临海县志》所载的平面图不同。原图是一个由数个四合院拼接而成的“多进天井式”院落，主楼名曰“齐贤堂”，为两层阁楼式重檐歇山顶建筑，飞檐翘角，面宽宏大；台门三级，前有二狮蹲踞。进入台门后经长石板甬道，通向讲堂。讲堂为五开间，进深宽大，并有精美砖雕与梁架木雕。书院整体布局中轴线严整有序，无论是纵向串联还是横向并联，齐贤堂被严格布置在中轴线上。讲堂前后均有天井，并用太师壁隔成前后厅，两侧向后厅开门，整体纵向序列是：门厅—天井—前厅—天井—后厅—后天井[3]。东西厢房各有3间学斋。东西学斋前辟花园，门额各有题款。甬道两旁植有花草苗木，西侧有一小花厅，内有百年古柏。

6. 桐江书院

桐江书院始建于南宋乾道年间（1165—1172年），《光绪仙居县志》中称系晚唐著名诗人方干九世孙方斫所建，因祀先祖方英（桐江先生）而得名。山下、板桥两村始于唐代晚期，村民多为方干后裔。村内古迹众多，有书院、戏台、民居等。《板桥方氏宗谱》对书院地形描述道：“三小

---

① 南宋理学家朱熹的尊称。

② 椒江八大古书院［DB/OL］. http://www.360doc.cn/article/29431948_667178132.html.

③ 东瓯书院［DB/OL］. 百度百科. https://baike.baidu.com/item/%E4%B8%9C%E7%93%AF%E4%B9%A6%E9%99%A2/4489539?fr=aladdin.

山峙立其前，状如鼎足。”方斫乃东南学者之中正表率，选址独到，远近负笈求学者众多。《板桥方氏宗谱》中记曰：“旁置义田数十亩，以备四方来学膏火之费，一时文人荟萃。”尤其是在南宋高宗、孝宗时期，为传播儒学，贡献颇巨。据传桐江书院留下的桐江书院与鼎山堂二处墨宝为朱熹、王十朋亲笔旧迹。朱熹在《送子入板桥桐江书院勉学诗》中明确写道：“我今送郎桐江上，柳条拂水春生鱼……阿爹望汝耀门闾，勉之勉之勤读书。”至今其迹犹存。现存遗迹为清同治九年（1870 年）候选知县方松亭在原址上重建；中华人民共和国成立后短期作为小学校舍；至今尚有鼎山堂和大成殿两座讲堂等古迹。

第六节　丽水地区的典型书院

历史古建筑是透视当地传统文化的基因，丽水地区的古迹尤其保留较好，但以古村居多。丽水地区有两个特点：一是古迹较多；二是书院及科举不及本省其他地区。在住房和城乡建设部颁布的第一批中国传统村落名录中，浙江省共 86 个入选，其中丽水地区占 56 个。在第二批名单中，浙江有 47 个村落入选，其中丽水占 12 个。在第三批名单中，浙江有 86 个村落入选，其中丽水占 56 个。在第四批名单中，浙江有 225 个村落，其中丽水占 81 处。在第五批名单中，浙江总共 235 个，丽水占 98 个。2018 年列入第六批传统村落中，浙江省有 23 个传统村落名单，其中丽水占 12 个。另外在第七次全国文物普查开展结束后，丽水共调查登记不可移动文物 8286 处，其中传统建筑类约占总数目的一半以上，其中仅古民居和古祠堂的数量就有 4628 处，包含了部分如文艺会堂旧址、处州中学等文化类型建筑。

1. 丽水传统书院的营建与史迹

丽水的移民以明末清初的闽西客家人居多，其民风淳朴，多恪守祖训，甚至在松阳、莲都、云和三县很多古村落依然保持着闽南客家习俗和古汀州话（客家话）。境内建筑呈现多元性特色，廊桥举世闻名，其中清苑县的廊桥有 105 座，景宁县有 54 座，龙泉市有 31 座，松阳县有 17 座，遂昌县有 7 座，青田县有 13 座，缙云县和云和县各有 3 座，莲都区有 16 座，一共有 249 座以上。仅从书院建筑来说，就分受不同外来风格的影响。如东部青田与温州永嘉学派有着渊源，呈现重建构、轻装饰的古风型书院风格。南部庆元受闽北紫阳学派的影响，多注重绵丽多彩防火墙和砖雕艺术。中西部的遂昌等县的建筑融合了多种风格，形成两弄、简易口楼的格局化及巧雕技术。北部缙云县则在永康学派的影响下，形成了特色明显的传统建筑——形制多、类型多、技法多[①]。

据考，丽水最早有记录的讲会是在遂昌桃源乡的妙靖院。宋嘉祐八年进士、遂昌人龚原记载“*嘉祐初（1056 年），予尝讲学于其法堂之西偏*”[②]，但无固定场所。丽水第一所正规书院的创建，是北宋绍圣年间的尚友堂万松书舍。北宋元丰八年（1085 年）进士缙云黄碧人胡嵩山（1040—1104）回乡筹集资金，召集工匠，历时 3 年建大屋百余楹，自号“尚友堂万松书舍”。书院规模宏大，东西延伸多进，可纳百余人讲学。他亲临讲学考课，为书院搜集经史文集等藏书；著有《胡份诗集》，明正德年间，被祀入县先贤祠，位列首席，清道光《缙云县志》有传。

（1）明善书院[③]

丽水第一明善书院的遗址已难觅旧影，叶再遇裔孙清代拔贡叶葆彝著

---

① 琚鹏飞. 浙江丽水传统建筑景观保护与旅游开发研究［D］. 广西师范大学，2016.
② 宋龚原. 光绪・处州府志・卷二十八・遂昌妙靖院记［M］.
③ 雅峰书院［DB/OL］. 中国景宁新闻网. 2016-1-22.

《古市志略》中有“朱子祠”一条：“宋咸淳时（1265—1274年），吾家再遇公（朱熹）请建祠以祀，即邑所载‘第一明善书院’是也。”高焕然修民国《松阳县志》也记载了“第一明善书院”：“故址在旧市，宋淳熙九年，朱文公为浙东常平使者行部至此讲道，咸淳间（1267年）邑人叶再遇请建书院以祀文公，元至元二十一年，前太学进士萧子登复兴之，元末废弛，惟存大成殿，旧有御书楼、择礼馆、万青亭，今并废。”①元至元十一年（1274年）松阳人萧子登，复建明善书院，并亲任山长设坛讲学，新建礼殿及大门。延祐五年（1318年）山长汪希旦又添建东西厢房。元代学者、婺州兰溪人吴师道（1283—1344）与元末学者王祎（1322—1374）曾先后撰写《明善书院记》，记录了书院的创建过程②。清乾隆十五年（1750年），知县陈朝栋重建书院于城东，并将原存学田及废寺田拨入作膏火之资。咸丰八年（1858年）十一年（1861年）两次遭兵燹。同治六年（1867年）知县徐葆清购城北天后宫之东叶姓房屋再次改建，较原址更为宽敞。另据民国《松阳县志》所载的“第二明善书院”：“故址在城东朱子祠左，乾隆十五年，知县陈朝栋买詹姓房屋改建，咸丰六年改作考棚，今又改为魏公祠，附设模范学校。”据民国《松阳县志》所载的“第三明善书院”：“在城北天妃宫侧，因旧书院于咸丰辛酉被寇焚毁，同治六年，知县徐葆清捐置城北叶姓房屋改建，光绪三十年改为‘县立毓秀高等小学校’。”③

（2）石门书院

传闻青田县石门洞的石门书院始建于唐天宝三年（744年），但并无考证。《光绪青田县志·卷二》载曰：“元至元三十一年（1294年），廉访

---

① 松阳县县志办．明善书院兴废史［DB/OL］．松阳新闻网·人文视觉．2021-7-11．http://syxww.zjol.com.cn．

② 胡锋吉，季旭峰．宋元时期处州地区书院发展考略［J］．丽水学院学报，2009，31（3）：51-54．

③ 松阳县县志办．明善书院兴废史［DB/OL］．松阳新闻网·人文视觉．2021-7-11．http://syxww.zjol.com.cn．

分司副使王侯至洞，进士刘若济请建书院，王委教授吴梦炎、县尹王麟孙集耆儒建。”据传此地为刘基师从元末江西学者郑复初开蒙读书之地，与仙都、天台、雁荡三地合称“括苍四胜”。书院格局上兼具元、明两朝的合院式布局特点，但立面与装饰则以晚清风格为主。清人钱鸿基诗赞石门书院：“有明三百年，于此著神武。”诗中大意是赞赏刘基在石门书院寒窗苦读，辅助朱元璋开创大明三百年基业的事迹[①]。王安石在《石门亭记》记曰：“石门者，名山者，名山也，古之人咸刻其观游之感慨，留之山中，其石相望。君至而为亭，悉取古今之刻，立之亭中，而以书与其甥之婿王某，使记其作亭之意。”书院周围山水秀美，可从南宋著名隐士林景熙的《石门洞》一诗中概知一二：“一重一掩翳复郎，朱门金榜开殊庭。众峰环拱受约束，何年神造驱五丁。”从中可见石洞书院借山水之势与刘伯温一统朱明天下而成道立名[②]。

（3）独峰书院

独峰书院位于缙云县倪翁洞景区内。南宋宝庆三年（1228 年），朱熹学生陈邦衡与青田进士叶嗣昌在伏虎岩下创建独峰书院。元《仙都志》与明《处州府志》等书记载，原独峰书院大门朝案正对独峰，独峰如一只巨笔，以兴文风，故而得名“独峰书院”。传闻宋淳熙壬寅年（1182 年），朱熹巡游缙云县，作《追和徐氏山居韵》诗一首：“出岫孤云意自闲，不妨王事任连环。解鞍盘礴忘归去，碧涧修筠似故山。”书院占地较广，轴线对称，院门简朴。入门后有一前庭，正对仪门“孔祠”匾额。中庭为讲堂，南北无壁，东西各有拱门，连接学斋与山长室。故《仙都志》载：“独峰书院……绍定戊子，郡人叶嗣昌始就此创礼殿为讲贯之所。”清同治十二年（1873 年），缙云知县何乃容改址在好山月镜岩下的“晦庵先生弥

① 百度百科词条．石门书院［DB/OL］．

②（元）吴师道．明善书院记・礼部集・卷十二［M］．文渊阁四库全书本．

节于此”处仿原样重建，各类长廊连接东西厢房，共 20 余间。清末科举废除后，书院改名“鼎湖学堂”。民国至 1960 年间，用作小学校舍。

（4）雅峰讲舍

雅峰讲舍位于景宁畲族自治县。由于地处少数民族地区，书院起步最晚，私学书院极少。雅峰书院旧址即现景宁县职业高中校址。雍正七年（1729 年）知县汪士璜购地建鹤溪讲堂，命名“雅峰书院”，在石印山后旧儒学右，又名“大小义学”。旧书院有五楹讲堂，左右学斋约二十间，花园内有假山水池，桑竹花木若干。光绪二十八年（1902 年）后，雅峰书院率先改制，增加西学科目，并修建新学斋，书院改称“官立务本学堂”，民国 19 年（1930 年）改称“景宁县立第一小学”。

（5）圭山书院

圭山书院位于莲都区，乃万历二十二年（1594 年）知府任可容在府治圭山创建。清初，鉴于明末书院“群聚党徒，摇撼朝政”的教训，对书院采取竭力抑制政策。康熙三十三年（1694 年），知府刘廷玑改圭山书院为“圭山义塾”。清同治十三年（1874 年），丽水知县彭润章将檡山西麓的仓圣庙和檡山义塾改建为“圭山书院”。现在的圭山书院为 20 世纪 90 年代重建，沿用旧名。①

2. 浙南地区传统书院的乡土特征②

（1）从自然山水到因材施建的差异平衡

浙南地区的地形地貌为低矮的丘陵山区，直到 20 世纪下半叶，因陆路交通封闭，是历代移民的天然避难与迁移目的地。浙南地区大多数古书

---

① 处州小巷：沧桑蝶变桂山路 书香飘逸老街巷［DB/OL］. 丽水新闻. 2017-05-05.

② 老泉. 台州高迁古村落［DB/OL］. 2017-02-12.

院建筑远在深山，相传建筑材料多数为砖石、砖木、石木等搭配，甚至有很多建筑为夯土建筑与蛎壳建筑，只是至今未发现由上述材料营建的传统书院。明清合院式建筑保留完整，书院与民居夹杂其中，如仙居高迁村书院建筑，白墙、黛瓦、窄巷、门堂，颇具江南韵致。温岭市石塘岛的民居建筑多以石砌成，石屋石院，高低有序，构成一个石砌的村落建筑群体。

浙南地区的建筑体系中属东瓯亚区，其书院建筑古迹中明显保留宋代营造技艺特征，如南雁荡的会文书院、永康的五峰书院、仙居的桐江书院与缙云独峰书院等。古建筑群当中常见有斗口跳、檐口转角的上昂状斜撑、挑斡中的上昂、编竹造等宋代建筑的标准做法。从明至清，温州书院建筑多数是楼居为主，楼上是讲堂，楼下会客，到清代中后期逐渐由楼上厅向楼下厅发展。到了清后期，楼下厅成为活动与起居场所，人际交往转而在一层，二层作为讲堂并兼山长室。

浙南处处都保留有极富特色的古代书院建筑。如永嘉芙蓉村的司马第大屋，始建于清康熙年间，兼具乡村书塾的作用，建筑的布局以对称式为主，各院落通过游廊穿插连接。整座大院兼具封闭式和组合式宅院的功能，既设计了居住功能，又囊括了书塾、房祠和戏台等建筑在内，集居住、教育、祭祀、仓储等功能于一体，再现了北方氏族迁居江南时经常采纳家族防卫式聚居的建筑形式。司马第大屋地域特点鲜明，梁架构件、檩条、结构柱和穿枋用材大多数为树龄20年左右的树木。木材用料坚固，在下层采用坚固的石砌墙体，上层部分常将穿斗式构架与抬梁式构架结合，体现出轻盈柔美的屋顶造型与流线，与双桂、莲城等小型书院在用材上形成根本区别。这其中既体现了朴素的造物的思想，亦结合了南北两种建筑结构的优点。还有如临海县东北部汇溪镇的羊岩山东麓，海拔高400多米，村中有浙南地区代表性的乡村书院宝新义塾、近仁堂、半耕堂、一心斋等旧址，村内还有东泰桥、中和桥、西安桥三座古石拱桥，至今保存完好。这些传统建筑依山势而建，连片成群，与周边山水和谐共存，集中体现了台州传统建筑匠心独具的特别之处。

浙南地区的大多数传统书院都以木构架为主，砖砌、石砌或夯土筑墙，其建筑样式大体上采用抬梁、穿斗穿插式的做法，构造手法极具地方特色。书院室内隔墙主要是使用木条夹板材料，工匠们在山墙面的木梁柱之间，采用竹编内墙、外抹白灰的经济方式，类似做法在《营造法式》当中可见记载。一般小型的书院或书塾在用材上都采用油杉甚至硬杂木套照，有些书院的二层梁柱甚至弯弯扭扭，树龄很短，外层只用清漆染罩，优点是便于更换，因材施用。此类做法最典型的例证就是三门县的双桂书院和慈溪的文蔚书院。

另一种做法是将木构架承重和硬山搁檩相结合。在学堂的明间使用木构架承重，而在次间采用硬山搁檩的做法——直接在山墙上搁檩条，达到承重目的。在靠近闽东南地区的几个村落书院，墙体较多使用空斗青砖丁砌，基础一般使用卵石堆砌，从福鼎县的草堂书院现存的遗迹中可以看到此类做法。丽水山区的另外一种做法是用夯土筑墙，夯土夹杂碎石或篾丝等，更为坚固，历经百年而不垮。

浙南、闽东地区的传统书院厅堂都设有前后廊，以“梁托”承托月梁及轩篷，如章用中创设的江南书社、中村书院、侯林书院等，与《营造法式》的厅堂作法类似。温州地区的民居建筑大量运用上昂、栌斗和连珠斗的作法，目前见诸《营造法式》的相同案例仅见于苏州云岩寺塔内。考察楠溪江流域现存的各大书院（戴蒙书院、小山堂书院等）可以发现，温州地区的书院遗迹构架比任何地区都更接近《营造法式》的做法，在每根柱上都有栌斗，而且月梁是架在栌斗上，这一古老的做法与《营造法式》的图例十分相似；另外，永嘉民居建筑中保留了宋元时期柱与屋脊的生起及柱的侧脚现象，这种做法极为少见。①

① 曾雨婷. 浙南闽东地区传统民居厅堂平面格局研究［D］. 浙江大学，2017.

调查发现，浙南地区是浙江全省建筑营造差异最大的地区，即使同属台丽温地区，黄岩、椒江、青田、缙云、温岭、乐清、苍南等地的建筑形态上都存在显著差异，并深刻打上了浙南地区的特定烙印。

（2）从因地制宜到就地取材的营建经验

浙南古书院营建多讲究因地制宜，大多数形制朴素，面阔宽大，天井明亮，进深较深，有繁复严谨的用材规范和技艺要求。其营建经验大致可分：① 建材多就地取材，整个浙南地区，从临海、龙泉温岭、乐八县市和苍南、洞头、缙云、永嘉、云和等 18 县市，均为重要的竹木石材之乡，本地工匠们均熟练使用当地盛产的竹木、石材、黏土等优质建筑材料，也是中国著名的“百工之乡”。黄杨木雕、青田石雕、仙岩砖雕、洞头贝雕、乐清竹壳雕、泰顺木雕等，均与建筑技艺的扩大延展有关，其中温州灰塑在明清两代最为盛行，尤以在祠堂和大宅当中运用最多。明代遗物李氏三进屋，共有住房 64 间，大小庭院 22 个，地基为宋代所建，地面建筑为清乾隆年间重建，雕刻精美，再现了浙南传统装饰的特色。

② 丽水地区各个历史时期的书院不多，有青田石门书院、缙云学道书院、圭山书院、介石书院、遂昌双溪书院、景宁庐山书院、青田鹤皋书院、龙泉留槎书院等，规模较小，特征各不相同。如庆元县的松源书院、松阳县的明善书院、遂昌县的鞍山书院与云和县的箬溪书院等，其建筑特征受地形、民俗和材料使用的影响，采用了夯土墙的结构。首先，由于夯土怕雨水，所以书院的夯土墙基则改为卵石、乱石结合，可以防止积水，大幅提高墙体强度。其次，山区火灾多，书院的封火山墙多设计成马头墙，如创于清康熙三十三年（1694 年）的莲都圭山书院建筑群，因马头墙密集，远看如群马奔腾。据传，景宁指南书院采用宋元时期流行的减柱造方法，此法在明清建筑中已不常用，可惜已不复存在。

③ 丽水地区交通不便，相对蔽塞，书院建筑体量略小，反而延续了独特的讲座特点和独特经验，保留了鲜明特色的建筑传统。从丽水地区书院

营建经验的影响上看，丽水北部的遂昌、松阳、缙云因与金华、武义、永康等传统建筑之乡交界，其书院建筑隐约可见八婺地区民居建筑的技术痕迹，建筑三雕有温州和金华等建筑做法的综合风格；丽水中部的莲都、龙泉、云和的书院建筑则兼具温州风格和闽南风格；景宁、庆元地区的建筑风格则明显偏向闽南风格，其境内的廊桥堪称“宋元建筑技术的集大成者”。在温州市区的传统书院中，因有些书院靠近当时的集贸中心，凸显了商业街巷格局的特点。

（3）独特的格子布局

浙东、浙北两地区在设计书院建筑的平面布局上，更讲究中轴对称，这与城市化的市镇营建观念习惯相关，尤其是杭州地区更是如此。往往大型书院中间设天井，形成三合或四合院布局，书院的基本单元为一进两厢式，在此基础上发展成两进，如杭州、宁波的部分官学书院甚至能达到七至九进，有些望族强宗甚至高达十多进。但是，浙南的书院在平面布局上很不相同，多数采用特殊的“格子布局”，各书院以合院为基本构成单元，再向纵横方向发展拼接组成，形成多进的院落。沿中轴线建有前厅、中厅、后厅，东西两厢，厢后又有别院，形成了独特的浙南山地书院建筑格局，这种设计巧妙地扩大了空间利用效果，颇具研究价值。龙泉、云和、缙云等地的书院，整个平面设计为上下错落的“格子布局”，非常特殊。特别是丽水地区因山林密布，木材质量上乘，建筑有强大的艺术表现力，创新做法较为多见。

（4）局部节点

① 天井。在书院踏查中发现，浙江地区有天井的书院建筑较多。在多重院落的书院中，讲堂与学斋还可以通过大小不同的天井将东西学斋、庖厨、祭堂、山长室和花园连接起来。浙西地区多内天井，温州的天井多开放。如苍南县鹅峰书院的内天井，长十余米，宽十余米，与楠溪江岩头村东宗祠的天井长度相当。据传，钱俶的钱仓宝胜寺因在苍南县设库司，所

造建筑天井宽大恢宏，可惜无从查证[①]。温州气候炎热，是夏季台风的主要登陆点，因此防风防雨的功能更为重要。相比之下，温州书院的天井尺度应当大于台、丽地区的天井尺度。

② 屋顶及装饰。浙南多台风密雨，尤其是温州地区。因而书院建筑瓦当和滴水都普遍较大，普通台基础用阶条石压面，兼有青砖墁地。在屋顶装饰上，温州楠溪江流域的古村落在屋顶装饰上一般都比较简单，大多数为硬山造，小青瓦覆盖屋面，瓦口置勾头滴水，清水脊。以遂昌县的鞍山书院为例，该书院第一部分是清代在明代遗址上修复建造的，门口有三级石阶，左右两侧各一前廊；左右各二间厢房，以小天井隔开，天井后是讲堂；四面屋檐翘角明显，月梁宽厚，主厅的柱头还有卷杀，而且有比较明显的元代鼓型素面柱础。据史书记载，明代万历三十二年（1604 年）的状元杨守勤任教于鞍山书院，他在《戏题池上小舟》载曰：“碧水浮新沼，儿童芥作舟。有帆常不卷，无棹任漂流。去去沙为梗，行行石又留。遥知蔽日舰，须向尾闾游……”

3. 小结

浙南地区书院的特点比较明显，归纳而言：一是有丰富的自然资源，为先民们提供了营建的便利；二是运用多院落、大面阔、大开间、大天井组合，装饰上多用富有浙南特色的高翘角、灰塑等形式，体现了浙南民居的地域风格；三是在装饰朴素淡雅，造型张扬，色彩比任何地区都要丰富，兼具温州和闽东南的特色；四是比较特殊的如泰顺的罗阳书院、白漕书院、侯林书院等，皆由民居转化而来，其建筑特色与民居无异，屋顶大

① （乾隆）《平阳县志》卷九：秩祀・庙祠记：“钱王楼，在钱仓宝胜寺，五代吴越钱王曾宿于此。”

部分采用了悬山顶，两边有较大的披檐，在屋顶两端的山墙博风板正中，有“悬鱼”装饰构件——悬鱼是中国中原地区的建筑装饰特色，在长江以南不多见。这些传统的建筑元素能在浙南地区得以保留，尤为可贵。

第五章

浙西、浙北书院建筑调查

浙西建筑集山川风景之灵气，融汉族风俗文化之精华，风格独特，结构严谨，雕镂精湛。不论是村镇规划构思，还是平面及空间处理都充分体现了鲜明的浙西特色。浙西还是著名的“百工之乡”，闲时做工，忙时务农，培育了闻名天下的以“东阳帮”著称于世的婺州工匠群体。浙西的衢州素有“四省通衢、五路总头”之称，建筑材料丰富，加之融汇吴越文化、赣鄱文化与客家文化诸多建筑精华，亦形成了鲜明的衢州建筑特点。建德即严州，自古人文荟萃，经济发达。中国现存图经中年代最早的地图——《严州图经》存卷再现了1200多年“州府规制清晰、街巷肌理完整”的城市营造水平。而浙江北部的杭嘉湖平原是浙江省最大的平原，在地理上是长江三角洲的一部分，北邻太湖，西接天目山，南接杭州湾与钱塘江，东接上海，既是江海上游，又是东南巨屏。杭州踞东南都会，人间天堂。嘉兴为吴楚之战地，良田万顷。湖州则是江表大郡，四境平畴。这些地区皆留下了壮丽的建筑景观。

第一节　浙西儒学体系下的书院与学派

浙西原为两浙西路的简称，历史上曾涵盖了浙江北部和江苏的苏南地区。今浙西是指地理上的浙江西部（金华、衢州、严州），严州现为建德县，成了杭州的一部分。浙西经济富庶，文风昌盛，是著名的建筑之乡，能工巧匠众多，尤以金华为著。在南宋婺州人章如愚编撰的《新刊山堂先生章宫讲考索甲集》中有云："有宋之兴，东南民物康宁丰泰，遂为九围重地，夺往股西、北之美而尽有之。是以邹鲁多儒，古所同也，至于宋代则闽、浙之间，而洙泗寂然矣。关辅饶谷，古所同也，至于宋代则移在江浙之间，而雍土荒凉矣。"

从学派分类上看，金华学派、永康学派与永康学派一道，合称为"浙东学派"。但本书遵循今天的行政地理区划现实情况，将金华、衢州等地划入浙西地区，两者看似矛盾，实际上更符合现当代对浙江行政区域的划分习惯。北宋金华吕氏经学的传承，对金华文脉发展影响巨大。

自北宋时，江南就以苏、松、常、嘉、湖为主的发达经济体，成为全国的经济重心。南宋"金华学派"创始人吕祖谦，精通北宋王学、程学与蜀学，并与朱熹相交颇深。吕死后，永康陈亮继起，引领浙西"事功学派"，兼秉朱、陆、吕各家之长，反对空读性理、建构全新儒学，一时名噪天下，影响深远。入元之后，元廷重商抑文，中止科举，破坏了自科举以来儒士阶层在政权中的权责与机会，大批浙西儒士的仕进之路不通，转为经商。反过来，这批人由于不忘旧念，经商致富之后，返乡筹建书院。另外，浙西为著名的工匠之乡，境内的金华、衢州都在历史上盛产工匠，尤其是金华的东阳，自唐末起，建筑工匠一直闻名天下，至明清时期达到高峰。本书将基于此，通过工匠群体与儒学这一线索，整合浙西的书院建筑研究中个案式信息，重新为书院研究提供一种解析与叙事方式。

浙西书院的建筑是建立在民居基础之上的，而浙西民居尤其以"东阳工匠”为传承主体，以“十三间头”为建筑特色，其特征为马头墙、敞口厅、大院落、精雕饰等。“十三间头”的基本单元由大小堂屋 3 间，卧室 6 间，厨房、厕所各 1 间和贮藏室 2 间构成，书院布局巧妙，功能齐全，阴阳平衡。而衢州地区的建筑融赣、闽、皖民居清水砖墙（无白垩）为特点，木材资源丰富，石匠群体众多，房屋布局外低内高，正侧门规格迥异。浙西书院建筑与浙东、浙北完全不同，外墙青砖垒叠，不施粉壁，顶部以砖瓦砌出仿木结构的屋檐。建筑结构极为规范，建筑结构适合预制、材料预算与营建管理，体现了设计与营建的标准化、模数化水平。外观高墙深院，马头高昂，粉墙黛瓦。装饰工艺精巧，青砖门罩、石雕漏窗、木雕梁柱与书法绘画融为一体，技艺精湛。

1. 浙西传统书院营建

谈浙西的书院，首先必谈金华的书院。金华的书院起源较早，其雏形为三处读书处：一处是九峰山上的东汉名士龙丘长的读书处；另一处是南朝梁代学者刘孝标在讲堂洞的读书处；第三处是唐代工部侍郎、集贤院学士徐安贞在汤溪九峰山建的安正堂。浙西著名书院众多，如南宋“金华学派”创始人吕祖谦创办的丽泽书院，为南宋四大书院之一。南宋“永康学派”的创始人陈亮创建的龙川书院、永康方岩的五峰书院、金华的崇正书院、浦江的月泉书院等，另有说斋精舍、宝惠书院、石洞书院、道一书院、北山书院、山桥书堂等书院都驰名四海[①]，儒士推进“金华学派”的发展，经纬之士远多于杭嘉湖，赢得了“浙东小邹鲁”之称。金华的书院建设在元、明时期遭遇低谷，官学化明显，清室入关后，在数量上远比嘉兴、温州要少。自清代顺治朝至光绪朝，金华各地书院迅速恢复，有桐

① 盛朗西的《中国书院制度》、陈元珲等的《中国古代的书院制度》均有载，但未言何人所创。

荫、滋兰、丽正、长山、鹿田等著名书院[1]。

衢州的私人教育历史最早萌芽于东汉末年，儒者传经时盛，龙游吴人龙丘苌隐居汤溪九峰山，设立精舍，此为衢州私学之起源。后南朝宋元嘉年间徐伯珍建安正书堂，成为当地最早的儒学起源之地（图 5-1）。唐徐安贞自幼读书于九峰山，传承书院衣钵。宋元时期，衢州经济发达，书院逐渐繁盛，著名的有梅岩精舍、清献书院、明正书院；开化县有的包山书院、一封书院、西川书院等；江山县有崧山书院、逸平书院、江郎书院等；常山县也有石门书院等。明清时期，有定志书院、修文书院、鹿鸣书院、清献书院等；江山县有高斋书院、仰山书院、文溪书院等；龙游县有鸡鸣书院、复英书院、枫林书院等；常山、开化两县亦有定阳书院、钟峰书院、崇化书院等。

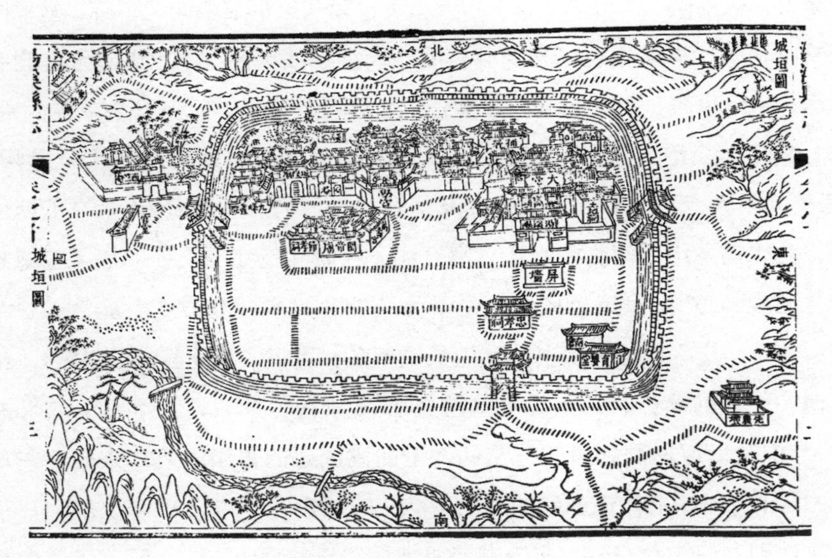

图 5-1　清乾隆《汤溪县志》载“城垣图”

① 龚剑锋．金华历代书院的兴盛［DB/OL］．婺文化大讲堂．2013-04-16．http://www.jinhua.gov.cn/art/2013/4/16/art_1229160719_52974766.html.

宋元两代，衢州书院发展迅速，之后遭受方腊劫难，元初遭受禁毁。北宋衢州隐士毛幵在烂柯山梅花坞创建梅岩精舍，此书院在南宋淳祐四年（1244年）改称“柯山书院”。此时的书院仍有清献书院、正谊书院、清漾书院、凤梧书院等数十家知名书院。在嘉靖的《浙江通志》中《重建衢州府学记》中载曰：“宣和庚子冬，方腊窃发，陷睦、歙、杭、次年陷婺、衢、处（各州），独衢遭焚劫尤甚，尺椽片瓦荡然无存。元初又毁，屡次禁毁又屡次率众重兴。”[①]此时衢州的书院已在全省率先分为两类：一类是“考课式”书院，同于官学；另一类“讲会式”书院。清代对民间书院持反复政策，顺治九年（1652年）明令禁止私创书院，到雍正十一年（1733年）时，又采鼓励政策。值得一提的是，衢州的开化县，还保留了天香书院、钟峰书院、崇化书院、逢辰书院、霞山书舍、南峰书院、东皋书院等十余处知名书院[②]。2017年，考古人员考证衢州凤梧书院的纪事碑，从书院碑文上可知，书院原有二进仪门三间，大堂、讲堂各三间。讲堂之左建有楼房，合计屋舍一百数十间，虽为官学，但可见衢州书院建筑之繁盛。

严州，又称“睦州”，建城历史悠久，自古文风鼎盛，元代方道睿：“吾郡山水闻天下，以严名州，子陵高节故也。”其治所梅城坐落在浙西山区，北靠乌龙山，南临新安江、富春江、兰溪江三江交汇处。据《建德县志》记载：“严州城墙的城堞似半朵梅花而称梅城……始建于唐中和四年（884年）……”建德地区书院建筑数量不多，可见《建德县志》记曰：“隆庆间……寻割榛，伐林木，命工庀材，筮日兴作……逾年季夏，以次而举。”但最早可追溯到唐乾符年间隐士翁洮创建的青山书院，宋景祐三年（1036年）知州范仲淹创建的龙山书院，宋绍定元年（1228年）桐庐严子躬耕处创办的钓台书院，宋校书郎胡楚材创建的默山书院，明国子监助教

① 浙江通志［M］. 上海：上海古籍出版社，1991：868.
② 浙江通志［M］. 上海：上海古籍出版社，1991：877.

洪亷在寿昌创建的莲谷书院，明万历元年（1573 年）知府陈文焕在城北拱宸门外创办的会文书院，清康熙年间严州知府吴昌祚创建的文渊书院，以及清道光三年（1823 年）建德知县疏于篡创办的屏山书院等。

2. 金华地区传统书院营建

从全国书院的建筑造型与风格上看，五峰书院是颇为独特的书院之一。该院是一处特殊的覆崖为顶的石洞建筑风格（岩洞建筑），体现了典型明代建筑的营造法式。书院与鸡鸣、覆釜等五峰环抱，五峰卓然如釜，与洞窟式书院建筑相得益彰，闻名天下。岩下有许多天然石洞，南宋乾道八年（1172 年）陈亮利用石洞设“寿山石室”。明正德年间，学者应石门建丽泽祠于石洞中，后学者周佑德又增筑学易斋。明嘉靖年间，婺郡太守姚文火召命永康县令洪垣、甘翔鹏建五峰书院，书院利用洞窟内型，建造讲堂，内设学斋、祭堂、山长室和庖厨，并有定期讲会，可谓一应俱全。五峰书院作为南宋永康学派的发祥地与明代王阳明倡道处所，类似佛教龛窟，内部别有洞天，洞室高大、主室作长方形或较为规则的方形窟。形制不同的石洞组合成一个典型的岩洞建筑，洞内用木柱支撑岩壁，洞口紧贴石壁做重檐门面，风雨无侵，冬暖夏凉，形成洞窟式书院的建筑奇景，犹如南方的“悬空寺”。

五峰书院基本布局为：① 五峰书院与丽泽祠、学易斋均为明代遗物，即洞支木构筑在天然石洞中，梁架穿斗式，横梁不加装饰，下有丁头拱，鼓形柱础如覆盆。书院建筑壁北朝南，三开间略呈方形，万分坚固。屋高二层，屋内有圆柱 18 根。② 洞内建筑的梁架采用穿斗式，明、次间正面各有6扇格扇门[①]。丽泽祠在书院西侧，三开间二层楼，楼下前后设廊，结

---

① 赵芬芬，韩岑．略述永康五峰书院的建筑特色［J］．城市地理，2015（12）．

构与装饰大体如五峰书院，不饰华丽。学易斋在丽泽祠西，亦三开间二层楼。③ 兜率台岩下的石洞内有一重楼巍立，石洞深 28 米，洞口 20 多米。现存建筑是明代改建，楼分上、中、下三层。重楼占地面积约 550 平方米，南宋之后，大儒朱熹、吕东莱、陈亮曾先后讲学于此，抗战中期浙江省政府曾暂避其中办公。1959 年以书院为基础兴办永康师范学校，明代建筑的法式和覆崖为顶的石洞建筑风格保存完好。除此之外，其余著名书院也不能不提，如下分别说明。

（1）丽泽书院

丽泽书院乃南宋四大书院之一，为南宋金华籍著名思想家、教育家吕祖谦（1137—1181）创设的私人读书处，因屋前临湖，故取堂名为“丽泽”，人称“丽泽书堂”。最早创建于宋乾道初年（约 1165—1166 年），吕祖谦在此完成了“金华学派”的开宗创派。据宋楼钥《东莱吕太史祠堂记》记载“其地在光孝观侧，四方学者皆受业于此”，盛况非凡。门生巩丰、陈良佑有诗形容：“同门至千百”，“门生数百人”等。诸生中成大学问者、有造诣者 150 多人。至元三十一年（1294 年），丽泽书院大修，王龙泽撰《修丽泽书院记》纪念。宋大德年间（1297—1307 年）、元末均有毁于火。明天顺年间（1457—1464 年），吕济晟、吕重濂重建书院。明代成化三年（1467 年）魏骥撰《重修丽泽书院碑记》记载了金华知府李嗣重修丽泽书院之事。明末，丽泽书院终因遭兵燹而毁，前后共存 478 年[①]。

（2）石洞书院

石洞书院是南宋绍兴十年（1148 年）郭钦止创办（图 5-2）。郭钦止，字德谊，浙江东阳郭宅人。宋绍兴十八年（1148 年）凭一己之力创建石洞书院，捐田数百亩和石洞之山为院产，以家中藏书充实书院，陈亮称其父

---

① 龚剑锋．金华历代书院的兴盛［DB/OL］．婺文化大讲堂．2013-04-16．http://www.jinhua.gov.cn/art/2013/4/16/art_1229160719_52974766.html．

子三人乃浙东“学之初兴”之先行者。书院延请叶适为主讲，朱熹、吕祖谦、魏了翁、陈亮、陈傅良、陆游等人曾受邀前往讲学，名声大振。叶适在《石洞书院记》中称：“（钦止）以学易游，而不以物乐厚其身，以众合独，而不以地胜私其家。”后朱熹撰写《郭钦止墓志铭》。现存的石洞书院为新建之物。书院现为二进院落式，沿轴线为山门、主院、紫阳讲堂、学斋、库房、山长室等；书院是一座四合院式的庭院建筑，左右因借山而建，故而亭榭齐备，前为大厅，后为紫阳讲堂，两旁为斋舍。据东阳县志记载，南宋时，石洞书院以景著名。书院内有清旷亭、月峡、小烂柯、壶中阁、笙鹤亭等十余处著名景点，俨然一陆上“蓬莱岛”，令人如入仙境，明代郭鈇编撰的《石洞贻芳集》也有所记载。

图 5-2　石洞书院

（3）八华书院

东阳县人文深厚，书院众多。据 1933 年《东阳县志稿》记录，东阳有全国知名书院共计 33 所，义学、私塾数以百计。元朝延祐元年（1314 年），名士许谦按东阳学宫模式，创建八华书院，其弟子见于著录者，约有近千人，并著有《八华学规》等，可惜八华书院今已不存，但我们以康熙东阳学宫图做参考，可知当时规模之巨（图 5-3）。据《元史·许谦传》载：“延祐初，谦居东阳八华山，学者翕然从之。寻开门讲学，远而幽、冀、齐、鲁，近而荆、扬、吴、越，皆不惮百舍来受业。其教人也，至诚谆悉，内外殚尽。尝曰：‘山有知，使人亦知之，岂不快哉！’或有所问难，而词不能自达，则为之言其所欲言，面解其所惑。讨论讲贯，终日不倦，摄其粗疏，入于密微。尝手订《八华学规》作为学生遵循的准则，其要为：心静明理之本，貌恭进德之基，则毅乃是自励，谦让可以受益，有善当与人共，有恶勿忌人攻。”①

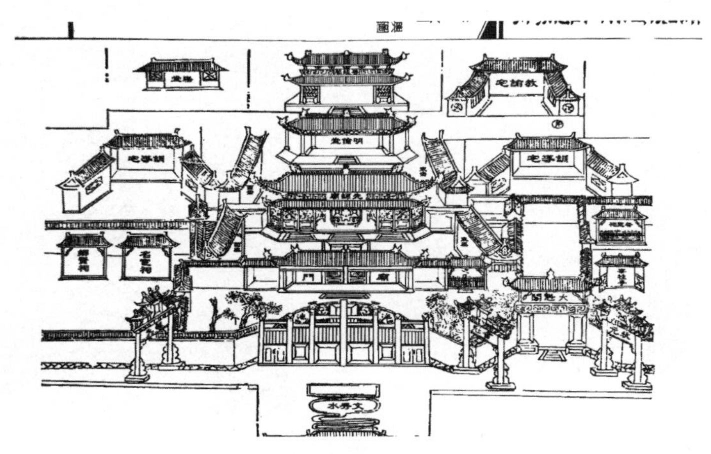

图 5-3 康熙《东阳县志》载“东阳学宫图”

（4）仁山书院

据《光绪兰溪县志·仁山书院》条载：“仁山书院，宋金履祥筑，北山何基为题仁山书堂匾。”金履祥（1232—1303）自号桐阳叔子，兰溪人。是宋、元之际浙东学派、金华学派的中坚，“北山四先生”之一，学者尊称为“仁山先生”。现存书院的建筑主体为清道光年间重修之物，兼为金氏家庙。书院建筑结构承元代风格，是目前浙江保存完好的书院之一。书院坐北朝南，总体布局呈方形，为三进“T”字形院落，一进、二进面阔三间，进深七檩，后额枋有“仁山书院”匾额。三进面阔五间，进深五檩。离仁山书院不远处，还有一所宝惠书院，传为宋“香溪先生”范浚于绍兴九年（1139 年）建，地址在宝惠寺，门人约百人。

（5）鹿田书院

鹿田书院现址在北宋“鹿田寺”遗址之上。寺废多年后，直到清光绪二十四年（1898 年），金华八县的学儒士绅在此创建鹿田书院，知府继良

① 季啸风．中国书院词典［M］．杭州：浙江教育出版社，2006．

题有“八婺儒宗”“鹿田书院”匾额，是金华唯一保留完整的清代书院建筑。该书院为木构院落式建筑群体，占地面积 792 平方米，建筑面积 1280 平方米。前院墙高院深，中轴线上有门厅、讲堂和学斋等，现无花园。前厅天井宽大，讲堂为纯木结构，面阔三间，两侧有硬山顶厢楼，凭楼可远望四周山水。金华院外有两块平坦巨岩，传闻是明代名将胡大海与常遇春“比武石”。南宋秘书郎潘良贵曾曰：“自是评吾乡山水以此为第一。”[①]（图 5-4）

图 5-4　鹿田书院内景

3. 严州地区传统书院营建[②]

严州府原为浙西名郡，原下辖淳安、建德、桐庐、分水、寿昌、遂安等六县，历史悠久，人文荟萃。隋代（603 年）在新安故城的基础上设立睦州，属于唐江南东道下的十四州之一。唐武德四年（621 年），复改遂安郡为睦州，又于桐庐县别置严州，严州之名自此始。北宋末年平定方腊

① 鹿田书院丰仕饶访谈［DB/OL］. https://baike.so.com/doc/3814999-4006461.html；王懋德修，郡人陆凤仪编. 万历金华府志［M］.

② 汪国云. 道盐书院——严州的书院［DB/OL］. 2018-03-10.

后，宋徽宗改睦州为“严州”。明洪武八年（1375 年），又改建德府为严州府，1911 年废除旧府制，严州府并入建德县。

从梅城往西，经朱池，越铜官，溯江而达徽州歙港。往东则依东关，顺胥口，沿七里滩而望富春渚，这数百里江域，即为闻名遐迩的严陵之地。严州文化丛书学者叶欣撰《严州金石》一文中谈到，严州书院发达，并有晋代谢灵运、唐代李白、白居易、孟浩然、刘长卿、杜牧和徐凝、宋代苏东坡、杨万里、陆游和范仲淹、清代纪晓岚等人游学踪迹。唐代创立了中国重要的诗歌流派“睦州诗派”，成为“钱塘江唐诗之路”的重要佐证[①]。严州作为浙西重要的历史文化古城，其境内书院发达，印书、刻书业曾盛极一时。史载自晚唐而迄清末，严州有据可考的书院约为 48 座，最早的书院自晚唐青山书院始，至宋时已是遍及县乡，北宋严州第一所官办书院是龙山书院，为范仲淹任严州知州时所建，其余著名者还有石峡书院、拓山书院、五峰书院、清溪书院、蛟池书院、龙山书院、琼林书院等。明清时期，严州私学书院数量已远超宋元前朝（图 5-5）。

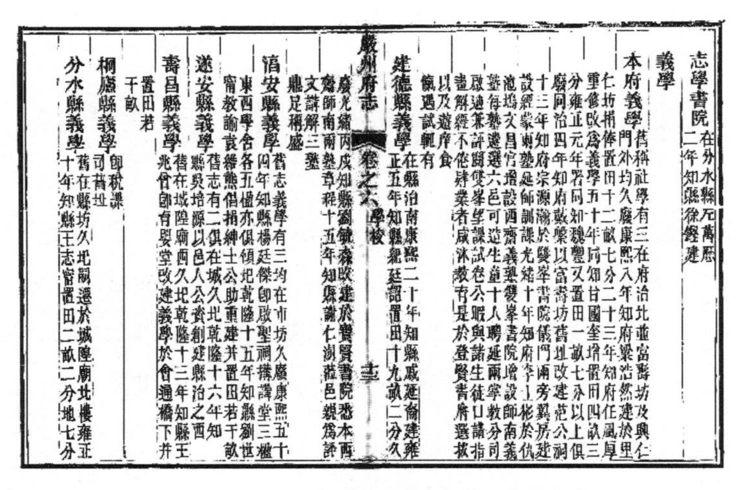
志學書院 在分水縣元萬歷二年知縣徐鑾建

義學

本府義學 舊稱社學有三在府治北並富壽坊及興仁門外均久廢康熙八年知府梁浩然建於里仁坊捐俸置田十二畝七分二十三年知府任鳳厚重修改爲義學五十年同知甘國奎增置田四畝三分雍正元年署同知魏豐又置田一畝七分以上俱廢同治四年知府戴槃以富壽坊舊址改建范公祠十三年知府宗源瀚於雙峯書院儀門兩旁翼房建設經蒙兩塾延師訓課光緒十年知府李士彬於伏龍塢文昌宮增設西齋義塾雙峯書院增設師南義塾每塾選六邑可造生童十人聘延兩學教分司啟迪兼許開雙峯學課試卷公暇與諸生徒口講指畫解經不倦肄業者咸沐教育是於登賢書府選拔以及遊庠食餼遇試輒有

嚴州府志 卷之六 學校

建德縣義學 在縣治南康熙二十年知縣戚延裔建雍正五年知縣紀廷詔置田十九畝二分久廢光緒丙戌知縣劉鏡森改建於寶賢書院悉本西齋師南兩塾章程十五年知縣謝仁澍捐邑親爲評文講解三塾鼎足稱盛

淳安縣義學 舊志義學有三均在市坊久廢康熙五十四年知縣楊廷傑即啟聖祠構講堂三楹東西學舍各五楹亦俱傾圮乾隆十五年知縣劉世甯教諭袁纘熊倡捐紳士公助重建并置田若干畝

遂安縣義學 舊志有二俱在城久圮乾隆十六年知縣吳培源以邑人公資創建縣治之西

壽昌縣義學 舊在城隍廟西久圮乾隆十三年知縣王兆會即育嬰堂改建義學於會通橋下并置田若干畝

桐廬縣義學 即稅課司舊址

分水縣義學 舊在縣坊久圮嗣遷於城隍廟北樓雍正十年知縣王志甯置田二畝二分地七分

图 5-5 清光绪九年《严州府志》载“志学书院”

① 叶欣．严州金石［M］．天津：天津古籍出版社，2012．

（1）青山书院。该书院为浙江唐代著名的五书院之一，位于寿昌镇青山，为晚唐隐士翁洮所建，是严州地区有史可考的第一所书院，但现已无从得知书院的建筑规模与图式。

（2）瀛山书院。该书院在遂安县治四十里。遂安县今已无存，北宋熙宁年间，中宣大夫詹安结庐于县西北银峰之麓，建双桂书堂。詹安躬教亲弟、四子、一侄等人，皆登科第。一门一状元、六进士，举世罕见。宋乾道七年（1171 年）、九年（1173 年），朱熹两次访詹虚舟先生，并留有著名诗篇《咏方塘》，今尚存诗文残碑于书院方塘亭内。淳熙二年（1175 年）因侄詹骙殿试第一故取“登瀛”之义，书堂亦改名为“瀛山书院”，院内有双桂堂、格致堂、大观亭、仰止亭、得源亭。明隆庆三年（1569 年）知县周恪重建，复方塘，构鉴亭。清顺治间，知县高尔修、钱同繭先后将书院修葺一新，增建朱、詹、方及邑贤侯祠等。今仅存大观、得源三亭和半亩方塘遗址及朱熹《咏方塘诗》碑文（乃清代闵鉴重写）。遂安詹氏旧藏中有宋淳熙年间写本《詹仪之任官告身书》，以及清乾隆三十六年邑侯闵鑑重刻之《瀛山书院志》等，均记载了此事。

钓台书院原为汉会稽隐士严子陵隐居处。自古名胜以钓台命名者众多，唯有此处享有高士清誉。宋绍定元年（1228 年），知州陆子遹选钓台下江水平阔、奇峰对峙处，建书院名曰“钓台书院”。宋淳祐元年（1241 年）金华知州王佖辟斋舍。后知州赵汝历建严子陵先生祠，辟右厅为讲堂，北为复屋，南临江流为阁。书院幽深静谧，士子于此地求学，能专一心志。宋德祐元年（1275 年），金履祥先生受严州太守之邀，任钓台书院主讲，并修缮书院，广授门徒。元至正元年（1341 年）总管罗廷玉、山长沈元鼎增修学斋。明正统元年（1436 年）知府万观始、明弘治四年（1491 年）知府李德恢两度重建，后圮。其余书院如石峡书院在淳安县治东北五里处，原为宋淳熙十年状元方逢辰讲学处。建德县的文渊书院旧址在儒学东面。清康熙五十八年（1719 年）知府吴昌祚始建，咸丰十一年（1861

年）毁于太平军，1940 年 7 月改名为浙江省立严州中学[①]。再如清道光六年（1826 年）二月知府聂镐敏开浚西湖，建书院于宝华洲，名曰“宝贤书院”。狮山书院在遂安县治东，乃宋状元詹骙故址，因狮城有巨石几尊，类似五狮，曰“伏狮、跃狮、踞狮、蹲狮、卧狮”。明万历年间，知县韩晟改名“五狮书院”，故址已在新安江水库水下[②]。

明嘉靖四十四年（1565 年）由知县徐铿创建的兴贤书院在分水县治西北。光绪二十七年（1901 年）知县李续祐改为县学堂。清道光三年（1823 年）知县疏篚在寿昌县建屏山书院，因书院后山巍然如屏，故而得名。古严州境内原有史载的书院约 48 所，绝大部分已经无迹可寻[③]。

第二节 浙北传统书院文化溯源[④]

本书所指的浙北地区包括：嘉兴市（海盐、海宁、桐乡、嘉善、平湖）；杭州市东北部（上城区、下城区、拱墅区、西湖区、江干区、余杭区、临安区、富阳区）；湖州市（长兴、德清、安吉）三地。其中书院建筑以嘉兴和湖州为主。该区域以平原、水乡为主体，山地地形为辅，由此形成了形式多样的书院建筑形态。

1. 社会环境与营建技艺

杭嘉湖平原是浙江北部面积最大的平原，地势平整，市镇发达，桑塘

① 汪国云．道盐书院——严州的书院［DB/OL］．2018-03-10.
② 同上。
③ 同上。
④ 徐莹莹．清以降浙北地区传统书院营造研究［D］．浙江理工大学，2019.

连片，是江南地区著名的鱼米之乡，蕴含丰厚的吴文化为书院的繁盛提供了人文沃土，此地历来文风昌盛，儒学教化盛行，私学书院众多。

两宋时期，浙北地区的书院在刻书、印书、藏书诸方面已经名列全国前列。另据史料记载，明清之际，杭州、嘉兴、湖州等地的建筑工匠流动性很大，建造工程量在全省位列前茅。另外苏南地区的工匠帮派在浙北地区频繁参与工程活动，建筑工匠群体以“东阳帮”“宁绍帮”与“香山帮”居多，也将苏南的建筑营建技术传承到浙北地区，为书院的营造提供良好样本。

浙北地区地形分为平原、水乡、山地三种类型，民居形式多样。杭嘉湖地区的民居基本类型多以三合型与四合型为基形，通过串联、并联的形式实现平面形制的多变，其书院建筑的样式，兼具发展的多样性。嘉兴、湖州、杭州地区不少书院台门，已经综合了装饰特色。第一，增添了丰富的砖雕门楼样式。浙北书院的砖雕门楼较为常见的有两柱一间三楼式，个别书院也有四柱三间五楼式的门楼，水磨砖仿柱枋，线条简洁，落落大方；第二，书院的屋脊变化丰富，由简单的清水脊变成了哺龙脊、花冠脊、文头脊等各种装饰形式，特别是独具嘉兴建筑特色的花冠脊，远看像一朵盛开的团花，并增加了屋脊字牌的装饰，两角翘起，高于本省其他地区。浙北地区的书院建筑屋脊与浙南地区书院相比，浙北地区的书院屋脊为三段式，中间部分是“一”字形，两边起翘，而浙南的书院建筑屋脊大部分是一段式长曲线。另外，由于浙北水网交错，很多书院有廊棚、过街楼、河埠等水乡建筑的空间构成特征。

2. 人文发展与地域分布

唐代浙北尚无正式书院出现，但自两宋以来，书院萌发且发展迅速，杭嘉湖各属县乡的书院营建活动从未中断，尤其是明清之季，涌现出许多鸿学大儒。最早见诸史书的是中唐顾况在《湖州刺史厅壁记》中写道：“江表大郡，吴兴为一……其野星纪，其薮具区……其冠簪之盛，汉晋以来，敌天下三分之一。”① 其中“汉晋以来”的“冠簪之盛”，代指湖州文事发达的重要征象。另据《南史》记载“吴羌山中有贤士，开门教授居成市”②，文中所述的是南朝武康教育家“织帘先生”沈驎士（419—503）隐居在吴羌山以织帘为生，讲经授徒，门生多达数十百人，环绕其房舍左右耕读相伴的经典故事。本节根据邓洪波研究的中国书院发展的历史断层，也将浙北地区书院的建造路径时期分为唐五代、宋、元、明、清五个周期。

（1）两宋的发展与规范

北宋在庆历以前，杭嘉湖官学式微，北宋后期庆历熙宁、元丰崇宁时，形成了私学与官学并行发展的局面，以补官学之不足。此时最为知名的有：湖州石峡书院、余杭龟山书院（表 5-1）、湖州安定书院（表 5-2）三所书院。其中，湖州的安定书院因宋泰州如皋人“安定先生”胡瑗（993—1059）而声闻天下，范仲淹称之为“孔孟衣钵，苏湖领袖”。据元代《安定书院燕居堂铭》，安定书院最早创建于淳祐五年（1245 年），由知州蔡节扩建报恩坊安定先生祠，至元三十年湖州路总管许师可在观德坊一带，据传有屋楹 470 余间，置学田百余亩。另据乾隆四年《湖州府志》记载，乾隆二年（1737 年）知府胡承谋重修书院，“中为明善堂、两庑各五间，东为‘经义斋’，西为‘治事斋’。命七邑（即乌程、归安、德清、武康、长兴、安吉孝丰七县）生童肄业其中。书院有仪门，又前为大门，门外东西两坊，东曰‘弁山起风’，西曰‘苕水腾蛟’”。胡瑗在江苏如皋和湖州设坛讲学处，都命名为“安定书院”。胡瑗在苏州、湖州的教育方法被称为“苏湖教法”，在实际教学中，主张“明体达用”，首创“经义”“治事”

① 沈慧．湖州古代史稿［M］．北京：方志出版社，2005.

② 唐朝李延寿撰《南史》，中国历代官修正史“二十四史”之一。纪传体，共八十卷，含本纪十卷，列传七十卷，上起宋武帝刘裕永初元年（420 年），下迄陈后主陈叔宝祯明三年（589 年）。

两斋并置，此法对科举效果显著。庆历四年，宋仁宗诏令全国太学推广，私学书院亦受益其中。

余杭龟山书院简况　　表 5-1

创建时间	宋崇宁末年
创办人	民间奏请朝廷所建，以祀知县杨时（号龟山）之惠政
地区分布	浙江余杭
历史演变	◎ 宋崇宁末民间奏请朝廷所建，以祀知县杨时（号龟山）之惠政 ◎ 明嘉靖年间因念旧废圮，重建后名为惠泽祠 ◎ 清咸丰十一年（1861 年）毁 ◎ 同治初，余杭鲍笙捐资建市屋于通济桥两侧，以租金充书院学费 ◎ 同治十一年（1872 年）王轩等重修 ◎ 同治十四年知县路保提书院存积建门厅 3 间，并捐廉加考季课，专试经古 ◎ 光绪二年（1876 年）于通济桥上捐造房屋 30 余间，以租充入书院膏火，每年举行 10 次课试，由知县考试给奖 ◎ 光绪二十四年，盛起捐洋 2000 元，存典生息，增作望课经费 ◎ 光绪三十一年改余杭县高等小学堂
建筑布局	据《康熙余杭县志》记载："遂作新祠宇三楹，制度简朴，不雕不饰，轩居门屋，次第完毕。甃以砖石，缭以垣墉，前临大湖，波光潋滟，而汀鹭渚禽，飞鸣上下。其西南一带，诸山森列环拱，朝晖暮霭，清胜莫加焉。诚栖神之佳所，抑一邑之伟观也。由是塑各贤之像，设以神主，其名号并从生前职任与没后追谥之称，位次之列，亦依时之先后。祠宇总名之曰'惠泽'，以昭其布功于民也。广东布政使吁江左公赞篆书，以揭于楣。"

南宋之后官学废弛，浙北地区书院发展缓慢。据不完全统计，南宋浙北地区新建了 7 所知名书院，分别是湖州晦岩书院、富阳的始置书院、海宁的张文忠公书院、湖州的长春书院（表 5-3）、富阳的春江书院、杭州的雪江讲堂、嘉兴的宣公书院。同时书院的发展与理学的兴盛有着巨大的联系，理学继承了儒学思想，书院为其学者宣扬学派与学说提供了良好的场所环境。南宋理学书院提倡不同学派之间的交流与辩论，举行会讲，形成了"百家争鸣"的活跃局面，并成立了许多学派。两宋时期，浙江地区书院经历了三百多年的发展，不仅在数量大幅增加，更重要的是奠定了书

院讲学、藏书、祭祀的基本规制及其建筑规模，奠定了书院作为理学发展基地的重要地位。

湖州安定书院简介 表 5-2

创建时间	宋熙宁五年（1072 年）
创办人	知州孙觉
地区分布	建祠于州学右，位于湖州，曾是志名卓著的湖州古代学府。其旧址在今市区劳动路中段“安定书院新村”一带
历史演变	◎ 宋熙宁五年，知州事孙觉建于州学右 ◎ 淳祐五年（1245 年）知州蔡节于报恩坊官地扩其制，创屋楹 470 间，置禾田 100 亩，祠请饶鲁、蔡沈讲学其中 ◎ 元至元二十三年（1286 年）祠院为广化寺僧占据 ◎ 元至元三十年知州许师可又于城北观德坊创祠 50 楹，之后倒塌 ◎ 元统三年（1335 年）山长张蔚重修 ◎ 明宣德初都御史熊槩巡抚浙江，即故址重建。天顺元年（1457 年）参政黄誉改建，二年按察佥事陈兰修 ◎ 弘治四年（1491 年）知府王旬，嘉靖三年（1524 年）巡抚陈凤梧、四十四年巡按庞尚鹏重修 ◎ 隆庆五年（1571 年）知府栗祁先后重修 ◎ 康熙五十九年（1720 年）署知府吴昌祚修并筑室楹于后堂东，辟为山长室 ◎ 乾隆二年（1737 年）知府胡承谋重修，今中为明善堂，两庑各 5 间，东为经义斋，西为治事斋，延师讲学，命七邑（即乌程、归安、德清、武康、长兴、安吉、孝丰七县），生童肄业其中 ◎ 咸丰、同治年间，知府王龄、胡泽沛、邑人高廉道、陆心源相继重修 ◎ 其后迭经变迁，年久失修，房舍大部倾圮，最为可惜的是书院中陈列的历代众多碑刻、安定先生雕像均已荡然无存。现在，只有南郊道场山麓胡瑗墓供后人凭吊
建筑布局	中为明善堂，两庑各 5 间，东为“经义斋”，西为“治事斋”。命七邑（即乌程、归安、德清、武康、长兴、安吉孝丰七县），生童肄业其中。书院有仪门，又前为大门，门外东西两坊，东曰“弁山起凤”，西曰“苕水腾蛟”

长春书院简介 表 5-3

创建时间	宋淳熙间
创办人	宣教郎朱弁建
地区分布	在府城东南竹墩村

续表

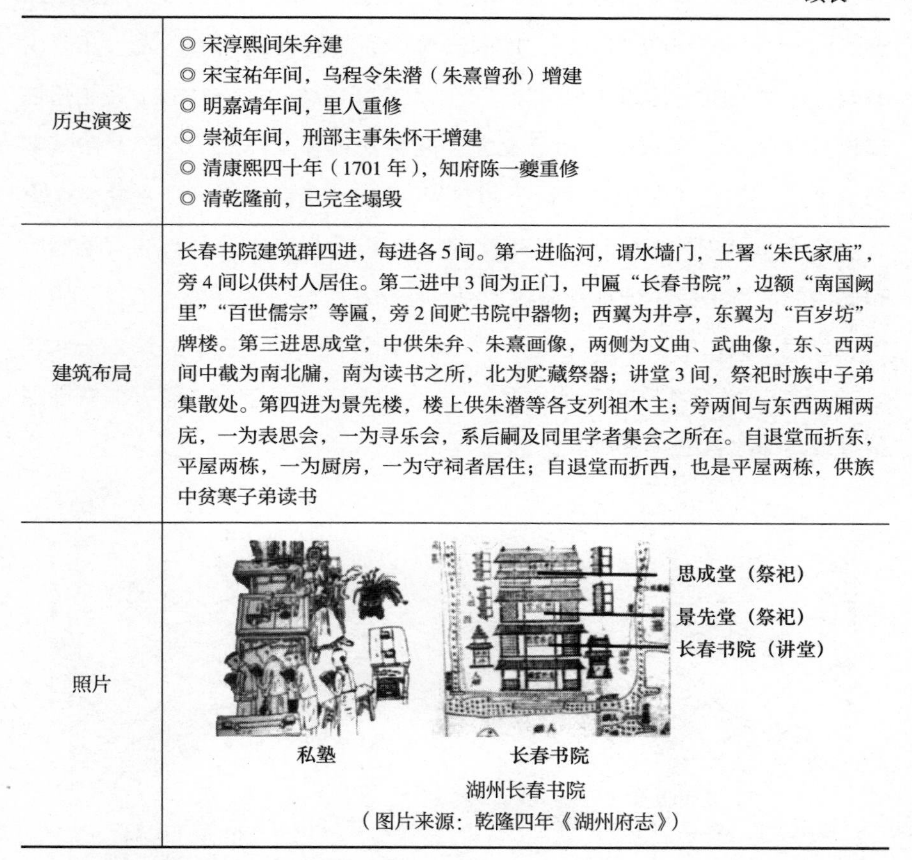

历史演变	◎ 宋淳熙间朱弁建 ◎ 宋宝祐年间，乌程令朱潜（朱熹曾孙）增建 ◎ 明嘉靖年间，里人重修 ◎ 崇祯年间，刑部主事朱怀干增建 ◎ 清康熙四十年（1701 年），知府陈一夔重修 ◎ 清乾隆前，已完全塌毁
建筑布局	长春书院建筑群四进，每进各 5 间。第一进临河，谓水墙门，上署“朱氏家庙”，旁 4 间以供村人居住。第二进中 3 间为正门，中匾“长春书院”，边额“南国阙里”“百世儒宗”等匾，旁 2 间贮书院中器物；西翼为井亭，东翼为“百岁坊”牌楼。第三进思成堂，中供朱弁、朱熹画像，两侧为文曲、武曲像，东、西两间中截为南北牖，南为读书之所，北为贮藏祭器；讲堂 3 间，祭祀时族中子弟集散处。第四进为景先楼，楼上供朱潜等各支列祖木主；旁两间与东西两厢两庑，一为表思会，一为寻乐会，系后嗣及同里学者集会之所在。自退堂而折东，平屋两栋，一为厨房，一为守祠者居住；自退堂而折西，也是平屋两栋，供族中贫寒子弟读书
照片	思成堂（祭祀） 景先堂（祭祀） 长春书院（讲堂） 私塾　　长春书院 湖州长春书院 （图片来源：乾隆四年《湖州府志》）

（2）元代官学化走向与拐点

元代时期浙北地区新建有 9 所知名书院。元代统治者对待私学书院的态度差异甚大，前期控制严苛，到中后期却转为崇儒重教。元、明以降，私学兴盛，这些传统书院多为退职官员所创建，以传授儒家经典为主，兼为科举取士服务。

入清后创建的知名书院有爱山书院、衡溪书院、鸳湖书院、蔚文书院、崇文书院、龙湖书院、观成书院、安澜书院等，其中德清人陈斌（1757—1820）在衡溪书院讲授农学蚕桑之学，他编撰的《蚕桑谱》讲稿，大约是我国第一部关于蚕桑的技术专著，在江浙地区甚至日本等地影响深远。同治八年（1869 年）底，曾国藩幕僚周学浚回湖州后，先后任爱山书院、崇文书院、蓉湖书院山长；上虞人许正绶（1795—1861）在湖州倡议设立了吴兴、菰城、三庠等义塾。翰林俞樾在（1821—1907）在蓉湖书院主讲，他在《曲园自述诗》中曾云："湖郡菱湖镇有龙湖书院，省中自中丞方伯以下无不轮课，他处所罕见也。"俞樾还主持长兴的箬溪书院和德清的清溪书院，分别奔波在上海、苏州和杭州讲解经史、培养了施补华、戴望、黄以周、章太炎、崔适、吴昌硕等门下弟子。清光绪二十八年（1902 年），颁行《钦定学堂章程》，诏令废科举，设学堂。蓉湖书院监院蔡召成随即改名曰"蓉湖学堂"（图 5-6）。

图 5-6　清乾隆四年《湖州府志》载"德清县城图"

（3）明代的繁荣与积淀

明初，浙北书院的发展低迷，到弘治年后才开始复苏。成化年间以后，书院营造活动增多，尤其正德以后王学和湛学的兴起，王和湛二人皆以倡明圣学为己任，莫不致力修建书院，尤其是王门弟子分布浙北各地，建立了大量书院，使浙北地区的书院再度繁荣。同时在王阳明、刘宗周、黄宗羲等著名学者推动下，结社讲会之风在浙江盛行。杭州地区知名书院众多，万松书院、正学书院、提学书院、西湖书院、虎林书院、天真书院、崇文书院等数十所知名书院，对浙北地区的兴学之风起了重要作用。据统计，在此期间，浙北地区新建书院36所。

明代晚期，各地书院成为朝廷派系斗争的目标，屡毁屡兴。但在隆庆、万历之后，随着官办学校教育的废弛，私学书院反而在浙江大有取代官学之势，并成为晚明辩论学论、启蒙新思潮的中心场所。

（4）清代的普及与转型

清朝浙北地区新建的书院数量远超唐至明代的总和，并呈现出如下特点：一是书院数量增多，且分布广泛，说明此时浙北地区普遍经济富庶、重视教育；二是书院的数量由过去的省城、州府、县城转向市镇与乡村，望族、商贾办学之风蔚然兴起；三是官办书院成为清代书院的主要群体。浙北地区传统书院大约历经了“沉寂（顺治年间）——复苏（康熙年间）——发展（雍正、乾隆年间）——消沉（嘉庆、道光、咸丰时期）——转型（同治、光绪时期）”五个阶段的起落，最终走向晚清的被动消亡与主动转型。

清初，朝廷禁锢自由讲学之风及士子讽议朝政，宣扬民族意识，因而有意抑制书院的发展，但有一批如黄宗羲、李颙等著名学者，不顾清廷禁令，坚持讲学。清初期间，浙北地区仅新建了一所书院——德清的名贤书院。康熙年间，浙北地区的书院数量有所增加，新建书院共16所，其中不乏如清代四大书院之一的紫阳书院。雍正十一年（1733年）是清代书院营建的关键转折点。新建书院在现任与退隐的官员的热潮下积极筹办，但其主流是官学。在此期间，新建约19所书院。咸丰、同治年间，大量的书院毁于战火，太平军毁全省知名书院50余所，浙北地区被毁约9所，另有大量学塾、私塾、义学随村落一同被毁，但到同治年间时，浙江形势趋于稳定，又开始振文教、复书院。咸丰、同治年间，浙北地区依然新建了至少16所书院，在同治、光绪年间共新建了约22所书院，直到光绪二十七年（1901年）之后方才停建。

浙北地区的书院建造活动在清代达到了高潮，根据邓洪波教授在《中国书院史》中的记载，清代浙江约有436所书院，其中浙北有新建书院76所，包括杭州的崇文书院、敷文书院、诂经精舍、紫阳书院等知名书院。紫阳书院位于杭州紫阳山脚下，为浙都转盐运史高熊徵与徽商汪鸣瑞等人筹建于清康熙四十二年（1703年）。据清《钦定重修两浙盐法志》载："中为乐育堂，奉朱子木主；后为讲堂，东为凌虚阁，皆诸生诵习之所；又折而东为春草池，上有校经亭，又上为看潮台、寻诗径；其巅为文昌阁，又有小瞿塘、石蕊峰、鹦鹉石、笔架峰、螺泉、葡萄石诸胜。"[①] 光绪二十八年（1902年），浙江巡抚廖寿丰改为"仁和县学堂"，方才结束199年的办学历史。另一家崇文书院的位置北邻葛岭、孤山之右，紧邻曲院风荷，书院内有泮池、朱子祠、讲堂、御书亭等。

（5）浙北书院的地域分布与遗存现状

与其他地区不同，浙北地区的书院建筑具有江南水乡地区所特有的风貌。本节结合文献资料内容，整理出书院的地域分布以及遗存现状，并分析其类型，形成研究体系。

浙北传统书院自出现以来，呈较稳定的趋势增长。根据《中国书院辞典》《中国书院史》《浙江历史文化研究》以及各地的地方志、教育志，对历史上浙北地区传统书院建造资料进行整理与统计，共计140所。书院的建造时间、建造人及所在地详见文末附录一。书院分布广泛，就不同地区

---

①（清）延丰等纂修. 钦定重修两浙盐法志·艺文二十七［M］. 杭州：浙江古籍出版社，2012.

建造书院的数量而言，杭州、嘉兴书院数量较多，湖州书院数量相对较少（表 5-4）。

浙北现存书院一览图　表 5-4

地区 朝代	杭州	嘉兴	湖州
唐	0	0	0
宋	4	4	6
元	3	5	2
明	9	14	15
清	25	33	15

据文献记载以及实地调研，浙北地区的传统书院遗存共 7 处，其中国家级、省级文保单位的书院有 1 处，市县级文保单位的书院有 3 处。

此外，据整理发现，保存书院情况较好的多数位于村镇，大约是乡村书院未受到城市化的冲击，并或被转为民宅使用而幸存下来。也不排除还有些乡村书院由于相对偏远，加上少有文献记载，遗存现状不明，其遗存数量难以统计（表 5-5）。

杭嘉湖现存古代书院一览表　表 5-5

地区	书院名称	年代	地址	遗存现状	照片
杭州	万松书院	明	杭州凤凰山西麓万松岭	2001 年按明代旧制于原址重建。书院内遗存石狮一对，民国时期牌坊一座，照壁一座。书院周围石林、名人题刻等保存完好	
	敬一书院	清	杭州孤山	1998 年重建	

续表

地区	书院名称	年代	地址	遗存现状	照片
杭州	紫阳书院	清	杭州紫阳山麓	原名紫阳别墅，现为紫阳小学。校内摩崖上有四龛六尊石刻浮雕造像保存完好	
	求是书院	清	杭州上城区大学路	现存原普慈寺大殿	
嘉兴	仰山书院	清	海宁长安镇海宁中学	现存桃李门、坐春亭、藏书楼（更上一层楼）、台门	
	立志书院	清	桐乡乌镇东栅景区	1991 年按原貌恢复	
湖州	积川书塾	清	湖州荻港	现存八角形放生池、五孔石梁桥、四面厅台基、吕纯阳像石碑及古朴树两棵	

第三节　浙北传统书院的类型

1．书院例证

海宁仰山书院是由廪贡生沈毓荪与陆鸣盛、邹谔等 6 人按原貌复建的村级书院。据《海宁州志稿》记载：“在长安镇觉王寺旁，嘉庆七年建。

院之初建，沈君毓苏实创其议，縻白金两千，鸠于众者三之一，自任其二。既成，又独任延师课士诸费者六七年。家本中人产，以是日落。”[①]从清以降万松书院历任山长便可看出（表5-6），县、州、厅、府、道、省各级官办书院，其山长的任命与学田膏火拨付均由官府控制。万松书院后属官办书院，山长也由官方任命，从另一个角度看，这些山长出身科举，其教学水准高于其他书院是显而易见的（表5-7）。与此同时，退官参与书院的运作，并以科考为评价标准，从历史发展的角度来看，促进了明清浙北书院的发展，并后起勃发，领先于明清江南各地。在晚清学堂转型过程中，浙北也开创时代先例，筹办了众多新式学堂。

清以降万松书院历任山长一览图 表5-6

朝代	学术流派	代表人物	主要思想	活动区域	代表书院
南宋	永嘉学派	王开祖、薛季宣、陈傅良、叶适	“事功经世为主”	温州	仙岩书院
	金华学派	吕祖谦、吕祖俭	倡导致用之学，主张“讲实理、育实材而求实用”	金华	丽泽书院、鹿门书院
	四明学派	杨简、袁燮、舒璘、沈焕	陆九渊的“本心”理论	宁波	广平书院、碧沚书院、城南书院
	永康学派	陈亮	主张“义利双行，王霸并用”	永康	五峰书院
元代	金华朱学	何基、王柏、金履祥、许谦	推广朱学	金华	仁山书院
	浙东朱学	王应麟（深宁之学）、黄震（东发之学）、史蒙卿（清静之学）	程朱理学的格物致知说	宁波	甬东书院、泽山书院

① （清）李圭修．许传沛纂．刘蔚仁续修．朱锡恩续纂．海宁州志稿・卷十二［M］．光绪二十二年（1896年）修，民国十一年（1922年）续修铅印本．

续表

朝代	学术流派	代表人物	主要思想	活动区域	代表书院
明代	阳明学派	王阳明	“心即理”“知行合一”“致良知”	宁波、绍兴	龙山书院
	蕺山学派	刘宗周、黄宗羲	主张“盈天地间，一气而已矣”，主张治学以“慎独为宗”，力倡“诚敬”	绍兴	蕺山书院、甬上证人书院

清代浙北地区书院部分山长名录　表 5-7

山长姓名	简介
陆堦	清代万松书院第一任山长。明朝遗老，与其兄丽京、鲲庭以文章领袖一时
郑江	康熙二十七年（1688 年）进士，官至翰林院侍讲，湛深经术。推测应在康熙末年曾任敷文书院山长
顾宗泰	乾隆四十年（1775 年）二甲十三名进士，历官吏部主事、高州知府。嘉庆十一年（1806 年）掌教娄东书院，十三年（1808 年）入浙主万松书院
方楙如	康熙四十五年（1706 年）进士，官丰润知县。乾隆年间任敷文书院山长，精通经史子集，以博学强记见著
鲁曾煜	康熙六十年（1721 年）进士，改庶吉士。未授职，乞养亲归。约乾隆元年至八年（1736—1743 年）任敷文书院山长，学识渊博，教导严谨，深受诸生爱戴
苏滋恢	康熙五十二年（1713 年）恩科进士，官至杭州教授
殷元福	清康熙三十三年（1694 年）进士，官至翰林，殷元福崇奉程朱理学，又自认是朱子思想的继承者，因为南宋朱熹主持过白鹿洞书院，所以当时的人也就把杭州敷文书院称作“小白鹿洞书院”，把殷元福称作“小白鹿洞主”
张自超	清康熙四十二年（1703 年）进士。博通经变，以躬行实践为主。曾主讲敷文书院
蒋祝	康熙五十九年（1720 年）乡试中举。雍正元年（1723 年）进士，以殿试第三甲二十七名改庶吉士，充会典馆纂修官，兼充景山教习
陆宗楷	雍正元年（1723 年）乡举第一，翌年中进士。官至兵部尚书。告老归田后，乾隆初年间任敷文书院山长
赵大鲸	雍正二年（1724 年）进士。官任都察院左副都御史。乾隆四十三年（1778 年）前后任敷文书院山长
桑调元	雍正十一年（1733 年）进士，任工部主事。不久因病还乡，从事书院的讲学工作，教育生徒，是敷文书院最具影响力的山长之一

续表

山长姓名	简介
齐召南	乾隆八年（1743年）参加廷试，录取为一等一名，升侍讲学士加日讲起居注官
张映辰	雍正十一年（1733年）进士，改庶吉士，授编修由翰林历任官兵部左侍郎、左迁都察院、左副都御史。乾隆三十八年（1773年）起任敷文书院山长
金甡	乾隆七年（1742年）北钦定为状元，任侍讲学士，乾隆四十五年（1780年）前后任敷文书院山长
李汴渡	乾隆二十二年（1757年）进士。官至侍读学士。辞官归田后，任敷文书院山长，是书院历史上任职最久的山长之一
王昶	乾隆十九年（1754年）进士。二十二年（1757年），乾隆南巡时召试为一等一名。嘉庆六年（1801年），受浙江巡抚阮元邀请出任敷文书院山长，讲席三年。后任诂经精舍教授
马履泰	乾隆五十二年（1787年）进士。官至太常寺卿，以言事罢归。晚年任敷文书院山长
潘庭筠	乾隆五十七年（1792年）进士。官至陕西道御史。嘉庆二年（1797年），书院重修后被聘为山长
沈维娇	嘉庆七年（1802年）进士，选庶吉士，授编修官至工部左侍郎。入祀乡贤。公为学政，所至人士翕然响应。道光二十九年（1849年）左右任敷文书院山长，兼任敬业书院教授
许乃赓	嘉庆二十二年（1817年）进士。敷文讲席
许乃安	道光十二年（1832年）进士。官至甘肃兰州知府。少时即负有文誉、曾国藩称其为“匡时柱石”。道光末年任敷文书院山长
沈祖懋	道光十五年（1835年）乙未举人
朱昌颐	道光十八年（1838年）一甲一名进士，状元，授编修，历官吏科给事中，以言事被议归。道光末年任敷文书院山长
郑羽逵	康熙四十八年（1709年）同进士出身任四川安县知县。后归，曾掌教敷文书院
张鉴	嘉庆六年（1801年）进士。官至内阁侍读学士。督学广东。后请似归主敷文书院讲席
周缦云	道光二十四年（1844年）榜眼，初为曾国藩幕僚，后历任编修、御史、广西学政。光绪四年（1878年）前后任敷文书院山长
谭献	同治六年（1867年）举人，光绪末年任敷文书院山长
汪鸣銮	同治四年（1865年）进士，选庶吉士，授编修，官至吏部侍郎

2. 建筑营造分析：以五所书院为例

下文从地理位置、历史沿革、建筑布局、空间序列等几方面来分析现存书院的状况，为后续对于书院深入研究奠定基础。由于杭州紫阳书院现为紫阳小学一部分，并未列入其中进行分析。

（1）敬一书院

敬一书院位于杭州孤山路中山公园原清帝行宫内，坐拥西湖，为浙江巡抚赵士麟于清康熙二十四年（1685 年）创建，书院取名“敬一”，赵士麟为书院立院训曰：一念不敬，心便放逸；一刻不敬，体便松懈；一言不敬，言便招尤；一事不敬，事便取悔。书院的主体建筑群为四合院制式，最大的特点就是该书院与西湖风光的巧妙借景，引湖山、四时风光入院。其东侧庭院与西湖外部园林形成完美衔接，第一进讲堂的题额为“瀛屿芬馨”，第二进匾额“秀萃明湖”。这些题额的内容，将西湖十景的“平湖秋月”“孤山霁雪”以及清帝西湖行宫融为一体。从整体上看，书院为孤山的分部，孤山亦为书院的主体，设计巧妙，令人拍案。康熙二十五年（1686年），赵士麟离任，敬一书院先是为“赵公祠”，后又误成“财神庙”，该书院在 1998 年重建。

（2）万松书院

万松书院位于西湖万松岭上，乃明孝宗弘治十一年（1498 年）由右参政周木在唐贞元间的报恩寺旧址上营造，王阳明曾前来此地讲学。嘉庆四年（1799 年），浙江巡抚潘景哲增设斋舍三十六楹，有仰圣门、明道堂、大成殿、牌坊等，气势恢宏，总面积乃杭州书院之首。弘光元年（1644 年），清兵陷杭时书院被毁。清康熙十年（1672 年）由巡抚范承谟建，改名“太和书院”。康熙五十五年（1717 年），康熙南巡时御笔题匾“浙水敷文”四字，后由巡抚徐元梦更名为“敷文书院”。书院于辛亥革命后坍圮，仅存“万世师表”石坊一座，幸有清乾隆时《南巡胜迹图》中之《敷文书院图》仍传世。2001 年重建后，由以下三部分组成：一是万松书院主体；二是小九华山石林景观；三是梁祝景点，是目前浙江全省现存面积最大的书院，修建后总面积达 6.5 公顷（表 5-8）。

万松书院历史沿革　表 5-8

时间	事项	详述
1498 年	初次创建	浙江右参政周木在唐代报恩寺的基础上修建万松书院孔子殿、颜乐亭、留月台、掬湖台、明道堂、斋舍 5 间
1521 年	第一次重大维修	侍御巡按唐凤仪主持，在万松口东西两侧各增建石坊一座，左曰“德侔天地”，右曰“道贯古今”；增建廊房；颜乐亭对面增设曾唯亭，留月台外建飞跃轩
1525 年	增建	增建斋舍、祭田，次年增建统秀阁，接待来访学者
1530 年	增建	在西侧石林开山辟路，建振衣亭、卧萃亭、寒樾亭
1538 年	损毁	明世宗下旨废毁所有官员创办的书院
1554 年	重建	重建明道堂，增建居但、由义两斋
1577 年	增建	毓秀阁北增建继道堂，翼以穷理、居敬两斋，提倡程朱“居敬穷理”；增祀周敦颐、程颐、程颢、张载、朱熹五子
1580 年	改名	万松书院为避祸端，改名为“先圣祠”，专祀孔子
1628 年	损毁	明嘉靖以后尽遭毁坏
1671 年	重建	浙江巡抚范承谟重建万松书院，并改名“太和书院”
1716 年	增建	在明道堂旧址上间正谊堂，悬康熙御赐“浙水敷文”匾，书院因此改名“敷文书院”
1717 年	增建	增建载道亭、存诚阁、表里洞然轩、玩心高明亭
1726 年	增建	万松书院已具有完整规模，从外向内依次为“太和元气”石坊、戟门、正谊堂、魁星阁，左右为学斋，又有载道亭、观风偶憩亭，补植松、柏、桐、桂、梅、杏、桃、李
道光年间	被毁	史料记载不详
1828 年	重建	重建圣殿、御书楼、御碑亭、文昌宫、奎星阁、讲堂、东西庞、肄业房
1861 年	损毁	太平天国运动使万松书院斋舍俱焚
1866 年	重建	由知州戈幸安主持，巡抚马新贻作《重建记》

续表

时间	事项	详述
1879 年	增建	重建魁星阁，补植大量松树
1892 年	重建	迁至城内，在沈宅基础上改造而成，名“敷文讲学之庐”
1898 年	停办	光绪帝颁发“改书院为学校”的圣旨，敷文讲学之庐停办
1901 年	改办	在敷文讲学之庐上创办安定中学
1955 年	改办	将安定中学改为“杭州七中”
1999 年	复建	复建万松书院，主体建筑以清乾隆《南巡胜迹图》中敷文书院为蓝本，占地6.5万m^2，建筑面积近2000m^2；景点另包含浙江大学爱国学生于子三墓、万松书院遗址、小九华山石刻；例如牌坊、仰圣口、毓粹门、大成殿、“万众师表”平台等主体建筑位列中轴线上，而学斋、御碑亭等分列两侧
2004 年	增建	增建正谊堂作为讲学之所
2009 年	扩建	赋予万松书院梁祝爱情之地的新文化内涵，设置一明一暗、一实一虚两条文化主线：明为“明清知名学府”，暗为“梁祝爱情之地”，纳入右侧石林；增建观音堂、草桥亭、独木桥

（3）求是书院

光绪二十三年（1897 年），杭州知府林启在南宋普慈寺基础上创办求是书院（浙江大学的前身），以普慈寺大殿为办公室，现此殿犹存。同年，林启利用曲院风荷处的关帝庙，创办蚕学馆（今浙江理工大学）。1899 年，创办养正书塾（今杭州高级中学），由此奠定了杭州晚清近代教育的基本格局。1901 年求是书院改名“求是大学堂”，1903 年更名为“浙江高等学堂”，1928 年又改名“国立浙江大学”，是中国近代最早创办的几所新式高等学校之一，其具体沿革见表 5-9。

求是书院历史沿革图　　表 5-9

年代	事项
1897 年 2 月	求是书院成立
1897 年 5 月	求是书院正式开学

续表

年代	事项
1898 年	设内、外两院
1901 年	改称“浙江求是大学堂”
1902 年	改称“浙江大学堂”
1904 年	改称“浙江高等学堂”
1912 年	改称“浙江高等学校”
1927 年 7 月	国立第三中山大学成立
1928 年 4 月	改名“浙江大学”

书院仅存学斋及讲堂各一座。现在只剩下原普慈寺的四开间单檐歇山顶大殿。大殿砖木结构，四桁卷棚顶，现西侧砖墙尚存。在大殿东面有一座砖木结构五开间房屋，上昂与大殿平齐，柱径、梁架，明栿做法与清式营造规则一致，为晚清原普慈寺的遗存建筑。

（4）仰山书院

仰山书院是清长安名士沈毓荪于嘉庆七年（1802 年）在海宁创建，为海宁仅存的清代书院建筑，遗址现存海宁中学内，西南处为觉皇寺原址，与汉墓“古三女堆”高大封土东坡紧邻，整体建筑因封土堆由东向西逐渐升高，房舍高低错落，气势恢宏。据清《海宁州志稿》记载：“仰山为镇西最高处，田野树木丛杂，残冬冻雪初霁，登书院之更上一层楼。”[1] 该书院乃沈毓荪、陈光庭、陆鸣盛、陈惟德等人捐资兴建，后由浙江巡抚阮元题名为“仰山书院”，直到道光中叶才全部建成，历时 40 年。咸丰十年（1860 年），书院被毁。光绪十四年（1889 年），由陈惟德之孙陈方坦集资重建，仰山书院渐复旧观。光绪三十一年（1905 年），海宁士绅朱宝缙

---

①（清）李圭修. 许傅沛纂. 刘蔚仁续修. 朱锡恩续纂. 海宁州志稿·卷十二［M］. 光绪二十二年（1896 年）修，民国十一年（1922 年）续修铅印本.

创立“海宁州中学堂”，现仅桃李门、坐春亭及藏书楼尚存。1990 年夏略予整修，其沿革详见表 5-10。

仰山书院历史沿革图 表 5-10

年代	事项
明洪武间	设义学于寺里斋堂
清康熙十三年（1672 年）	知县许三礼创设“长安书院”于寺里，聘黄宗羲等名士讲学
嘉庆五年（1800 年）	沈毓荪、陆鸣盛、陈光庭、倪善治等发起筹集资金，于古三女堆封土东坡建筑书院，嘉庆七年建成（1802 年）
嘉庆十一年（1806 年）	仰山书院办学宗旨“重于举业”，聘“通经宏硕”之士主院事
嘉庆十四年（1809 年）	于头门两侧设“蒙泉义学”以培养书院的初级学生
嘉庆十七年（1812 年）	本县乾隆庚子恩科进士张骏为山长
道光二年（1822 年）	1. 整理书院设备，建书院入口牌坊，竖立院碑； 2. 浙江巡抚阮元题写书院匾额“仰山书院”，寓“高山仰止”之意。书院占地 4000 余平方米，院内宽敞明亮，建筑高低相应
咸丰初	遭太平军毁灭
同治四年	盛炳奎（举人）修理了劫后尚存的书院，重新开课
光绪十四年（1888 年）	原发起人陈惟德的孙子陈方坦，回乡省亲，出资三千两又五百千钱再修仰山书院，并筹集“岁需经费”的基金
光绪二十八年（1902 年）	清政府令改书院为高等级学堂，称“海宁州立第四小学”
光绪三十一年（1905 年）	海宁清末举人朱宝缙利用书院旧址，创办海宁州中学堂
1987 年	改为海宁中学

仰山书院现存的建筑有桃李门、坐春亭以及更上一层楼。其中桃李门

为典型的砖雕门楼，上书“如兰斯馨”额；更上一层楼为硬山顶三开间二层讲堂楼。民国《海宁州志稿》云：“《重修仰山书院碑记》：（仰山书院）中为崇雅堂，桃李门内有楼，曰‘更上一层楼’，之前有亭，曰‘坐春亭’。南叠石为山，曰‘小狮林’，环山杂莳花木，周以曲池，至于邃室修廊，无不整而洁。诸生以时会课于其中，膏火有资。院之东，别营蒙泉义学，俾童稚之秀者，咸肄业焉。”[①]仰山书院虽为乡村书院，但是空间序列结构依旧与官办书院有着同样完整的序列结构，两侧以廊相连，院南有号称“小狮林”的高大假山群。从蒙泉义学到桃李门，构成第一进院落；桃李门与坐春亭构成第二进院落；坐春亭与崇雅堂则构成第三进院落。其中“坐春亭”作为完整序列结构的过渡部分，起到连接书院建筑与园林的重要作用。

（5）立志书院

现存的立志书院前身是分水书院，乃邑绅严辰于清同治四年（1865年）创建。位于桐乡市乌镇分水墩西侧，现为茅盾纪念馆（表5-11）。书院存有讲堂3楹、厢楼1间、后楼4间，前后10楹。除门房外，左右楼屋赁作肆，院中经费则取之本镇丝业行用，每洋抽捐4文之款，以供义塾之用，是典型的临街商业型书院。清咸丰十年（1860年）同毁。同治七年（1868年）左宗棠、浙闽总督杨昌浚为明末理学家，乌镇人张履祥之“张杨园祠”于院后，方易名为“立志书院”，意取张杨园《朱子语类》中“大凡为学须先立志”一句而得。十年（1871年）严辰自任山长，建文昌阁。文昌阁为典型骑楼式建筑，上为楼阁，下为通道，靠河端口有一环形拱门，拱门上方嵌有“立志书院”四个砖刻大字。院内有四开间砖木结构的“籲云楼”，为当时重建之旧物。清光绪三十年（1904年）改名“立志小学”，传闻茅盾先生为该校第一批小学生。

---

①（清）李圭修．许传沛纂．刘蔚仁续修．朱锡恩续纂．海宁州志稿·卷十二［M］．上海：上海书店出版社，1993．

立志书院 表 5–11

年代	事项
清咸丰十年（1860 年）	立志书院的前身是名震嘉、湖的分水书院
清咸丰十年（1860 年）	清军与太平军在乌镇交战，分水书院毁于战火
清光绪二十八年（1902 年）	立志书院改为学堂，称“国民初等男学堂”
清光绪三十年（1904 年）	改名“立志小学”
1927 年	淑德女学并入，改名“立志完全女学”
1937 年	因抗战而停办，中华人民共和国成立后作为乌镇幼儿园
1984 年	茅盾故居按原貌修复
1988 年	幼儿园迁址新建，桐乡县人民政府将其拨归茅盾故居。1 月被国务院公布为全国重点文物保护单位
1990 年	经国家文物局批准重修
1991 年	修复后被列为“茅盾业绩陈列馆”，7 月 4 日落成开放；1994 年 8 月更名为“茅盾纪念馆”

第四节　浙北现存传统书院校析

浙北地区的书院类型较其他地区而言，其种类最为丰富。其中，杭州地区地势平坦，书院营造有明显的园林化倾向，院内规模宏阔，建筑与附属园林一应俱全，典型者如万松书院、敬一书院等。而嘉兴、湖州的书院更多具备市镇书院特征，一方面融入市镇中，另一方面又溶于街巷民居当中。典型者有立志书院，其建筑横向空间狭窄，呈袋状多进落，与当地的民居融为一体，体现出水乡沿河而居的特点。再如宗族式书院，明显表现出院落聚合的特征，与宗族祠堂平面布局接近。典型者如湖州的积川书塾，该书院空间狭小，无纵向布置的轴线，与所有书院布局不同，它是围绕八角形放生池环状分布，体现了适应民居整体布局的设计特征。

另外，浙北地区传统书院的发展轨迹与吴越文化圈的历史变迁基本一致。一方面，吴越文化圈到南宋后，社会风气实现了从尚武到崇文的转变，经济繁荣，儒学兴盛，为书院的兴起提供良好的社会背景；另一方面，浙北地区多元的地理环境造就了书院建筑形式的多样化。本文经梳理发现，浙北地区存在过的书院共140所，其中杭州、嘉兴等地数量最多，湖州相对较少，现存书院共7所；就书院类型来看，浙北地区书院呈以私立书院为主，官办书院为辅的特点。就现存书院建筑群落分析，主要有两方面的特点：一是大部分符合当地民居的平面形制特征，形成了以讲堂、天井为核心的建筑基形，平面空间结构多以串联、并联或自由式的布局形式出现；二是多数书院的建筑立面呈现“两面为虚”的形态，与民居“前虚后实”的形态有所不同，但大部分屋顶形式却与当地民居硬山顶为主的形式十分相符，在整体上融入民居，却又比民居布局更为灵活多变。

明清时期，杭嘉湖核心区域以养殖蚕桑、生产土丝为主，苏南则以种植棉花为主，两者出现了产业分化。传统的蚕桑业和棉织业，在近代都受到西方机器工业的极大冲击，但土丝、土布，受到的冲击比较晚，所以浙北的传统产业发展模式转型也相对较晚，因此造就了杭嘉湖地区手工作坊盛行不衰，很多书院与作坊结合在一起，沿河构筑住宅、书院、寺庙、园林等，“凡家宅住房，五间三间，循次第而造；惟园林书屋，一室半室，按时景为精，方向随宜，鸠工合见；家居必论，野筑惟因”。另外，杭嘉湖产业繁荣，是历代移民与商贾的经营乐土。藏书的繁荣，家庭作坊的稳定，为科举的兴盛奠定了坚实的物质与社会基础。

明清时期应该是杭嘉湖地区书院发展最重要的繁盛期，不仅在书院教育上高度发达，其藏书文化远盛于其他地区。作为浙江古代典籍收藏与印刷中心，杭嘉湖地区藏书文化盛行，著述繁富，名家众多，藏书高峰分别为两宋、明代以及清乾隆、嘉庆年间和清末民初等四个时期。仅海宁市就有28家知名藏书楼，其中衍芬草堂藏书楼遗迹，还有海盐县的西涧草堂、黄源藏书楼、海宁的拜经楼、嘉兴秀洲的曝书亭等，至今保存完整。

同时，书院是官学下移、私学兴盛的体现之所，也是朝代更替、社会动乱时期学子们逃避现实的世外桃源。浙北地区与全省其余地方的私学教育相比，勃兴周期晚，但存在时间长、分布地域广、普及程度高，尤其是在晚清新式学堂的士子培养、新式课程改革、学术争鸣、藏书、刻书等诸多方面，不仅为州府县乡各层级的文化发展提供了重要支持，而且促进了吴越沿线地区书院教育建筑体系的进一步完善。

| 第六章 |

士绅、望族对书院营造的交互贡献

历代朝廷并未给地方望族、官员或学者们以地方书院监护人的特殊地位，而是根据不同地区、不同书院的实际运营情况，默认了他们作为私学书院监护人的事实。由于历代基层官员、地方乡绅一贯关注地方社会秩序的建设，热衷于参与地方公共事务，加上浙江儒学教育一向比较发达，各类地方教育组织存在一定数量的知识分子与官员士绅，因此书院作为地方事务的重要平台之一，它在承担教育功能的同时，往往还承担了地方公共事务管理的潜在义务。在这个问题上，我们从明中叶前后，江西、浙江、广东、福建等地的书院与讲会，以及清中叶以后浙江各地书院勃兴的各种“文会”与“宾兴会”的表现可以看出，这些组织在很大程度上视为一方面兼具私学教育的功能，另一方面又成为乡绅阶层参与地方政务、执掌地方公共事务管理的隐性场所。一定程度上，这可视为江南地区知识阶层与乡绅商贾参与基层事务的儒学化趋势，另一方面可视为明清儒学事务夹杂了公共权力以及商业利益的发展趋势。这一点反映在清末的嘉兴、湖州地区尤为明显。

本章第一个视角将从浙江书院的建筑系统发展史角度出发，从各地的办学主体、建造体系和书院人物三个纬度，考察书院建筑的历史进程，分析成因、检视因果，深化建造过程的全景化认识，并对工匠营造的模式进行有益的探究，搜寻对工匠群体记载的只言片语，寻找他们在传承、传播本土建筑技艺的方法与语境。

与书院知识分子群体以及所有者身份不同的是，书院的营建工匠群体是一个非常特殊的组织，虽大多数工匠寂寂无闻，但他们在书院建造史中有举足轻重的历史贡献，这也是本章另一重要研究角度。我们过去研讨浙江的建筑艺术主要聚焦在探讨建筑文化、传统建筑科学、民间传说等内容，其中历史学家关注某个节点的历史研究，而古代教育研究者大多数研究书院教育制度与教育体系，民俗研究者的关注在民间节日、民俗和仪式活动。其引证的依据来自州府县志、宗谱、文人笔记，甚至民间传说等。本章节拟以八婺地区的“东阳帮”、宁绍地区的“宁绍帮”为例，在工匠参与营造书院活动中寻找历史证据，旨在从史料中挖掘关于传统建造技术和工匠群体的重要信息。

第一节　学田赡学制与书院营造的关联

学田一般是指官私教育机构附属的田产，即设学田以赡学所用。官学、私学一贯的运转模式是以学田的租佃收益、各方资助等作为膏火补贴、购置藏书、考课执行等方面的重要来源，用以维持书院的良性运转等等，这就是持续千年不衰的“学田赡学制”。

学田制历史悠久，初现于唐大顺元年（890 年）[①]，一直延续到民国时期，到宋代有“官学学田”与“私学学田”之分，两者一直是官私教育的经济支柱。《续资治通鉴·宋真宗乾元元年》载曰：“庚辰，判国子监孙奭言：‘知兖州日，建立学斋以延生徒，至数百人，臣虽以俸钱赡之，然常不给。自臣去郡，恐渐废散，乞给田十顷为学粮。’从之。诸州给学田始此。”[②]此后，“诸旁郡多愿立学者，诏悉可之，稍增赐之田如兖州”[③]。这则记载讲述了国子监孙奭言在兖州建学斋扩招生徒，并请乞十倾学田的故事，可见学田制已经基本普及。两宋是官方介入学田制的第一个高峰时期，在宋徽宗大观三年（1109 年）时，全国学田总量已达 105990 顷。一直到南宋末年，官私书院的学田数量一直有所增长。从记载上看，两宋的学田主要控制在地方官与家族手上，尤其家族式的书院，在维持学田的正常运转上较官学更有热情，背后的真实原因就是保持家族在科举与仕途上的优势地位。对此现象，宋张载曾形容说：“今公卿崛起者只能为三四十年之计，造宅一区及诸所有身后遂族散。”[④]可见在家族要维持在地方上的繁盛时，子弟入仕的数量和质量都非常重要，家族的崛起，其重点在培育后辈。因此，官私书院想保证自身在朝野各层级上的优势话语权，首要事

① 郝路军．“学田”与“赠地学院”的比较研究［J］．中国农业教育，2006（2）：13．
②（宋）陈均．皇朝编年备要·卷八［M］．北京：北京图书馆出版社，2004．
③（元）马端临．文献通考·卷四十六·学校七［M］．北京：北京图书馆出版社，2005．
④（宋）张载．经学理窟［M］．上海：上海古籍出版社，1989．

务要保证书院的良性运转。

一直以来，学田的来源途径主要有：朝廷赐田、各级官府拨置、宗族购置、世家乡绅捐赠及学校自置田地等。其中，朝廷赐田、官府拨田及购田为官学学田的主要来源途径。而宗族、世家、乡绅的捐赠及学校自置的学田则是私学书院的主要来源方式，其中形成了一套成熟的经营管理制度。不但如此，在管理措施上，为防止学田今后被地方豪强、地主侵占、兼并，政府也采取了一系列如将学田载入册籍或砧基簿、立学田碑等措施来严格学田制度管理①。

由此可以看出，书院的兴建、学田的管理上也可分三种：一是由官方主导或介入修建；二是宗族或捐赠者修建；三是由书院代管者自行修建。无论哪一种模式，我们可以从登科出甲人数的多寡与学田的多寡直接判断一个书院的经营状况，同时，这也是判断书院规模的重要指标。家族史学者吴仁安在《明清江南著姓望族史》《明清时期上海地区的著姓望族》《明清江南望族与社会经济文化》等著作中，对苏南、浙江的望族书院做了深刻剖析，多次提到了“学田赡学制”在家族兴衰方面的主导地位和作用。

1. 宁波地区书院

慈湖之教，以杜洲书院为首创。史载在元大至二年（1309年）初，副尉童金创办慈溪杜洲书院，聘顾嵩之、孙元蒙为山长，“割田四百亩以赡学”，数量之巨，一时无与其匹敌者；明万历二十二年（1594年）知县王演畴创办宁海缑城书院，拨田产40亩以补充师生“修脯膏火”之资，同治五年（1866年），时任知府刘璈每年从提府公款中截留100千文“加给

① 贾灿灿. 宋代的学田制度［D］. 郑州大学，2011.

赏资”，从中可见，即使改朝换代，政府对书院的支持也具有共识。其余如鄞州的月湖书院，最早为常平义田书院，清顺治十年（1653 年）由浙江按察副使王尔禄创建，置学田百余亩。金华浦江县的东明书院因族田丰厚，能与官办的浦阳书院相媲美，且数百年不衰（图 6–1）。慈湖书院在元代时，规模庞大，学斋数十间，并拥有学田 117 亩，甚至还有渡口 6 处。晚清 1826 年，时任知县建议重修书院时，乡贤冯云濠、冯云祥、冯汝霖、冯汝震四人又捐资 30000 两。光绪五年（1879 年），余姚知县高桐重建龙山书院时，士绅积极捐资，修楼五间及东西两厢，楼上设祭堂，楼下为讲堂。另辟刘公祠于西边三间平屋，东边五间为学斋[①]。至清末，该书院学田面积增至 405 余亩、山地 16 亩余、山 6 亩余、荡 2 分，地产远超一般的私学书院，比同期余姚县学学田还多[②]。对此，明中叶黄岩学官沈守正的一篇上报申文可完全说明此观念：“海邦瘠土，富少贫多，而生儒尤甚，但诸生犹有学田八百亩，岁收租金，婚丧大变等项略得均沾，而童生例不能得。若置田百亩，以为县中极贫童生笔札之用，虽斗升之惠有限，而教养之恩无涯。随蒙本县详允，捐俸十两创立义学，又捐俸二十五两五钱置田，本学亦捐俸七两三钱，及多方设区，共置三十五亩。县民等各捐助田或二三亩，或一亩不等，及三贤祠香火田三十亩亦并收入，共足百亩之数。”[③]

上述记载，说明了历代地方官吏和士绅“设学田以赡学”的积极态度，学田赡学在各地逐步形成多种形式、来源多样化的书院经费筹措模式，从根本上缓解了民间办学的经费来源难题，并成为官、私学教育制度的基本形式。

① 忠满. 余姚县龙山书院加奖碑记［Z］.

② 施长海. 从中天阁到龙山书院［J］. 寻根，2010.

③（清光绪）黄岩县志［M］.

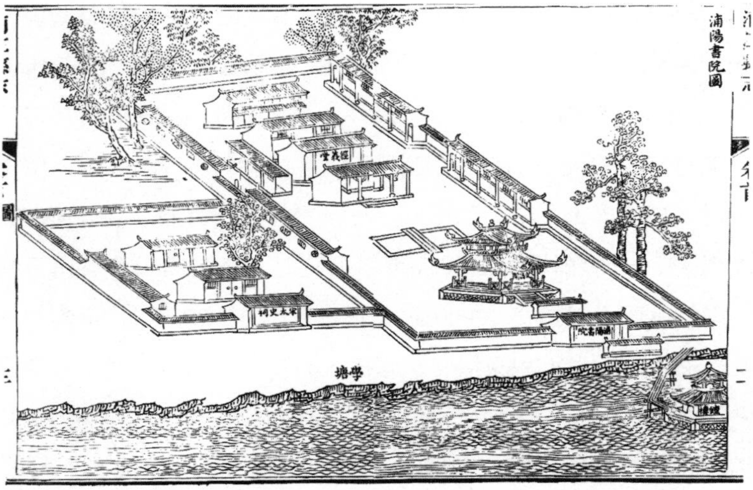

图 6-1 清乾隆二十七年《浦江县志》载“浦阳书院图”

2. 金华地区书院

元末明初著名思想家宋濂在《金华张氏先祠记》中记载：“守祭田若干，则俾三族之嗣人轮掌其租入，以供孝祀燕私之事”。明代散文家归有光也在《平和李氏家规序》中提到“为义田以赡族”，“建义仓五间，用储祭田之入，均给奉祀兴学之费”[①]。“子姓之生依于食，食则给于田，无义田则无以保生者。故祠堂与义田原并重而不可偏废者也”[②]。这里所讲的“祭田”“义仓”“义田”等，都是宗族内对私学宗族书院的不同组织形式，类似“族田”。族田一方面起到维持家族运转、解决孤寡贫弱族人之需的作用，另一方面为宗族后人延请名师大儒、补贴膏火所用[③]。

本书前文已经将浙江传统书院参与的主体人群大致分为官员、宗族乡

① 余佑，义田记．民国湖北通志・卷五十九［M］．

② 皇朝经世文编・卷六十六［M］．

③ 贾灿灿．宋代的学田制度［D］．郑州大学，2011．

绅、知识分子三类。这三类人一方面是书院生态平衡的关键要素，他们既是营建书院的资助方，同时又是书院运营方，不少人甚至亲任山长或教授。同时，乡绅、豪强也会成为破坏地方书院生态均衡的重要因素。对管理者而言，维持书院的正常运作的路径就是保证生源与经营学田。有些书院甚至在地方上采取“放债生息”和“放租学田”等方法，来保障书院的正常运转。不过，书院经常受各种时运影响，书院、学田时常被转租、顶卖、侵占也多有所见，如若“士病无所于学”，该家族凋敝则不可避免[①]，因此，各地政府出台严令，“禁止侵没盗卖族田”，借以保障书院的良性运转。

3. 族田制度与书院营建

学者胡青认为“中国古代最早出现的，以教授生徒为主要任务的书院，便是家族书院”，也印证了清代学者王昶在《天下书院总志序》中的观点：“夫书院非古也。……至唐末，校官又旷厥官，而乡大夫之有力者，始各设书院，教其子弟。”[②] 该论点是有推理价值的。从南宋理学家陈襄撰《劝学文》中对当时的创办书院风气可窥一斑：“一家为学，则宗族和睦；一乡为学，则闾里康宁；一县为学，则风俗美厚……”可见宗族的未来与后辈劝学息息相关。祠堂、族田与书院，是入宋之后江南社会衡量一个宗族生命力的三个重要外现。“族田”，又称“公田”。族田可以分为奉祀型族田、赡养型族田和助学型族田等种类，族田可割为学田。助学类型的族田称“义学田”或“义塾田”。如上节所述，宗族书院的学田、义仓等大多数来源于族田。据前人考，族田始于北宋政治家范仲淹在苏州“义庄”的济困之举，至

---

① 张小波. 清代江南官学学田经营实态述论［J］. 中国农史，2008（2）.

② 朱汉民，李弘祺. 中国书院［M］. 长沙：湖南大学出版社，2006.

南宋时，全国族田的规模有了大发展。到了元明时期，族田在江南地区极为普遍。仅浙江一省，就已大大超过了宋、元时期所置族田的总和。

族田的多寡关系到书院的兴衰，正如乾隆时平湖知县王恒所说："无田以资膏火。"无田，则无法维持书院运转，书院也往往就"旋兴旋废"①。宋元江西籍史学家马端临在《天下四大书院》中也曾归纳此现象说："乡党之学，贤士大夫留意斯文所建，故前规后随，皆务兴起，后来所至，书院尤多。而其田土之赐，教养之规，往往过于州县学。"②

书院之所以能薪火相传，主要依靠了一系列管理制度与措施，其中最重要的有三条。一是建立了比较充裕的教育基金，如捐赠、学田等；二是建立了组织严密、行之有效的管理体制。往往某个组织修建规模较大的书院后，会参酌旧例并结合当地时宜，建立起严格的书院管理体制，如设置管理一职，由2～4人担任，三年轮换；或同时设监理一职，由捐赠最多的人或家庭担任，对书院的各项事务进行监理核查；三是制定了相当开明的聘用制，一方面招贤纳才，聘请品行端方、学识渊博的人任山长或教师，另一方面采用公开举荐的办法，遴选公明勤谨者，与官府、宗族、士绅进行沟通，倡捐膏火，管理财务，增设学斋、结余资助与救济养士。这些合理的举措早已成熟，可确保书院的长期稳定、持续的发展。

4. 兴建书院、义仓与地方分权的关系

"义仓"是指一种以赈灾自助为目的的民间储备。据传始于隋开皇三年（583年），长孙平被征拜为"度支尚书"后，他上书奏称："古者三年耕而余一年之积，九年作而有三年之储。夕虽水旱为灾，人无菜色，皆由劝导

① 平湖县教育志·旧学（1430—1989）[M]. 2009.

②（南宋）马端临. 天下四大书院·文献通考·卷四十六 [M].

有方，蓄积先备，请令诸州百姓及军人，劝课当社，共立义仓。收获之日，随其所得，劝课出粟及麦，于当社造仓窖贮之。”[①]他见天下州县多罹水旱，百姓艰苦，奏令民间每秋家出粟麦一石以下，贫富差等，储之闾巷，以备凶年，名曰“义仓”。隋文帝表彰并采纳其建议。后唐太宗于贞观二年（628年）听从尚书左丞戴胄、户部尚书韩仲良奏：“王公已下垦田，亩纳二升。其粟麦粳稻之属，各依土地。贮之州县，以备凶年。”天下州县始置义仓，每有饥馑，则开仓赈给[②]。雍乾年间因国家荒政，国力衰弱，朝廷多次诏令民间参与地方仓储制度的建设，以助赈族人。从义仓、义田的概念看，义仓、义田是民间储备的重要组成，书院的义田属于其中的一部分。自宋之前，浙江各地强宗大族就积极参与义仓储备与义田赈灾的建设，外设义仓，内备义田。但浙江因单姓大规模的聚落较少，所属宗族的书院和义仓规模都不大，因此，大多采取多姓合作筹建的制度，共同建立义以家族联盟为基础的、社区性的乡族书院义田形式。平时视年岁丰耗收进或放出，每逢春夏淫雨害稼，岁歉之时，即以编户计口方法救饥，兼济书院、祠堂及宗族内取得秀才以上功名者，或以市价十分之一进行平粜。

往往一个本地大族开始规划某一个书院的营造设计，义仓与义田就是重要的先决条件。义仓、义田的占比与权重，就意味着争夺责任与义务的分配权，背后是地方事务话语权与家族科举势力的竞争。唯一的途径、手段和通道就是必须通过捐献义田以及培养本族后辈科举进仕而获得。

在元代早期，官方限制私学书院的扩建，审批严格，导致书院的营建权力逐渐从私立转为官办授权，并且元代要求书院山长由官方派遣，影响了宗族书院的经营与维修。如元代缙云县美化书院先后有缙云人黄应元、范光、朱良纯、李懋、赵凤，四明人陈天益、临海人周仁荣，丽水人叶天

① 隋书·列传·卷十一［M］.

② 张海楠. 唐前期自然灾害和政府救灾研究［D］. 河北师范大学，2013.

与、吴世德、吕德言，歙县人郑千龄等人担任山长，他们的身份均为官方选派任命；直到元中期，官方才放宽对创建书院的限制。这种审批制度一直延续至清末，导致部分讲学式书院的萧条，应试的书院发展迅速。此时在职官员与退官筹建书院的热潮又起，仅台州一地，就有诸如浙江行省枢密副使刘仁本（黄岩人）建黄岩的文献书院，台州知府阮勤重建上蔡书院，知府周志伟建赤城书院，黄岩知县建紫阳书院，官员陈璲建白云书院，冯凤池建南屏书院，陈选建丹崖书院，金赍亨建崇正书院，王士性建白象书院，陈锡建南衡书院，谢省、谢世衍建方岩书院，黄绾建石龙书院等案例[①]，由于这些书院的背景为官办性质，并以科举为宗旨，明显缓解了书院在招生、钱粮拨付等方面的困难。与私立书院相比，这种书院在学田、膏火等教育经费筹集体系上，具有多形式、多来源的灵活性，具备了官办私学的大部分特征。同时，官办书院这种租佃学田的经营方式，也被私办书院所用。书院经营学田的模式有两种：一种是直接经营；另一种是由地方专门经营学田的“庠发会”“宾兴会”代管，而私学书院因依附宗族或士绅，大多数直接经营。浙江各地的宗族书院也积极借助官府之力，仿姑苏范氏、当湖陆氏、新城陈氏，置义田，兴建学田、义仓，作赡族之举。如临安的“庠发会”，该会有学田 296 亩，全为邑民捐助；新化县学田，每年五月由“宾兴会”结算一次，督管执事等人逐一核对。一些宗族因在经济实力上稍弱，也开始与周边各大族联合建设乡族义仓，因规模颇大，所以不仅在浙江人所共知，且反过来影响了江西、江苏及皖南与闽南，直到 19 世纪初，依旧弦歌不绝。

由此可见，浙江各地乡绅阶层积极倡导创建乡族书院与义仓，道统学派灿然昌明，名儒蔚兴，已成为清中叶浙江地区颇为盛行的社会时尚。

---

① 于隆森．原道书院与南乡宾兴［J］．黄岩史志，1991（7–8）；走进黄岩——书院与学田、宾兴［OL］．黄岩区人民政府．2020–07–03.

第二节　学田、义仓等经营对书院营建的促进作用①

1. 激励后人向学的膏火

浙江地区的学田发展速度最快的时期当属明清，形式多、规模大，到明末清初时，书院数量大为增加，学田面积达到历代之最。明清两代由于江南商品经济的发达，导致“子弟轻于向学”，似乎危及封建助学传统。为了使族中子弟言行合乎礼，以圣贤为依归，官吏、富贾与宗族人等均倾力捐资助学，“架书楼令课族子弟，置田以赡之”②。很多书院或专设“义塾”，或在“义庄田”“义田”之外再立“义塾田”，并为了避免佃户隐占、豪绅兼并与胥吏侵没等弊病，制定了专项、专收、专管、专用等独立学田、学仓的管理制度，保证了各级各类学校拥有固定的田产，蔚成风气，有十分重要的意义。江南地区民间组织的学田、义仓管理措施，在很大程度上加强了宗族、士绅与官方的联系，也弥补了官方办学经费不足的问题，既扩大了民间教育，又提高了土地的利用率。下文以嘉兴地区举例说明。

（1）桐乡乌镇的立志书院。它的前身是名震嘉、湖的分水书院，据传是乌镇最早的书院。清乾隆五十二年（1787 年），由邑绅沈启震创建，并捐田 40 余亩作为学田，捐银 2500 两，严大烈等乡绅亦踊跃捐助，署理桐乡知县郭文志捐课桌、凳 20 副，德清举人徐以坤捐学 30 亩，嘉庆初，杭嘉湖海防驿政兵备道秦瀛及桐乡县知县李廷辉等人，各捐俸禄，作为书院延师课士之资。书院历任山长有进士徐志鼎、朱珊元、曹泰、陆以湉，举

---

① 曹凤翔. 论明代族田［J］. 社会科学战线（长春），1997（2）：204-210.

②（乾隆）德北县志 • 卷四 桥渡［M］.

人李绳、冯鸣盛、徐保字、李日爔等先后主讲。分水书院有讲堂五间，并有前后楼各五间，供乌镇乡邑子弟读书，延续9任山长，书院的捐银与学田均管理有序。清咸丰十年，太平军入乌镇，分水书院及其学田等物均毁于战火。

（2）嘉兴鸳湖书院。鸳湖书院由清康熙五十五年（1715年）知府吴永芳创建。书院“*后楼3楹主祀陆陇其，傍列生徒斋舍，延文行之士为师，置义田为祀葺费及修脯之资*”，前后添置学田有661亩，并获望族筹洋2000圆，供山长束脩。次年知府李星曜檄秀水知县拨寺僧入官田佐经费，附课生童给午餐，官课优卷捐资奖赏等；道光十三年（1833年），知府觉罗克兴倡捐修葺，改书院后楼为平屋5楹。清咸丰十年（1860年）与分水书院一起毁于太平军兵燹。同治三年（1864年）知府许瑶光集资重建，自任山长；光绪二十八年（1902年）由邑人陶葆廉、金蓉镜等人发起在院附设图书——供邑族生徒阅读，也是嘉兴地区较早的公共图书馆之一。

（3）桐乡传贻书院。书院位于浙江崇德（今属桐乡），原为宋儒辅广（称“传贻先生”）读书之所。宋咸淳五年（1269年）知县辅之柄重修“书味”“师传”两斋，元毁于兵火（见南宋文及翁作《传贻书院记》）。明嘉靖二十五年（1546年），由知县张守约重建，占地10亩，增设尊经阁5间，及学斋各12间、讲堂各3间，藏书楼5间。后知县靳一派又重建讲堂3间，后废。乾隆十九年（1754年）王善橚重葺，规模较小；道光八年（1828年）知县卢昆銮增设讲堂3楹等，咸丰十年（1860年）毁于太平军。同治四年（1865年）知县杨恩澍重建，规制如前。九年（1870年），知县陈谟捐廉600千、召士绅捐学田16亩，转租存典，以补不足。光绪四年（1878年）知县余丽元再捐600千银，存典生息。后圮。

从嘉兴上述三处书院的境遇可知，嘉兴地区的书院与官员、邑绅、宗族的关怀是分不开的，也证实了传统书院与学田、膏火资助的兴衰命运互为合体、紧密攸关。

2. 经理地方事务的纽带

地方士绅、宗族、学派与地方官府的势力之间彼此相互依赖与支持，利用书院平台，集中权力与经济资源，借以推动地方事务的开展。如浙江嘉兴的仁文书院，明万历三十一年（1603 年）由知府车大任创建，为明代浙中王门的活动中心之一。书院创建之后，批准执行聘请山长、建义仓、收义租、谨修建等，严守学田经济，全面保障书院的维护与讲学活动，逐渐建造了仁文堂、崇贤堂、有斐堂等学斋[①]。延请名师讲学，大倡阳明之学，并利用书院。另一处是魏塘书院，由清乾隆二年（1737）嘉善知县张圣训创建。书院中为讲堂，旁构书屋，左有楼以贮经史，右建祠以祀乡贤六人，其余廊舍庖湢咸备。讲舍有堂有厅，前后有楼，旁有书斋共屋 32 楹，置办学田 40 余亩，具体书院经营事务由邑绅屠以铨、许元杰、孙葆澄、魏鈐分年经理。乾隆四十一年（1776 年），嘉兴的县绅徐文锦为蔚文书院捐房 20 间、田 305.48 亩，县绅张嘉谷筹捐田 112.4 亩，并入观成书院旧学田 107 亩，后又继续捐置田荡 686.2 亩[②]。同治十一年（1872 年），崇德里塾学田 270.85 亩暂归书院。更为重要的是，书院崇尚日用伦常，遵谕顺德，各生安里。教训后辈勤读、勤耕、勤业，一时间，士农商贾勤耕勤市，无恃富压贫和饥盗现象，各族有事先鸣族长士绅，公遒处理。一时间，官府、望族与士绅平民莫不以书院当作经理地方事务的平台，同时，书院这种将儒学教育转为平民化的措施，也是明清书院教育模式的重要典范。因嘉兴地区社会富庶，商业发达，学田倡捐热忱很高，族众慕而效仿，将资助膏火、创办书院及刻书藏书等事业当成自身应尽之社会责任、文化使命与“兼善万世”的历史功业，这些成为明清时期嘉兴地区书院的

① 邓洪波．面向平民：明代书院发展的新动向［J］．井冈山师范学院学报，2004．

② 陈心蓉．清代嘉兴书院的变迁及其影响［J］．兰台世界，2008（2）：69．

营建比其他地区发展更快的重要原因[①]。

此外，本书还将义役、义学、义庄和家族内部的救助福利机构纳入书院建造体系的研究范围。义庄是家族内部为救助贫弱而设立的福利机构，著名者如苏州宋代的“范氏义庄”是创建最早的著名义庄，中国以“义”为称号的组织，多数诞生于宋代。江南多望族，不仅对清俊高才有完善的助学机制，同时对鳏寡孤弱也制定了救济社保体系。家族之内，不但有义役、义田、义仓，还有义庄，成为维护家族声望和济贫救困的互济制度，虽然家族内部的救助行为似与官府无直接关涉，但由于它关系到地方社会中的伦理秩序，影响到王朝在地方的统治。各族知有义田存在，则无恐晚年萧条或居无定所，贫弱相救，婚丧相助，这正是最高的善德教化。书院诸类事务都不同程度地涉及地方关系与各方利益，其中既有官方色彩，也有宗族利益与其他团体利益，这种依附于地方生态利益链的在实际处理过程中都与地方官、儒生士人、世家强族等其在内的各阶层力量及资源，有着重要的关联，这种状态也表明了各地区书院与地方生态圈的关系存在合作、利用，书院成为乡里民间共同依赖和控制的对象，相互之间的界线并不是很明晰的。

3. 控制“舆情物议”的平台

官、私性质的书院，其背后几乎都聚集了不少儒生士绅，以及一批在朝和在野的各级官员，以及强宗弱族的支持等。他们倡议协商，互推其长，共举贤明，以县邑、乡里经济社会为根本，通过规训、表率等建立书院，并以此成为宣传学说、批评时政、科举考试等重要平台，有很多书院甚至成为不同学说之间的批判力量与思想阵地。尤其是到了明清时期，浙

① 叶青，郭维真．清代嘉兴书院的发展成因及其影响［J］．黑龙江史志，2009（24）：77．

江各地区的书院已经与宋元时期大不相同，往往成为各种不同势力“舆情物议”的制高点，一时间，各书院在思想上与时浮沉，随波逐流。或者激扬时政，抗愤纲纪，或者尊崇圣明、持正守道，各求其利。可以说，明清的浙江儒士族人、官员商贾以书院为阵地，构建思想体系，维护乡里传统，以学养士，在学术与舆情往来中得以巩固各方利益，在地方社会中拥有威望，成为重要的民间力量。

如本节所述，两浙地区的学田、学仓对书院建造的规模、数量等促进作用很大，成为重要的民间思想与行动力量，百姓竭财物，进子女。如淳熙十年（1183 年），湖州、秀州两地的宗族势力有丰厚的财力和人力，极具号召力和影响力，他们自作表率，劝谕民众，选拔贤者担任“措置”“机察”之职，管理义役资金，还介入乡里的分田里、立家度等事务，成为地方事务体系的一个共同体，这些深度介入地方事务的活动，反过来对书院的膏火[①]、扩建、修缮与维护起到良性循环的作用[②]。同时，地方经济实力也成为夯实书院发展的重要基础，地方官员也在重视地方教育、营建书院等事务上，颇有共同观点，从而赢得民意基础。大多官员能捐廉，绅衿摊款，或支持置田收租、发商生息。在管理上，书院所入存入公库，不假官吏。宋代嘉兴仅有 4 所书院，元代有 6 所，明代发展到了 17 所。到了清中期时，嘉兴地区的书院营建活动增长迅速，海宁、海盐等县一级的乡里书院各多达十余所之多[③]，到乾嘉时期末期，知名书院数量暴涨至43 所[④]。在清初至道光年间为止，浙江新建的私学书院大约有 179 所，其中杭州府

① 梁启超《辛亥革命的意义》：“前清末年办学堂，学费膳费书籍费，学堂一揽干包，还倒贴学生膏火。”

② 高柯立．宋代的地方官、士人和社会舆论——对苏州地方事务的考察［J］．中国社会历史评论，2009（10）：188-204.

③ 陈心蓉．清代嘉兴书院的变迁及其影响［J］．兰台世界，2008.

④ 浙江省社会科学院．浙江通史・第八卷 清代卷（上）［M］．杭州：浙江人民出版社，2005.

居首位，而嘉兴已占新建书院中21所，明显属于后来居上者[1]。且嘉兴各书院规模以亩计者数十，以楹计屋者数百，斋序堂室规模宏大，远近学者慕名而来，新书院不仅教授生徒，还大量刊印书籍，印本品相颇佳，一时连杭州、绍兴等书院发达地区也黯然不如，为前所未有的现象。

综上所述，民间力量为主体构建书院，并用自身力量对书院进行有效掌控，似乎是各方势力控制地方权力体系的核心密码，也是强宗士绅控制社会事务的潜在工具。正因为如此，各地兴建书院、管理书院、处置书院的权力资源广受关注，由此带来官府、望族、儒士、富绅之间的竞争与合作非常明显。非常值得重视的是，书院填充了古代社会体系中国家权力的空隙。从正面看，这种合作与互补的关系，也是古代教育力量不断延伸，社会结构不断周密化的重要进步。这种现象一直维持到19世纪末，随着“西学东渐”加速，先是维新变法思潮滚滚而来，继而科举制度废止，随着浙江蚕学馆第一批新一代知识分子率先走出国门，东渡扶桑留学后，旧式书院逐渐退出历史舞台。在清朝灭亡、民国建立的大变局中，浙江士人中较少出现思想顽固的“遗老”“遗少”一类人物。这些，都或多或少、直接或间接与浙江地区特有的私学先于公学，思想启蒙教育早于其他省份的历史惯性有关。

（1）儒家传统文化影响

传统儒家思想的核心大致有仁、义、礼、智、信、恕 、忠 、孝、悌等德目，无论出身，科举制度的实施，让人人都能拥有修身、齐家、治国、平天下之大志。儒家先师孔子将“讲学”纳入知识分子的价值体系里，推行“有教无类”的教育方针，通过“师”与“儒”的传承，让知识阶层接受六德、六艺的社会化教育，从而将“讲学”的这种传播方式与组织形式健全，将价值体系传播至整个民族。

---

① 陆祖英．浙江数学家著述再记［J］．浙江师大学报：自然科学版，1992：22-29.

讲学的组织形式，从汉代开始，常常由如董仲舒、马融等少数几位大儒掌管经学教授，传授给吕步舒等几位弟子，再由弟子一一转授。这种形式形成一人能教千万人的模式。这种讲学的模式形成了固定的师法与家法、有源有流，从而使得中国教育源远流长，从未断绝。这种体系落实到书院教育体制上，存在面授、相授、答疑、书授、书论、会讲、群居而切磋等各种形式，到了一定程度，还需要游学四方，从而开阔视野。此时书院的山长与主讲的作用就非常凸显了，其中山长犹如职业经理人，起到承上启下的重要纽带作用。山长之名始于唐、五代，又有“山主”“洞主”“主洞”“掌教”等不同称呼。乾隆三十年（1765 年）从谕令才改称“院长”，院长的称呼逐渐形成后，书院行政化的色彩已经比较浓厚。

书院的儒家传统观念与学派思想的推广，最严密的组织形式还是讲会制度与面授制度，并高度依赖书院与山长教授的力量。浙江各地区的书院虽门派学说不同，但历任山长不乏中国学术史与思想史上德高望重的大德鸿儒，著名者数不胜数，如王十朋、陈傅良、叶适、陈亮、吕祖谦、金履祥、朱熹、刘宗周、王守仁、王开祖、陈傅良、王闿运、黄宗羲、孙怡让等人都曾当过山长①。这些书院山长讲学的同时，兼领院务、经理书院、扩充师生。南宋叶适为代表的“永嘉学派”，讲究实效、注重功利，塑造了温州地区的地方思想与书院群体。“永康学派”书院则传播“义利双行”“王霸并用”的事功之学，与“永嘉学派”一起，传播浙东思想。吕祖谦在明招山讲学，晚年办丽泽书院，一时四方弟子，争相趋之。他曾邀朱熹、陆九渊聚于鹅湖书院，激辩学论。至明代大儒王阳明，于绍兴阳明洞创立“心学”，提倡知行合一，在众弟子的助力下，扩展了书院的数量和规模，门下弟子到处筹建书院，数量极众，世称“姚江学派”，影响力远播至日本与朝鲜半岛。明亡后，黄宗羲与顾炎武、王夫之、朱舜水等并称“明末

① （宋）马永易．实宾录・卷十一［M］．

五大家”，他秉承对封建持否定观点，提出以“天下之法”取代“一家之法”，其民权思想，与“学校之盛衰，关系天下之盛衰也”的办学观点，在一定程度上具有极大的超越性。他提倡农商平等，他的观点促进了晚清民主思潮的兴起，后继者顾炎武则强调“经世致用”，主张把学术研究与解决社会问题结合起来。

总体来讲，书院作为传递儒家传统思想文化的载体，依托大儒传播学说，开启了一代思想新风。书院教育的传道、授业、解惑，是世界上最具有连续性的文化，也是中国众多文化流派中最具有价值的核心精神和观念。

也正是基于此，浙江的知识分子在历经每一次的纷乱之后，都能率先对循旧的伦理纲常与选拔人才的惯例有所觉醒与思考，学者的时代意识和社会责任也在一定程度上得以提升。实际上，浙学各派别的每一次创新发展，都是知识分子率先参与整顿社会秩序，重塑知识体系，启迪变革思想的结果。

（2）为家族地位稳定和个人发展的需要

自科举取士制度出现后，寒门弟子打破了过去世家举荐等对功名垄断的藩篱。士子应举，投牒自进，成为成熟官僚体制的台阶。“学而优则仕”的规则，就成为了之后 1200 余年天下读书人共同的奋斗目标。通过科举考试这条平等通道，古之好学者即使是庶民之子亦可为公卿，不好学者虽公卿之子亦可变为庶民。自隋唐以来的每次科举，朝廷都能获得数十位至数百位的进士不等。一直到明朝初年，江南地区每次科举基本上稳定在 40～60 名进士不等，这背后就将产生数十家名门望族。

据载，中国最早的家族书院是江西高安县退休国子监祭酒幸南容在唐代贞元年间创建的桂岩书院，据传规模恢宏，院内植树 300 株。幸南容执掌书院期间，远近闻名，为幸氏家族办学开创新风，其后辈状元进士等仕宦众多，凸显了筹建书院背后对家族兴衰的作用；再如宋淳祐八年，淳安黄蜕在石峡书院参加科考后，先中榜眼，方逢辰赠言“状元留后举，榜眼探先锋”，预祝黄蜕来年高中状元，黄蜕则以“欲与状元留地位，先将榜眼破天荒”答谢，第二年方逢辰果然高中状元，石峡书院也获得宋度宗亲笔御书。之后在该书院读书的何梦桂又得了第三名探花，其侄儿何景文也中进士，又得宋度宗“一门登两第，百里足三元”的御笔题联。何氏家族一夜显贵，百里追慕，家族大兴；同样的案例在宋神宗熙宁年间（1068年）也曾出现，如在瀛山书院内求学的詹安家族，子孙五人同时参加科考，同时取得功名，实现“五子登科”，不仅詹安家族兴旺发达，瀛山书院也是名震江南。朱熹曾在瀛山书院作《方塘》一诗，其中“问渠那得清如许？为有源头活水来”，似乎暗示了源头活水与书院教育之间存在互为结果的紧密关系，成为千古美谈。

据统计，明代浙江先后出现20位状元，位居福建、江苏、江西、安徽之后，并有进士3697名，总数位居全国第一，比江西多出近500名进士（表6-1～表6-3）。这些数字的背后其实承载着数百个书院的教育贡献，因为科举入仕，浙江同时也崛起了数千个强宗望族。这些强宗望族自然而然地成为其他宗族效仿或者依附的目标，大族纷纷创设书院、倡捐义田，如北宋范仲淹“方贵显时，于其里中买负郭常稔之田千亩，号曰义田，以养济群族”。北宋韩琦为相十二载，更是“不计家中有无，赒人之急，惟恐不丰，或求之愈数，而意不倦”。五代后周窦禹钧中举后“由公而活族者数十家，以至四方贤士，赖公举火者不可胜数”[①]。其教子有方，五子先后考中进士，成为教子有方的典范。

---

① 张劲松，蔡慧琴．书院与科举关系的再认识——以唐至五代时期的书院为例［J］．江西教育学院学报（社会科学版），2006（2）：57-60.

明清各省进士与人才的地理分布 表 6-1

朝代 / 人数及名次 / 省份	明代				清代				明、清两代			
	进士	名次	人才	名次	进士	名次	人才	名次	进士	名次	人才	名次
浙江	3697	1	77	2	2808	2	113	2	6905	1	190	2
江西	3114	2	33	3	1919	5	12	并 11	5033	3	45	7
江苏	2977	3	103	1	2949	1	214	1	5926	2	317	1
福建	2374	4	15	并 5	1371	8	32	7	3745	6	47	6
山东	1763	5	10	8	2270	4	25	8	4033	5	35	9
河南	1729	6	13	7	1721	6	7	15	3450	7	20	11
河北	1621	7	9	9	2694	3	47	4	4295	4	56	4
四川	1369	8	4	12	753	13	13	10	2122	11	17	13
山西	1194	9	2	并 14	1420	7	12	并 11	2614	8	14	15
安徽	1169	10	32	4	1119	10	55	3	2288	9	87	3
湖北	1009	11	15	并 5	1247	9	12	并 11	2256	10	27	10
陕西	870	12	7	11	1043	11	11	14	1913	12	18	12
广东	857	12	8	10	1011	12	40	5	1868	13	48	5
湖南	481	14	3	13	714	14	37	6	1195	14	40	8
广西	207	15	1	并 17	568	17	15	9	775	16	16	14
云南	122	16	2	并 14	694	15	5	并 16	816	15	7	并 16
甘肃	119	17	2	并 14	289	18	5	并 16	408	18	7	并 16
贵州	32	18	1	并 17	607	16	4	18	639	17	5	18
辽东	23	19	1	并 17	186	19	3	19	209	19	4	19
旗籍	—		—	—	1281	—	—	—	1281	—	—	—
其他	87		—	—	103	—	—	—	190	—	—	—
合计	24814		338	—	26747	—	662	—	51561	—	1000	—

历代进士数目统计表　表6-2

名次	省份	进士
1	浙江	3697
2	江西	3114
3	江苏	2977
4	福建	2374
5	山东	1763
6	河南	1729
7	河北	1621
8	四川	1369
9	山西	1194
10	安徽	1169
11	湖北	1009
12	陕西	870
13	广东	857
14	湖南	481
15	广西	207
16	云南	122
17	甘肃	119
18	贵州	32
19	辽东	23

注：本表基于吴宣德《明代进士的地理分布》（香港：中文大学出版社，2009年）整理而成；沈登苗《明清全国进士与人才的时空分布及其相互关系》（北京：《中国文化研究》，1999年卷），以及《中国教育通史·明代教育制度》（山东教育出版社，2000年）提供了详细的数据。

明代状元分布表（前五位）　表6-3

名次	省份	状元
1	浙江	20
2	江西	18
3	江苏	17
4	福建	10
5	安徽	6

历代各书院的创设，情况各不相同。但无论是培养科举人才，还是促进家族兴旺，创设书院是强宗壮族的一条快捷通道。“一个家族是否兴旺的标志首先是经济实力，其次是有没有宗族子弟出入官场文坛，获取社会声望。而宗族子弟获得社会声望与地位的可靠途径，从唐代开始，是走科举入仕的道路。”① 徐梓在《元代书院研究》一书中也指出：“元代书院的基本类型是以教育宗族和乡里子弟为主要目的的宗党书院”。另据有关学者的估算统计，明代仅南京国子监的学生，鼎盛时期就高达 9000 余人。而到了清代，浙江府、州、县学的教官就达 4000 余人，而学生更是达数十万人。这一数字虽然并不准确，但也从一个侧面反映了当时各方力量与利益自发地产生对书院的强大推力②。

宋元之际的一些著名的家族书院，以地名或家族命名最多，宋元书院时期的十大书院以地名为书院名者十有八九，但也有以先祖为名的家族书院，如浙江仙居的桐江书院、慈溪杜洲书院等。最有名的如严州吴氏之札溪书院：“考卜奇胜，肇造书宇，讲堂其中，扁以‘达善’，前有涌泉，疏池涤研。两庑旁翼，为东西斋，斋上为阁，左曰‘明经’，经史子集之书藏焉，右曰‘见贤’，古先贤哲之像列焉。门之外，垒土为坛，环植以杏，结亭曰‘风雩’。仲伯子姓，肃肃雍雍，蚤夕其间，以修以游。”③

南宋建炎初年，在嘉兴创建的陆宣公书院因尊陆贽，以其为书院之名。陆贽是唐朝时期著名的政治家、文学家，翰林学士与当朝宰相，学养才能为后人赞颂，他同时也是传统儒家养德守正的一个重要象征。嘉兴清末光绪年尚存宣公祠、宣公路、宣公桥等旧迹。陆宣公书院有书楼堂庑

---

① 张劲松，蔡慧琴．书院与科举关系的再认识——以唐至五代时期的书院为例［J］．江西教育学院学报（社会科学版），2006（1）：57-60．

②（美）万安玲．贺向前，肖永明译．元代蒙古人与色目人在书院的活动：文化认同的一个例子［J］．湖南大学学报（社科版），2017（3）．

③ 见《札溪书院总谱系》。

数十间，匾额题“仁义之堂”。东为讲堂，西为学斋，藏书近万卷，学田二十顷，荡田若干亩，以补廪膳。规模宏大，周边牌坊亭榭，时花苍木，十分宜人，每每有远道而来求学者。陆宣公书院作为陆氏家族书院，坚守教育数十世，培养人才众多。

据金蓉镜纂《重修秀水县志稿・氏族世系・陆氏》云：“自陆候受氏至宣公（陆贽）凡四十一世。自五季（五代十国时期）以还，宣公子孙遍布大江南北。其在浙东者，以山阴（今绍兴市境）二十九支为最盛。在浙西者，以秀州（今嘉兴市境）十二支为尤著。”所以，自唐宋以来，浙江陆氏自称陆贽后裔，其中几支也涌现了一些历史著名人物，如宋代有陆佃、陆游，明代有陆炳、陆光祖，清代有陆陇其、陆奎勋，近现代有陆志鸿、陆维钊、陆宗舆等人[①]，这些人均能承继家学，刻求功名，光大本族门楣。从以上要素推敲，家族书院的兴衰，对他族的示范与社会的影响不可估量[②]。

邓洪波在《中国家族书院述略》中认为，这是为了提高后人的荣誉感和见贤思齐的上进心，从而提高其学习的积极性，并且具有顽强的延续性，甚至坚持几代或十数代。

第三节　山长与地方书院营建活动的兴衰

“山长”一词的记载见于五代十国，因名士蒋维东在衡岳隐居讲学，被尊称为“山长”。由此成为历代对书院讲学者的称谓，直到清乾隆三十一年（1766年），改称院长。废除科举之后，书院改称学校，山长称呼废止。

① 邱阳，慈波．重建宣公书院正当时［DB/OL］．嘉兴在线．2020-07-16．www.cnjxol.com/23789/202007/t20200717_643990.shtml．

② 曹俊平．宋代书院教学管理研究［D］．安徽师范大学，2006．

书院山长还有“院长”“洞主”“堂长”“山主”等别称，这是因为早期的书院多建在山林，与道观、寺庙为邻，乃一山之主，其内在含义还是要彰显私学与官学的差别，表明自己素志恬淡，以道自乐的山林之志。早期的书院，更多的是知义明理的地方。两宋以后，书院的影响力日益加剧，成了古代中国读书人心目中的学术圣地。而成就书院这一崇高地位的，一是贤良之士聚徒讲学，不授科举的办学理念，二是因为书院参与科举，师生相继登科，满堂朱紫。而各书院的山长，是延续本书院办学理念的关键人物，也是参与书院营建活动的重要支点。

从第二节的进士数据中可见，凡科举取士人数众多的地区，必是科举教育兴盛之地。虽然早期书院秉承与官学完全不同的办学理念和模式，不设门户，讲学自由，培养的是学术精英，并刻意与官方保持一定的距离，教授们保持独立的学术品德，学生则尊崇独立的自学精神。但两宋之后，书院虽然得以大规模兴建发展，但书院最初的定位已逐渐偏移。两宋之后，科举应试的科目也逐渐左右了书院教学的方向棒，书院过去自设的科目逐渐简化，与科举有关的课程迅速占据主位。南宋之后，浙江地区大部分书院都追随与关注科考内容。究其原因，比较复杂。因为南宋的太学和州县学多有名无实，朝廷只好转而支持民间或私人创办书院，以补官学之不足。浙江各地区书院大部分是在朝廷和地方官吏的支持下，得以兴建或复建的。宋元朝廷直接委任山长，明代书院山长分地方官聘请、士绅公推或自命等方式，或多或少存在官方力量介入书院的色彩。清乾隆元年甚至直接颁布上谕：“凡书院之长，必选经明行修、足为多士模范者，以礼聘请。”一方面说明担任山长的人必须博学多识，品德高尚，同时也证明了朝廷直接介入任命山长的强烈意愿。乾隆、道光还规定，丁忧在籍的官员不得充任书院山长，山长必须是科第出身等，个别地区甚至规定官未入流者不得担任山长。明清两朝，在科举独重八股的氛围下，浙江各大书院的教学倾向教授八股文为主，多将培养科举人才作为重要的职能，就连白鹿洞书院和岳麓书院也不例外。

书院山长负责制相当于校长负责制，山长的知识层次与经历对教学活动会产生重要的影响。在元代时，部分书院山长已经有朝廷任命的行政级别，领取官方俸禄，同时山长是书院最高领导，也是首席教正，凡事必须勤劳恭谨，以身先之。如程颢、程颐、司马光、范仲淹、朱熹、张栻等名儒大师，在主持书院日常教学时都是亲自进课堂给学生授课。兴办于南宋淳祐元年（1241 年）的建康明道书院即规定："每旬山长入堂，会集职事生员授讲、签讲、覆讲如规，三、八讲经，一、六讲史，并书于讲簿。每月三课，上旬经疑，中旬史疑，下旬举业。"北宋教育家范仲淹当年在应天书院执教时就曾"勤劳恭谨，以身先之"[①]，据《范文正公集·言行拾遗事录》记载，范仲淹"出题使诸生作赋，必先自为之，欲知其难易及所当用意，亦使学者准以为法"。范仲淹由此名气远播，四方从学者络绎不绝。

1. 浙学的形成与书院的关系[②]

宋代浙江文化的最突出的标志，就是"浙学"学派的兴盛。所谓"浙学"，有狭义、中义与广义之分。吴光在《简论浙学的内涵及其基本精神》中说："狭义的'浙学'是指发端于北宋、形成于南宋永嘉和永康地区的浙东事功之学；中义的'浙学'是指渊源于东汉、形成于两宋、转型于明代、发扬光大于清代的浙东经史之学；广义的'浙学'即'大浙学'，指的是渊源于古越、兴盛于宋元明清而延续至当代的浙江学术思想与人文精神传统。"[③]故'浙学'之'浙'仅是一地理概念，形成了浙江区域文化的精

① 邓洪波．中国书院的教学管理制度［J］．河北师范大学学报（教育科学版），2005（3）：35–40.

② 袁行霈，陈进玉．中国地域文化通览：浙江卷［M］．北京：中华书局，2015.

③ 吴光．简论"浙学"的内涵及其基本精神［J］．浙江社会科学期刊，2004（6）：146–150.

神特质，因此“浙学”之“浙”已经意味着一种独特的区域文化精神。本章所要讨论的，主要是中义的“浙学”对书院创建的影响力。“浙学”并不是一个传统的学派，而是多个学派的总称。但“浙学”诸派有着共同的人文精神与文化特色。

时人所说的宋学之源，领头者是胡瑗先生，由宋初三先生（安定先生胡瑗、泰山先生孙复、徂徕先生石介）开其端，周（敦颐）、张（载）、“二程”（程颖、程颐）奠基立说的北宋儒学一时风靡全国，其间人物辈出，学派林立，书院新建如潮。在南宋“浙学”中，陈亮是其中代表人物之一，他在金华永康方岩寿山之麓创建的“寿山石室”，该石室独具特色，为典型的洞窟建筑，总面积约 943 平方米。洞内木构支撑崖壁，屋即是洞，洞即是屋。院外东西流瀑飞泻，远近古木参天。院内为穿斗式梁架，并有典型的丁头拱支撑。陈亮先生在此书院内开创浙东学派之“永康学派”，切于实用，学者甚众。明嘉靖年间，婺州太守姚文火与永康县令洪垣等人创设五峰书院，面阔三间，依洞而建，宽 12 米，深 11 米，为两层建筑，洞内有 18 根圆柱支撑，书院建筑古朴，这种因洞建屋的方式比较少见，与山西悬空寺相映成趣。

婺州人“东莱先生”吕祖谦，也是金华学派的奠基人。他创办丽泽书院于金华明招山，并自任主讲，一时四方学者受益于此，婺州因此被称为“小邹鲁”。书院以丽泽命名，其意在两泽相连，其水交汇如聚友论道。吕祖谦在书院内邀请了朱熹、陆九渊、陆九龄、张栻、叶适、陈亮等大儒前来讲学，后来并依书院之力，促成了朱、陆的“鹅湖之会”。南宋史思想家叶适，是宋代“永嘉学派”的集大成者，他代表的永嘉“事功学派”，与朱熹的理学、陆九渊的心学并行南宋三大学派。叶适寓居台州、黄岩、温岭等地办学，培养出陈耆卿、王象祖、王汶、吴子良、丁希亮、周南、周端朝等三十五人，大部分文风卓著，均在各地筹建书院，立身传教。叶适罢职还乡后，尝寓居台州、黄岩、温岭一带办学授业。培养出陈耆卿、吴子良、丁希亮等许多名士，对台州学术影响深远。其余如创办于宋咸平年间（约 988—1003 年）的苍南县的鹅峰书院，传有黄中、柳梦周等担任山长；南宋温州大学者陈傅良，在瑞安仙岩创办仙岩书院。授徒讲学，学重“经世致用”。门下有蔡幼学、曹叔远、木天骏、朱黼、钱文子等人，均成名士[①]。后蔡幼学、曹叔远等都曾任书院山长。“甬上淳熙四先生”之杨简、袁燮、舒璘、沈焕，当时杨简主讲于碧沚书院，沈焕主讲于竹洲书院，袁燮主任山长于城南书院，舒璘在外任山长，他们共同推尊德性，后人将四先生学术概称为“四明学派”。再如著名哲学家刘宗周，创蕺山书院，得蕺山之学。其学生黄宗羲在宁绍地区等创办书院并讲学，毕力著述，四方请业之士渐至。著名弟子有万斯同、万斯大、全祖望、章学诚、邵晋涵、仇兆鳌等。维新派的“兴民权”、孙中山的三民主义、“五四”的“德赛先生”，都略受到了黄宗羲民主启蒙思想的影响。嘉靖四年（1566 年），越城修阳明书院。王阳明因传播心学弟子多到连书院也难以容纳，只好借天妃宫、能仁寺、大教寺等处安置。王门的代表人物王畿、钱德洪、黄绾、张元忭等学生，这些学生均参与创建书院或任山长讲学，兴建书院多达 17 处，并依托本门派书院，完成了以高谈心性为特色的理学形态。

浙学最早出现，最晚被人知晓。浙学门派甚多，其核心概念是浙东地域，除吕学、永嘉学派、永康学派、北山学派、东发学派、四明学派、浙中学派、姚江学派、湖州学派等浙学诸学派之外，还有南宋浙江朱学的代表人物如戴蒙、徐寓、叶味道、叶任道、叶采等数十人，如陈埴的温州朱子学，黄震的四明朱子学，以及北山四先生的金华朱子学等对浙学的补充，绵延宋元明清数百年之久，迸发强大的影响力。另外，浙江学术文化中除心学、事功学等学派传统外，这些门派无一例外依附于本土，或扎根

---

① 周梦江. 叶适门人考略［J］. 温州师范学院学报（哲学社会科学版），1989（4）.

于书院，以书院为平台，积极传播到浙江地区乃至海外，传播浙江文化兼容并蓄、多元和谐的思想特色，以务实功利为宗旨，这与其他地区提倡封建伦理的儒学正宗并不完全一致。范寿康在《朱子及其哲学》一文中认为浙学以经济、政治为中心，从这条“浙学”形成的源流、内涵、脉络、学派、人物体现出来的浙学精神，也可以看到一条浙江学派书院迅速增加的线路图景。

2. 浙学书院兴衰的数次变局

按时间划分，浙学可分为宋代浙学、明代浙学两个阶段。而浙江书院的变局大致与这个时间段相同。第一个大变局阶段是从唐末、五代十国之乱局，走向北宋稳定发展的阶段，此时浙江各地的书院开始蓬勃发展，出现了有史可考的 154 所知名书院，初现学术繁盛的景象。与浙江经济长足发展相呼应的是浙江学术文化的重建——已经是一片书院林立、学派涌现的繁荣景象。尤其是福建、两浙、江南东西路一直有崇文之风，两宋时期闽浙赣毗邻区内，书院蓬勃发展，印书、藏书文风经久不衰。据统计，宋代全国共有知名书院 203 所，江西最多，达 80 所，而浙江次之，为 34 所[①]。

处在北宋大变局当中的浙江学术文化，同样也处于儒释道并重的转型时期。在这方面引领潮流的鸿学大儒，如浙东明州“庆历五先生”（杨适、杜醇、王致、王说、楼郁），“永嘉九先生”（周行已、许景衡、刘安节、刘安上、戴述、沈躬行、赵霄、张辉、蒋元中）与安定先生胡瑗。“庆历五先生”受当时王安石邀请，在鄞县或创建书院，或执郡、县学讲席，长期在各大书院活动，致力于明州地区的儒学传播与民生教化，是名副其

① 章柳泉．中国书院史话［M］．北京：教育科学出版社，1981．

实的学术教育先行者[①]。《宋史儒林传》记载："瑗教人有法，科条纤悉备具，以身先之。"他先后担任"苏州教授""湖州教授"二十余年，毕生白衣而为天下师，三十载弟子数千人，对当时的学风影响极大，以至感动朝廷："天子诏下苏、湖，取其法，着为令于太学。召为诸王宫教授"。胡瑗先生虽是江苏泰州人，但他创办的湖州安定书院，以书院为基地传播"湖学"，主张"苏湖教法"，推广"一学两斋"模式。该书院东西序分十八斋，入门而右为学官之署，入门而左有斋舍之馆，凡为屋百有二十播。四方之士，云集而来。因此全祖望评论说："庆历之际，学统四起……新东则有明州杨、杜五子，永嘉之儒志、经行二子，浙西则有杭之吴存仁，皆与安定湖学相应。可见，胡瑗不仅是浙学传统之源，也是宋学正统之源。"[②]

第二个大变局是北宋灭亡后，南宋朝廷偏安临安行在（杭州），浙江地区却迎来了政治、经济大飞跃的机遇期，最大的变化是人口暴增。据复旦大学吴松弟教授对南宋乾道五年（1169 年）的北方移民估算，南宋北方移民占杭州原住民的 72.7%，高达 17 万户，甚至高于 1949 年的杭州总人口（图 6-2）。

靖康之变后，曲阜孔门中衰，孔氏南迁带来圣贤之学。高宗君臣渡临安时，孔端友、孔传及部分孔子后裔，带着子贡手摹孔子及亓官夫人楷木雕像随驾南渡。高宗赐其族人定居衢州，并拨款兴建衢州南宗孔庙，孔氏南宗从此扎根衢州，并以衢州为中心继续传播圣贤正统之学。孔氏南宗是儒学在浙江传播的中心，对儒学传播、发展贡献诸多。在南宋时期，除授高官显爵者之外，贤才辈出，其族人兼任或专司学官、山长、教授者众

① 彭强民．王正功《桂林山水甲天下》考［J］．桂林师范高等专科学校学报，2017（3）：23-30.

② 吴光．简论"浙学"的内涵及其基本精神［J］．浙江社会科学期刊，2004（6）：146-150；宋元学案·卷六 士刘诸儒学案［M］// 黄宗羲全集（第三册）；朱汉民．学术旨趣与地域学统［J］．文史哲期刊，2014（5）.

多，如孔莘夫、孔元龙、孔应得等，一面主持教育机构，一面勤奋著述。南孔书院的象征意义极强，对浙江兴教的促进意义非凡。

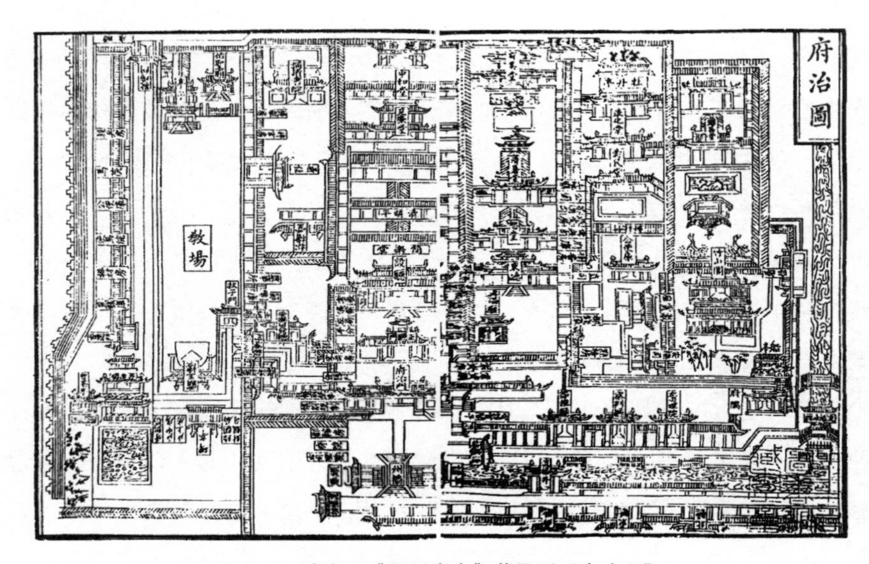

图 6-2 清康熙《衢州府志》载衢州“府治图”

南宋时期，浙江的学术派系并未受到孔学南迁的影响，相反各宗学派更加关注民生经济与时事政治，事功之学依然属于传统主流儒学，各学者依然借助各地区书院阵地阐发儒学要义。按照明末刘梦龙在《浙学宗传》中的简介，他认为浙江、江西等地在南宋之前，没有形成与中原地区相提并论的学术流派。宋室南迁至临安后，其影响范围也已经超越狭义的浙江，应该将“赣学”“闽学”与“浙学”并列起来研究，因为这些学者的活动范围相互交叉，如吕祖谦的弟子主要在江右和福建，而王阳明的学术历练也主要在江右与贵州完成。而清代章学诚《文史通义》里有三点重要认识：①“浙东之学”条目非“浙学”，原因就是清之前的浙学学者大部分是浙东人氏；② 浙东之学以江西陆九渊为宗，直到阳明心学出现之后，方才出现学术新意；③ 浙东之学与婺源朱子之学有师承关系。这三点，在浙江大部分书院的学术源流中均可以发现线索。

“两派三家”——“两派”即心性之学和事功之学，“三家”指朱学、陆学和浙学，对浙江有重要的影响。尤其是事功之学影响最大，它是婺学、永嘉之学和永康之学的总称：婺学领袖首推吕祖谦、唐仲友，此外鄞县楼昉、王应麟，金华叶邦、叶秀发、戚如琥，武义巩丰、巩嵘兄弟等，都是这一系统的重要人物；永嘉之学，则有郑敷文、蔚季宣、陈傅良、叶适等人，可谓人才济济；永康之学，则有陈亮。这三个学派的学者交游甚密，主张“经世致用”，门下弟子所属的各类书院、讲会也是屡以百计，并以此为据点，相互融合、相互竞争，为宋代三次兴学奠定了坚实的理论与实践基础①。

第三个大变局是明清两代。刘梦龙在《浙学东传》中将宋、明时期浙东与浙西儒家流派皆归入浙学。至清代黄宗羲、全祖望编著的《宋元学案》，则较为全面地论述了浙学之起源、中兴与全盛。“心学”是浙学在明代的高峰，继王阳明之后出现的明末大儒刘宗周（1578—1645）及其“蕺山学派”，在理论上对其进行批判性改造与转型，并由此构筑书院，从而形成的独特理论体系。刘宗周曾于崇祯四年（1631 年）在山阴岁久倾圮的旧学旧址上创建证人书院，开帐讲学。他在蕺山书院聚徒讲学，形成了以“诚意慎独”为宗旨的“蕺山学派”。门下著名弟子除余姚黄宗羲及其弟黄宗炎、黄宗会，以及甬上万泰外，还有桐乡张履祥、松江陈子龙、太仓陆世仪和孙嘉绩、山阴祁彪佳、画家陈洪绶、长洲周茂兰等数百人，均成为一方名士。此时浙东、浙北新建书院众多，弦歌相继，风气大盛。浙东地区在浙学传统略盛于其他地区，尤其是阳明学派的诸多山长多为学道精深的大师，他们大量筹办书院、教授科举应试知识的同时，还向生徒传授理学、史学和经学知识，并要求学生遍习五经、博学多通，培养了一大批经

① 倪士毅，徐吉军. 试论南宋浙江人才辈出的原因［J］. 浙江学刊，1985（2）：107-112.

世致用的杰出人才。梁启超在《饮冰室文集》中赞道："江浙名人大半出于门下!"除去王阳明自己创办的书院之外，明清之际浙东地区是传播阳明学说的大本营，基地是建于明崇祯十二年（1639年）的姚江书院，书院聚集了一群为传播阳明学说的学者，逐渐形成了影响卓著的"姚江书院派"，它与绍兴的"蕺山派"、嵊县的"石梁派"形成明末清初浙东阳明学术的分支，成为明清之际传播阳明心学的主要场所。从全祖望到鄞州主讲证人讲会，并创办甬上证人书院的实例，我们可知浙江各地书院之所以能在清末时期顺利转型为新式学堂，与这种知行合一、敢于创新的浙学意识是有紧密因果关系的。

明清时期的山长大部分致力于研究经世实学，关注政治、社会与经济，在全国率先对晚明末空虚的"时风"、不务"功夫"、空谈"本体"、不务实学而"别标宗旨"的课程设置进行深刻反思，并进行了实事求是的调整。明代浙学以王阳明及其开创的"姚江学派"为主流，已经是明代中后期起主导作用的学术思想。绍兴是明清时期浙东文化中心，王阳明、刘宗周和浙东史学派黄宗羲、万斯同、全祖望等皆活动于浙东。明崇祯十二年（1639年），沈国模、管宗圣、史孝咸、史孝复四先生依托余姚城南半霖史家村创建姚江书院，王朝武、苏无璞、绍曾可、韩孔当、俞长民、史标、徐锦范、邵廷采等先后任山长或侍讲，众人据此书院讲授"良知"之学。该书院于清康熙四十一年（1702年）迁建于南城巽水门内的角声苑内，一直保存到1992年方被拆除。他们悉心教授生徒，奖掖寒俊，为绍兴府培养了一批才学之士，并为绍兴乡邦文献保存了珍贵的资料。

明末清初，中国社会又处于一个大动荡、大变局的时期，清取代明后，促使明代遗民知识分子深刻反思明朝灭亡的教训乃至整个君主专制社会的弊端。此时在清初的思想文化界，出现了一股社会批判与思想创新的思潮，并促进了自明中叶至明末风靡一时的向实学转型的文化运动。在这场文化运动中，清代浙人黄宗羲及众弟子与他所创立的浙东"经史学派"

是时代前列的思想启蒙者。虽然大部分反对过度诠释政治主张，但其“经世致用”的浙学主张，早已非一方书院所能限制。

从不完全数据上看，明清两代知名书院、学塾共有594处，其中浙北有172处，浙东有265处，浙南有112处，浙西有123处。浙江的书院数量及科举中榜率始终位列全国前1～4位，各层级书院的普遍修建，有利于士子的应试，而且士子及第之后，又能进一步推动新的书院创建，乃至与本土书院相关的学术、学派的发展。

第四节　望族世家与书院营建[①]

陈寅恪曾说学术文化与大族盛门不可分离，这种现象值得深思和探究。这是中国书院建造史上一个特有的现象，在江西、湖南、福建和浙江等地区尤为突出。地方望族与宗族不同——望族人多势众，显达世代相传，或出身公卿将相之家，或出自王谢门阀士族，满门天下名士等。这些世家大族簪缨累代，代代耕读促学，并利用自己的名望与财力积极参与书院营建活动，在书院文化史上产生了很大影响，堪称“地方文化独特的精神坐标”。

浙江望族与文化世家的形成互为支撑。据著名明清史学家李洵教授所述：“明代江南历史上传下来的世家比较少，中叶之后，才出现不少所谓吴中世族或者三吴望族。”[②]据统计，两浙地区自东汉至明清，正式列名于历代国史纪传的“文化世家”约有200余家，习俗相传所谓“望族”的，则高达上万家。这些望族的形成时间自汉到两宋、明清各不相同，甚至有些

① 袁行霈，陈进玉．中国地域文化通览：浙江卷［M］．北京：中华书局，2015．

② 李洵．论明代江南地区士大夫势力的兴衰［J］．史学集刊，1987（12）：34–42．

望族有着近两千年的历史，远在两汉之时，他们就从北方迁居到江南，生生不息延续望族门风。当地的家族，往往也会通过血缘联结、世代联姻或师承传统，形成士绅阶层与家族之间的政治联盟，共同维护基层社会的统治秩序。这其中有从政世家兼文化世家的杭州钱氏家族，有从政世家兼文化世家余姚王氏家族，余姚虞氏经学世家、邵氏史学世家、黄氏经史世家等，也有医学、历算、地理等自然科学世家的钱塘沈氏、临海王氏地理世家，还有书法、绘画、戏曲等艺术世家如山阴王羲之家族、湖州赵氏书画世家和藏书刻书世家，嘉兴的项元汴家族、宁波天一阁范氏家族、湖州嘉业堂刘氏，以及举世皆知的大儒世家——衢州南宗孔氏等，数不胜数。潘光旦在《明清两代嘉兴的望族》一文中，梳理了 91 支望族，并按照科举功名设置了三个原则：（1）人才；（2）家族的姻亲关系；（3）五个以上的男性血系。大致存在如白溪朱氏、丁渚丁氏、吕山吴氏、大西街王氏、南淙韦氏等家族。这些文化世家与名门望族，纷纷参与书院营建，培养子弟。

在温州地区，大宗强族均重视读书，如乐清万氏万宗旦《勉光宇叔从学》诗云："门第萧条亦有年，儒风特望振前贤。三更灯火休虚却，万卷诗书要勉旃……"诗中明确了宗族子弟科举应试的心愿。温州地区也从唐时进士仅有 2 人，一跃至南宋 1108 人之多，人才济济，兴学不辍。元代温州地区的家塾、义塾、族塾、里塾非常普遍，其中永嘉最著名的有少南塾、南湖塾、德新塾；乐清早有鹿严塾、万桥塾、白石塾；湍安县有梅潭塾、南山塾、凤岗塾、龙坞塾；平阳县有朝阳塾等著名族学与私学。著名者有温州进士王开祖、周行已、王十鹏、郑伯熊三兄弟，以及陈傅良、叶适等人。

明清时期浙东的望族也比较兴盛，主要有诸大绶家族、罗万化家族、张元忭家族、陶大临家族、谢迁家族、朱赓家族、吕本家族、刘宗周家族、王阳明家族、金兰家族、黄宗羲家族等。这些家族几乎都参与书院的营建，其中王阳明、刘宗周、黄宗羲成为书院史的鸿儒巨子。此时的“乾嘉朴学”成为中国学术的主流，黄宗羲在《理学录》中以“浙学派”专指永嘉、永康一派。其代表人物为全祖望、章学诚、邵晋涵、杭世骏、厉鹗、卢文弨、齐召南、严可均、姚文田、龚自珍、俞樾、李慈铭、朱一新、洪颐煊、黄式三、黄以周、孙诒让、章炳麟等人，重要人物有董秉纯、卢镐、蒋学镛、沈冰壶、吴骞、陈鳣、黄璋、黄征乂、冯登府、吴东发、王梓材、冯云濠、管庭芬、姚燮、戚学标、平步青、陶方琦、陶浚宣、沈曾植、李善兰、张作楠、王绍兰、孙衣言、傅以礼、王棻、龚橙等人。其中全祖望、章学诚、邵晋涵开启风气，俨然宗主[①]。受到家族资助的书院有宣公书院、文湖书院、鹤湖书院、观海书院、立志书院、仁文书院、崇文书院、景贤书院、江南书院、当湖书院、严肃成书院、魏塘书院、桐溪书院等[②]。

主张“经世致用”的“浙东经史学派”虽然是一个边缘化的学派，但其学派门下书院众多，人才济济。如以宋代吕祖谦为代表的“金华学派”，以陈亮为代表的“永康学派”，以叶适为代表的“永嘉学派”，以绍兴、余姚、萧山等县为中心涌现了黄宗羲、朱之瑜、万斯大、万斯同、邵廷采、全祖望、章学诚等著名学者，均在浙东一带书院授课或任山长，其讲学范围与属下书院几乎涵盖了整个浙江地区的书院。这些书院不仅在省府、邑城蔚然成风，甚至在杭嘉湖平原、宁绍平原以及金衢盆地、温州临海的许多村落，都因兴建书院而人文蔚起。

望族为延续家族优势，历来不惜代价，努力做好三件大事：创办书院并热衷科举；刻印藏书；著书立说。努力延续科举优势，劝学子孙，并多行德政。仅以宁波慈城为例，慈湖北岸三国时东吴名相阚泽家族创办的德

① 孙虎．清代嘉兴文学家族和地方文缘关系研究［J］．苏州科技学院学报，2015（9）．
② 同上。

润书室，后唐大中二年（848 年）在裔博通文史，追求仕途，在慈湖北岸原德润书院西面创办了谈妙书屋。杨简故后，他的子孙和弟子于宋宝庆年间，在谈妙书屋旧址创立了慈湖书院，成为当时全国最著名的书院之一，并开创了慈城私学的先河。

另一望族是宋庆元二年（1196 年）进士、官居尚书右丞的杨简的弟子桂万荣，为了教育桂氏家族子弟，告老还乡后筑室于汤山，在今慈城小东门外半里创建石坡书院。该书院传承八九代，历经近 300 年，培养了多位“经世致用”之才。清初史学大师全祖望在《石坡书院记》一文中称颂道：“今慈湖东山之麓有石坡书院，即当年所讲学也。桂氏自石坡以后，世守慈湖家法，明初尚有如容斋之敦朴，长史之深醇，古香之精博，文修之伉直，声闻不坠，至今六百余年，犹有奉慈湖之祀，香火可谓远矣。”文中的“容斋”指桂万荣的四世孙桂同德，“长史”指的是明初通儒、帝师桂彦良，因贤良端方，被洪武帝朱元璋称赞道：“江南大儒，唯卿一人。”宋桂万荣创办了石坡书院后，慈城的桂氏家族一袭成为浙东著名望族。从宋到清，慈城桂氏曾走出进士 16 人，是当之无愧的科举世家[①]。明清时期慈城望族还创办了数十家大大小小的书院，较著名的有：明南昌教谕冯钢在慈城小北门外石刺岭下创办的石峰书院；明参议、进士周旋在慈湖西北山麓创办的西溪书院；明兵部尚书姚镆在慈城大东门外琴山下创办的东泉书院；明大学士袁炜在慈湖北岸袁峰下创办的阚峰书院；明襄府教授冯柯在小北门外虎啸山麓创办的宝阴书院；明都御史秦宗道在慈城大东门外创办的屿湖书院；明布政冯成能在小北门外慈湖北岸创办的慈湖精舍；乾隆十六年（1751 年），慈溪知县陈朝栋创办德润书院。嘉庆二十年（1815 年）知县黄兆台创建德润书院于大东门内，是继慈湖书院、宝峰书院之后，慈溪县的第三所著名书院。

① 钱文华，钱之骁．天赐慈城［M］．宁波：宁波出版社，2017.

元、明时期浙学各派呈现出众派归一的态势。南宋各学术流派林立，这些学派学源交互、博采众长，到元代，一代学行卓特之士自宋亡之后纷纷绝意出仕，专以教书为业。这些人奉行南宋各家学说，授徒讲学，传承义理，在事实上一改宋、元时期学派林立的态势，逐渐呈现学理归一的发展趋势。明代的学风，以江南为盛，明初修《元史》一书中，浙东人占11位。浙东学界着力消除元代弊政，改革学风，涌现出婺州浦江宋濂、处州青田刘基、婺州义乌王袆等新一代大儒。他们一脉相承，来往频繁，形成比宋、元更为紧密的学派群体。明中叶以后，王阳明又崛起于姚江，门下弟子及书院众多，卓然成为一代之宗师。但随着燕王起兵继统，浙东随宁海方孝孺一起罹难，至此文脉中断，书院创建之风从此衰落[①]。但清初学术实由于姚江学风的启导，至如晚清结社之风，较前代更为兴盛。清代书院是儒学与新学传播的重要阵地，书院数量瞬间庞大，类型与制度多样化，并出现进一步的普及化与平民化的特点。家族筹建书院较以往而言，进一步扩大，成为清代地方筹建书院的重心。

特别是在明、清两代，浙江文化世家群星灿烂、影响巨大。明清时期温瑞平原、杭嘉湖平原，既是当时财富辐辏之地，又是文化和在野舆论的批评中心。这些文化世家在砥砺品德修养、匡扶道德人心和社会秩序的同时，积极参与诗社、学社、书院的营建，并鼓励宗族或乡邻求学、讲学、谋取功名，创设书院。明清时期，在家国同构的伦理政治型社会范式下，江南望族均热爱乡梓、维护地方利益，秉持尽忠报国之志。有些望族面对宦海风波或者家国之变，选择远避是非、明哲保身的“市隐”生活之路，而有些望族则挺身而出，如元末浙江各地望族纷纷举族抗争，永嘉楠溪望族成立地方武装据守家乡，台州望族则暂且依附方国珍之侄方明善等都以自保为目的。

---

① 徐吉军. 论浙江历代人才的演变及其原因［J］. 浙江学刊，1990（6）：50–54.

明清时期形成了以科举与经商并重的局面。宁波境内的望族，明清时期在政治领域的发展态势总体上明显不如南宋时期，却也不乏像镜川杨氏、槎湖张氏、鄞县万氏这样的官宦世家。镜川杨氏入明后，更因培育出10位进士，而被钱茂伟定性为“明朝第一科举家族”。这些望族的形成，无不是通过世袭、科举、军功甚至是经商而形成的。相传南宋魏国公张浚之后的槎湖张氏，从元代到明初之间一直经营书院，至明代中叶，本族由于先后涌现出张邦奇、张时彻两位尚书而名声大噪。鄞县万氏则不相同，它是唯一以军功起家的明代甬上望族，不但建立了其他宁波望族无法企及的军功战绩，而且在弃武从文之后，又在经学、史学、文学等领域取得了不俗成就。不过，彼时官宦世家固然为数不少，但文化家族显然更多，如浮石周氏、芍庭钱氏、砌街李氏、城西范氏、栎社沈氏、鉴桥屠氏、桓溪全氏、鄞县丰氏、慈溪鹳浦郑氏、慈溪孙家境孙氏、余姚邵氏……这些名单，也仅是其中突出代表而已[①]。许多地方士绅以家族形式在内部建立学术文化的传承机制，并向外产生辐射影响，在地方上形成了所谓“文化家族”的形象。晚清时期，随着社会环境的急剧变化，一些后起家族为谋求家族发展，根据时局和自身的特性因势调整，以期迅速崛起，温州瑞安的孙氏家族即是其中一例。瑞安孙氏家族原本为地方弱宗，仅依赖晚清孙衣言、孙锵鸣兄弟在科举上的成功而跻身为地方望族，并在太平天国前期达到顶点（表6–4）。

入明以来，嘉兴地区经济活跃，以科举或经商而形成的名门望族较以往多出数倍。潘光旦在《明清两代嘉兴的望族》中对（嘉兴）91支明清望族“血缘网格图”进行梳理，“在这一平均起来，每一血系的世泽流衍可以到8.3世之久”，“世泽最长的血系可以流衍到二十一世（即嘉善钱氏家

① 唐燮军，贺凯怡．宁波望族文化三题［J］．宁波大学学报（人文科学版），2017（4）：17–22．

族)……嘉兴的望族，平均大约能维持到二百一二十年”[①]。西晋末年，众多北方士族的南渡、唐末农民大起义、宋室的南渡都带来大批的北方大族来江南定居，而嘉兴以优良的地理条件成为避难安居的前站。这类世家望族起家往往是通过两个途径实现的：一是从科举及第，入朝为官，子弟再通过科举入仕，形成地方官宦世家；二是经商置业，再鼓励子弟科举，或捐官入仕，这类与以科举起家的望族相比，社会地位稍逊几分。从嘉兴望族的祖籍地看，许多家族为中原南渡的移民家族，迁徙到嘉兴之后，积善修德，传播教化，并迅速融入地方主流。如海盐张、董、徐家族，嘉善的郁、曹、俞家族，以及嘉兴的岳、高、陈家族等，均是先世积德累仁，久为乡党所推重[②]。

明清浙江部分州府书院数量统计表 表 6-4

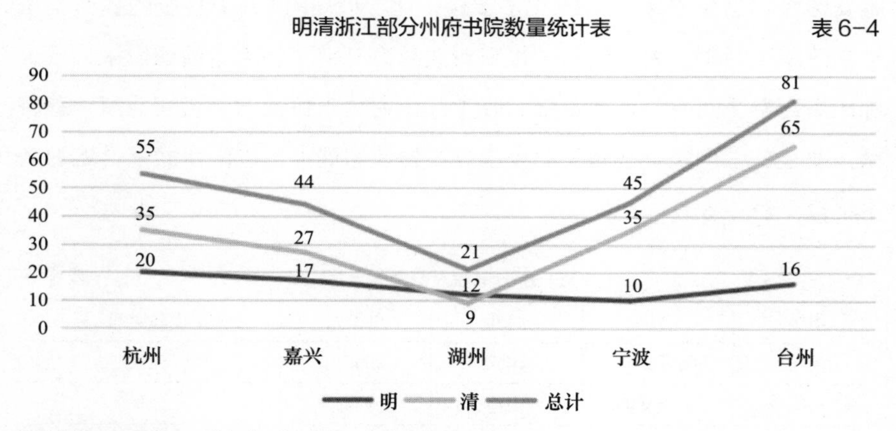

资料来源：1. 张廷玉．明史［M］．北京：中华书局，1974.
2. 吴晗．明初的学校［M］// 读书札记．上海：三联书店，1975：388.

嘉兴书院创建始于唐代，以宣公书院为代表，但在宋、元两代，乏善可陈。据光绪《嘉兴府志》载：“嘉兴的郡县设学，始于唐，嘉兴笃学亦盛于

① 姚春兴．明清时期嘉善曹氏家族的文化传统［N］．嘉兴日报・嘉善版，2018-10-26.
② 张氏族谱・序［M］．民国二十三年铅印本，海盐县博物馆藏.

唐，陆宣公是也。”[1] 明清时期，嘉兴一些中产以上的家族都设有家塾。晚清桐乡士绅严辰在《设立桐乡青镇两处义学记》曾云：“故承平时，家弦户诵。苟有中人产者，无不设塾延师，以望其子弟之名列胶庠，为宗族光宠。”[2]

一个家族要建立起一种足以影响家风的家学渊源，需要几代人的共同努力，它类似物理学中“场”的环境，使得各家族的下代得到熏陶。温州平阳乡的顺溪顺溪陈氏家族经过 17 世代、400 余年的繁衍生息，总人口达 8000 多人，成为浙南罕见的聚族而居的大家族。顺溪陈氏虽远居偏僻山区，仍不忘“耕读传家”的传统。早在清乾隆年间，顺溪陈氏家族文风繁盛，创办了书院和私塾。戊戌变法后，陈氏第四辈陈作仁的后裔陈少文受到新思潮影响，积极兴办新学。他于光绪二十七年（1901 年）开办益智高等女学校，这是平阳最早的女子学校，比 1905 年创办于县城的毓秀女子学堂还早了四年，为近代女子接受新式教育开辟了通道。清朝以来，不少陈氏后裔游学四方，人才辈出。陈少文作为清末民初的著名实业家、慈善家，便是其中代表。这两所女校学校在建筑布局上，以围合式三合院为基本单位（表 6–5）。

嘉兴部分书院及义塾统计表　　表 6–5

族属	名称	属地	创始人	创建时间
陶氏	陶氏义塾	嘉善	陶氏	元代
吴氏	吴氏义塾	嘉善	吴森	元代
濮氏	濮氏义塾	桐乡	濮鉴	元大德年间
冯氏	冯氏义塾	海盐	冯梅轩	元天历年间
戴氏	戴氏义塾	嘉善	戴光远	元至正六年（1346 年）
陆氏	天心书院	平湖	陆光宅	明隆庆年间
徐氏	肃成书院	秀水	不详	明代
陈氏	陈氏义塾	秀水	陈振声	清嘉庆七年（1802 年）

①（清）许瑶光纂. 嘉兴府志·卷八［M］. 清光绪五年（1879 年）刻本：1.

②（清）严辰. 桐乡县志·卷四［M］// 中国地方志集成. 南京：江苏古籍出版社，1990：154.

续表

族属	名称	属地	创始人	创建时间
魏氏	魏氏义塾	嘉善	魏行误	清嘉庆年间
于氏	于氏义塾	嘉兴	于行	清道光三年
程氏	于氏义塾	嘉善	程学洙	清道光六年
钱氏	于氏义塾	嘉善	不详	清代

资料来源：1. 光绪《嘉兴府志》(一) 卷八《学校一》，卷九《学校二》，《中国地方志集成·浙江府县志集》，上海书店，1933 年影印本。

2. 光绪《嘉兴县志》卷五《学校》，《中国地方志集成·浙江府县志集》，上海书店，1993 年影印本。

望族世家与书院教育。文化世家与政治大族、富商世家相比较，一直以学术创获为传统，少了一些大起大落的风险，但在明清文字狱盛行的时代，多了因言获罪的风险。这类世家多以筹办家族书院兼刻书印书为业，典型者如鄞县王氏文献世家，从南宋至明洪武末，一直是鄞县著名的文化世家，尤其是王应麟在历史文献学上的成就，在中国学术史上享有盛誉。另外一种是联合其他族群创办书院，为经营地方文化作出贡献。相较鄞县王氏，谭氏家族是嘉兴开办族学历史最悠久的望族。谭氏在《声扬公传》中对本族家学族训做了介绍："嘉兴谭氏自浙东之山阴迁禾，累传至太仆公而其族始大，其后扫庵、筑岩、舟石、左羽颉颃海内，皆以文章气节名于世，禾中称望族者莫不曰谭氏。三数传后，稍稍中落，然皆克自树立，不坠家声。"并要求"子弟无论智愚，不可不教以读书。四书经史皆可，以闲其邪心，而兴其善念"。[①] 即使是在维新变法期间，其后人谭新炳还在嘉兴提倡新学，创办了宗正书塾。1904 年，在谭新炳的影响下，谭新嘉在碧漪坊创办碧漪初等小学堂。1906 年，嘉兴一所重要的私立学堂——慎远小学——在谭氏宗祠改建而成，并开始对外招收非本家族的学生。谭氏家族对嘉兴近代学堂的转型发展作出重要贡献，走在了时代的前列。

① (清) 谭之粱. 谭氏家谱·家传 [M]. 清三十一年木活字本；李菁，李时人. 明清文化家族生成机制析论——以嘉兴为例 [J]. 华侨大学学报，2017 (3).

晚清在新式学校转型过程当中，浙江不仅走在全国的前列，还开始创建各类女校。如 1912 年，桐乡丰氏家族中，著名漫画家丰子恺的姊妹丰瀛、丰满二人就在惇德堂创办了石门湾振华女校，该校的创设为嘉兴地区的女子学校发展奠定了重要基础。与丰氏有同样贡献的家族还有海宁查氏。

这些明清江南文化望族之所以能够在社会动荡的近代化进程中长盛不衰、鼎盛至今，主要是由于其成功的家族教育。这些科举世家的子弟，世代修经学文，经营刻印书籍与藏书事业，既有功利目的又不脱离科举主线，正确处理了实务与诗书之间的关系。在近代家族社会动荡的时代，保持与时俱变的态度，使得家族成员能够在科举制度被废除后，也能够沉着应对新时势，调整家族教育方式，始终屹立不倒，成为当时家族教育转型的第一要务。

然而，并不是所有家族都能顺利转型，秀水朱氏就是其中典型代表之一。秀水朱氏在明、清两代时期以科举入仕而勃兴，家族学脉延绵数百年，出了状元宰相朱国祚和文坛宗师朱彝尊二人。但到了清代嘉庆年间，朱氏家族逐渐衰微。因其家族与姻亲当中，有立志抗清者如叔祖朱大定、姑父谭贞良、魏耕、朱士稚等人，诸义士死后，家族逐渐没落。

下文选择形成于两宋时代而延绵后代的几个文化世家略作介绍。自五代以来，统治者都注重鼓励垦荒，轻徭薄赋，整顿吏治，社会、文化、经济繁荣发达。明代万历进士浙江临海人王世性曾说："杭州省会，百货所聚。其余各郡所出，则湖之丝，嘉之绢，绍之茶之酒，宁之海错，处之瓷，严之漆，衢之橘，温之漆器，金之酒，皆以地得名。"[①]

浙江经济发达、文风昌盛，望族云起，远超过宋、元两朝。绍兴、宁波、杭州、嘉兴、湖州等各府书院众多，科举优势明显，明代一季共出进士 2578 名，占全省进士数额 73%，这一区域也成为学者聚集的地区。而

① 王世性. 广志绎 • 卷四 [M].

台州、温州、处州、衢州、金华、严州六府的科举及书院数量远不能与上述地区相提并论，浙东宁波、绍兴两地进士占该区域的57%，浙西杭嘉湖则占43%[①]。

早在元末至正十九年（1359年），朱元璋即在辖区内建立浙江第一所地方儒学——宁越府学。明朝建立后，遵照太祖“教化之道，学校为本”的旨意，在江南兴建大批官学，并不制止望族、氏族、鸿儒兴办私学，“盖无地不设学，无人不纳之教。庠声序音……此明代学校之盛，唐宋以来所不及也”[②]。

又如嘉善县的儒学世家曹氏家族，其始祖信庵公曹彦明仕元时为平江路儒学提举，由此奠定了曹氏儒学的家学传统。八世吴塘公曹津邃于六经，创设书塾，教育弟子甚众。九世泰宇公曹穗，研经稽古，于乡奉教。十世峨雪公曹勋、十一世子闲公曹尔坊、十四世慈山公曹庭栋等均在家设馆从教。同时，曹氏与嘉善吴氏、钱氏、顾氏、沈氏、蒋氏、孙氏等都有姻亲关系，这些姻亲世家大多参与设馆教学。如清溪倪氏家族的孝廉倪钟瑞自己坐馆教授。陆氏家族陆陇其先后任嘉定知县、四川道试监察御史，多次回乡开馆授课，最长一次是在清溪倪府设学馆传教七年。沈氏宏勋，康熙三十年进士，家贫苦节，早期以书院授课为业。世家大族除了在姻亲家族内部传播学术之外，还直接将家塾捐献为书院。嘉兴平湖有望族陆氏的私塾靖献书院、天心书院、介庵书院等，还有嘉兴徐氏家族私塾蔚文书院、鸳湖书院[③]，以及嘉兴盐官沈氏家族的私塾长安书院。海宁陈氏、祝氏、任氏，海盐张氏、海宁查氏等都在祠中附设家塾，教授阖族子弟，或设家塾延良师训诸子孙。置田亩，添义塾、构家塾，聚族中之俊秀者教而

---

① 吴仁安．明清时期的江南望族［M］．上海：上海人民出版社，2019：46.

② 明史・卷六十九 选举一［M］；吴仁安．明清时期的江南望族［M］．上海：上海人民出版社，2019：44

③ 邹叶根．嘉兴教育志［M］．杭州：浙江大学出版社，2001.

习之……此类谱牒通篇累文，可见明清时期江南书院文化风雅相继[①]。

因家族私塾大部分专为培养家族子弟所建，在生源的选择上一般带有排他姓特点。如清嘉兴姚氏义塾规定“此塾为培植宗族子弟而设，外姓不得附入，惟外甥有实系贫而无靠者，须推姊妹同胞之谊，准其入塾，此外无论内侄表亲，不能援以为例”[②]。可见家塾除对贫困无靠的外甥网开一面外，其他外姓仍旧不对外开放（表 6-6）。

嘉兴部分望族创办的新式学堂 表 6-6

名称	创办时间	地点	创办人	出资人
徐氏私立教本小学	光绪二十三年（1897 年）	桐乡徐氏留婴堂旁	徐棠	徐棠祖母
雅川学堂	光绪二十八年（1902 年）	平湖葛氏宗祠	葛嗣浵、葛嗣沆	葛氏义庄
诒谷学堂	光绪三十年（1904 年）	平湖县城隍庙	王铭槛	王氏义庄
城观海小学堂	光绪三十年（1904 年）	海宁张氏支祠	张陛恩、张陛庚	张氏族人
留香学堂	光绪三十一年（1905 年）	平湖张氏留香草堂	张元善	张氏族人
私立通德中等学堂	光绪三十一年（1905 年）	嘉兴问松坊	郑惟章	郑氏族人及士绅
登云初等小学堂	光绪三十二年（1906 年）	海盐	朱丙寿	朱氏义庄
钱山小学堂	宣统元年（1909 年）	海宁董宅	董宝槛	董氏祠款
培风初等小学堂	宣统元年（1909 年）	海盐	徐用福、朱丙寿	徐、朱及族人
高氏族学	宣统二年（1910 年）	嘉兴高氏宗祠	高宝铨	高宝铨个人及高氏族人
私立兴武小学	民国 7 年（1918 年）	海盐	朱氏族人	朱瑞遗产

资料来源：民国《海宁州志稿》卷四《建置志四・学校下》，《中国地方志集成・浙江府县志集》，上海。

① 曹尔堪之八世从孙曹秉章作［M］// 嘉善曹氏惇叙录．后序．

② 常建华．宗族志［M］．上海：宗教出版社，1998．

近世中国科举形势偏向东南一隅，形成了吴、越、赣、闽四大科举群落。入清之后，在文化钳制日益严厉的情况下，浙江地区成了文字狱的重灾区，但浙江地区的士子科举仍旧爆发出不俗成绩，在全国科举大府中，杭州、绍兴、宁波、嘉兴就占据四名。其中杭州府计出进士 3036 人，宁波府计出进士 2483 人，绍兴府计出进士 1965 人，嘉兴府计出进士 1947 人。

鸦片战争之后，书院营建渐疏，浙江学者以开放的胸怀吸纳西方文化，出现了王国维、黄以周、孙诒让、俞樾、章太炎等国学大师。清末，维新与革命的两条政治路线暗流涌动，这些浙江文化精英积极投身拯救民族危亡的斗争中，其志并不在营造书院之上，而是放眼世界，以求变法救国。

但近代新式学堂的转型，依然可以看到众多开明望族的参与。在兴学的浪潮中，他们积极宣传新学，除出资创办新式学堂外，还捐款、捐地资助嘉兴地区公立学堂的发展。据茅盾在《我走过的道路》中回忆，乌青镇中西学堂是寄宿制学校，都是约十七八岁的男学生，一律穿白布长衫、白帆布鞋，走路目不斜视。当时茅盾在国民初等男学读书，该校就是由立志书院改办的新式学堂。到了光绪三十三年（1907 年），乌青镇中西学堂改名为“乌青镇高等小学”。同样，桐乡胡郑两氏“助隙地，辟治操场一区，建筑讲堂四处”，嘉善范氏捐助城立善善、益善两所女校。在海宁，邑绅张正民为发展家乡农业，捐巨资购地筑圃，创办崇正讲舍，教授农业科技和时务课。嘉兴众多的公立学堂，其组织、创办人也都来自嘉兴的这些望族。如来自海宁陈氏家族的陈其谦，就曾参与创办了海宁州达材小学堂等所公立学堂。此外，褚辅成、陆祖毅、王国华、陈其谦、查人伊、查人伟、许清澄等嘉兴望族中的开明士绅和进步知识分子，也纷纷在新式学堂担任教员（图 6-3）。

值得一提的是，在清末民初朝廷颁布“爱国、尚武、崇实、法孔孟、重自治、戒贪争、戒躁进”等守旧教育导向的同时，浙江的望族开明士绅却高瞻远瞩，敢于坚持新学，反对复旧，逆势而行，他们的壮举，为浙江近代新式教育的蓬勃发展起到了不可磨灭的作用[①]。

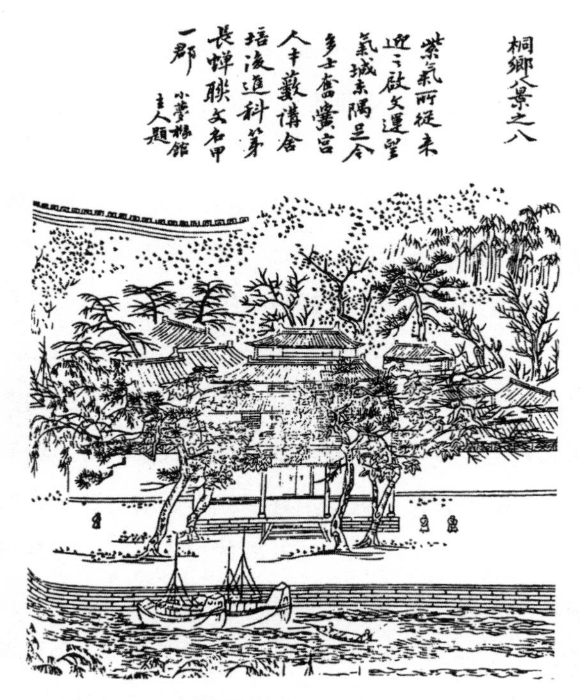

图 6-3　清光绪《桐乡县志》载“桐乡桐溪书院图”

① 陈虹．清末民初嘉兴地区望族的家族教育研究［D］．浙江大学，2007．

第七章

浙江古代工匠群体及工程活动

浙江传统书院是工匠营造、学术追求与价值信仰的综合载体，从上山文化、跨湖桥文化、河姆渡文化到马家浜文化、崧泽文化、良渚文化，每一个阶段都传承发展了独创的建筑样式与技艺。进入阶级社会之后，浙北地区的吴文化、宁绍地区的古越文化、浙东的婺文化、浙南的瓯越文化，始终保持了完整的独立性与融它性，并极大地影响了周边文化圈的建筑环境与文化的发展，并滋生了类似皖南民居等支派建筑类型；与此同时，浙江地区的古建体系和技艺是一个既能代表中国传统，又兼具江南特色的地方营造技艺体系。一方面，浙江干阑式建筑的高台、木构架、大屋顶的外观形式以及庭院组合模式，与跨湖桥、河姆渡、良渚等古文明的建筑样式一脉相承；另一方面，衣冠南渡的工匠良师们将中原建筑的成熟做法和整体经营的观念引入江南，加上八婺地区、瓯海地区与宁绍地区的工匠群体在长期的实践积累与技术革新之中，寻找与发展了一条独特的建筑营造做法，并培养了一批又一批杰出的能工巧匠，农时在家务农，闲时外出务工，发展到两宋时期时，浙江的建筑体系与工匠传承体系已经完全定型化了。

清雍正十二年（1734年）颁布的《工部工程做法则例》就规定了27种定型形式，其中涉及江南做法的不下10种。而清代学术中，能集传统学术之大成者，当数孙怡让的《周礼正义》，梁启超称之为“清代经学家最后一部书，也是最后的一部书”[①]。该书“博采汉唐宋以来，迄于乾嘉诸经儒旧诂，参互证绎，以发郑注之渊奥，裨贾疏之遗阙”（孙怡让《周礼正义 · 序》），孙怡让梳理了一个世纪与《考工记》有关的考古与科技史研究等内容，将水利建筑等内容进行注解，其中就包含了对浙江地方建筑、建筑名物的疏解研究，在学术史的注释上改换了一个新模式，这是一个关键的问题。从严格意义上说，《考工记》记述的是春秋战国时期齐国的官营手工业的工种规范与制造工艺，以及一系列生产管理与营建制度。明清时期，《考工记》注释分别有明代程明哲撰写《考工记纂注》二卷（浙江巡抚采进本），以及清代皖南学者戴震与陈瑶田等撰著的《考工记图》与《考工创物小记》等书，实际上已经将手工业生产技术与工艺美术、营建制度与南方的营建思想观念统一起来加以训诂注释。宋代李诫的《营造法式》是中国人对古代建筑研究的视野延伸，其中的诸作制度、工料图样、法式规范以及雕纂题材、杂用名件等，均与吴越地区的建筑体系与经验有关，并将吴越地区存续的成熟、稳定、有源可寻的建筑做法和技艺，加以定型。两宋之后，古代建筑大量具备模数化形制，建筑各部分完全定型之后，吴越地区的建筑用料尺寸规格已经完全规范化，工匠们对结构构件、建筑搭建的技术处理也游刃有余，能随心所欲地将建筑的序列组合与审美习俗密切结合，并作为一种先进的技艺与经验，渗透周边地区，对南方建筑地方风格的发展起到至关重要的影响。

---

① 梁启超．中国近三百年学术史［M］．长春：吉林人民出版社，2013.

第一节　营造分类与工匠群体

2009 年，中国传统木结构建筑营造技艺正式列入联合国非物质文化遗产代表名录，标志着中国传统营造技艺以木结构营造技艺为体系，以木材、木作为匠作，以榫卯、梁架为构建，以模数制为设计形制方法，以传统手工艺和工具进行加工及安装的建筑技术体系，得到国际学术界的普遍认可。

1. 诸作与工匠

中国古代建筑史上，承担房屋设计和建造工作的群体大多数是各地区的农民及手工业者，他们技艺传承主要通过“师徒相授”的方式进行。《周礼》中记载了各类营造工程的官职，如封人（主管建造城邑）、量人等官职。隋朝首先设工部，主管制定法令规范，官员称“将作大监”。唐朝设将作监，监下设四署。两宋将作监规模更大，下属五案、二十七所、十场库。元朝更为细化，有将作院、缮工司、修内司、祗应司等。明朝工部设营缮所，内府又有营造司，另有总理工程处等。清朝继承明制，工部主管全国性工程，制定工程法规。

中国人把造房子、造家具、造器物统称为“营建”“营造”或“造物”。在汉、唐之前，把掌握设计与施工的技术人员称作“梓人”[①]、“梓匠”、“木工”、“都料匠”等诸类称号。如《吴越春秋·勾践阴谋外传》记曰：“越王乃使木工三千馀人。”[②]《礼记·曲礼下》记：“天子之六工：曰土工、金

---

① 古代的木工。《周礼·考工记》：“攻木之工：轮、舆、弓、庐、匠、车、梓。”唐代孔颖达疏：“梓人为饮器及射侯之等。”后世又称梓人。唐代柳宗元《梓人传》：“裴封叔之弟在光德里。有梓人款其门，愿佣隙宇而处焉。所职寻引规矩绳墨，家不居砻斫之器。”

②《吴越春秋》，东汉赵晔撰，是一部记述春秋时期吴、越两国史事为主的史学著作。

工、石工、木工、兽工、草工，典制六材。”《汉书·百官公卿表上》：“将作少府……武帝太初元年，更名东园主章为木工。”晋乾宝《搜神记》卷一：“赤将子轝者……至尧时，为木工，能随风雨上下。”唐李复言在《续幽怪录·木工蔡荣》记录了“中牟县三异乡木工蔡荣者，自幼信神祇，每食必分置于地，潜祝土地”。唐之后，又有代称“都料匠”之名，直到元朝仍在沿用。这些称呼大致都指专门从事设计与现场协调，审曲面势，并遵守物勒工名之制的古代的营造师和总工程师。唐代出现代指专门从事建筑设计、施工阶层的统称。唐柳宗元在《梓人传》中记曰：“梓人，盖古之审曲面势者，今谓之都料匠云。”宋欧阳修《归田录》卷一：“开宝寺塔在京师诸塔中最高，而制度甚精，都料匠喻浩所造也。”此间所记载的喻皓，是历史上著名的浙东匠人，擅长建筑设计与施工建造，被欧阳修誉为“国朝以来木工一人而已”。明田汝成也说，“刻手工拙淆杂，都料藉拙者以多克头家钱”[①]。清赵翼《报恩寺塔》诗：“是谁都料匠，几费管勾官，亦省称都料。”可见“都料”一名一直沿用到清代。

木工的分类较多，据《考工记·总序》载，木工有七类（工种），其一为梓人，专造饮器、箭靶和钟盘的架子，柳宗元在《梓人传》中记载：“吾善度材，视栋宇之制，高深圆方短长之宜”，“能画宫于堵，盈尺而曲尽其制，计其毫厘而构大厦，无进退焉。”其中不仅第一次谈到了木工职业，也谈到了“画宫于堵”的设计图纸，长度单位、建筑构造、斧锯绳墨、砻斫等内容，并谈到了工匠的报酬以及“书于栋上”的物勒工名，通过唐代京兆尹修饰官署一事，从正反两面，将修建房屋与治国理政的宰相之道对应起来理解，借事寓情，阐述治国大道。

① （明）田汝成．西湖游览志馀·委巷丛谈五［M］．

2. 匠人及其社会地位

春秋战国时期崇尚百家争鸣，社会一开始并不贱视匠人，当时木匠祖师鲁班与墨子均以工匠界的行业领袖立言立威，甚至形成了著名的诸子百家之一——“墨家”，以兴天下之利，除天下之害，提倡非命、非乐与节用。蔡元培曾评论：“先秦唯墨子颇治科学。”连孔子都说：“富而可求也，虽执鞭之士，吾亦为之。如不可求，从吾所好。”但自从管仲提出一个“四民分业定居”理论之后，要求“处农就田野”“处工就官府”“处商就市井”，造成阶层固化划分。工匠群体甚至子孙后裔都无法突破等级禁锢。管仲提出了著名的“利出一孔”理论，特别从汉代开始罢黜百家，独尊儒术，匠人社会地位急剧下降，支持制造立国的墨家学说逐渐衰弱，重学倾向逐渐演变为重官倾向。隋唐之后唯科举是从，工匠群体边缘化，由此造成制造业科学技术进展缓慢，缺少从科学层面进行总结、归纳。一直到明清时期，中国的工匠群体管理制度与各类“营造法式”几乎没有科学性和制度性的提升，大多数工匠的生存状况较差，与西方社会崇尚科技进步的管理体制相比，大为落后。

据张钦楠的《中国古代建筑师》记载：中国第一个建筑师叫“有巢氏”；第一对都城规划师与建造师搭档周公、弥牟——中国建造史上有名可考的工匠；民间匠师代表鲁班；西汉建筑风格奠基者萧何；邺城和北魏洛阳城的规划者拓跋（元）宏、穆亮、李冲；佛塔建造技术的先驱者綦母怀文、郭安兴；中国“文艺复兴式”的建筑师宇文恺；宋代建筑理论家喻皓、李诫；元大都的规划师和建筑师刘秉忠、郭守敬、也墨迭儿；元代“跨文化”建筑缔造者阿尼哥、张留孙、阿老丁；明都城和宫殿的建造师蒯祥、吴中、阮安；明代“御敕”宗教建筑罗喇嘛、班丹藏布、郭瑾；明代民宅和私家园林的设计师卢溶、计成、张涟、张南恒；清代职业建筑师梁九、雷发达家族，以及民间文学家、造园家如王维、白居易、苏轼、李渔、戈裕良、姚承祖、黎巨川[①]等浩瀚星云中的名匠。由于多为官营工役，他们大多长期担任匠师，并做了“将作少府”“作监大匠”之类的官职，专门从事都城或州府规划及建筑设计、施工监理等业务。

在每一个朝代，伴随着匠籍制度的不断革新，经世致用的务实精神一代代在工匠阶层当中传承，这是南方工匠技术向科学化转化的重要思想基础。元代之前，历代的选人任官制度并无技术选拔的惯例，只有元、明、清三朝，方才出现独特的“弃匠入仕”的现象。在浙江的百匠之乡如宁绍地区、金衢地区、温州地区等地，大量的工匠群体身份可“自由转化”，农时为农民，闲时为匠人，如能参与官营项目，还能获得“弃匠入仕”的机会。据《晚明工匠入仕状况研究》一文中列举：明成化年间，23 年升授匠官一共 24 次，次数最多，共有 1260 余名匠人升授官员身份。如明中期木工蒯义任工部左侍郎，成化年间的木工蒯刚官至工部右侍郎，嘉靖年间木工郭文英官居工部侍郎，徐杲官至大司空等[②]。永乐年间有两名叫“张德刚”“包亮”的嘉兴髹漆匠，被授营缮所副。弘治年间，一共 11 次升授 240 余人为匠官，隆庆元年内府匠官为 1160 名。还有名“施文用”者，因善制笔被明孝宗授官，甚至还有一名“徐光祖”的乐清厨役，被授予光禄寺卿。嘉靖年间，甚至有木匠徐杲官拜工部尚书，正统五年蒯祥官拜工部侍郎。这些重要转变无不代表了明清时期国家对工匠身份转型的认同。发展到晚清时期，匠人入仕前三名的地区是苏州、常州、松江、嘉兴、江宁、湖州等地。到了天启年间，甚至一次性升授 965 人，直接引起科举官员以“滥名器、坏政体”的名义上疏，反对匠师入仕[③]。

匠人在技术支撑和资本运营的支持下，到上海、南京、青岛、天津和杭州等地开设了许多现代建筑公司，现代意义上的“建筑工程”与“建筑

---

① 张钦楠. 中国古代建筑师［M］. 北京：生活 • 读书 • 新知三联书店，2008.
② 杨小语. 明中后期江南地区工匠地位晋升探微［J］. 理论界，2015（8）：109–114.
③ 陈佳艳，杜游. 晚明工匠入仕状况研究［J］. 艺术科技，2019（8）：15.

师”才充分结合，呈现出科学分工的巨大进步。

以上众说之来源，也可从宋《营造法式》和清工部《工程做法则例》等古代官式建筑营造的两部“文法书”得到部分佐证。比如古书院的选址、规划等空间场所的布局，构成了典型的文化空间；建筑的庭院、天井、平面布局、外立面、装饰手段的选择与优化等都是“营”的重要内容。浙江工匠对书院的营建流程非常规范（图 7–1），包括选址相地、规划布局、功能设置、体量尺度等。早在唐宋时期，营造技艺已经有细致的分工，如石、大木、小木、彩画、砖、瓦、窑、泥、雕、碹、锯、竹等[①]；至明清技艺更细分为大木作、装修作、石作、瓦作、土作、搭材作、铜铁作、油作、画作、裱糊作等[②]。明清宫廷建筑设计、施工和预算已由专业化的样房和算房承担。

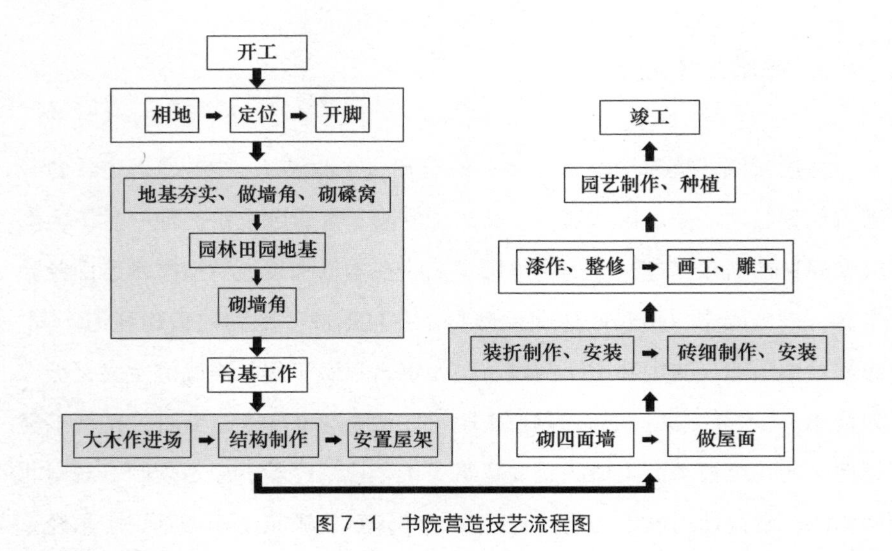

图 7–1　书院营造技艺流程图

传统营造行业是集多种任务于一体的传统建筑行业。“营”为谋划蓝

① 刘托．中国传统营造技艺保护的途径和方式［J］．2012 北京文化论坛，2012–07–08．

② 娄承浩，薛顺生．老上海营造业及建筑师［M］．上海：同济大学出版社，2004．

图、设计规划、定度材料、查勘地形等，而“造”指的是施工建造，选材加工、制作安装等，两者综合，形成了一个中国特色的技术系统工程。而在营建过程中，以木作为中枢，泥瓦作、石作为辅，大木作工头是整个工程施工的“把头”，控制建筑工程的进度和各工种间的配合。如今的设计与建造已经发展为完全独立的两个行业，但在传统工匠实践中，“营”与“造”之间联系紧密，往往集中体现于匠师一身，起到了至关重要的作用[①]。

第二节 浙江地区的工匠群体及其营造技艺

1. 喻皓与李嵩[②]

五代末期，吴越国浙东人（一说杭州人）喻皓（?—989），史载为我国古代著名的江浙地区建筑师，著有《木经》等营舍之法。他一生绝大部分时间是在浙江度过，年少时拜师学艺，在木结构建筑营造技术方面经验丰富，创新颇丰，擅长修建殿堂楼观，并且形成了独到的营建理论。《木经》对中国建筑的规制、比例以及物什定名都做了非常准确的定义，被广为传承。《木经》共三卷，是我国第一本木结构建筑营造手册，是基于吴越地区的建筑技术而集成的重要建筑专论，总结经验、厘定规制，对南北诸朝的营建设计与施工影响巨大。后来北宋官方颁布了李诫基于《木经》编著而成的《营造法式》，其中采纳了许多《木经》中的经典做法。

① 刘托. 中国传统营造技艺保护的途径和方式［J］. 2012 北京文化论坛，2012-07-08.
② 牛建忠，王军. 古代杰出工匠喻皓的建筑艺术成就［J］. 兰台世界，2013（2）：81-82.

北宋科学家沈括在《梦溪笔谈》[①]中介绍，喻皓建造了吴越时期著名的梵天寺木塔。该木塔位于杭州城南凤凰山，是北宋时期吴越地区木构建筑的杰出代表。第一，喻皓根据前人经验，将干阑式房屋的结构归纳为上、中、下三部分，注重内外结构咬合与交互，这种营造设计在科技功用和审美上极大地提高了木构建筑的施工经验和数模规范，并成为中国木构建筑的三段式基本定型。沈括在《梦溪笔谈》中记述了梵天寺木塔由“动”到“定”的过程，揭示了木塔“定”的缘由，即“六幕相持，自不能动”，重点提到喻皓与工匠们创造了一种“布板”“实钉”来解决木塔的结构不稳定问题，这是非常超前的技艺和本领，工匠群体在建筑理论和技术方面已经达到相当高的水准，至今在浙江依然可以看到这种类型的技术遗存。第二，在北宋太平兴国七年（982 年），喻皓从江南到开封主持建造了开宝寺木塔，“其土木之宏伟，金碧之炳耀，自佛法入中国，未之有也”[②]，被形容为“天下之冠”，雄绝一时。欧阳修在其《归田录》中曾称赞喻皓为“国朝以来木工一人而已”。

南宋钱塘人李嵩，年少时曾入木工籍为业，自幼好绘画，颇远绳墨。被宫廷画家李从训收为养子，亲授画艺，擅长人物和界画，终成一代名家。宋光宗、宋宁宗、宋理宗三朝（1190—1264 年）画院待诏，时人尊之为“三朝老画师”，除界画之外无建筑作品存世[③]。

其他行业的著名工匠还有欧冶子、沈括、魏伯阳、陈潢等人。

---

① 北宋沈括（1031—1095）撰《梦溪笔谈》，是一部中国古代科学史与技术史及社会史现象的综合性笔记体著作，成书于 1086—1093 年。作者自言其创作是“不系人之利害者”。该书的宋刻本已散佚，现所能见到的最古版本是 1305 年（元大德九年）东山书院刻本，历经各朝，数易藏主，1965 年在周恩来主持下，于香港购回。

② 牛建忠，王军. 古代杰出工匠喻皓的建筑艺术成就［J］. 兰台世界，2013（4）：81-82.

③ 林正秋，陶水木，徐海松. 浙江地方史［M］. 杭州：浙江人民出版社，2004.

2. 不留工名与“不求原物长存”之观念

唐代柳宗元在其著作《梓人传》中记载了一名杨氏都料匠，他在修建京兆尹官署后留下墨迹之事：“既成，书于上栋曰：‘某年、某月、某日、某建。’则其姓字也。凡执用之工不在列。”此处的物勒工名仅留了杨氏本人的姓名，其余匠人一律不留痕迹。实际上，自春秋始，《礼记》《工律》《工人程》《效律》等古代工程历法，早已形成了一套完整的工程追责体系。但是，物勒工名与尊重工匠、重视匠人价值并不一致。《考工记》将工匠的制造艺术强行神圣化，认为“百工之作，皆为圣人之作”，忽视了人在造物中的作用。靠强制性的追责制度而非工作伦理，实际上从另外一个角度可以反映出物勒工名制度对匠人、匠籍的严苛。

梁思成说：“建筑之始，产生于实际需要，受制于自然物理，非着意创制形式，更无所谓派别。其结构之系统，及形式之派别，乃其材料环境所形成。无创制形式和无所谓派别，自然就无需记载人名。”[①] 这虽然并不能完全概括中国建筑的思想观念，但“不求原物长存”的观念，在中国木构建筑上的确随处可得验证。因此，很多地区的能工巧匠，没有留下姓名，只会留下工匠群体的总称，如“样式雷”“香山帮”之类的名字。西方历史上则不尽相同，各国在不同历史时期，设计那些气派的宫殿、园林、宅邸、陵墓的建筑师，每一位的名字都被后人传颂。而大部分中国工匠似乎都隐姓埋名，除少部分因为物勒工名制度而留下姓名之外，能留名于世的匠师极少。究其原因，大约是源于梁思成所说的“不求原物长存之观念，以自然生灭为定律，视建筑且如被服舆马，时得而更换之，未尝患原物之久暂，无使其永不残破之野心”[②]。

---

① 梁思成. 中国建筑史［M］. 北京：生活 • 读书 • 新知三联书店，2011.

② 同上。

第三节　浙江工匠群体与分工

浙江是南方书院建筑群遗存较多的重点地区，拥有数量庞大的吴越古代建筑文化群落，境内拥有古建筑3万余处，保留的宋金元时期建筑占南方总量的20%以上，其中文化类古建筑占全国15%左右。古代教育建筑上既有精良传承，亦有领风气之先者。浙江自古是百工之乡，传统工匠群体多，技艺传承历史长。在建筑上，有“宁绍帮”“东阳帮”等著名工匠群体。尤其是金华、东阳、义乌、永康、武义、兰溪、汤溪、浦江这八婺地区，更是孕育了一代代的能工巧匠。其中“东阳帮”的营造技艺作为浙江地区建筑业的最大工匠派别，更以传承悠久、勇于创新、队伍精良而享誉国内外。

“东阳帮”有两层含义，第一是指以东阳县为地理中心范围，以木匠领衔，集泥匠、漆匠、堆灰匠、雕塑匠、叠山匠、彩绘匠等古典建筑工种于一体的建筑工匠群体。“东阳帮”只是一个泛称，我们很难在正史中看到这些记载古代工匠的史料，大多是出自匠师遗留在建筑上或器物上的工名或款识。东阳的建筑业盛名由来已久，秦汉至唐末时期就已经成熟，明清时期甚至远赴朝鲜半岛和日本等地，工匠群体层出不穷。东南地区自古盛产百工，浙江省内金、衢、严、绍、台、处、温、杭、嘉、湖，周边有苏南、闽北、赣东北，都建立了庞大的建筑体系和工匠群体，上述地域范围内许多古村落、古建筑，都是工匠们在明清、民国全盛期遗存下来的作品。王仲奋在《东阳帮传统木作特艺——套照》一文中介绍：“由于东阳帮亦农亦工，本地人俗称他们为‘出门侬’，外埠人称他们为‘东阳佬’，建筑业内称‘东阳帮’，形成于南宋京都临安（杭州）的建设时期，与苏南的‘香山帮’、江西的赣北帮三足鼎立，明清时期主要活跃在北接太湖，南达丽水，东自新昌、嵊州，西至婺源、徽州共10万多平方公里的广大地区，长达600多年，缔造了一个颇具特色的民居建筑工匠群体。”[①]

东阳工匠的代表性建筑众多，有诸葛村、杭州胡庆余堂、浦江的九世同堂、义乌的功臣第、种德堂和石头花厅、绍兴的禹王庙、慈溪上虞的曹娥庙、武义的俞源村的万春堂、声远堂和万花花厅，以及郭洞村、建德大慈岩镇新叶明清古村等[②]。已知的南宋书院有有诚书院、南园书院、鹿山书院、西园书院、高塘书院、南湖书院、洛阳书院等，元代有许孚吉所创建的“八华书院”，为著名元儒许谦讲学之所。明清时期，书院倍增，有荷亭书院、瞻云书院、明德书院、彭山书院、复初书院、剑峰书院、东白书院、白云书院等数十处建筑群，虽无太多遗存，但可从地方志等图像中推知曾经的盛况。

“东阳帮”呈现规模化与呈帮派组织的形式大约成型于明初，其特点如下：

1. 组织健全、体系完整

浙江的工匠组织与技术体系至唐宋时期已趋于成熟，但帮派规模的成型大约是在明初。和全国建筑技术体系一样，浙江的建筑营造做法也被分为木、石、画、砖、瓦、窑、泥、雕等各类，设计与施工也达到了高度标准化。加上浙江地区历史上就形成了输出工匠的传统，加上由于地区土地矛盾一直尖锐，从事手工艺可以极大减缓生活压力；其次江浙地缘与赣、闽、苏南、皖南相近，这些地区自古经济繁华，文化发达，各种祠堂、民居、书院需求量大；再次，从政府管理角度看，宋元之后，特别是明代以

---

① 王仲奋．东阳帮木作的特艺——套照［C］．第二届营造技术的保护与创新学术论坛，2010-04-23．

② 东阳市政协文史资料委员会编．东阳帮与东阳民居建筑体系［M］．杭州：西泠印社出版社，2017．

后，匠籍管理体制更加自由，个体经济空间很大，工匠迁徙或外出做工不受约束。他们的组织形式亦松亦紧，一般都是大木作把头为主，瓦作头为辅的“老师帮”，时代赋予他们“（手持）五寸之矩，尽天下之方也”[①]。

除了独有的组织形式之外，浙江地区的匠师组织有一套独具匠作特色的工具：如斤、锯、锥、凿、钻、銶、锛，此外还有“檃栝、墨绳、悬、水”等各种规矩。从“定侧样”“制作丈杆”，到木作、瓦作、石作、油漆彩画等完整的工种。同济大学周君言教授在《明清民居木雕精粹》中曾谈到东阳建筑木雕的源流：“浙江东阳的建筑木雕，宗承上古，起源于汉，盛行于明清。”另据杜晓波在《东阳岩下村移民兰溪、严州概述》中谈到，东阳是近代江南移民最为活跃的地区之一，历史上有大批工匠以精湛的工艺，长期在兰严等地主持建造了无数恢宏规整的民居、厅堂、祠宇等，也承揽了需求量庞大的民间常用家具和生活用具的制作业务。康熙年间的《新修东阳县志》中，特别提到东阳帮落籍他乡的村落名称。可根据这些落籍他乡的东阳匠人组成的东阳村，查证东阳工匠们的行艺轨迹。如建德市乾潭镇后山村、程头村、上梓洲村；桐庐县钟山乡陇西村、横村镇濮宅；富阳区新登镇高涨上村、东阳山村；临安区东溪滩村，大峡谷镇杨岭村，流坞坑村、百公岭村，昌化镇石铺村，河桥镇河桥村；余杭区瓶窑镇塘埠村；安吉县剑山蔓塘里村；德清县莫干山镇钱家边村；兰溪市香溪镇西仓村；江西金溪县秀谷镇金胡村等数十处村落[②]，行迹遍布浙西地区。正如梁思成在他的《中国建筑史》中评价木匠：“尽木材应用之能事，以臻实际之需要，而同时完成其本身完美之形体。”表明早在宋元时期，浙江

① 见《荀子·不苟》。《荀子》是战国末年著名唯物主义思想家荀况的著作，旨在总结学术界的百家争鸣和学术思想，反映唯物主义自然观、认识论思想，以及荀况的伦理、政治和经济观点。

② 杜晓波．东阳岩下村移民兰溪、严州概述［J］．寻根，2018（5）：114-120；中国建筑工艺古今有序传承典范之“东阳帮”的前世今生［DB/OL］．中国民族建筑．2020-11-17.

地区的古建建造工匠群体都走向了专业化、制度化的道路。此时全国各地民间的营造技艺流派纷呈，尤以北京、江苏、浙江、江西、山西、福建的工匠群体为代表，并形成苏州“香山帮”、浙江“东阳帮”、“赣北（鄱阳湖）帮”、闽北“土楼帮”等不同的工匠群体。这些地区也有着同样优秀的匠作习俗，如苏州吴县的香山历来以出能工巧匠而闻名，“香山帮”在历史上的成型大约在“勾吴时代”，远早于其他东南地区的匠人帮派，其鼻祖蒯祥即世居香山。而江西永修雷姓世家，是一个连续在200多年间主持皇家宫廷设计的匠师家族，诞生了雷发达，雷金玉，雷家玺，雷家玮，雷家瑞，雷思起，雷廷昌等重要历史名匠。

明清匠籍制度宽松之后，浙江“东阳帮”工匠一般都遵从“有工则聚，竣工则散”原则，“东阳帮”匠人高峰时最多时达万人出门创业，产生了大量德高望重、技巧过人的“把作师傅”，他们遍布江南一带，营建官府署衙、乡祠社庙，使得“东阳帮”得以青史留名。但个人很少有见传经史者，至今为止唯有“木雕皇帝”杜云松与杜云松之子“木雕太子”杜复贤等人留有声誉，但这都是民间的称呼而已。工匠们修建的民居建筑以独具江南特色的干阑式、穿斗立贴式、抬梁式、抬梁与干阑混合式为基础，发展为粉墙黛瓦、大木架构、前厅后堂，以木雕为主融石雕、砖雕、堆雕等装饰艺术为一体的标志性建筑样式，为东南各地输送了大批能工巧匠，誉满全国。

关于东阳帮的几个历史推断与记载①：

（1）作为江南三大著名建筑行帮之一的“东阳帮”，在南宋时期非常活跃，广泛参与南宋临安的皇城建造，部分业内专家认为其因参与重大工程建设而奠定了东阳帮在江南的行业地位。但到底哪些人曾具体参与过此

① 王仲奋．探索皖南（徽州）古村落建筑的“身世”源流［J］．古建园林技术，2007（6）：46-50．

项工程？一直以来无详细考据。如下列举几人：

经东阳学者华宏伟研究考证，东阳人杜幼节曾监理南宋皇城建造。杜幼节（1206—1273），字季坚，东阳吴宁西门人。中宋嘉定十六年（1223年）癸未科武状元，授合门舍人一职。民国甲子年的重修《岘西杜氏宗谱》里记载了此事："万五，讳幼节，字季坚。嘉定癸未擢武状元，授训武郎，除合门舍人。至绍定壬辰弃武就文，复由礼部奏名再举大对，登徐元述校园第六名进士，除校书郎，知翰林侍读。"淳祐四年（1244年），朝廷下旨："朕于土事木工薄矣，故大令为养。"历史上将作大监是管理皇城土木建设的实际第一负责人，理宗大兴土木，任命杜幼节为将作大监兼玉牒所检校，自此开始监理建造南宋皇城。本例证也从侧面说明杜幼节的营造技艺造诣被宫廷认可，同时证明他与"张德刚""包亮"等匠师出身的官员明显不同。

（2）东阳匠师参与督治工程。事实上，在明代，东阳籍官员屡屡参与营造大型建筑。如《康熙东阳新志》卷十三就记载："东阳人陈显道（原名李应荣，字如晦，吴宁新安街人，为大使陈清的外甥，改姓李）。明至正二十六年，朱元璋定鼎金陵，擢陈显道为将作监少监，督治营造。康熙志第十八卷则记载，明代巍山人赵贤意，曾监督造陵寝工程，功绩显著。"赵贤意（1553—1611）东阳巍山人，万历二十三年（1595年）进士。曾任工部主事、营缮司郎中等职务，专管皇家宫廷、陵寝的建造和修理事宜。自万历三十二年（1604年）九月动工，赵贤意共监督重大建筑工程6处，其中包括重修长陵的"七空桥""大博岸"。红门的"东水关""三空桥"，新建康陵"五空桥"等。

（3）参与营建北京城。华宏伟考证认为：在明嘉靖年间，东阳工匠参与了北京三大殿的营建。除赵贤意曾受命督造皇陵三殿大工程之外，早在张安畿之前，"东阳帮"的工匠就已经北上，多批次参与了北京城的城市营建。学者杜晓波在编撰于民国年间的《东阳陆氏宗谱》中发现：在《高沙处士光大公行述》里提到，陆光大在永乐戊戌年"府檄处士为董领，至京营造。同事亡者七人，公亟命土工，化各之为槥椟，志号载归。及所，余钱物各付其家，丝毫不欺”。[①]永乐戊戌年（1418年），正是朱棣修建北京皇宫的末期。清李斗在《工段营造录》卷二当中记载了扬州熟悉内府工程的匠师，如姚蔚池的烫样、朱裳善于算料，史松乔精于创新等，还有诸如徐履安善于西洋水法等记载留下了一些油作、木作等工匠的姓名。

（4）张安畿委督建三殿[②]。明代嘉靖年间，谱载东阳托塘张氏张安畿“字法义献，为成国公镇远侯所知，委督建三殿。大工既成，赐以卫秩冠服，详见诗文”。嘉靖三十六年（1557年），明宫殿发生火灾，“三殿两楼十五门俱灾”。次年，三大殿被迫重建。重建后的三大殿被改名为“皇极殿”“中极殿”“建极殿”。这次重建是明代三大殿重建工程中最重要的一次，导致三大殿的格局与明初相比发生了根本的变化。张安畿对三大殿的规制进行了改良优化，对大殿的面阔、进深、柱高的直径、屋顶的造型及地基的构建、造型都进行缩减与简化，在材料上也用杉木代替了楠木的梁柱。对自明延续而来的形制硕大的柱、梁构造，采用了“中心一根，外辏八瓣共成一柱，明梁或三辏、四辏为一根”的包镶做法。张安畿深谙营造之法，在务实节约的前提下，节约开支、创新做法，完成了三大殿的重建工程。

（5）东阳工匠广泛参与周边民居建造[③]。近年来，国内学界和民间均在对“婺州民居建筑体系”和“徽州民居体系”进行比较，加上近些年发行较多东阳帮工匠或落籍于临安、昌化以及严州地区一带的山区，这些工匠均为参加历史上浙西、徽州等地区民居建筑而从婺州迁居过来的。婺州民居建筑模式属于东南地区民族样式，主要特点有“马头墙”“十三间

---

① 吴旭华．证据确凿东阳帮曾参与建造紫禁城来源［DB/OL］．浙江在线－东阳新闻网，2019-04-04．

② 张安畿督建三大殿［N］．东阳日报，2019-04-03．

③ 王仲奋．“东阳帮”传统木作特艺——“套照”［J］．中国民族建筑研究会第十八届学术年会暨中国民族及传统村落保护与建设峰会，2015-08-01．

头”与“套照”等多种创新样式与做法。根据学者丁俊清、杨新平所著的《浙江民居》第56页记载：南宋《遂昌县志》中绘制了“老尹祠”的图像（布衣史学家尹起莘），刻画了金华地区最典型、最普遍的前厅后堂式，三开间马头山墙建筑，至少说明了马头山墙式样的建筑在南宋末年已经非常成熟。东阳建筑常见的马头墙类型可分为“喜鹊尾马头”“大刀马头”“仰马头”三类，在做法上分重檐单马头山墙、单檐单马头墙、五层、四层、三层不对称马头墙，以及标准的三层对称马头墙等形式[①]，其中规模宏大的属“五花马头墙”。赣北地区的马头墙大部分与婺州地区的类似，但多数不施石垩，外墙为清水砖。而徽州地区古民居的马头墙不如“十三间头”宏大，皖南建筑多数是小型民居建筑，就改成了前后不对称的台阶式“屏风墙”[②]。整个徽州地区古民居随处可见的马头墙、牛腿、虾背梁与“套照”制作技艺，大部分源自浙江民居建筑独创的本土营造技艺。当然，这其中也包含“宁绍帮”工匠，也有极少部分是来自赣北与苏州的工匠。

除此之外，唐代贞观年间东阳籍进士厉文才是早期浙江文人造园的先驱。据传，东阳帮的“金钩帮”是专业进行园林建造的工匠行帮，这个群体很可能是最早被外界称为“东阳帮”的匠师组织，之后扩大到木作、石作、漆作等领域，最后成为指代东阳籍的总称。明清时期，宁绍地区与八婺地区的工匠在江南地区造园界也是首屈一指，尤其在堆叠假山之技上一枝独秀，但在历代文献中都难寻印证[③]。江南地区传统园林建筑中的“鸡笼结顶式”以及园林假山的“大小套洞式”等匠作技术，都带有浙江工匠独特的技术印记。

---

① 丁俊清，杨新平．浙江民居［M］．北京：中国建筑工业出版社，2009.

② 洪铁城．中国儒家文化标本：婺派建筑（一）［J］．建筑，2017（15）：58-61.

③ 浙江新闻记者吴旭华．历时年余寻访健在艺人［Z］．还原东阳帮史，2019-02-20.

2. 八婺工匠群体的形成原因[①]

八婺地区盛产能工巧匠的声誉在中唐时期已大致形成。中唐时期，八婺工匠群体范围泛指分布于浙江中西部金华、衢州地区的传统建筑工匠群体。从建筑风格溯源来看，浙江中西部金华、衢州、丽水局部在秦汉时期曾属乌伤县范围，三国吴宝鼎元年（266 年）置东阳郡，属扬州，下辖九县，因此，这些地区在行政区划上曾经相互交互，文风相似，习俗相关，因此建筑风格、技艺经验也较为一致。这种建筑形式主要表现为：① 以粉墙黛瓦、马头墙林立为外观特色；② 以通道、长廊为连接，以台门、天井院为空间单元；③ 以插柱、抬梁、冬瓜梁 、虾公梁和牛腿挑檐为构架特点；④ 运用“三雕”艺术和楹联、壁画艺术为装饰手段。上述 4 点被人形象地归纳为“粉墙黛瓦马头墙，石库台门天井院。木雕牛腿冬瓜梁，镂空楠扇浮雕廊”。从源头上分析，这种建筑形式并非浙江地区独有。从民居类型的角度上看，八婺地区的建筑与丽水、绍兴、台州、宁波及杭嘉湖地区的建筑类型保持高度一致，与长江流域的大部分民居建筑存在广泛的共性。究其根本是历史上遵循同样的规制、条例和做法，这些地区的工匠大体上都具有相似的传承关系，并沿用相同的营造工具，因此基本上同属一种建筑形式。但在建筑局部经验处理手法上，以及在建筑构造手法与风格细节做法上，他们又存在各自有不同的个性与创新的做法。

“东阳帮”和“东阳老师班”作为八婺古代建筑工匠群体的代名词，具有重要的优势。

（1）之所以称“帮”，就是指在其已经形成的一套严密而完备的工匠组织制度 ，形成了一个由包头伯、把作师傅、师傅、半作、徒弟、蛮工等

① 黄美燕．试论婺州建筑的艺术与成就［C］// 中国紫禁城学会论文集第八辑（下）．2012．

组成的不同技术等级序列。这种完备的民间工匠体系，为东阳帮所营造的建筑质量和工艺传承提供了“制度上”的保证和优势。这种特征在苏州的“香山帮”内也同样具备。这也是“帮派”与散工之间在组织与制度上最大的区别。

（2）东阳帮工匠群体形成了一整套独具特色的建造程序与设计能力。这种风格既适合江南地区的气候特点和自然资源条件，又能普遍迎合江南士民的审美情趣，是一种既典雅又实用的宜居建筑形式。

（3）东阳帮工匠群体形成一整套严密的工匠体系。在江南一带，东阳帮有“十坛霉干菜造厅堂”的美誉，他们技术先进，吃苦耐劳，塑造了东阳帮良好的商业信誉。通过师承授业、技法口诀以及行业帮规等方面夯实了“东阳帮”的建筑品牌。因此，“东阳帮 ”是一个以东阳工匠为主体，包括金华、衢州、丽水等原属东阳郡在内的建筑行帮，当然还包括大部分因参与浙西地区与徽州地区而迁徙到异地的东阳工匠。

“东阳帮”工匠群体服务的范围较广，虽也广泛涉足北方地区，但主要集中在浙江中西部、皖南的大部，赣北大部等地区。他们在宋元时期就形成了“工兴则聚，工完则散”的务工惯例，明清之后，匠籍制度宽松，有不少东阳工匠就在浙西与浙北地区落籍，方便承接徽州、南直隶等地区的工程。明清两代，江南经济繁盛，苏州、宁波、绍兴、东阳等地的建筑帮派因组织严密，吃苦耐劳而声名鹊起，几乎垄断了江南大部分建筑市场。到清代后，部分工匠逐渐开始经营木厂、石宕、砖瓦窑等，工头承接到工程后，由水木作坊主“作头”分派给各工种的“档手”。

根据《木经》与《营造法式》解释的，江南地区工匠群体的营造技艺的传承方式主要靠言传身教，大多数技艺并没有具体的量化指标，全凭经验，尤其是《木经》当中大量使用浙江地区的俚语，这种记录方法在明、清两代的笔记体游记或专业类论著中较为常见。只是，如今对该流派的历史梳理尤为艰难，要考证东阳工匠究竟参与了哪些传统书院的营造，是件非常不易的事。尤其是书院建筑所用材料多为就地取材，因陋就简。其中梁柱因材料造价问题，导致很多乡村书院的梁柱粗细不一、弯曲不直，甚至扭曲现象也极为普遍，这就给规范的榫卯木结构建筑营造作法带来很大的难度，婺州民居建筑体系的工匠为解决此问题，摸索总结出了一套完整、简便、准确的特殊工艺，称为“套照”，套照其实就是《考工记》中记载的“审曲面势”等方面的技术。

第四节 宁绍帮的石作工匠群体

浙江全省以石匠浜、石匠村命名的多达几十处，其中尤以宁绍地区最多。宁绍地区素有“五匠之乡”的美称，有其历史必然性[①]。宁绍地区原本是万流辐辏、支津交渠之地，虽人多田少，但资源丰富，竹、木、石、砂等自然建材应有尽有。仅靠自然耕种当然不足以生存，于是渔猎、匠作等“副业”成为重要的生存途径，其中尤以“木作”“石作”“漆作”匠师众多，特别是“宁式家具”闻名于世，自成一派。《鄞县通志・文献志》曾评价曰：“本邑旧工业，若木工、若石工、若漆工、若雕刻工，皆著名。”

宁绍工匠群体在宋元之时逐渐声名鹊起，主要是来自绍兴、鄞州、象山、宁海等地一大批宁绍平原的建筑工匠群体。到清中叶之后，“宁绍帮”当中又分流出“宁波帮”“宁海帮”“绍兴帮”等分支，“宁波帮”泛指中国近代宁波府属的鄞县、镇海、慈溪、奉化、象山、定海六县的商帮，虽说是商帮，其实里面有一大半是手工业者，或者是从手工业转为民族工商业者。这些工匠在晚清之后，筚路蓝缕，艰苦创业，远渡重洋

---

① 王仲奋．“东阳帮”的木作特艺“套照”研究［C］// 第十八届中国民族建筑研究会学术年会，2015-8-20；五匠分法属于元朝的封建等级制，最早可见于赵翼《陔余丛考》：“元制，一官，二吏，三僧，四道，五匠，六工，七猎，八民，九儒，十丐。”

走向了世界各地，其中不乏世界级的工商巨子，推动了近代工商业的发展，如创办了第一家近代意义的中资银行，创办了第一家中资船运公司和第一家中资机器厂等。可以认为，宁绍地区不但有手工业为代表的“宁绍工匠帮”，还创造了工商业的代表团体“宁波商帮”，这些人后来成为清末至民国时，上海、天津、武汉、杭州、南京等城市崛起的贡献者之一。

（1）从椅子讲起

远在唐宋时期，“明（州）式家具”已经名扬天下，唐代留下了明州人“坐倚子”的记载（见《头陀亲王入唐略记》[①]）。到了五代和宋，宁波的高型家具已经得到了发展和定型，其“宁式家具”和宁波工匠已经使得宁绍地区成为浙东地区的“家具设计与制作中心”，宁波鄞县东钱湖绿野岙的宋代“石杌子”即是“宁式家具”最早的实物例证。“石杌子”造型简约，四方整石的两侧向内鋆凿，两边的扶手靠背笔直挺拔，具有明显的宁式特色家具装饰风格[②]。据考证，日本奈良东大寺南门的石狮，也是当年伊行末等明州工匠用梅园石雕刻的。1196年，宋代明州鄞县横泾工匠陈和卿、伊行末与重源、荣西东渡日本，后负责兴建东大寺，在日本传授石匠技艺达八代之久，形成日本知名的“伊派石匠”。

绍兴作为古代浙东地区第一大采石基地，其采石历史至少可追溯到春秋时期。明末造园家祁彪佳在《越中园亭记》中记曰：“柯山石宕，传系范少伯筑城，越时所凿。”公元前210年，秦王在现绍兴境内留有著名的“会稽刻石”（一说碑在秦望山），上书“上会稽，祭大禹，望于南海，而立石颂秦德”由于系李斯撰并书，故俗称“李斯碑”。建于梁天监三年（504年）的绍兴大善寺大殿石柱、石栏板，均采自绍兴的箬

① （日）伊势兴房．入唐五家传・头陀亲王入唐略记［M］// 佛书刊行会编．大日本佛教全书・游方传业书・第1卷．东京：佛书刊行会，1915：164．

② 陈立未，张福昌，宫崎清．宁式家具装饰手法初探［D］．江南大学．

箦山和吼山地区。隋朝越国公杨素“采羊山之石以筑罗城”巩固越州城防，并留下高八十余丈的一块秃岩，灵鹫禅院寺僧募工匠借此秃岩凿出一尊石佛，故称“石佛”。“柯岩八景”中与石宕有关的景点就有5个，其中柯岩云骨石上赫然有题记：“*太初孕，赤乌辟……*”，“太初”和“赤乌”分别为汉武帝与三国东吴的年号，说明了柯岩采石区的历史缘由。

从现有浙东的石宕遗存来看，传统采石场主要分布在绍兴、宁波、温岭、余杭、缙云、龙游等地。一部分已经成为旅游景区，如台州的朱砂堆、天台黑洞和长屿硐天、仙居的飞凤岩、台州三门的“千洞之岛”，蛇蟠岛则成为罕见的海上采石场。再如绍兴的曹山石宕、吼山石宕、柯岩石宕、东湖石宕、羊山石宕，宁波的上化山石宕、天塌宕、伍山石窟，丽水的缙云、仙都、壶镇、舒洪、东方、五云石宕。还有金华兰溪的永昌石宕、衢州的龙游石窟。据《浙江采石文化的形成与发展》一文统计，浙江有3.6%的行政村与石有关，大多数以“石宕”“石仓”“石柜”“石桥”等命名，这些地方大部分是传统石作匠人聚居区。

（2）产业链的形成

宁绍地区很早就形成了石作匠作帮与采石产业链，并建成了从荒料开采、剖石成形、錾剥造型，到运输、雕刻、拼装竣工等整个闭环。鄞县著名的“小溪石”与“梅园石”，“*岩工即利用天然层理采取之，故工程经济、石料便宜*”[1]，是制作建筑工程与浮雕、圆雕的良好石材。宁波东钱湖南宋石刻公园、保国寺、天一阁、白云庄、江东天后宫和宁波博物馆等处，还保留着一些历朝宁绍石匠的石作工程、艺术制品、建筑构件和碑碣栏杆等遗存，加上各县市遗存下来的石桥、堰坝和牌坊等古代构筑物，尚能一窥宁绍石作之原貌。唐代太和七年（833年）鄞县县令王元伟与诸多石匠（传

① 鄞县通志·博物志［M］.

说有石匠十兄弟）以条石建成的鄞江镇“它山堰”，木石结构，堰宽4.8米、高10米，以宽厚的条石砌筑而成，堰内有梅木枕，史称“它山堰梅梁”。“它山堰”不仅是宁波石作工程最早的实例，也是之后宁波城墙以条石为基础的技术本原。

另一处唐保国寺大殿同样是宁绍石作遗存重要范例，保国寺内不但有两座唐经幢、北宋佛坛须弥座，还收集有部分历代石制品与构件部件。大殿前有一个制于清咸丰五年（1855年）的六角形大石座，采用了宁波木作技术中的“搭色做”技艺，镶嵌了一块梅园石浮雕。在保国寺大殿内的须弥座上，有北宋崇宁元年（1102年）名为“许明礼”的工名勒石。寺内藏经楼前廊的石柱、础座、窗台下石护板等，大约完成于民国廿三年（1934年），应该算是宁绍石作最精彩的谢幕之作。明中后期，手工业实现了市场化经营，匠人与业主或现货交易，或委托定制，物勒工名的现象才逐渐扩大、甚至变更成帮派、组织等各种方式的落款。

从遗存与旧品来看，本地石作产业的历史悠久，一千多年来非但绵延不绝，其内部的分工也必定趋于细化，有采石、粗石作、大石作、花石作或细石作等专业。另外，园林叠石，也是宁绍石作的一支，尽管五百多年前宁波就有了著名的假山叠石匠人传统，但在宁波，叠石专业远不如苏州“香山帮”发达。倒是同为叠石，明清时期的“乱石拱”桥梁，却是浙江传统石作中最富有创新的一种形式。英国传教士戈柏在1860年出版的《中国人的生活自画图》曾提及“每年宁波都会有大船将石狮运往暹罗”。一直到晚清以后，宁波工匠还在宁波的英国驻甬领事馆、华美医院，以及江北天主堂、中马路邮局、浙海关旧址、浙海关职员宿舍、孝闻街教堂等建设中留下不少东风西渐的石构杰作。石头在民居建造中比木头承担了更多的立面装饰角色。1844年宁波正式开埠后，西方砖石结构建筑极大地影响沿海城市的建筑风格，宁波石作工匠群体也热情地参与到近代建筑文化的变迁，宁波、杭州等地大量折中主义建筑的出现，起到了先锋作用[①]。

绍兴石材多样，用途广泛。“东湖石”主要用于水坝、城墙、纤道等。羊山石韧性强，适合水闸、桥梁，并且广泛用来堆砌钱江沿岸的海塘。除此之外，还盛产奇石“山艇子石”以及木纹石等。石宕的开采与运河的运输便利息息相关，如宋六陵大量采用的东湖石，就是通过从浙江运河运到攒宫的。绍兴石匠们利用石宕石材，制作的石狮、石像、石家具远销东亚各国，在日本奈良、京都等地均可见明代宁绍地区的各种石雕艺术品。

宁绍地区的石作工匠是江南地区石作专业群体之一。他们的工种涵盖了粗材加工和细材加工两部分，以台门、天井、柱础、台基、碑碣拱门以及大量的石雕装饰为主的制作等内容。其石材加工和安装有六道工序：打剥、搏、细漉凿平、棱、錾平、砂磨。而石雕手法则根据宋李诫《营造法式》将雕镌制度分成了四样：剔地起突、压地隐起、减地平级和素平。花纹制度则定为十一种。

另外，浙江地区盛产石材的地区除前文上述地区外，衢州的常山、温州的青田、台州的路桥等地出产上等汉白玉、青砂石，宁波梅园山、锡山一带盛产“梅园石”，都是做石雕的良材。同时，清代各地工匠在石料加工方面有很强的地域特点，如加工工序上，香山帮一般为五道工序，宁绍帮则是六道工序。香山帮在叠石在石料之中多用灰浆黏合，或者往铁锔与石的接缝间灌入松香做黏合料，宁绍地区多采用石灰或铁锔拉结的。我们在对浙江各地书院的堂、亭、桥等附属建筑和建筑小品如阙、牌坊、石幢、碑碣、石座、台基等石构件和石部件考察，可证实这一要点。

（3）书院遗存的石作营造技艺

从浙江地方志里的古书院画像可以看出，从两宋到晚清，各书院的普通台基做法基本相同。如宋代书院台基上缘用压栏石，压栏石以下一般砌

---

① 精美的石头会唱歌——宁波的传统石作工艺［N］. 宁波晚报，2014-08-10.

砖，而清代则多数镶石板，差距甚小。柱础多因分散柱子的承压面，在南方地区还有防潮需求。在宁绍地区的书院中常见整石柱础，一般的柱础有覆斗、莲瓣、石鼓、八角、六角等造型，宋代石础形式纤细，较为朴素，至清代之后，多刻装饰。例一，以绍兴的蕺山书院的"相韩旧塾"为例，现门口左右两侧山墙上分别嵌"慎独""诚意"二词。"慎独""诚意"二词是刘宗周的学说宗旨，历经500多年，至今在学界仍留有影响。书院内学堂二层横匾"相韩旧塾"，有落款"清儒全祖望署蕺山旧额，岁次甲申正月马世晓重书"。院内遗留的清代仿木造型的石栏杆，是用整石镂雕而成。栏板、望柱间用石榫连接，一板一柱相间，清代石作风格明显。柱础多为素平方石式、覆盆式；铺地莲花式等样式。柱础较高，重点部位无装饰。

例二，桐江书院的石作营造技艺。桐江书院系宋代教育家方斫于宋乾道年间（1165—1172年）所建，因其祖先方英是桐庐人而命名。桐江书院位于今台州皤滩乡山下村与板桥村之间。屋前有鼎山朝案，屋后溪水，东有鉴湖，西可登临道渊山，乃钟灵毓秀之地。书院创办后，"四方之学士文人，负笈从游者尝踵相接"[①]。朱熹、王十朋等人来此主讲后题写的"鼎山堂""桐江书院"匾额犹存。现存的书院为清同治九年（1870年）重建的合院式结构，主体建筑为前后两座讲堂，梁柱门窗间的石作粗壮，石拱门左右镌刻历代名人题匾和楹联。书院讲堂入口有明代遗存的石砌墁道——宋代墁道没有石砌的，明清墁道的式样除宽窄略微不同外，形式基本一样。蛇蟠石窗为清代雕凿。两边各斜置一条石，宋称"副子"，清称"垂带石"，其比例符合清式规定坡度为1：3；下加土衬石、砚窝石，形式与踏跺同，斜坡道表面铺凿有防滑的横向细齿的石条，具有很高的艺术价值和文物价值。书院结构宏大宽敞，院墙门拱与台阶多为条石，前厅及拜厅天井内也有少量粗壮条石，风格古朴。

---

① 板桥方氏宗谱［M］.

第五节　石作与工匠

浙江因地处江南，雨水丰沛，很多书院的木质构件易受腐蚀，多数民居建筑外墙会增加夯土与石方、石板、石块，增加坚固性；同时，兼具防盗功能的石拱门、石窗也就应运而生。石作技艺被工匠们广泛地应用在各类祠堂、民宅、寺院、园林等建筑中，既增加坚固耐用材料，又美观大方，防火防盗的同时，兼顾通风采光。其实浙江石作远不止温州、丽水等地，宁波、青田等地的石匠多数从事建筑石材加工与文房雅玩等相连产业。粗作一般只在采料厂采剥一般粗石料，比如路沿石、驳岸石、踏步、台阶、地坪、柱础、石臼等；细作则在现场进行建筑石料做细或各类雕刻，大量的民房官第、桥梁牌坊、道路驳岸、书院戏台、寺庙道院都保留有这些工匠群体的遗迹。

石作是指建造、制作和安装石构件、石建筑、石装饰的工种。宋《营造法式》中所述的石作包括石构件粗材加工、石材雕饰，以及拱门、路基、台基、栏杆、碑碣、牌坊、石质家具等内容。清工部《工程做法》和《圆明园内工现行则例》的内容基本相同，但上述台基、台阶、上马石、拱门等施工对象在《营造法式》中列在“砖作”之列。

1. 石料工序与石构件

《营造法式》中列举了六道石料工序：① 打剥；② 搏；③ 细漉；④ 棱；⑤ 斫砟；⑥ 磨。石雕的手法有：① 剔地起突；② 压地隐起；③ 减地平级；④ 素平。石料加工的花纹制度则规定了 11 种。清《内庭工程做法》规定石料为青白石、汉白玉、青砂石、豆渣石四种；并列举了做糙、做细、占斧、扁光、对缝、灌浆等工序，和宋代基本近似。但清代各地对石材的加工程序不同，如苏州、绍兴、嘉兴均为 5～6 道工序，而闽工如泉州、福州则规定为 6 道工序。石作安装多用灰浆黏合也有所不同。宋、清规定用石灰浆，大的拱门和桥梁要用铁锔“鼓卯”连接。浙江石匠基本上采用石灰浆、融化的松香与鼓卯结合。

浙江的民居建筑石构件遗存较多，以武义县大溪口乡山下鲍村最为著名，1934 年梁思成率众人亲往考证，村内多数建筑里均有石料构件。其余单体建筑中如塔、堂、亭、桥等均有石构遗存，著名如杭州六和塔、杭州灵隐寺双塔、武义桃溪镇陶村延福寺、宁波保国寺、宁波鄞县东钱湖畔福泉山大慈禅寺等宋元古建，均有大量的石材。浙江地区“七山二水一分田”的地貌为营造提供了丰富的石材资源。

以石洞书院为例，南宋绍兴十年（1148 年），郭钦止捐田数百亩，依托石洞山，独力创办了石洞书院。石洞口村盛产石材，村内巨石俨然。郭钦止与石匠们开采荒料，廊柱、地栿、阶沿、踏步、石库门、排水沟及排水口等都用石材制作，但目之所及的石装饰件，基本上没有雕花。书院其余大量使用奇石与天然石景的有清旷亭、月峡、小烂柯、高壁岩、壶中阁、石井、飞云、玉佩等，俨如仙境。东阳石洞书院与金华五峰书院，为少见利用自然地形而建造的古代经典书院。

从宋、清的遗存书院建筑查勘，苏南与浙江基本相同，大多数书院建筑因陋就简，很少使用石材。大部分书院遗存当中使用石材的地方有门阙、牌坊、旗斗、经幢、拱门、照壁、门槛、抱鼓石、台基、古井等。其中宋、元书院的台基上缘多用压栏石、角上用角柱，而明清书院则多用阶条石；书院的祭祀场所没有见过类似须弥座的台基，浙南和浙西山区的少数书院有仿木形石栏杆，都是整石镂雕。绍兴与宁波市区的书院门槛处有抱鼓石，但大多数为晚清重建时添置的。只有东阳的岘峰书院，因其前身是东岘宝轮寺，乃卢宅人卢洪量于万历辛丑（1601 年）募资修复成书院。在原伽蓝殿西侧建屋七楹为书舍，有部分石材。在此书院明代雅溪解元卢楷就读之处，现存匾额“岘峰书院”四字，系邑人、著名科学家严济慈所书。此外，我们可从如育英书院、双桂书院等明清书院遗存中，发现原有的外檐装修中，青堂瓦舍与梁柱中使用了透雕门罩，下部为清水砖迭砌，底部有轻微石雕点缀墁地，既增加了书院的空间纵深感又保持了空间的分割使用，增强了石门书院的轴线序列[①]。另一处书院在衢州，其须弥座台基边设石栏杆，每根望柱下都有“螭首”，这是南方书院建筑中绝无仅有的规制。

2. 石作匠人群体

浙江多产石匠的地区较多，有缙云岩宕群、仙居石仓、黄岩石板仓古窟、天台黑洞、临海桃渚石仓、宁海伍山、嵊州施家岙、绍兴柯岩、余姚采石、余杭南山、余杭寡山、德清采石、羊山石城、越城坝内村、常山青石等，均为历史上知名的采石场地，周边村落十之八九从事石匠行业。例如：丽水地区庆元县的坝头村，建置于北宋徽宗建中靖国元年（1101 年），因村内有六座石坝，村民多以石匠为业，石材建筑工艺高超，垒石为坝，架石为桥，砌石为墙，筑石为道，世代以石匠为业，为北宋江南知名的“石匠之乡”。

南宋仙居县白塔镇沟村的石匠群体也是传承悠久，颇负盛名。仙居地少人多，山区产石材，村民多以石匠谋生。明清时期最多，时有各类工种近百人，参加过周边地区众多牌坊、祠堂和水库等工程的建设。现有“高迁古民居建筑群”保存有 13 座明清年间仿照太和殿建成的古宅院，均出自该村石匠之手。高迁古民居群规模宏大，保存完整，宗祠、私塾较为完整，村内遗留“三透九门堂”式宅院 11 座，处处雕梁画栋，尤以石材加工的透雕动物、花卉，浮雕人物等著称。

---

① 黄美燕．试论古代婺州建筑的艺术与成就［M］// 中国紫禁城学会．中国紫禁城学会论文集第八辑（下）．北京：故宫出版社，2012．

温州青田县的石雕工匠早在六朝（221—589年）时已闻名，被统称为“细石匠”，主要承接桥梁、陵墓、界石、建筑等需要精工雕刻的工程。到南宋时期，青田石雕已经出现细分出文房雅玩、佛像等欣赏用品。元、明时期，青田石雕的设计物体完全由“实用器物”走向“文人艺术”，而且有大量的文人参与其中。浙江博物馆藏有一尊明代用青田紫岩雕成的“鱼篮观音”圆雕藏品，高20厘米，姿势生动，仪态端庄，风格古朴。清乾隆青田县举人韩锡胙（1716—1776）在《滑疑集》中记载：“赵子昂始取吾乡灯光石作印，至明代而石印盛行。”[①] 清末，青田县登记造册的石雕艺人有1000多人，至民国20年（1931年）时，发展到2200余人；采石工匠也有近百人。青田县山口村共有597户、2700多人，其中以石雕为业者就有1000多人。青田石雕艺人甚众，如泰顺“石精”张刚、尹阿岩、金精一、张仕宽、金南恩、董瑞丰、项琴石等，都在当时享有盛名。明清时期，最盛时仅三门县就有上千“细石工”，他们的足迹遍布绍兴、宁波、温州、杭州、福建甚至日本与朝鲜半岛，但是浙江石匠没有类似苏州香山帮陆详、顾竹亭、“造桥王”许松斋、钱金生、汤根宝和陈根土这类官员级工匠，名匠鲜有记载[②]。

3. 民间作坊和营造厂的流行

宁绍地区的工匠群体有先进意识，较能破除建筑业中地域、帮口的观念。仅以宁海工匠为例：宁波宁海县位居山隅海角之地，自古以来山多田少，只能外出务工。前童人有庞大的“五匠”群体，“五匠”是木匠、泥匠、石匠、漆匠、雕花匠的合称，其传统始于何时已不可考[③]。据宁海民国志记

① 石韵天工艺术网．走进青田石雕历史（一）[OL]．2013-9-18．

② 陆因擅于石雕和石料工程建筑而官至工部侍郎。

③ 前童古镇——宁海五匠之乡的一个缩影 [DB/OL]．宁海新闻网．2017-09-16．

载，至1940年代末，宁海县手工业者据初步统计已有470户之多，占总户数的20%，到1990年代初已有从业人员近3700人，形成了一支庞大的工匠队伍。在庵堂、寺院、居民宅第、桥梁码头、碑楼、造船业、家具编制等，都留有宁海匠人们的艺术遗存。知名工匠有：吴良夫、翁万全、翁斯根、翁来昌、张明福、张文亨等，宁海横街村的史氏家族是传统的工匠家族，历来有“42把斧头”之说，可见“百工之乡”名符实。《宁海县志》载：民国24年，雕匠李云波的“铁拐李”木雕作品获当年省特等奖。木匠王保德参与维修宁波保国寺，名闻海内外；桑洲镇“石匠帮”凭一手砌石绝技走南闯北。另外还记载了1893年生于木雕世家的李云波，是浙东树根雕承前启后的工匠，被俚称“宁海柴株人”[①]，这算是在正史中为工匠留名。

（1）明嘉靖年间，宁绍地区流行“水木作坊”的传统匠作组织，这种作坊实际上就是古代建筑公司的雏形。他们以家族、同乡为主体，把木工、泥工、雕锯工、石工、竹工聚集在“作头”之下，以此作为总承包的平台，参与了大量书院、祠堂、民居等建筑群的营建。后来发展到以绍兴、宁波帮为主的“水木作”工匠群体进入上海外埠。上海在晚清逐渐兴起了一股轰轰烈烈的建筑高潮，皆与浙江各“水木作”工匠帮派分不开。鸦片战争后，现代建筑占据重要位置，西方新型建筑材料大量倾销，中国传统的施工组织“水本作”已很难承担各类新式建筑的施工任务，众多因素促进了近代中国建筑业的转型与发展。

19世纪60年代之后，随着“西风东渐”的步伐，上海、杭州、南京、天津、北京等城市早期的建筑房地产行业成了宁波工匠当年的热门行业。清光绪六年（1880年），杨斯盛创建了杨瑞泰营造厂，成为上海第一家独

① 《宁海县志》载：民国24年雕花匠李云波的“铁拐李”获省特等奖。宁海乡土文化，http: //www.nhnews.com.

立的近代工程施工组织。不久，从这批人员中又培养出中国第二批近代专业建筑施工队伍①。21世纪初，各埠大约有近百家正式登记注册的营造厂，其中宁绍地区工匠开办的营造厂特别瞩目。在上海，有宁波镇海人陆根泉的陆根记营造厂、张继光开办的协盛营造厂。其中著名领军人物宁波鄞县傅家漕的工匠张继光（1882—1965），在他开办的协盛营造厂主导下，完成了上海市南京路及外滩的大清户部银行大楼、中国实业银行大楼、日本领事馆、盐业银行等著名建筑，成就了上海滩“南张北张”的建筑史话。除了散布各地的宁绍帮工匠之外，宁波地区还存在另一支建筑队伍——分布在农村的泥木工匠。他们农闲务工，分散施工，承揽民居修造，工竣即散。也有少数进城专营劳务的队伍，无固定收入，其人数不定，也无文字记载。

（2）从书院建筑看明清浙江工匠水准

梁思成在《中国建筑史代序》中说：“我国各代素无客观鉴赏前人建筑的习惯。在隋唐建设之际，没有对秦汉旧物加以重视或保护。北宋之对唐建，明清之对宋元遗构，亦并未知爱惜。重修古建，均以本时代手法，擅易其形式内容，不为古物原来面目着想。寺观均在名义上，保留其创始时代，其中殿宇实物，则多任意改观。”②浙江省虽然狭小，却是高古建构遗存最重要的省份之一，保存了一宋三元的佛教寺庙殿宇和砖木混合结构的佛塔。浙江真正意义上的“纯”木构建筑大约成形于南朝，这些古代建筑遗构反映了古代吴越地区建筑体系的完善与艺术水准。如浙江省武义县桃溪镇福平山的延福寺，始建于后晋天福二年（937年），原名福田寺，宋绍熙年间赐名延福寺。寺庙大殿于元延祐四年（1317年）重建，是江南地区现已发现的元代建筑中的历史遗珍，大殿呈方形，共五间，屋顶为重

---

① 张海翱．近代上海清水砖墙建筑特征研究初探——以上海市优秀历史建筑为例［D］．同济大学，2008．

② 梁思成著，林洙编．为什么研究中国建筑（Chinese Architecture：Art and Artifacts）［M］．北京：外语教学与研究出版社，2011．

檐歇山顶。大殿造型秀丽，结构优美，梁思成、林徽因对其进行过测绘考证，在书中对其大为赞赏。北宋祥符六年（1013 年）重建的宁波保国寺，其大殿始建于唐，原面阔三间、进深八椽，并有南宋开凿的“一碧涵空”的净土池。保国寺四面的附阶、下檐为清代加建，寺庙大殿的空间结构、装饰艺术等极为精深，在江南地区的宋代建筑遗构中亦是凤毛麟角，技艺及艺术水准颇高。再如，在景宁畲族自治县大祭乡西二村南端的白象山上，还保存了元至正十六年（1356 年）创建的时思寺遗物。时思寺坐西朝东，由山门、钟楼、大殿、三清殿、马仙宫、梅氏宗祠等建筑群组成，是一组兼有元、明、清各时代特征的古建筑群。但元代建筑遗存已很少，只保留了部分构建、山墙、台基等，以及明末清初时期续建的部分配殿。从该寺现有建筑上看，既有宋代建筑遗风，又受东瓯地方建筑之影响，构造与形制较为独特，属于浙江地区在元明建筑体系中的一组独立类型。其余的古建还有：金华天宁寺大殿，始建于北宋大中祥符年间，南宋重修，元延祐五年（1318 年）重建，其木构架为典型抬梁式。1978 年大殿落架大修时，经碳十四测定，有的柱子距今已有千年，部分梁栿斗栱距今约 800 年，证明元代重建时曾使用了部分北宋、南宋的旧构件。其余还有松阳县城西 3 公里塔寺下村延庆寺塔，该塔宋咸平二年（999 年）动工兴建，咸平五年（1002 年）建成。塔体为楼阁式砖木结构，六面七级，内有楼梯；延庆寺塔的金属塔刹、砖构塔身、木构外檐一直保存完好，在江南诸塔中，是保存最完整的北宋原物。著名的闸口白塔与灵隐寺双石塔，被梁思成收录进《浙江杭县闸口白塔及灵隐寺双石塔》一文当中，名传天下。其中灵隐寺双石塔建于北宋建隆元年（960 年），系吴越忠懿王钱弘俶重兴灵隐寺时而立。当时立塔四座，今唯存大雄宝殿前这两塔。每层塔身均设计了回廊，并有仿木结构的重檐，四面皆为石雕。每层的东、南、西、北四面辟壶门，线条流畅，一至三层，两侧有高浮雕的供养人像。三层及以上雕刻佛像，顶部石雕八脊封檐。

目前已知的由八婺或宁绍工匠参与的宋元书院遗存尚未发现，遗存实物多为寺庙、佛塔与祠堂。目前尚存或重建的书院当中，有建于南宋的南雁荡会文书院，史载是在光绪年间由邑人陈承绂聘请温岭工匠重建。位于平阳县的鞍山书院其中有明代地基，据传为平阳工匠完成。永康的五峰书院的重楼、丽泽祠、学易斋均为明代建筑，传说为永康本地工匠所建。万松书院、求是书院、蕺山证人书院等约 45 间明清时代的书院，遗留了部分主屋或台基等原物，大部分为新建或改建。明代浙江全省新建的书院约 191 所，仅嘉靖年间新建的社学就有 363 所，均未发现工匠营建的名录。但在研究访谈中，了解到诸如青田县刘基家族、台州临海县王世性家族与衢州府西安县余本敦家族私塾为台州工匠建造，山阴县刘宗周家族书院为绍兴工匠建造，鄞县陆瑜家族、慈溪陈敬宗家族私塾为宁海工匠建造，德清俞平伯家族私塾为东阳工匠及本土工匠参与建造，等等。其余仅限于匠人落籍情况口述，并无记载。

（3）朴素大雅——天下书院的共同特征

前几章谈及书院建筑空间的尺度问题，本节补充论述。在《考工记·匠人》中谈道“室中度以几，堂中度以筵，宫中度以寻，野度以步，涂度以轨”，对“室”“堂”“宫”三种类型的建筑空间进行了尺度评估，这句话也可以看出官式与民居建筑之间礼制的规定。除此之外，还有以“材契”“斗口”为主的等级标准，以显示建筑伦理的差别。这种传承有序的建筑适用原则和设计依据，在相当大的程度上，约束了天下的官民建筑，使之规范有序，节约用度，但这种等级标准与规范也存在极大的限制，为中国建筑设计思想与创新设置了种种制度上的钳制与障碍，造成中国建筑设计与技术更新缓慢，历代匠师陷于循环式的思想僵化，最终在近代建筑大变革的时代，落后于发达诸国。

在建筑审美上，浙江传统书院与邻省的书院建筑相比较，并无巨大差异，除少部分建筑结构不同之外，最大的差别就是因地制宜，因材施造。

其次，创造了一种知性的质朴、雅致和简单的特性。《庄子》称："朴素而天下莫能之争美。"李渔在《闲情偶寄·居室部》也提出："土木之事，最忌奢靡，匪特庶民之家当从俭朴，即王公大人亦当以此为尚。盖居室之制，贵精不贵丽，贵新奇大雅，不贵纤巧烂漫。"从现存的书院建筑，如崇正书院、鹿田书院、石洞书院可以看出，浙江各地区的书院建筑在色彩装饰风格方面体现素净淡雅的特点，书院建筑外观多以斗栱、马头墙为基本型制。建筑以砖木结构为主，多数单层，少数二层，多为硬山顶，主讲堂或藏书楼等级稍高。书院群的主色调搭配以白色粉墙、青砖、黛瓦，并配以青白石、墨线勾画为主，清代之后一些家族书院的建筑檐口处，也有部分彩画装饰形式。木构件的油饰一般选天然植物性的桐油或清漆，保持了木构件素净典雅的风格。书院建筑中普遍存在的"朴素大雅"设计思想，已成为天下书院共同的特征。即使是杭州的官办书院万松书院等富丽堂皇之地，其院落的大小、建筑群的体量均严守规矩，采用合理适宜的尺度、比例，以适应实际需要。其次，"朴素大雅"的思想还体现在每座书院的名称以及书院的匾额、对联上，以及各个学院的学规、箴言、院训、语录等教化上，处处都以显示其存世之理、修身之道[①]。浙江各地区书院山长均为心怀天下的鸿学大儒，历来反对土木之奢，提倡简朴之风，强调书院建筑的清雅朴素。即使在宁波、嘉兴、绍兴等经济富庶之地，书院建筑依然简朴高雅，无饰粉黛，只不过到了明清之后，偶尔会在宗教建筑、商会建筑以及部分家族私塾与藏书楼的建造风格上有所违制。

我们从遗存至今的书院中可以看到，无论是建筑的外部造型，还是内部结构；从庭院布局的穿插换景，园林的曲径通幽、流水假山、花草树木等，无不体现出一种江南文人的高洁雅致，并由此产生潜移默化的文化环

① 郭君健．浅谈从传统书院建筑到现代校园建筑理念的改变［J］．读与写（教育教学刊），2009（4）：81．

境。在工匠帮派上，书院建筑就是工匠们的试验地，不论来自何处，都会在宏大中体现样式，在细微处体现技术。这些丰富细致的工巧之作，都是工匠们运用刀斧之工对中国传统书院建筑与文人、文化品性的综合贡献，他们与文人们一道实现了书院在更高层次上的文化契合。

（4）装饰工艺

书院装饰可分审美与教化两部分：一方面是美观与功能上的要求；另一方面是书院教化的体现。首先，书院建筑的装饰并非出自实用需要，而是其装饰具有标识的作用。很多地区的书院建筑筹资而建，往往一个书院刚开始是三五间房起家，由不同的时代拼凑而成，这类书院在浙江遍地都是，如浙北地区的东莱书院、梅溪书堂、白社书院，浙东地区的东壁书院、帻峰书院、唐公书院，以及浙西地区的逸平书院、东明书院等，这些书院起家之时，均为三五间建筑，工匠们在算房主持之下，量入而出，建筑装饰的式样、色彩、质地、题材都极为普通，建筑的外观面貌体现了民间情调。

书院营建技术在工程做法上与民居如出一辙，但也有细微差别。第一，在书院的大木加工和小木装修中，纯装饰性的附加木雕很少。第二，很多书院的梁柱都弯曲不直，甚至接近废料，但这种废料能被工匠加以合理利用，形成远近闻名的“套照”技术，这也是浙江民居建造技术中最重要的特点之一。书院建筑的装饰很多是建筑承重的要求，以及木、石、瓦等材料的需求，追根溯源而言，并非纯粹的装饰，如梭柱、月梁、柱础等，不仅讲究造型美观而且符合力学上的要求。那些纯粹的装饰，如鸱吻、垂兽、戗兽和仙人走兽等，一概没有出现，只有部分如窗棂、花罩、柱础等简易装饰。其次，大部分书院建筑几乎没有任何油饰彩画，我们在三门的双桂书院、诸暨的笔锋书院这类家族书院的望板上，可以看见工匠们因简化设计而露出平铺在椽子上的顺望板与横望板。室内的装饰主要施于门楣、门窗隔扇、裙板、夹堂板、藻井等处。当然，虽然简单，但有些书院的建筑构造做法并没有脱离了工程建造要求，简单质朴的艺术形象，也成为建筑装饰艺术不可分割的一部分，也形成了一整套十分规矩的施工套路和精细严格的操作规程。

承上所述，书院的建筑装饰分内容题材和纹样图案两大类。其中大致可分为：文字类、花卉类、历史人物类、博古类、瑞兽禽鸟类等，其主要作用就是为礼仪、促学等提供教化作用。文字类是由汉字或宗教文字组成的图案，如书院惯以福、寿、吉、升等字作为门屏、隔扇、裙板等处的图案，并常以拐子、回纹、龟背等图案。同时还有宝相花、梅花、海棠等相互搭配。在重建书院的装饰中，多见取自于古代的琴棋书画、文房四宝、才子佳人、渔樵耕读等图案，以及部分以莲花、佛八宝、道七珍、暗八仙等元素的图案等，将其用于鼓励学员金榜高中或是卧薪尝胆等，达到促学用处。

第六节　传统书院建筑的营建环节与过程

传统书院的建筑营造，需要科学的总体施工组织与精确的流程设定，还需要各工种相互配合，交叉支撑，既有合作更有分工。下面以五开间书院建筑为例，简单阐述书院整体营造的工程要点。

（1）预选方案。根据书院营建的规划惯例，一般是先择址，后定位，再定地形，然后确定书院设计方案，再择向，确定方位，选好朝案；洒白灰定线，现场搭工棚，或寄居附近民居、祠堂内，准备施工。

（2）选样、备料。木作为首、泥作为辅，计算书院建筑的形制及尺寸，选料。选料过程堪比二次设计。对木材、石材、砖土的工程量等要做好预算，事先规划产地与用料。

（3）构架施工。大木作在地方俚语中称“总师”“总师傅”。书院建筑总图确定之后，总师就要和泥瓦作师傅一起，根据书院的营建要求，出烫样、做模型模具，对木构件断面和梁架节点等位置放大样等准备。在本阶段，最重要的工序就是按照大样图、制作样板，领导其他工匠们将毛料加工成形，并将木、石、瓦等构件编号，按类型试装。

（4）动土平基。与民居的宜居、旺丁旺财等价值观不同，书院动土开基或上梁的核心诉求是讲究文脉昌盛，或者科考得利等。动土之前首先一般是择吉日，如东阳县白坦古村在家谱中记曰："动土开基，宜天德、月德、月空、天恩、黄道，又宜除、定、执、危、成、开日，并相合造主本命，无对冲日；忌土瘟、土府、土痕、天贼、月建与天地转杀、建、破、收日、九土鬼、受死、土符日，及忌癸未、乙未、土公死日、戊午、黄帝死日等。"[①] 实际上书院挖方、打桩动土的第一时间同样须取吉日避凶煞，除了讲究吉位还要讲究吉时。祭祀结束之后，才可以开始丈量，定位放线、定龙门桩，开基取土、填平基址等事。

（5）台基。传统书院的建筑构建可分为台基、屋身、屋顶等三个完整科学的独立系统。台基是中国大多数古建筑特有的部分。台基最初产生的原因乃在于避水浸、防潮湿，即墨子所谓"室高足以避湿润"。在柱下部位铺三角石，称为领夯石。叠石砌在领夯石以上，叠石之上再砌绞脚石，绞脚石上面砌土衬石。石料台基一般按选料的不同，分塘石、乱纹绞脚石和糙砖绞脚等不同种类。土衬石上承放上层石料。塘石则多为侧立放置中间填土或者废料，四向夯实。柱下部位砌筑磉板石，上置柱础，宋元柱础多为方柱、圆柱、梭子柱等，柱础则多为鼓形、覆盆或莲花等状。

（6）立架与上梁。建筑立架上梁之前也需要开展祭祀仪式。一般由监工或书院主事者挑选吉日良辰在此动土，并奉请本境城隍、山神、土地等尊神、正神等，恳请诸神在修建某某书院、兴土动工时给予方便，如有冒渎勿加责备等，并有一整套完整的骈体祝文。各方工匠和主事者虔备香灯花果金银财宝，请来众神监纳斋诚开恩圣礼，保佑书院在兴工期间，工程

① （东晋）许真人著．增补万全玉匣记［M］．赵嘉宁译．北京：中医古籍出版社，2012．

竣兴，万事大吉。在立架之前，在木材上贴红色对联，如："日吉时良、天地开张；三星拱照、兴建华堂"；或曰："上梁喜逢黄道日，立柱正遇紫薇星"。立架前搭好大木安装的脚手架，对大木进行编号，然后将大梁支在明间正脊中位，贴上对联、八卦等"镇物"，同时用红布将大梁盖上。之后总师与诸工匠进行"展梁"，展梁之后，进行祭祀唱诵，总师念诵一句，诸工匠必须大喝呼应。我们从《广寒殿白玉楼上梁文》一文中，还可以看到朝鲜李朝著名女诗人楚姬利用上梁文，给我们描绘了一个浪漫主义的奇妙仙居世界。

（7）屋面水作（瓦工）。《营造法原》开篇说"屋面构造除了桁条椽子等结构件外，则为铺瓦筑脊"。前者属于木工，后者属于瓦工。铺瓦、筑脊因书院建筑规模的不同，其做法也不同。木椽安装完成后就可由瓦工铺设望砖，讲究的匠人们，还要给望砖刷松煤灰、草木灰水浆，使望砖减小色差，再在望砖上铺设瓦材。大式做法的屋面要做灰背，小式做法则直接窝瓦。窝瓦时先窝好屋脊、垂带、戗脊等处的瓦片，方便之后筑脊、砌筑山脊墙、垂带、戗脊等。窝瓦竣工后，清扫屋面，之后进行"罩煤""刷水"等水作工艺。

（8）墙体、墁地。墙体砌筑方式可分为实滚墙、花滚墙和空斗墙三种类型，空斗墙一般仅做隔墙，不需承重，又节约砖石；一般民居多用方砖、花砖墁地，宫殿则用金砖墁地。墁地做法是先找平地面，再铺筑垫层；铺泥用白灰、黄土调和制成；一般以单块青砖铺筑，铺设平稳，放平再槌击砖面，铺设后砖面灰进行补眼；全屋墁地后，开始在砖面上两道生桐油，再持麻丝攒生搓擦数十遍，使砖面吸足光油[1]。

（9）装折、漆作。装折制作安装，主要是指隔板、窗棂、栏杆、门板、吊顶与家具装折等。浙江各地书院的装折样式繁多，构造不一，因此建筑

① 马全宝. 香山帮传统营造技艺田野考察与保护方法探析［D］. 中国艺术研究院，2010.

选料、配料、刨料尤为重要。根据书院设计草样配料，梁柱要选取30年以上的木料、屋顶可选5～10年的木料，隔板、门板则选用杉木板较多，不易变形，选好料再下料，按规格刨好、打眼和做榫。书院的空间变化对装折的考验甚高，各种配件的设计既要严丝合缝，又要装饰有形。书院建筑构件的生漆做法包括地仗、油饰、匾额刻字、堆字、烫蜡等工艺及技术复杂、难度较大的大漆工艺。漆作主要是对所有外露木构件包括梁柱大木构架及门、窗挂落等小木装折进行装饰。其工艺流程为：调配色漆—漆腻子—垫光漆—二、三道漆，待漆面均匀，干后打磨等[①]。

第七节　物勒工名与建筑质量管理

匠作制度中的“物勒工名”最早可能出现于商周时期的《礼记·月令》篇（约成书于公元前620年），它是古代手工业生产管理制度的重要见证与发明。郑玄对此注释道：“勒，刻也，刻工姓名于器，以查其信，知其不功致。功不当者，取材美而器不坚也。”证明了由于物勒工名制度的出现，从而在古代建立了“产品”与生产者、监造者之间的权责关系，确立了古代产品的生产质量检测体系，并得到历代社会的普遍遵守。春秋时期，齐、晋、秦、楚等诸侯国均规定造物必须遵循“取其用，不取其数”的原则，与《营造法式》中“以材为祖”的原则高度一致[②]。各朝各代在原材料选购、房屋建造程序、取料加工、质量检验等方面，都规定了严格的设计标准和生产方法，以期达到计功量产、技术定级、颁样奖惩、以匠管匠等诸多方面的作用。

---

① 马全宝．香山帮传统营造技艺田野考察与保护方法探析［D］．中国艺术研究院，2010.

② 赵卿．秦戈铭文里的物勒工名［J］．大众考古，2014（9）.

从战国中期开始，列国开始在各类重要的建筑工程及器物上实施刻勒名制度，并且在汉代达到顶峰。秦国积极推行政府精细化管理，“命工师效功，陈祭器，案度程，无或作为淫巧，以荡上心。必功致为上，物勒工名，以考其诚。工有不当，必行其罪，以穷其情”①。对“建筑、道路、制器”均有十分明细的考核指标。

（1）据记载，从秦始皇时代开始，题铭的格式已比较统一化与规范化了。建筑上的刻铭一律为“相邦、工师、丞、工”四级或“工师”“工等”两级。到了汉代，物勒工名制度的具体对象主要是官营机构监造的建筑。唐宋时期，物勒工名的制度扩展到了大部分手工业生产管理制度。

《宋会要辑稿》中记载，造物时，“各行镌记元造合干人、甲头姓名，以凭检察”；“候造作了当，镌凿年月、两重、监专作匠姓名”②。宋仁宗天圣年间，因匠人贪利，“修盖舍屋”“多不牢固”，仁宗要求“添差监官点检，须要牢固”，并重申立法：“今后所修舍屋、桥道，旧条：若修后一年垫陷，原修都料（工程设计者）、作头（工头）定罪，止杖一百……今差监官点检催促，须是尽料修盖，久远牢壮……”③景德三年（1006年），宋真宗下诏：“自今明行条约，凡有兴作，皆须用功尽料。仍令随处志其修葺年月、使臣工匠姓名，委省司覆验。”④

两宋时期，建筑的各类“程序”愈发完善，工部组织编订了标准化文件《筑城法式》，其中详细制定了建筑样式、施工技术、生产工具、材料和工时等方面的规定，并陆续出版了工匠喻皓的《木经》。不久，李诫在两浙《木经》的基础上编成了《营造法式》。在这些标准背后，是强制推行的制度保证——若因非法营造、虚费工力、材料不堪用、造作低劣等违反工程

① 吕不韦．陆玖译注．吕氏春秋·孟冬记［M］．北京：中华书局，2011；唐律疏议也有记载。
② 徐国富．试述“物勒工名”制度［J］．科教文汇（上旬刊），2007（3）：167-168.
③ 史继刚．宋代军用物资保障研究［M］．成都：西南财经大学出版社，2000：137.
④（清）徐松．宋会要辑稿［M］．北京：中华书局，1957.

建筑标准，都有相应的刑罚措施，轻者杖责徒刑，重者流放处死。宋元时期，杭州的行会多达“四百十四行”，有“篦刀作、金银打作、裹贴作、铺翠作、裱褙作、装銮作、油作、木作、砖瓦作、泥水作、石作、竹作、漆作、裁缝作”等数十种①。出于对行业声誉一荣俱荣、一损俱损的理性考虑，各个行会组织通常都会对本行的产品质量提出“行业标准”，第二是强制推行的“国家标准”。早在春秋时期就出现了《周礼·考工记》一书，比如“瓦屋四分，囷、窌、仓、城，逆墙六分，堂涂十有二分，窦，其崇三尺，墙厚三尺，崇三之”，详细描述了营建普通瓦屋所应满足的规范要求，后世称之为“程序”，指导性、可操作性极强，形成了一个严密的技术质量监管体系。不仅砖石有勒名，木作、泥瓦作等构件上也有勒名，如近代建筑考古在梁柱和砖石上发现的文字，其内容大多与“物勒工名”有关。

书院建筑勒名的方式很少考证，一般也出现在建筑材料上，砖石上以生产厂家的刻铭为主，在木作上、以烙印、戳印、漆书、墨书等为主。这些严格的物勒工名制度，在普通书院建筑中并不常见，杭州“蚕学馆”在金沙港的原旧址发掘的砖石上，发现上面烧制有三列阳文“年月日窑匠某某”的模糊字样，应该算是对“物勒工名”传统的继承。其余在宁波、绍兴等地的民居与寺庙建筑的青砖上面有“郑义”“孙X工”“方坚”以及“木匠施某、窑匠张某、造砖夫天佑寺”等内容的铭文。

（2）砖瓦与书院建筑。说文解字中认为“砖”字起源于甲骨文的“𠂇”和瓦当文“⺋”的合体。在新中国的第一次汉字简化方案中，正式改成“砖”字②。砖在建筑活动中，是将一块泥土变成了一种建筑装饰艺术的载体：如金砖、砖雕、砖砌体、砌筑工艺等各个方面。书院建筑中的“台门”，上部是木构，下部很多就是砖砌装饰的重要体现。台门的砖砌、砖雕装饰，

---

① 李治安，孙立群．社会阶层制度志附录页［M］．上海：上海人民出版社，1998．

② 曹然．“砖”字的起源与演变考［J］．太原师范学院学报（社会科学版），2016，15（2）：87-89．

成为一处建筑的重要门面，成为蕴含浙江地区特有的艺术、文化、审美意味、哲学思想的综合体，在一定程度上代表了浙江砖石建筑的艺术审美取向与“因地制宜、就地取材”的营造原则。因书院建造原则多以简朴为美，所以书院的砖雕多以浅浮雕为主，少数有透雕或线刻，较少出现精美的砖雕。即使是在东阳的石洞书院、交对书院、东百书院等处，都没有实物验证。从全国视野看，广东东莞的陈氏书院砖雕具有特殊性，陈氏书院院墙上镶嵌了6幅大型砖雕作品，均由质地细腻的东莞青砖拼接而成。主题分别是“梁山聚义”“刘庆伏狼”“百鸟图”“五伦图”“梧桐凤凰图”“松雀图”等，两旁还有不同书体的诗文唱和，这种诗、书、画结合的砖雕也是同期的文化类建筑中的较为少见者。

散见于考古学报、文物等刊物中的古代窑址（砖窑）不下近百处。这些窑址的发现，不但可以补齐以往文献的阙略，并且对鉴定书院遗存等方面，提供了极珍贵的实物数据。宋、元、明各朝初期，因休养生息、民生复兴，产生了大量营建工程项目，在一定程度上促使了浙江地区砖窑厂的兴办和发展，并与一些自然条件和社会条件较好的地方如江西、安徽等地相互支持。赣、皖（南）两省后来发展成为明代官（砖）窑烧制的核心区域，如江西黎川县的明代砖窑遗址115座、砖坯堆放地、古道路遗迹，以及铁叉、带有铭文的南京城墙砖等遗物，是迄今为止发现的长江中下游地区规模最大、保存最完好的南京城墙砖官窑遗址，可惜这类都是专为敕建工程烧制的“钦工砖”窑口[①]。浙江在北部、中部及浙南等四个区域，也有类似民窑记录，如浙江各地发现近几十年前的砖窑，又如常山球川、余姚牟山（砖瓦村）、嘉善洪溪、黄岩沙埠雪溪村等地发现的近代单孔或双孔窑棚、烧坑、窑道、火膛、窑床、排烟道、蓄水坑、渗水池等，窑床明显，堆积层丰富，集中反映了砖窑地方风格。另外，因浙江全局都烧制陶

① 蔡青. 明清北京“钦工砖”的材质标准与制造工艺［J］. 古建园林技术，2012（2）：5，6，57.

瓷产品，发现大量大型窑址如杭州南宋官窑址、浙江慈溪上林湖窑址、黄岩窑址、乐清县大荆区窑址、浙江上虞县窑寺前等，形制巨大，誉满全国，由此可推论浙江省全地区均有成熟的制砖瓦技术。

浙江大部分书院建筑上是砖土混合、砖木混合、砖石混合、木结构四个类型，较少有勒名可考，但在民居如台州、黄岩、绍兴、嘉兴等地区的村落祠堂砖石上，存在些许“私勒”，其格式各不相同，多属匠人或砖窑厂自刻。如“王首”“度勒”的道光年砖都是这些钤记，有的是印戳，有的是手刻，还有些是搓泥条字，但可以推测这些书院的砖瓦应该是本土烧制，因无法找到勒名的砖瓦以及砖瓦窑遗址，因而很难分析近古时代砖窑的分布情况和区位因素，也无法考察到砖窑运作的各项制度规范。仅有的例证是民国时温州警察署长徐缉旨家塾，现存的台门高约 5 米，宽 2.5 米，石头砌成。特别之处就是整个台门均采用了当时新生的水磨工艺，台门上“环住生山”四个字，据说是康有为题写的。在台门右侧，原有营建的年号和匠人记号。宋景定三年（1262 年）进士、明道书院山长余坦所建的崇文书院，位于大溪边西岩洞的顶梁上，可见“清咸丰辛酉锡麟建”等字样，未能考证其真实性。

本书通过对浙江各地书院的田野调查，在 5 年的时间里，对地方志、文集、族谱、家谱等进行搜集整理，结合前人已有的研究成果，努力阐述一幅浙江传统书院建筑的历史图景。全书结合两宋以来文人大儒、强宗望族、工匠群体等主持或参与书院营建的情况记载，着重考察明清以来遗存书院的现有状况，总结特色、功能，揭示其历史价值，探讨出对当下教育形式发展的现代启示。同时，经过调研发现，与众不同的是，浙江传统的工匠之乡，逐渐形成了自己的行业组织，到明清后形成较为超前的近似于现代意义的建筑公司的水木作坊，并且形成了一种自发形成的工匠价值观，这种价值观为浙江工匠群体组织机构的完善与技术体系的发展，奠定了特有的思想基础。这些特定的地区拥有固定的工匠来源、监管机制、材料来源和技术平台，是浙江地区书院建筑体系形成和发展的沃土，只可惜，历代典籍对古代工匠的记载甚少，本研究团队对古代工匠群体的了解也限于地方志与民间口述史。从工匠技艺体系来看，由于浙江书院建筑结构特点与材料特性，当地在材料与工艺上选择了一种顺应自然、“以材为祖”的习惯做法，在长期的历史积淀中，承流宣化，仪倡四方，创办了数以百计的书院，营建了形式多样的书院建筑，创造了璨若星河的书院建筑艺术，形成了具有强烈吴越风格特色的古代教育建筑的基本模式。由此孕运文明，教养加备，为中国古代教育建筑的传承与发展提供了可靠的历史见证。

结　语

地方私学在整个古代教育体系中占有重要的辅助地位，千余年来一直受到官僚集团、儒绅商贾、强宗望族与平民百姓的等群体重视。他们崇礼考文，内兴私学，置择能贤，视其为在地方推行教化、传播学说、笼络人才的重要载体。所以，要谈浙学书院的建造文化，其实就要研究背后各要素的综合支撑。浙学体系下的书院教育自晚唐以来一直名列前茅备受关注，各方力量矢志不移，大力发展地方私学教育，这种澎湃的书院营建活动一直持续到清末民初，贡献极大。

浙江有得天独厚的地缘优势和人才优势，经世致用观念深入人心，加之历代对科举的重视和提倡，使促学、立德、立身、立言等成了浙人普遍的价值取向，同时这种教育价值观带有极强的功利色彩，也使得浙学书院的建造轨迹呈现出不一样的路径。北宋之前，浙江各地方书院的建造活动尚不积极，但经过庆历、熙宁、崇宁三次大规模的兴学运动之后，观念改变，浙江地方官私教育均得到了很大的发展。南宋之后，浙江各地的书院营建活动此起彼伏，达到第一个历史高峰。各类书院建筑遍布州县乡镇，层级丰富、功能齐备。浙江传统书院在书院营建、规划设计、工匠技艺以及教育思想等方面都强化了“浙学”的人文基础，书院不仅起到了促学的作用，也孕育出属于浙江本土思想的各类学派，出现了灿若星河的鸿学大儒及政务官员。各地书院舍宇虽不甚壮丽，但其自由讲学之风及浙学思想文化之蔚起，非同类书院可比拟。无论时事如何沉浮，这些书院的顽强存在，为浙学的发展、人才的培育贡献了深厚的理论基础，并对近代浙江新式学堂的井喷式发展起到推动作用。

两宋之时，由于科举是隐形的指挥棒，虽说私学并不以科举为主要目的，但科举始终左右了书院建设的方方面面。大部分书院的山长、洞主等虽以立身立言为己任，但多数为科举出身，自然而然地实行了效仿科举的做法。诸如北宋教育家胡瑗在苏、湖二地创造的“分斋教学法”同时在私学与官学当中出现，实际上既是对科举考试的应对与妥协，也是适应不同私学书院生存的需要[①]。书院作为私学的代表，与科举制长期并存，教学理念既有鲜明的学派观点，又深受科举考试的影响。学员既专研学说，又可通过科举考试入仕做官，治学途径多样。南宋中后期浙江士人在书院内部发起的“新型思想运动”，在宋元之际影响巨大。宋元之际，士人的命运就是书院兴迭的命运，这是元代书院建造历史有别于其他时代的一个重要问题。元代虽无重大创新，但元后期基本沿袭两宋以书院教育促科举的做法，书院依然成为促进浙江地方思想发展和普及的重要基础与力量，即便是在元末战火熏天的年代，各地官绅与士子还在为营建书院而努力，甚至在前代基础之上，书院数量与质量得到迅速发展。所以，研究元代浙江地区的书院建造发展状况，应该以士人为切入点来考察，可以呈现元代士人通过建造书院、重修书院，教授生徒，倡明理学，以延续“圣贤一脉”。浙人深知“盖知异族之侵扰横暴，必不可久也，故教后学，勿以当前进取为功，而以潜藏待时为用，使深蓄其力以待剥穷必复之机，则于人心亦不无小补”[②]，建造书院可以维系斯文，有功于圣学传承，这就是重建书院的价值所在。

于是，元代书院的营建数量并未减少，这在全国也实属少见，唯一不

---

① 左斌．论宋代科举对官学教育的影响［D］．西北民族大学，2016.

② 李香珠．南宋浙人遗民词人研究［D］．华东师范大学，2007.

同的是，单纯讲学的书院所占比例越来越少，大多兼顾学说思想传播与科考。典型者如东阳的八华书院山长许谦，幼孤力学，在东阳40余年，声誉远及幽冀齐鲁，并留下了较为完整的讲学记录，透过这些记录我们可以窥见这些私学书院传播士人意识的方式与途径。

值得一说的是，浙江的元代书院在改朝换代的大变局中，使得很多遗民避祸而讲学于山林，但这类遗民只影响了一代人，后代却奉元为正朔。如淳安状元方逢辰在宋亡后隐居并终老于石峡书院，但其子方梁则与元代官员一道重建石峡书院并自任山长，其曾孙方道叡不仅参加科举考试，还为元代守节。甚至有蒙古、色目、汉人一起在元末喧嚣的战火当中，仍积极参与杭州西湖书院的重建。这种历史图景，在浙江书院的建造历史中极具特殊性。尤其是在元至元、大德、至大年间出台了一系列保护和兴建书院的政策后，各地营建书院的主要群体就是前朝遗民的后辈。从这些书院的营建可以看出，这些人既有敢为先朝死节之勇气，又具备灵活变通与顺应形势之胸怀。

历代朝廷为保持书院经济上的稳定，因势利导鼓励地方办学[①]。有明一代，浙江各地的望族、商会、儒绅都争相主导或参与筹建各类书院，并以书院为基地，把触角伸及地方政务与经济领域，以期继续维系其组织或家族的优势地位。随之，浙江建筑工匠群体在宋元时期就较早进入了成熟时期，主导或参与营建了东南地区规模宏大且繁华的城市与乡村，其书院的建筑形制也趋于稳定，建筑类型臻于完备，已经独立于民居体系，成为重要的古代教育建筑之一脉分支体系。这一点，在全国书院建筑当中，浙江地区书院群落是最有自主性特点的个例。

浙江各地书院建筑群落既可宏大绚丽，亦可简朴微小，采取团块设计，可伸可缩，类型多变。以八婺地区为首的工匠群体建筑技术与艺术经

① 元史·卷七十六 祭祀志［M］. 北京：中华书局，1976.

验亦老到、熟练，奠定了后世建筑艺术与技术发展的基础。各代书院建筑因社会经济、文化与审美差异而各有时代特色，我们依据唐代民居推测唐代书院可能是格局严整有序，建筑形象舒展浑厚，色调简洁明快，屋顶挺阔平远，门窗朴实无华，斗栱的结构职能也极其鲜明。而宋代浙江工匠在建筑技术与规范等方面有了长足的发展，城乡景观环境日趋艺术化，其书院建筑的内部、外部空间，以及建筑的单体、群体造型均着意追求序列、节奏、高下、主次的变化，形式多样，技术圆熟。同时，民居建筑的模数制度、建筑构件的制作加工与安装，以及各种装修装饰手法的处理与运用，都在书院建筑中得到合理化、系统化的运用与拓展。

明代是家族式、商会式书院建造的高峰时期。明代中期之后，江南藏书、刻、印书也远超宋元。明代的工商业阶层兴起，推动了家族式教育单位进一步下移的趋势。家族书院并未囿于家族类型的藩篱，而是在明代中后期商品经济的推动下，超越前朝，如雨后春笋般兴起。至明代中后期，浙江书院讲会的传播内容与方式、传播对象都呈现出平民化的趋势。尤其是明代浙东地区的宁波、绍兴等地蓬勃发展的书院讲会，快速由培养精英的“程朱理学”转向培育平民的“王湛之学”，为“经世致用”主张形成社会共识提供了启蒙思想。明清两朝是浙江书院建造持续发展的时期，初期工业化和商业文明已经有长足发展，东南地区的城市文明再现繁荣。这一时期的书院建造活动快速深入乡村，平民教育的书院私学遍布浙江全境。而乡村书院，凭借其数量多、分布广的优势，与蒙学、乡约进行了结合，将其启蒙教育的传播深入乡野，在明代浙江乡村社会中发挥了化民成俗、彰善纠恶等重要的教化作用。同时，书院营建遍地开花，为清代浙江书院建造热潮的到来准备了历史条件[①]。

明清交替之际，西方建筑文化与技术进入浙江，通过漫长的碰撞与交

---

① 俞舒悦. 明代书院讲会的平民化传播研究 [D]. 广西大学，2019.

融，浙江书院建筑“果断”主动发生了变革和转型。浙江掀起了前所未有的书院建造高潮，此高潮分两次：第一次是新建近代学堂与书院的高潮；第二次是晚清书院转型近代新式学校的高潮。主要集中在康熙、乾隆时期与光绪末年这三个高峰时期，我们可以从相当多的诗词文集中发现此类记载。这些记载一方面在一定程度上反映了清代书院在晚清社会激荡与重大转型下中国传统教育以及士子的生存状况；另一方面反映了晚清停止所有乡、会试及各省岁、科考试等举动，造成了大量基层儒生的科举梦碎，转型者则续存，保守者则断生，这些史料都是研究清代书院营建状况的直接材料。

自中唐以来，作为教学传播的主体，书院的大量涌现也进一步夯实了浙江科举取士的官僚制度，传播了儒家学说，促进了知识阶层的下移，为浙江精英阶层和士绅阶层的出现作出贡献，这些精英甚至成了资产阶级改良和革命的先锋，顺应了历史的要求[①]。

清末私学逐渐被淘汰，新式教育逐渐兴起。1901 年新政近乎“一刀切”式的改制方式，使得书院这一存在千余年的文化教育组织形式戛然而止。著名书院研究学者邓洪波教授对此的看法是：“改书院为学堂和改造传统书院、创建新型书院并列为晚清书院改革的三个方案。虽然历史的现实是改制取代改造、新创，书院被强令改为学堂乃至学校，但我们仍然主张要慎言书院改制是历史发展的必然，认为它更多的是晚清社会这一特殊背景下的一种无奈的政治选择，未必定然符合教育发展的规律。书院是中国近代教育的基点与起点，但由于与近代教育的脱节，轰轰烈烈的‘改书院’很快也变成了‘废书院’，不仅 1600 余所改成学堂的书院在历史中被稀释幻化，更使得中国近现代学校制度从此就沿着不断与传统决裂，不断西化的方向奔跑，强烈的反传统意识与几乎连续不断的否定和革命也就成

① 赵路卫．元代士人与书院［D］．湖南大学，2017．

了中国近现代教育最鲜明的印记。”[①]这段话既涵盖了全国书院在晚清改制的现实，也是对浙江书院在近代命运的概括。

明清两代的书院建筑也由单体木构建筑向强化整体性、构件装饰性和施工便利性三个方面发展，发展到这一时期进入定型阶段，类型多样，纹饰丰富，且工艺水平极高，形成了一套十分规矩的构图套路和精细严格的操作规程。清代雍正年间颁布的《工部工程做法》加入了江南建筑的工程做法，这些原创的营造技艺至今仍是我们在建筑创作中的重要源泉。

当然，任何时代中书院营建活动的繁盛与萧条，都与官府、族群、世家及社会乡绅名流的关联度难以分开，同时，成熟和庞大的工匠群体在其中起到具体落实作用。从教育层面看，由于时代环境、儒家传统等因素的影响，书院作为私学组织并没有形成真正独立的运营权利，导致书院无法摆脱外因的控制；从经济层面看，书院的生存受制于院产的学田、义仓等，依赖于官方或宗族、捐赠人，没有形成坚实的物质基础[②]；从传统营建技艺层面上看，营造技艺是研究书院建筑的重要通道，若只研究书院办学特点，不研究相应的建筑艺术与工艺技术等方面，则难以认识到建筑艺术的内在规律，这些都是对研究书院文化的最佳注脚。山河依旧，冠带奚存。虽物有兴废，但振厉修举，存乎诗书与良工之间，观其所以不朽之原因，为儒者之心。

本文暂此缀辑，以立此篇。

---

① 邓洪波．晚清书院改制的新观察［J］．湖南大学学报（社会科学版），2011（6）：5-11.

② 肖永明．宋元明清历朝君主与书院发展［J］．陕西师范大学学报（哲学社会科学版），2007（2）：46-50.

附　录

现存浙江全省古代书院及文保单位历史建筑一览表

序号	保护单位名称	书院	始建年代	所在地	文保级别
1	白云庄	甬上证人书院	清	宁波	国家级
2	斯氏古民居建筑群	笔峰书院	清	诸暨	国家级
3	郑义门古建筑群	东明书院	元	浦江	国家级
4	求是书院	求是书院	清	杭州	省级
5	阳明先生讲学处	龙山书院	五代	余姚	省级
6	戴蒙书院（含戴蒙故居）	戴蒙书院	南宋	永嘉	省级
7	会文书院	会文书院	北宋	平阳	省级
8	芙蓉村民居	芙蓉书院	清	永嘉	省级
9	鼓山书院	鼓山书院	北宋	新昌	省级
10	鹿门书院	鹿门书院	南宋	嵊州	省级
11	仁山书院	仁山书院	南宋	兰溪	省级
12	五峰书院	五峰书院	南宋	永康	省级
13	鹿田书院	鹿田书院	清	金华	省级
14	独峰书院	独峰书院	南宋	缙云	省级
15	瀛山书院遗址	瀛山书院	北宋	淳安	市级
16	万松书院遗址	万松书院	明	杭州	市级
17	仰山书院	仰山书院	清	海宁	市级
18	南苕胜境遗迹	积川书塾	清	湖州	市级

续表

序号	保护单位名称	书院	始建年代	所在地	文保级别
19	石洞书院题刻	石洞书院	南宋	东阳	市级
20	杜门书院	杜门书院	明	义乌	市级
21	修文书院	修文书院	清	衢州	市级
22	桐江书院	桐江书院	南宋	仙居	市级
23	育英书院	育英书院	清	宁海	市级
24	金山书院	金山书院	清	象山	县级
25	月泉和月泉书院	月泉书院	北宋	浦江	县级
26	双桂书院	双桂书院	清	三门	县级
27	鞍山书院	鞍山书院	明	遂昌	县级

注：本表据浙江省文物局1961年4月至2017年2月底公布的国家级、省级、区市级相关古代书院及文保单位目录编写。

参考文献

一、专著和论文

[1] 邓洪波．中国书院史［M］．上海：东方出版中心，2004．

[2] 邓洪波，陈谷嘉．中国书院史资料［M］．杭州：浙江教育出版社，1998．

[3] 季啸风．中国书院辞典［M］．杭州：浙江教育出版社，1994．

[4] 梁洪生．家族组织的整合与乡绅——乐安县流坑村“彰义堂”祭祀的历史考察［M］// 周天游．地域社会与传统中国．西安：西北大学出版社，1995．

[5] 赵所生．中国历代书院志［M］．南京：江苏教育出版社，1995．

[6] 王炳照．中国传统书院［M］．北京：商务印书馆，1998．

[7] 杨慎初．中国书院文化与建筑［M］．武汉：湖北教育出版社，2002．

[8] 杨布生，彭定国．中国书院与传统文化［M］．长沙：湖南教育出版社，1992．

[9] 蔡军，张健．工程做法则例［M］．北京：中国建筑工业出版社，2004．

[10] 马炳坚．中国古建筑木作营造技术［M］．2 版．北京：科学出版社，2003．

[11] 故宫博物院古建部王璞子等编著．工程做法注释［M］．北京：中国建筑工业出版社，1995．

[12] 中国科学院自然科学史研究所．中国古代建筑技术史［M］．北京：科学出版社，1985．

[13] 梁思成．清华大学建筑系编．营造法式注释（卷上）［M］．北京：中国建筑工业出版社，1983．

[14] 林枚. 阳宅会心集・卷上“种树说”[M]. 1811（嘉庆十六年）刻本.

[15] 丁俊清，杨新平. 浙江民居[M]. 北京：中国建筑工业出版社，2009.

[16]（清）相宅经纂・卷四“阳宅宜忌”[M]. 1844（道光二十四年）刻本.

[17] 白新良. 中国传统书院发展史[M]. 天津：天津大学出版社，1995.

[18] 梁思成. 中国建筑史[M]. 北京：百花文艺出版社，2005.

[19] 潘谷西. 中国建筑史[M]. 北京：中国建筑工业出版社，2004.

[20] 袁行霈，陈进玉. 中国地域文化通览・浙江卷[M]. 北京：中华书局，2015.

[21] 张家骥. 中国造园论[M]. 太原：山西人民出版社，1991.

[22] 刘天华. 中国古典园林之美——画镜文心[M]. 北京：生活・读书・新知三联书店，1994.

[23] 台湾大学农学院农村规划与发展中心编译. 农村与景观[M]. 台北：田园城市文化事业有限公司，1998.

[24] 桂北民居冠中华[M] // 张开济. 中国传统民居与文化・第3辑. 北京：中国建筑工业出版社，1995.

[25] 刘沛林. 风水——中国人的环境观[M]. 上海：上海三联书店，1995.

[26] 韩小卢. 徽州的明清民宅建筑[M] // 建筑・社会・文化. 北京：中国人民大学出版社，1991.

[27] 俞孔坚. 景观：文化、生态与感知[M]. 北京：科学出版社，1998.

[28]（美）罗伯特・麦金托什，夏希肯特・格波特. 旅游学——要素・实践・基本原理[M]. 上海：上海文化出版社，1985.

[29] 张浪等. 徽州古典园林的研究[J]. 中国园林，1996.

[30] 彭一刚. 传统村镇聚落景观分析[M]. 北京：中国建筑工业出版社，1992.

[31] 陈志华等. 浙江省新叶村乡土建筑[M]. 台北：台湾省建筑师公会台北市联络处财团法人中华建筑基金会. 1996.

[32] 刘沛林. 古村落：和谐的人聚空间[M]. 上海：上海三联书店，1997.

[33] 刘滨谊 毛巧丽. 人类聚居环境剖析——聚居社区拓扑元素量化及其演变研究[M]. 建

筑师，1998（6）.

[34] 陆元鼎、李先逵. 中国传统民居与文化（第1~5辑）[M]. 北京：中国建筑工业出版社，1992.

[35] 明恩溥（A. H. Swith）. 中国乡村生活 [M]. 北京：时事出版社，1998.

[36] 彭一刚. 传统村镇聚落景观分析 [M]. 北京：中国建筑工业出版社，1994.

[37] 汪之力. 中国传统民居建筑 [M]. 济南：山东科技出版社，1994.

[38] 王沪宁. 当代中国村落家族文化——对中国社会现代化的一项探索 [M]. 上海：上海人民出版社，1991.

[39] 王景新. 中国农村土地制度的世纪变迁 [M]. 北京：中国经济出版社，2001.

[40] 吴毅. 村治变迁中的权威与秩序——20世纪川东双村的表达 [M]. 北京：中国社会科学出版社，2002.

[41] 许重岗. 建立古村落历史文化保护区的思考 [J]. 浙江社会科学，2003.

[42] 于建嵘. 转型期中国乡村政治结构的变迁 [M]. 北京：商务印书馆，2001.

[43] 朱汉民. 长江流域的书院 [M]. 武汉：湖北教育出版社，2004.

[44] 常建华. 清代的国家与社会研究 [M]. 北京：人民出版社，2006.

[45] 刘克成. 绿色建筑体系及其研究 [J]. 新建筑，1997.

[46] 俞孔坚. 生物与文化基于上的图式——风水与理想景观的深层意义 [M]. 台北：台湾田园文化出版社，1998.

[47] 俞孔坚等. 理想景观探源：风水与理想景观的文化意义 [M]. 北京：商务印书馆，2000.

[48] 方同义，陈新来，李包庚. 浙东学术精神研究 [M]. 宁波：宁波出版社，2006.

[49]（美）弗雷德里克·斯坦纳. 生命的景观——景观规划的生态学途径 [M]. 2版. 周兴年，李小凌，俞孔坚等译. 北京：中国建筑工业出版社，2004.

[50] 侯幼彬. 中国建筑美学 [M]. 哈尔滨：黑龙江科学技术出版社，1997.

[51] 李允鉌. 华夏意匠：中国古典建筑设计原理分析 [M]. 台北：铭文书局，1990.

[52]（英）马丁·阿尔布劳. 全球时代———超越现代性之外的国家和社会 [M]. 北京：商

务印书馆，2001.

[53]（英）安东尼 • 吉登斯. 田禾译. 现代性的后果 [M]. 译林出版社，2000.

[54]（英）安东尼 • 吉登斯. 现代性与自我认同 [M]. 赵旭东，方文译. 北京：生活 • 读书 • 新知三联书店，1998.

[55] M • I • 康帕涅拉. 梁光严译. “全球化”：过程和解释 [J]. 国外社会科学，1992（7）.

[56]（英）特里 • 伊格尔顿. 后现代主义的幻象 [M]. 北京：商务印书馆，2000.

[57]（澳）约翰 • 多克. 后现代主义与大众文化——文化史 [M]. 沈阳：辽宁教育出版社，2001.

[58] 楼庆西. 中国古建筑二十讲 [M]. 北京：生活 • 读书 • 新知三联书店，2001.

[59] 吴良镛. 中国建筑艺术史 [M]. 北京：文物出版社，1999.

[60] 中国艺术研究院建筑艺术研究所. 中国建筑艺术年鉴 [M]. 北京：北京出版社，2004.

[61] 高亦兰. 梁思成学术思想研究论文集 1946–1996 [M]. 北京：中国建筑工业出版社，1996.

[62] 单德启. 从传统民居到地区建筑 [M]. 北京：中国建材工业出版社，2004.

[63] 刘学军. 中国建筑文学意境审美 [M]. 北京：中国环境科学出版社，1998.

[64] 彭一刚. 中国古典园林分析 [M]. 北京：中国建筑工业出版社，1986.

[65] 潘谷西. 中国建筑史 [M]. 北京：中国建筑工业出版社，2001.

[66] 张驭寰. 中国古建筑装饰讲座 [M]. 合肥：安徽教育出版社，2005.

[67] 东阳市政协文史资料委员会. 东阳帮与东阳民居建筑体系 [M]. 杭州：西泠印社出版社，2007.

[68] 刘致平，王其明. 中国居住建筑简史：城市、住宅、园林 [M]. 北京：中国建筑工业出版社，2000.

[69] 宝良. 明代社会生活史 [M]. 北京：中国社会科学出版社，2004.

[70] 名门望族：望族文化的书香传承 [M]. 宁波：宁波出版社.

[71] 陈从周. 园林谈丛 [M]. 上海：上海文化出版社，1992.

[72] 吴家骅. 景观形态学 [M]. 叶南译. 北京：中国建筑工业出版社，1999.

[73] 史风仪. 中国古代的家族与身份 [M]. 社会科学文献出版社，1999.
[74] 李文治，江太新. 中国宗法宗族制和族田义庄 [M]. 社会科学文献出版社，2000.
[75] 谢国桢. 近代书院学校制度变迁考 [M] // 近代中国史料丛刊续编（第651册）. 台北：文海出版社，1974.
[76] 邓洪波，周月娥. 八十三年来的中国书院研究 [J]. 湖南大学学报（社会科学版），2007，21（3）.
[77] 王仲奋. “东阳帮”传统木作特艺“套照”[C] // 中国民族建筑研究会，中国城镇规划设计研究院. 第十八届学术年会论文特辑，2015（8）.
[78] 舒楠. 楠溪江流域乡土文化与农村园林 [J]. 建筑师，1997（78）.
[79] 周达章. 宁波书院的历史变迁 [J]. 宁波教育学院学报，2013（5）.
[80] 单德启. 中国乡土民居述要 [J]. 科技导报，1994（11）.
[81] 胡荣孙. 江南书院建筑 [J]. 东南文化，1991（5）：69-79.
[82] 王军. 梁思成“中国建筑型范论”探义 [J]. 建筑学报，2018（9）：84-90.
[83] 黄柯峰，陈纲伦. 中国传统建筑的伦理功能 [J]. 华中建筑，2004（4）.
[84] 邓洪波，赵路卫. 2011年中国书院研究综述 [J]. 北京联合大学学报，2012（10）.
[85]（日）井上彻. 宗族形成及其构造——以明清时代的珠江三角洲为对象（宗族の形成とその构造——明清时代の珠江デルタを对象として）[J]. 史林，1989（5）.
[86] 马泓波. 北宋书院考证及其特点分析 [J]. 中国地方志，2007（10）.
[87] 陈潘. 近三十年来中国书院研究综述 [J]. 皖西学院院报，2011（4）.
[88] 张宏明. 宗族的再思考——一种人类学的比较视野 [J]. 社会学研究，2004（6）.
[89] 朱晓明. 试论古村落的土地整理问题 [J]. 小城镇建设，2000（5）.
[90] 肖永明，于祥成. 书院的藏书、刻书活动与地方文化事业的发展 [J]. 厦门大学学报（哲学社会科学版），2011（6）.
[91] 李秦，唐忠. 两宋书院的兴盛及其建筑特点研究 [J]. 兰台世界，2013（1）.
[92] 孔素美，白旭. 中国传统书院建筑形制浅析——以中国古代四大书院为例 [J]. 华中建筑，2011（7）.

[93] 万书元. 简论书院建筑的艺术风格 [J]. 南京理工大学学报（社科版），2004（2）.
[94] 董志霞. 书院的祭祀及其教育功能初探 [J]. 大学教育科学，2006（4）.
[95] 李才栋. 传统书院实施大学教育的教学组织形式 [J]. 南昌航空工业学院学报，2001（3）.
[96] 潘谷西. 营造法式小木作制度研究 [J]. 东方建筑遗产，2008.
[97] 林金树.《明清江南著姓望族史》评介 [J]. 中国史研究动态，2020（10）.
[98] 马全宝. 香山帮传统营造技艺田野考察与保护方法探析 [J]. 中国艺术研究院，2010（06）.
[99] 杨媛媛. 近代化进程中嘉兴地区望族家庭的教育转型 [J]. 大众文艺，2019（12）.
[100] 贺雪峰，仝志辉. 论村庄社会关联——兼论村庄秩序的社会基础 [J]. 中国社会科学，2002（3）.
[101] 朱晓燕. 浙江书院藏书考略 [J]. 图书馆研究与工作，2004（1）：66-68.
[102] 朱熹. 乞赐白鹿洞书院敕额 [M] // 毛德琦. 白鹿洞书院志・卷二　中国历代书院志（第2册）. 南京：江苏教育出版社，1995.
[103] 邓洪波. 简论晚清江苏书院藏书事业的特色与贡献 [J]. 江苏图书馆学报，1999（4）.
[104] 徐吉军. 论浙江历代人才的演变及其原因 [J]. 浙江学刊，1990（6）.
[105] 肖永明，于祥成. 书院的发展对地区文化地理格局的影响 [J]. 湖南大学学报，2008（5）.
[106] 龚剑锋. 宋代浙江书院略论 [C] // 中国地方教育史志研究会，教育史研究编辑部. 纪念《教育史研究》创刊二十周年论文集，2009：85-90.
[107] 董楚平. 汉代的吴越文化 [J]. 杭州师范学院学报（人文社会科学版），2001（1）：38-42.
[108] 曹洋. 当代中国建筑伦理学研究概貌及缺憾 [J]. 建筑学报，2016（3）：114.
[109] 李夏兰. 明代江西方士研究 [D]. 江西师范大学，2012.
[110] 曾雨婷. 浙南闽东地区传统民居厅堂平面格局研究 [D]. 浙江大学，2017.

二、年鉴及档案统计资料

（一）地方史志资料（节选）

1.（清）嵇曾筠．浙江通志（280卷）；2．永乐杭州府志；3．万历杭州府志；4．乾隆杭州府志；5．民国杭州府志；6．万历钱塘县志；7．康熙钱塘县志；8．嘉靖仁和县志；9．康熙仁和县志；10．万历余杭县志；11．嘉庆余杭县志；12．光绪富阳县志；13．咸淳临安志；14．宣统临安县志；15．乾隆昌化县志；16．民国昌化县志；17．光绪于潜县志；18．嘉靖淳安县志；19．光绪淳安县志；20．万历遂安县志；21．民国遂安县志；22.（明）杨寔纂修．宁波郡志（10卷）；23．康熙萧山县志；24．乾隆萧山县志；25．民国萧山县志稿；26．光绪严州府志；27．景定严州续志；28．万历续修严州府志；29．道光建德县志；30．民国建德县志；31．康熙新修寿昌县志；32．乾隆寿昌县志；33．乾隆桐庐县志；34．光绪分水县志；35．衢州市地方志：36．天启衢州府志（16卷）；37．康熙衢州府志（40卷）；38．民国衢县志（30卷）；39．万历龙游县志（10卷）；40．崇祯开化县志（10卷）；41．雍正开化县志（7卷）；42．雍正常山县志（12卷）；43．康熙江山县志（14卷）；44．嘉庆西安县志（48卷）；45．嘉庆峡川续志（20卷）；46．同治丽水县志（15卷）；47．万历括苍汇纪（15卷）；48．乾隆续青田县志（6卷）

（二）各类传记、舆图刻本、史料丛刊及丛钞

1．杭州上天竺讲寺志；2．西湖志；3．西湖游览志；4．西湖梦寻；5．西湖游览志余；6.（明）郑柏撰．金华贤达传（12卷）．结一庐藏孝义堂本；7．义乌人物记（2卷）；8.（清）顾炎武撰．天下郡国利病书；9.（宋）祝穆宋刻本方舆胜览（70卷）；10.（宋）龙衮江南野史（10卷）．四库全书本；11.（汉）赵晔撰；（宋）徐天祐音注．吴越春秋（10卷）．古今逸史本；12.（宋）施宿．［嘉泰］会稽志（20卷）；13.（宋）陈公亮．

［淳熙］严州图经（3 卷）；14．宋淳熙修．清光绪渐西村舍汇刊本；15．宋史地理志考异（1 卷）；16．（民国）聂崇岐撰．鹅湖讲学会编（12 卷）；17．（清）郑之侨．瓯江逸志；18．（清）劳大舆．近代中国史料丛刊（正续编）；19．中华民国史料；20．中国社会史资料丛钞；21．明世宗实录·卷九十八；22．（元）冯福京等撰．（清）大德昌国州图志；23．（清）吴文江修．忠义乡志（20 卷）；24．（清）沈椿龄等修．楼卜瀍等纂．嘉兴府志（91 卷）；25．（清）宗源瀚等编撰，（民国）徐则恂等修订．（民国）浙江全省舆图并水陆道

后　记

对浙江传统书院的踏查工作一直持续了很多年，时断时续，总是受制于资料与建筑遗存的不足与缺失。研究书院建筑，其实还是在研究不同的人群——士人、族人、匠人与流民等。每次穿越历史，仿佛能看见历代宗师鸿儒们正在书院里举办讲会、祭祀与辩论……在这部木构石砌码出来的建筑史里，处处铭刻着一段段心怀家国、志存天下的士人传说。在历史低谷之际，他们遁入山林、淡化物欲、教授生徒、倡明圣学；在太平盛世之时，他们号召乡族、纠集工匠、延请名师、兴建书院；在朝代更迭之际，他们信奉成仁无惧杀身、取义不惜舍生的教训，坚守学优不忘传教、仕优犹记勤学的崚嶒风骨，为延续浙江大地上的中华道统作出了不可磨灭的贡献。

书院建筑是文化的载体，是传统文化的核心，也是知识分子的化身。这些传统书院中的规划、建筑、装饰如今已经成为历史的符号，即便是辉煌不存，但它骨子里那股浙学正统文化的芬芳，依然要宣泄，依然要昭示后人和浸润千秋。我们应该认真分析、研究、赓续，使之成为推进当代文化建设的重要动力。历史告诉我们，任何建筑都不会是时间的幸运儿。传统形态将随着生活方式的改变而改变，决定保留和传承的力量是当代生活的选择。一部分或者大部分的消亡是必然性的。时到今日，这些儒雅的风景，都已经流露出垂垂老矣的疲态。当你走在那些野草没膝的书院里，一定会珍惜书院千百年来崇文重教的历史气息吧？因为它们不仅仅是历史留存的建筑纪念，而是一座座“修身、齐家、治国、平天下”的民族文化丰碑。

孟德斯鸠有言：“人只有在痛苦之中才更像个人。”为了研究这个课题，我做了近十年的思想准备，但是，提笔来写却只有短短五年，这么重大的文化和技术问题，难以在一时半会研究透彻，沦为泛泛而谈。我们踏遍浙江，测绘调查，了解越多，愈感责任重大，令我望而生畏，但这么多风华绝代的传统书院，它们的乡愁，文化的救赎，艺术的转机，都需要更多虔诚的人去关注。无奈本书的研究课题期限已过数年，书中内容未免有些粗制滥造，匆忙而成，若本书能对必要的问题提及十之一二，则心满意足。另文中略有引用与借鉴，均已如实标注，本书主要参考了中国建筑技术发展中心建筑历史研究所的《浙江民居》、沈福熙的《水乡绍兴》、丁俊清、杨新平的《浙江民居》、阮仪三的《江南古镇》、陈谷嘉、邓洪波的《中国书院制度研究》、赵所生、薛正兴主编的《中国历代书院志》等专著，在此一并致谢。但因出处杂乱，难免挂万漏一，本书当中的实例与图片并非全是文献资料，有些观点与图照来源吸收了近 10 年来研究全国书院、民居领域及建筑构造方面等学者的成果，因无法联系，恕不能一一列出参考出处，如有疏漏，敬请严肃指正。该书的出版，实际上是本人治学路上的邯郸学步，借此乞望方家指正。

周景崇

于澳门擎天楼

2020 年 9 月 27 日